高等学校教材配套参考书

材料有机化学学习指导

温娜 主编
吕海霞 李宝铭 副主编

中国建材工业出版社

图书在版编目(CIP)数据

材料有机化学学习指导/温娜主编. —北京：中国建材工业出版社，2017.6
ISBN 978-7-5160-1803-3

Ⅰ.①材… Ⅱ.①温… Ⅲ.①材料科学-应用化学-高等学校-教学参考资料 Ⅳ.①TB3

中国版本图书馆 CIP 数据核字（2017）第 054813 号

内 容 简 介

本学习指导作为《材料有机化学》教材的配套用书使用，每章由重点和难点、知识要点、典型习题讲解及参考答案和课后习题及参考答案四部分组成。针对教材知识面广、知识点多的问题，结合材料科学与工程及高分子材料与工程等材料类专业的特色及人才培养模式改革的特点，将教材内容进行了全面系统的概括和总结，从而使得学生对教材内容的规律性知识和特殊知识有比较系统的了解。

本学习指导可供化学、材料类等相关专业的学生学习使用，也可作为其他专业的学生、教师及科技工作者的参考用书。

材料有机化学学习指导
温 娜 主 编
吕海霞 李宝铭 副主编

出版发行：中国建材工业出版社
地　　址：北京市海淀区三里河路1号
邮　　编：100044
经　　销：全国各地新华书店
印　　刷：北京雁林吉兆印刷有限公司
开　　本：787mm×1092mm 1/16
印　　张：15.25
字　　数：370千字
版　　次：2017年6月第1版
印　　次：2017年6月第1次
定　　价：45.80元

本社网址：www.jccbs.com　本社微信公众号：zgjcgycbs
本书如出现印装质量问题，由我社市场营销部负责调换。联系电话：(010) 88386906

前言 Foreword

有机化学作为一门研究有机化合物的基础学科，已经成为化学、化工、材料、医药、农林、环境、生命等专业或综合性大学的重要学科基础课，建设好这门课程对提高高校相关学科的人才培养质量具有重要的实际意义。与此同时，随着材料学科教学改革的不断深入，各高校都本着加强专业基础、拓宽专业口径的原则，积极拓展专业方向，培养既掌握材料科学与工程的基础知识，又知晓有机高分子功能材料专业知识的复合型工程技术人才。特别是近日，中国已经成为"华盛顿协议"的正式成员国，积极构建与国际实质等效的工程教育专业认证体系，且材料科学与工程等专业的工程教育认证专家在课程体系的建设等方面都着重强调了持续改进的理念。我们根据材料科学与工程类专业特点和工程教育专业认证的要求，结合多年从事有机化学教学积累的经验，编写了《材料有机化学》。但由于材料有机化学的内容在课程体系、教学内容、教学手段和教学模式等方面都有了新的变化，学生全面掌握教材的知识有一定的难度。编者由于多年从事有机化学的教学工作，深深理解学生在学习专业基础课、专业课时面临的难点和困惑所在。为了方便师生交流，让学生掌握更多的学习主动权，使学生更有效、更容易地掌握各章的基本知识并能应用，同时，也为了在教材建设、教学内容与教学方法上充分体现"有机化学"教学的系统性、规范性，本着持续改进的工程教育专业认证理念，本书编者编写了配套教材《材料有机化学学习指导》。

本书针对教材知识面广、知识点多的问题，结合材料科学与工程及高分子材料与工程等材料类专业的特色、人才培养模式改革的特点，将教材内容进行了全面系统的概括和总结，从而使得学生对《材料有机化学》内容的规律性知识和特殊知识有比较系统的了解，并对各个知识点设置了多层次的经典习题和启发式解析，对教材的课后习题给予了参考答案，为材料科学与工程学院及其他相关学院的教材及配套用书建设等提供一定的参考作用。

本书在章次的编排上与《材料有机化学》教材一致。每章均由四部分组成：重点和难点、知识要点、典型习题讲解及参考答案和课后习题及参考答案。其中"重点和难点"强调了教材中的重点和难点；"知识要点"对各类化合物的结构、分类、命名、基本反应、重要的反应机理等进行简明扼要的归纳总结，突出重点；本着注重能力培养的目的，让学生通过练习大量的习题，来培养其分析问题和解决问题的能力，因此在"典型习题讲解及参考答案"中罗列了部分经典的习题，并附有参考答案；此外，本书对《材料有机化学》各章的课后习题，也补充了习题参考答案。

本教材共13章，第1~5章由温娜编写，第6~9章由吕海霞编写，第10~13章由李宝铭编写，全书由温娜主编并进行统稿。由于编者水平有限，书中难免有不当之处，敬请广大读者批评指正。

编者
2017 年 5 月

目 录
Contents

第1章 绪论 ·· 1

  1.1 本章重点和难点 ··· 1
  1.2 本章知识要点 ··· 1
    1.2.1 有机化合物的分类 ··· 1
    1.2.2 杂化轨道理论 ·· 2
    1.2.3 共价键的参数 ·· 3
    1.2.4 共价键断裂的方式 ··· 3
  1.3 典型习题讲解及参考答案 ·· 4
  1.4 课后习题及参考答案 ··· 6

第2章 饱和烃（烷烃和环烷烃） ·· 10

  2.1 本章重点和难点 ·· 10
  2.2 本章知识要点 ·· 10
    2.2.1 烷烃和环烷烃的通式 ··· 10
    2.2.2 烷烃的系统命名法 ·· 10
    2.2.3 环烷烃的命名 ··· 12
    2.2.4 烷烃的化学性质 ·· 12
    2.2.5 环烷烃的化学性质 ··· 12
  2.3 典型习题讲解及参考答案 ·· 12
  2.4 课后习题及参考答案 ·· 19

第3章 不饱和烃（烯烃、炔烃和二烯烃） ·· 25

  3.1 本章重点和难点 ··· 25
  3.2 本章知识要点 ·· 25
    3.2.1 烯烃和炔烃的同分异构现象 ·· 25
    3.2.2 烯烃和炔烃的命名 ··· 26
    3.2.3 烯烃和炔烃的催化氢化反应 ·· 27
    3.2.4 烯烃和炔烃的亲电加成反应 ·· 27
    3.2.5 烯烃和炔烃的自由基加成反应 ··· 28

  3.2.6 烯烃和炔烃的硼氢化反应 ······ 29

  3.2.7 烯烃 α-氢原子的卤代反应 ······ 29

  3.2.8 炔烃碳上活泼氢的反应 ······ 29

  3.2.9 共轭效应的特点 ······ 29

  3.2.10 超共轭效应 ······ 30

  3.2.11 1，2和1，4-加成反应及理论解释 ······ 30

 3.3 典型习题讲解及参考答案 ······ 30

 3.4 课后习题及参考答案 ······ 39

第4章 芳烃 ······ 47

 4.1 本章重点和难点 ······ 47

 4.2 本章知识要点 ······ 47

  4.2.1 苯环的结构 ······ 47

  4.2.2 苯环上的亲电取代反应 ······ 47

  4.2.3 烷基苯侧链上的反应 ······ 49

  4.2.4 两类定位基 ······ 49

  4.2.5 二取代苯亲电取代的定位规则 ······ 50

 4.3 典型习题讲解及参考答案 ······ 50

 4.4 课后习题及参考答案 ······ 59

第5章 对映异构 ······ 67

 5.1 本章重点和难点 ······ 67

 5.2 本章知识要点 ······ 67

  5.2.1 对映异构 ······ 67

  5.2.2 Fischer 投影式 ······ 68

  5.2.3 D/L 构型标示法 ······ 68

  5.2.4 R/S 构型标示法 ······ 68

  5.2.5 对映体 ······ 69

  5.2.6 外消旋体 ······ 69

  5.2.7 旋光异构的性质 ······ 69

  5.2.8 两个相同手性碳原子化合物的对映异构 ······ 69

 5.3 典型习题讲解及参考答案 ······ 69

 5.4 课后习题及参考答案 ······ 75

第6章 卤代烃 ······ 79

 6.1 本章重点和难点 ······ 79

 6.2 本章知识要点 ······ 79

- 6.2.1 卤代烷烃的制备 ·· 79
- 6.2.2 卤代烃的亲核取代反应 ··· 80
- 6.2.3 卤代烃的消除反应 ··· 81
- 6.2.4 卤代烃与金属反应 ··· 81
- 6.2.5 亲核取代反应历程 ··· 82
- 6.2.6 消除反应历程 ··· 83
- 6.2.7 亲核取代和消除反应的竞争 ··································· 83
- 6.3 典型习题讲解及参考答案 ·· 84
- 6.4 课后习题及参考答案 ·· 88

第7章 醇、酚、醚 ·· 104

- 7.1 本章重点和难点 ·· 104
- 7.2 本章知识要点 ··· 104
  - 7.2.1 醇的制备 ·· 104
  - 7.2.2 醇的酸性反应 ·· 106
  - 7.2.3 醇转变为卤代烃的反应 ·· 106
  - 7.2.4 醇转变为无机酸酯的反应 ····································· 106
  - 7.2.5 醇的β-氢原子消除反应 ······································· 107
  - 7.2.6 频哪醇重排反应 ··· 107
  - 7.2.7 醇的氧化 ·· 107
  - 7.2.8 酚的酸性 ·· 107
  - 7.2.9 酚醚的生成 ··· 108
  - 7.2.10 酯的生成 ·· 108
  - 7.2.11 芳环上的亲电取代反应 ······································ 108
  - 7.2.12 醚的自动氧化 ·· 109
  - 7.2.13 锌盐的形成 ··· 109
  - 7.2.14 醚的碳氧键的断裂反应 ······································ 109
  - 7.2.15 1,2-环氧化合物的开环反应 ································· 110
- 7.3 典型习题讲解及参考答案 ·· 110
- 7.4 课后习题及参考答案 ·· 115

第8章 醛、酮、醌 ·· 127

- 8.1 本章重点和难点 ·· 127
- 8.2 本章知识要点 ··· 127
  - 8.2.1 醛、酮的制备 ·· 127
  - 8.2.2 醛、酮的物理性质 ·· 128
  - 8.2.3 醛、酮的化学性质 ·· 128
  - 8.2.4 亲核加成 ·· 128

	8.2.5 α-活泼氢的反应	129
	8.2.6 氧化与还原反应	130
8.3	典型习题讲解及参考答案	130
8.4	课后习题及参考答案	137

第 9 章 羧酸及其衍生物 … 148

9.1	本章重点和难点	148
9.2	本章知识要点	148
	9.2.1 羧酸的制法	148
	9.2.2 羧酸的化学性质	149
	9.2.3 羧酸衍生物的分类	151
	9.2.4 羧酸衍生物的化学性质	151
9.3	典型习题讲解及参考答案	152
9.4	课后习题及参考答案	158

第 10 章 β-二羰基化合物及有机合成 … 176

10.1	本章重点和难点	176
10.2	本章知识要点	176
	10.2.1 β-二羰基化合物的定义	176
	10.2.2 酮式和烯醇式	177
	10.2.3 酮-烯醇互变异构的机理	177
	10.2.4 克莱森缩合（Claisen Condensation）	177
	10.2.5 混合克莱森缩合（Mixed Claisen Condensation）	178
	10.2.6 狄克曼成环（Dieckmann Cyclization）	178
	10.2.7 酮和酯的缩合反应	178
	10.2.8 β-二羰基化合物在有机合成中的应用	178
	10.2.9 迈克尔加成（Michael Additions）	178
	10.2.10 浦尔金反应（Perkin Reaction）	179
	10.2.11 克脑文格反应（Knoevenagel Reaction）	179
10.3	典型习题讲解及参考答案	179
10.4	课后习题及参考答案	184

第 11 章 含氮、磷化合物 … 191

11.1	本章重点和难点	191
11.2	本章知识要点	191
	11.2.1 胺的分类	191
	11.2.2 胺的结构	192

| 11.2.3 胺的物理性质 ··· 192
| 11.2.4 胺的碱性 ··· 192
| 11.2.5 季铵盐的相转移催化作用 ··· 192
| 11.2.6 胺的合成 ··· 193
| 11.2.7 胺的化学性质 ··· 193
| 11.2.8 芳香硝基化合物的化学性质 ··· 196
| 11.2.9 有机磷化合物的分类 ··· 196
| 11.2.10 有机磷化合物的合成 ··· 196
| 11.2.11 磷叶立德的合成 ··· 197
| 11.2.12 磷叶立德的反应 ··· 197
| 11.2.13 威蒂格（Wittig）反应 ··· 198
| 11.3 典型习题讲解及参考答案 ··· 198
| 11.4 课后习题及参考答案 ··· 203

第12章 杂环化合物 209

12.1 本章重点和难点 ··· 209
12.2 本章知识要点 ··· 209
   12.2.1 杂环化合物的分类 ··· 209
   12.2.2 吡咯和吡啶的酸碱性 ··· 209
   12.2.3 五元杂环化合物的合成 ··· 210
   12.2.4 六元杂环化合物的合成 ··· 210
   12.2.5 五元杂环化合物的化学反应 ··· 210
   12.2.6 六元杂环化合物的化学反应 ··· 211
12.3 典型习题讲解及参考答案 ··· 211
12.4 课后习题及参考答案 ··· 216

第13章 合成高分子聚合物 220

13.1 本章重点和难点 ··· 220
13.2 本章知识要点 ··· 220
   13.2.1 基本概念 ··· 220
   13.2.2 高分子聚合物的分类 ··· 221
   13.2.3 高分子聚合物的命名 ··· 221
   13.2.4 高分子聚合物的分子量和分子量分布 ··· 221
   13.2.5 高分子聚合物的合成 ··· 222
   13.2.6 高分子聚合物的结构 ··· 222
13.3 典型习题讲解及参考答案 ··· 223
13.4 课后习题及参考答案 ··· 226

参考文献 231

第1章 绪 论

1.1 本章重点和难点

本章重点

有机化合物的定义、特性、结构、分类,有机化合物中的共价键,电负性,共价键的属性。

本章难点

共价键的属性,键的极性,杂化轨道理论。

1.2 本章知识要点

1.2.1 有机化合物的分类

1. 按基本骨架分为三类

开链化合物,碳环化合物(脂环族化合物和芳香族化合物),杂环化合物。

2. 按官能团分类(表1-1)

表1-1 常见的官能团及相应化合物的类别

官能团名称	官能团	化合物类型
碳碳双键	$\mathrm{C=C}$	烯烃
碳碳三键	$-\mathrm{C}\equiv\mathrm{C}-$	炔烃
卤素原子	$-\mathrm{X}$	卤代烃
羟基	$-\mathrm{OH}$	醇、酚
醚基	$-\mathrm{C-O-C}-$	醚
醛基	$-\mathrm{C(=O)H}$	醛
羰基	$\mathrm{C=O}$	酮

官能团名称	官能团	化合物类型
羧基	$\underset{\overset{\|}{-}\text{C}-\text{OH}}{\overset{\text{O}}{\|}}$	羧酸
氨基	$-\text{NH}_2$	胺
酰基	$\underset{\overset{\|}{\text{R}-\text{C}-}}{\overset{\text{O}}{\|}}$	酰基化合物
硝基	$-\text{NO}_2$	硝基化合物
磺酸基	$-\text{SO}_3\text{H}$	磺酸
巯基	$-\text{SH}$	硫醇、硫酚
氰基	$-\text{CN}$	腈

1.2.2　杂化轨道理论

1. sp^3 杂化

如果 2s 轨道与三个 2p 轨道杂化，则形成四个能量相同的 sp^3 杂化轨道，它们互成 109.5°的角，每个 sp^3 轨道中有一个电子。四个氢原子分别沿着 sp^3 杂化轨道的对称轴方向接近碳原子，氢原子的 1s 轨道可与 sp^3 轨道最大限度地重叠，生成四个稳定的、彼此间夹角为 109.5°的、等同的 C—H σ 键，即形成甲烷分子。甲烷分子中的氢原子处于四面体的四个顶角上，碳原子位于四面体的中心，如图 1-1（a）所示。

通常将进行了 sp^3 杂化轨道的碳原子称为 sp^3 杂化碳原子，烷烃分子中的碳原子均为 sp^3 杂化碳原子。

如果一个碳原子的 sp^3 杂化轨道与另一个碳原子的 sp^3 杂化轨道沿着各自的对称轴相互重叠，则形成了 C—C σ 键。

2. sp^2 杂化

如果碳原子的 2s 轨道与两个 2p 轨道杂化，则形成三个能量相同的 sp^2 杂化轨道，三个 sp^2 杂化轨道的对称轴都在同一平面内，互成 120°角。碳原子还保留了 $2p_z$ 轨道未参与杂化，其对称轴垂直于 sp^2 杂化轨道所在的平面，如图 1-1（b）所示。三个 sp^2 杂化轨道和未参与杂化的一个 $2p_z$ 轨道中各有一个未成对电子，因此碳原子仍表现为四价。三个 sp^2 杂化轨道的能量，同样高于 2s 轨道而稍低于 2p 轨道。

通常将进行了 sp^2 轨道杂化的碳原子称为 sp^2 杂化碳原子，烯烃分子中构成碳碳双键的碳原子和其他不饱和化合物分子中构成双键的碳原子均为 sp^2 杂化。如果碳原子的 sp^2 杂化轨道与另一个碳原子的 sp^2 杂化轨道沿着各自的对称轴方向重叠，则形成 C—C σ 键，与此同时，互相平行的两个 p_z 轨道相互靠近，从侧面互相重叠，则形成一个 C—C π 键。

3. sp 杂化

如果碳原子的 2s 轨道与一个 2p 轨道杂化，则形成两个能量相同的 sp 杂化轨道，其对称轴间互成 180°角，两个 sp 杂化轨道和两个未参与杂化的 2p 轨道中，各有一个未成对电子，碳原子也表现为四价。如图 1-1（c）所示，两个 sp 杂化轨道都与 p_x 和 p_z 所在的平面垂直,且 p_x 和 p_z 轨道仍保持相互垂直。sp 杂化轨道的能量介于 2s 轨道和 2p 轨道之间。两个碳原子的 sp 杂化轨道沿着各自的对称轴相互重叠,形成 C—Cσ 键,与此同时,两个 p_y 轨道和两个 p_x 轨道也分别从侧面重叠,形成两个相互垂直的 C—Cπ 键。

通常炔烃分子中构成碳碳三键的碳原子和其他化合物中含有三键的碳原子均为 sp 杂化。

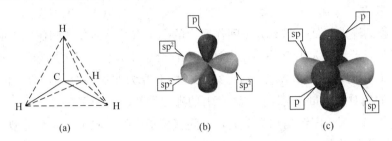

图 1-1　杂化轨道原子示意图
(a) 甲烷的分子结构模型;(b) sp^2 杂化碳原子示意图;(c) sp 杂化碳原子示意图

1.2.3　共价键的参数

1. 键长

同一类型的共价键键长在不同的化合物中可能稍有差别,因为构成共价键的原子在分子中不是孤立的,而是相互影响的。一般键长越短,表示化学键越牢固,越不容易断开。

2. 键角

键角与成键中心原子的杂化态有关,也受到分子中其他原子的影响。键长和键角决定着分子的立体形状。

3. 键能

通常键能越大,两个原子结合越牢固,键越稳定。不同分子中的同一化学键或同一分子中不同位置的化学键,其键能也不相同。

4. 键的极性

键的极性与键合原子的电负性有关,一些元素电负性数值大的原子具有强的吸电子能力。常见元素电负性为:

H	C	N	O	F	Si	P	S	Cl	Br	I
2.1	2.5	3.0	3.5	4.0	1.8	2.1	2.5	3.0	2.5	2.0

1.2.4　共价键断裂的方式

1. 均裂

$$A:B \longrightarrow A\cdot + B\cdot$$

2. 异裂

$$C:X \begin{cases} \longrightarrow C^+ + X^- \text{ 碳正离子} \\ \longrightarrow X^+ + C^- \text{ 碳负离子} \end{cases}$$

3. 协同反应(周环反应)

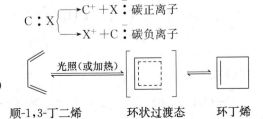

顺-1,3-丁二烯　　　环状过渡态　　　环丁烯

1.3 典型习题讲解及参考答案

1. 下列化合物的沸点依次递增，为什么？试解释之。

  CH_4（沸点：$-161.5℃$）$< Cl_2$（沸点：$-34℃$）$< CH_3Cl$（沸点：$-24℃$）

解：化合物的沸点高低，与其分子间作用力的大小有关，而分子间作用力的大小又与分子的极性和相对分子量的大小有关。在上述三个化合物中，仅 CH_3Cl 是极性分子，分子间偶极-偶极相互作用力较大，故沸点最高。CH_4 和 Cl_2 皆为非极性分子，分子间范德华力较小，其中 CH_4 的相对分子量比 Cl_2 小，故 CH_4 的沸点最低。

2. NH_3 中各 H—N—H 键角均为 $107°$，试问氨分子中的氮原子用什么类型的原子轨道与氢原子形成三个等价的单键？

解：基态时，氮原子的构型是 $1s^2 2s^2 2p_x^1 2p_y^1 2p_z^1$，它们有三个等能量的半充满的 p 原子轨道，若氮原子用三个 2p 轨道分别与氢原子的 1s 轨道成键，又与三个 2p 轨道相互垂直，形成的 H—N—H 键角应为 $90°$，而实际上氨分子中 H—N—H 键角为 $107°$，与四面体型的键角 $109.5°$ 相近，由此可以推测氮原子用 sp^3 杂化轨道与氢原子的 1s 轨道成键。即氮原子的一个 2s 轨道和三个 2p 轨道进行杂化，形成四个等能量的 sp^3 杂化轨道，其中三个半充满的 sp^3 杂化轨道分别与氢原子的 1s 轨道成键，形成三个等价的 N—H 键，另一个 sp^3 杂化轨道为一对未共用的电子对占据，形成四面体结构。但由于未共用电子对所占据的轨道要求空间比一个键要大些，引起 H—N—H 键角收缩而略小于 $109.5°$，形成 $107°$ 键角，因此氨分子不是四面体构型，而是角锥形构型。

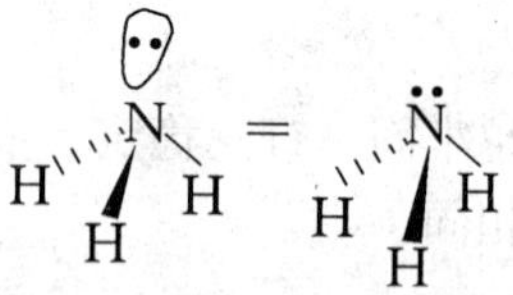

3. 下列化合物哪些是与 H_2O 类似的溶剂：CCl_4，CH_3OH，液 NH_3，$(CH_3)_2S=O$？说明理由。

解：CH_3OH 和液 NH_3 是与 H_2O 类似的溶剂，因为它们均为极性分子，且能形成氢键，在溶液中能够隔开和稳定正离子和负离子。$(CH_3)_2S=O$ 虽然为极性分子，但不能够形成氢键，它们只能隔开和稳定正离子，故与 H_2O 不同。CCl_4 是非极性分子，故亦与 H_2O 不同。

在这些溶剂中，H_2O、CH_3OH、液 NH_3 是极性质子溶剂；$(CH_3)_2S=O$ 为极性非质子溶剂；CCl_4 是非极性溶剂。

4. 指出下列化合物所含的官能团的名字和所属类别。

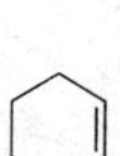

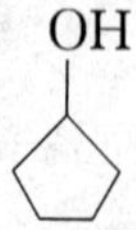

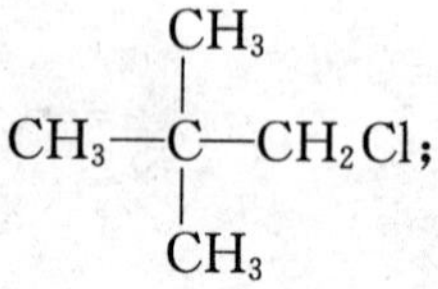

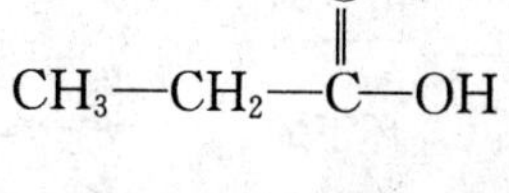

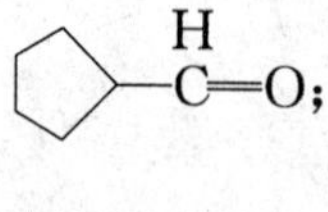

(8) 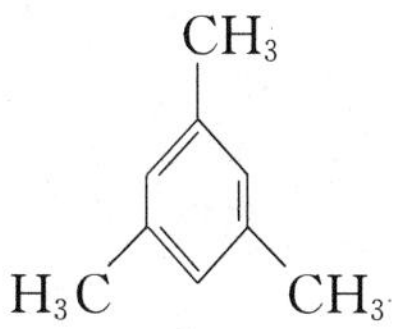 结构式：1,3,5-三甲基苯； (9) 苯胺 C₆H₅—NH₂； (10) 硝基苯 C₆H₅—NO₂；

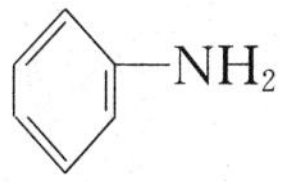

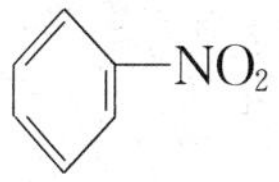

(11) CH₃—CH(SH)—CH₃

解：(1) 双键，烯烃；　　　　(2) 醚键，醚；
(3) 羟基，醇；　　　　　(4) 卤素，氯代烷；
(5) 羧基，羧酸；　　　　(6) 羰基，酮；
(7) 羰基，醛；　　　　　(8) 烷基，芳烃；
(9) 氨基，苯胺；　　　　(10) 硝基，硝基苯；
(11) 巯基，硫醇

5. 请解释下列问题。

(1) 氟比氯有更大的电负性，但是 CH_3Cl 的偶极矩（$\mu=1.87D$）却比 CH_3F（$\mu=1.81D$）大，请解释。

(2) 甲醛 $H_2C=O$ 的偶极矩（$\mu=2.27D$）比 CH_3F（$\mu=1.81D$）更大，为什么？

解：(1) 因为氯原子比氟大，所以 C—Cl 键比 C—F 键长，因此，在 $\overset{\delta+}{CH_3}—\overset{\delta-}{Cl}$ 中分开电荷的距离 d 比 $\overset{\delta+}{CH_3}—\overset{\delta-}{F}$ 更大，因此它的偶极矩（$e \times d$）更大。

(2) 甲醛的共振结构式表示如下：

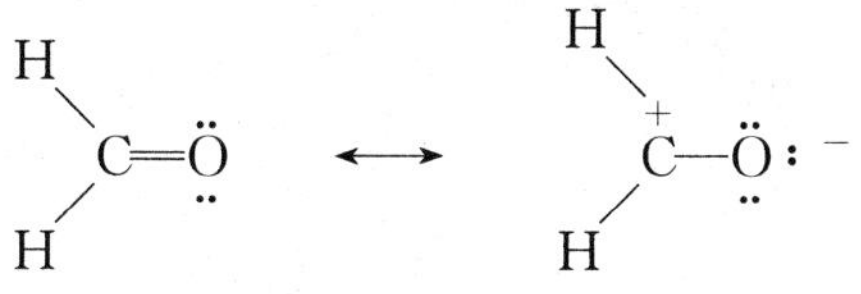

$$\underset{(I)}{\overset{H}{\underset{H}{>}}C=\ddot{\ddot{O}}} \longleftrightarrow \underset{(II)}{\overset{H}{\underset{H}{>}}\overset{+}{C}—\ddot{\ddot{O}}:^-}$$

我们注意到：在第二个结构中电负性的氧上带有负电荷。由于（Ⅱ）式的贡献使得 C—O 键高度极化，这说明了甲醛有非常大的偶极矩。

对于 CH_3F，虽然氟的电负性比氧大，但它没有这样的共振结构，因此它的偶极矩较小。

6. 比较下列化合物偶极矩的大小。

(A) C_2H_5Cl　　(B) $CH_2=CHCl$　　(C) C_6H_5Cl　　(D) $Cl_2C=CCl_2$

解：(B)(C) 中氯原子的吸电子诱导效应和供电子共轭效应方向相反，极性小于 (A)，(D) 为对称分子。它们偶极矩由大到小的顺序为：(A)＞(B)＞(C)＞(D)。

7. 将共价键按照极性由大到小的顺序进行排列。

(1) H—F；H—O；H—N；H—C

(2) C—F；C—O；C—Cl；C—N

解：(1) H—F＞H—O＞H—N＞H—C

(2) C—F＞C—O＞C—Cl＞C—N

8. 下列化合物有无偶极矩？如有，用箭头指出负极方向。

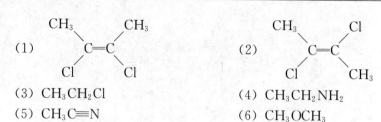

(3) CH_3CH_2Cl (4) $CH_3CH_2NH_2$
(5) $CH_3C\equiv N$ (6) CH_3OCH_3
(7) CH_3OH (8) ICl
(9) CCl_4

解：分子的偶极矩是键矩的向量和（它还包括中心原子由于存在弧对电子而产生的偶极矩）。对称分子的偶极矩为零。

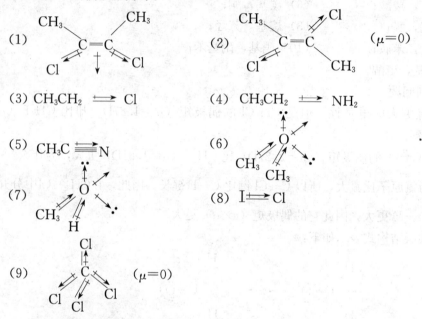

1.4 课后习题及参考答案

1. 用简单的文字解释下列术语。
(1) 有机化合物；(2) 键能；(3) 键长；(4) 均裂；(5) 异裂；(6) sp^2 杂化

解：(1) 有机化合物：碳氢化合物及其衍生物。

(2) 键能：形成共价键时体系所放出的能量。

(3) 键长：两个成键原子 A 和 B 的平均核间距离，是了解分子结构的基本构型参数，也是了解化学键强弱和性质的参数。

(4) 均裂：共价键断裂时，两个成键电子均匀地分配给两个成键原子或原子团，形成两个自由基。

(5) 异裂：共价键断裂时，两个成键电子完成被某一个成键原子或原子团占有，形成正、负离子。

(6) sp^2 杂化：由 1 个 s 轨道和 2 个 p 轨道进行线性组合，形成的 3 个能量介于 s 轨道和 p 轨道之间的、能量完全相同的、新的原子轨道。sp^2 杂化轨道的形状也不同于 s 轨道或 p 轨道，而是"一头大，一头小"的形状，这种形状更有利于形成 σ 键。

2. 共价键的键参数指什么？共价键断裂的方式有哪些？

解：共价键的键参数可用来衡量分子的稳定性能和结构。

键长：二原子核间距离越大，结合越松，越不稳定。

键能：键能越大，结合越紧，分子越稳定。

键角：决定分子的空间构型、原子间按空间排斥作用最小的方式排列、键的极性等。

其断裂方式有均裂和异裂。

3. 在沸点、熔点和溶解度方面，有机化合物和无机盐有哪些差别？

解：有机化合物主要以共价键结合，分子间相互吸引力很弱，所以其熔点、沸点较低，一般不溶于水而溶于有机溶剂。无机盐以离子键结合，正负离子的静电引力非常强，故其熔点、沸点都很高，通常不溶于有机溶剂而易溶于水。

4. 正丁醇的沸点（118℃）比它的同分异构体乙醚的沸点（34℃）高得多，但这两个化合物在水中的溶解度却相同（每100g水溶解8g），怎样说明这些事实？

解：正丁醇分子间能形成氢键，故沸点高；而乙醚则否，故沸点低。两者均能与水形成氢键，但烃基的存在对氢键的形成有一定的影响，由于两者烃基的总碳氢原子数相同，影响相近，故在水中的溶解度相近。

5. 试判断下列化合物是否为极性分子。

(1) HBr；(2) I_2；(3) CCl_4；(4) CH_2Cl_2；(5) CH_3OH；(6) CH_3OCH_3

解：(1)(4)(5)(6) 为极性分子，其中 (6) 因 C—O—C 键角不是 180°，故有极性，(2)(3) 为非极性分子。

6. 根据键能数据，乙烷分子在受热裂解时，哪种键首先断裂？吸热还是放热？

解：首先是 C—C 键断裂，因为 C—C 键的键能比 C—H 键低而容易断裂。这个过程是吸热。

7. H_2O 的键角为 105°，水分子中的氧原子用什么类型的原子轨道与氢原子形成等价的单键？

解：氧原子基态时的电子构型为 $1s^2 2s^2 2p_x^2 2p_y^1 2p_z^1$，有两个半充满的 2p 轨道，若以此分别与氢原子的 1s 轨道成键，则键角为 90°，但水分子的键角实际是 105°，与 109.5°接近，故推测氧原子是以 sp^3 杂化轨道与氢原子的 1s 轨道成键。即氧原子以一个 2s 轨道和三个 2p 轨道杂化，形成四个等能量的 sp^3 杂化轨道，其中两个半充满的 sp^3 杂化轨道分别与氢原子的 1s 轨道成键，形成两个 O—H 键，另外两个 sp^3 杂化轨道分别为未共用电子对占据。由于未共用电子对所在轨道占有较大空间，使得 H—O—H 键角比 109.5°略小。

8. 正丁醇（$CH_3CH_2CH_2CH_2OH$）的沸点（117.3℃）比它的同分异构体乙醚（$CH_3CH_2OCH_2CH_3$）的沸点（34.5℃）高得多，但两者在水中的溶解度均约为 8g/100g 水，试解释之。

解：正丁醇分子间能形成氢键，故沸点高；而乙醚则否，故沸点低。两者均能与水形成氢键，但烃基的存在对氢键的形成有一定的影响，由于两者烃基的总碳氢原子数相同，影响相近，故在水中的溶解度相近。

9. 矿物油（相对分子质量较大的烃的混合物）能溶于正己烷，但不溶于乙醇或水，试解释之。

解：矿物油和正己烷均为非极性分子，其分子间的作用力很弱，因此它们容易相互渗透而溶解。而乙醇和水为极性分子，其各自的分子之间的吸引力是很强的氢键。大多数非极性分子不能克服这种氢键，因此不能与乙醇或水相互渗透而溶解。

10. 根据官能团区分下列化合物，哪些属于同一类化合物？称为什么化合物？如按碳架区分，哪些同属一族？属于什么族？

(1) 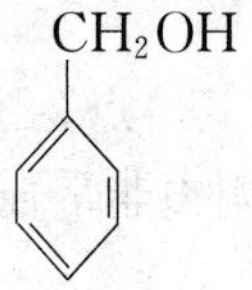 苯-CH₂OH； (2) 苯-COOH； (3) (CH₃)₂CHOH； (4) 环己醇； (5) CH₂=CH-CH₂OH； (6) CH₂=C(CH₃)-COOH

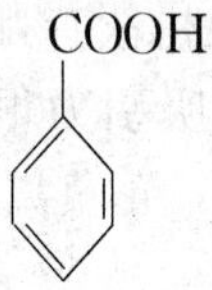

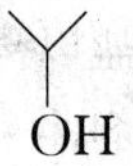

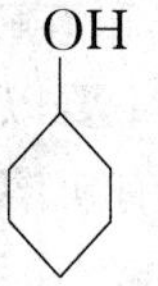

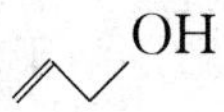

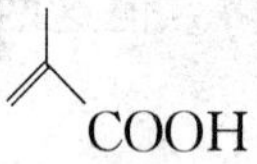

解：按官能团分类：(1) (3) (4) (5) 为同一类，称为醇；(2) (6) 属于同一类，称为酸。

按碳架分类：(1) (2) 属于芳香族；(3) (5) (6) 属于脂肪族；(4) 属于脂环（族）。

11. 典型有机化合物和典型无机化合物性质有何不同？

解：物理性质方面：典型有机化合物的熔点、沸点低；许多有机化合物难溶于水，易溶于有机溶剂。无机化合物的性质相反。化学性质方面：有机物对热的稳定性小，往往受热燃烧而分解；有机物的反应速度较慢，一般需要光照、催化剂或加热等方法加速反应的进行；有机物的反应产物常是复杂的混合物，需要进一步分离和纯化。无机化合物的性质相反。

12. 指出下列各化合物分子中所含官能团的名称和化合物的类别。

(1) CH_3CH_2OH；(2) C_6H_5OH；(3) $C_6H_5NH_2$；(4) $CH_2=CH-COOH$

解：(1) CH_3CH_2OH —OH 醇羟基   醇类
(2) C_6H_5OH —OH 酚羟基   酚类
(3) $C_6H_5NH_2$ —NH₂ 氨基   胺类
(4) $CH_2=CH-COOH$ —COOH 羧基   C=C 双键   不饱和酸

13. 下列化合物分子中有无偶极矩？若有，(用箭头) 标明极性的方向。

(1) CH_3Cl；(2) CCl_4；(3) CH_3OCH_3；(4) CH_3OH

解：(1) $CH_3 \longrightarrow Cl$ (2) CCl_4 无
(3) $CH_3 \longrightarrow O \longleftarrow CH_3$ (4) $CH_3 \longrightarrow O \longleftarrow H$

14. 比较下列各组化合物的化学键极性大小。

(1) CH_3Cl；CH_3F；CH_3Br
(2) CH_3CH_2OH；$CH_3CH_2NH_2$

解：(1) C—F > C—Cl > C—Br
(2) C—OH > C—NH₂

15. 指出下列各化合物分子中碳原子的杂化状态。

(1) $CH_3CH=CH_2$；(2) $CH_2=C=CH_2$；(3) $CH≡C-CH_2-CH=CH_2$

解：（1） $\underset{sp^3}{CH_3}-\underset{sp^2}{CH}=\underset{sp^2}{CH_2}$ （2） $\underset{sp^2}{CH_2}=\underset{sp}{C}=\underset{sp^2}{CH_2}$

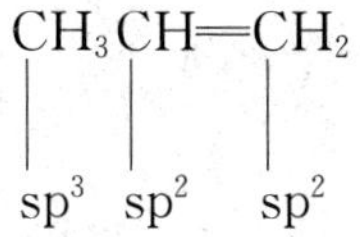

（3） $\underset{sp}{CH}\equiv\underset{sp}{C}-\underset{sp^3}{CH_2}-\underset{sp^2}{CH}=\underset{sp^2}{CH_2}$

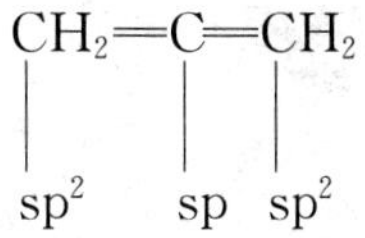

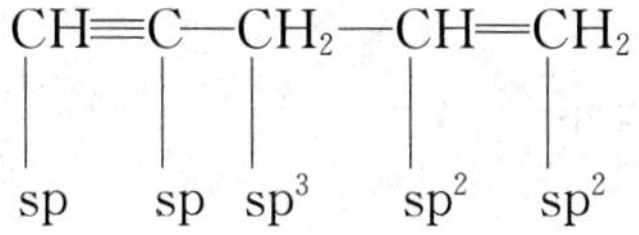

第 2 章

饱和烃（烷烃和环烷烃）

2.1 本章重点和难点

本章重点

1. 重要的概念

烃，烷烃，环烷烃，同系列，同系物，系差，烷基，通式，构造异构，伯、仲、叔、季碳原子，σ键，构型，构象，透视式，Newman 投影式，构象异构体，椅式构型，船式构型，自由基取代反应。

2. 结构

烷烃和环烷烃的系统命名法及结构（如碳正离子成键的杂化状态；三、四和五元环烷烃的结构等），烷烃和环烷烃的异构现象，σ键的形成及其特性。

3. 性质和反应

烷烃和环烷烃的物理性质的规律性，烷烃和环烷烃的卤代反应，自由基的稳定性比较，反应活性。

本章难点

1. 饱和烃的结构中 σ 键、π 键的形成、区别；
2. 环己烷两种构象及相对稳定性；
3. 烷烃的卤代反应机理及取向。

2.2 本章知识要点

2.2.1 烷烃和环烷烃的通式

烷烃和环烷烃的通式分别为 C_nH_{2n+2} 和 C_nH_{2n}。

2.2.2 烷烃的系统命名法

1. 伯、仲、叔、季碳原子

在烃分子中仅与一个碳相连的碳原子叫做伯碳原子（或一级碳原子，用 1°表示）；与两个碳原子相连的碳叫做仲碳原子（或二级碳原子，用 2°表示）；与三个碳相连的碳原子叫做叔碳原子（或三级碳原子，用3°表示）；与四个碳相连的碳原子叫做季碳原子（或四级碳原子，用4°表示）。

同样，与伯、仲、叔碳原子相连的氢原子，分别称为伯、仲、叔氢原子。

2. 烷基

将烷烃分子去掉一个氢原子后剩下的原子团，称为烷基。烷基的通式为 C_nH_{2n+1}，通常用 R— 表示。常见的烷基和亚烷基见表 2-1。

表 2-1 常见的烷基和亚烷基

烷基	名称	通常符号
CH_3—	甲基（methyl）	Me
CH_3CH_2—	乙基（ethyl）	Et
$CH_3CH_2CH_2$—	丙基（propyl）	n-Pr
$(CH_3)_2CH$—	异丙基（isopropyl）	i-Pr
$CH_3CH_2CH_2CH_2$—	正丁基（butyl）	n-Bu
$(CH_3)_2CHCH_2$—	异丁基（isopropyl）	i-Bu
$CH_3CH_2CH(CH_3)$—	仲丁基（sec-butyl）	s-Bu
$(CH_3)_3C$—	叔丁基（tert-butyl）	t-Bu
$(CH_3)_3CCH_2$—	新戊基（neopentyl）	new-Amyl
$CH_3CH_2C(CH_3)_2$—	叔戊基（tert-amyl）	t-Amyl

亚烷基	名称	
—CH_2—	亚甲基（methylene）	
—$CH(CH_3)$—	亚乙基（ethylidene）	
—CH_2CH_2—	1,2-亚乙基（或二亚甲基）（dimethylene）	
—$C(CH_3)_2$—	亚异丙基（1-methylethylidene）	
1,6-$CH_2(CH_2)_4CH_2$—	亚己基（或六亚甲基）（hexylidene）	

3. 命名原则

规则一：选择分子中最长的碳链作为主链。若有几条等长碳链时，选择支链较多的一条为主链。根据主链所含碳原子的数目定为某烷，再将支链作为取代基。把与主链相连的所有基团命名为烷基。

规则二：从靠近取代基的一端开始，给主链上的碳原子用阿拉伯数字编号。若主链上有两个或者两个以上的取代基时，则主链的编号顺序应使支链位次尽可能低。

规则三：将取代基的位次及名称按编号由小到大的顺序加在主链名称之前。若主链上连有多个相同的取代基时，先用阿拉伯数字"1，2，3"等表示各个取代基的位次，每个位次之间用逗号隔开，然后用大写汉字数字"一、二、三"等表示相同取代基的个数，最后一个阿拉伯数字与大写汉字之间用半字线"-"隔开。若主链上连有不同的几个取代基时，则先写位次和名称小的取代基，再写位次和名称大的取代基，并加在主链名称之前。

规则四：如果支链上还有取代基时，也适用以上规则。即首先找出该取代基的最长主链，然后再命名其他所有的取代基并补充命名支链上取代基的位次、名称及数目。

2.2.3 环烷烃的命名

1. 单环烷烃的命名

(1) 单环烷烃的命名与烷烃相似，根据成环碳原子数称为"某烷"，并在某烷前面冠以"环"字，叫环某烷；

(2) 若环上带有支链时，一般以环为母体，支链为取代基进行命名；

(3) 若环上有不饱和键时，编号从不饱和碳原子开始，并通过不饱和键编号。

2. 螺环烃的命名

根据螺环中碳原子总数称为螺某烃。在螺字后面用一方括号，在方括号内用阿拉伯数字标明每个环上除螺原子以外的碳原子数，小环数字排在前面，大环数字排在后面，数字之间用圆点隔开。

3. 桥环烃的命名

以二环（双环）为词头，后面用方括号，按照桥碳原子由多到少的顺序标明各桥碳原子数，写在方括号内（桥头碳原子除外），各数字之间用原点隔开，再根据桥环中碳原子总数称为某烷。

2.2.4 烷烃的化学性质

烷烃的主要化学性质为卤代反应。

$$R-H + X_2 \xrightarrow{h\nu \text{ or heat}} R-X + HX + 热$$

卤代反应属于游离基（自由基）反应，其反应历程包括链引发、链增长和链终止三个阶段。

在卤代反应中，卤素反应的活性次序为：$F_2 > Cl_2 > Br_2 > I_2$。氢原子被卤化的难易顺序为：3°氢 > 2°氢 > 1°氢。烷基自由基的稳定性排列顺序为：叔烷基自由基 > 仲烷基自由基 > 伯烷基自由基 > 甲基自由基。这与卤化反应中氢原子的活性顺序是一致的。

2.2.5 环烷烃的化学性质

1. 卤代反应

在高温或紫外线作用下，环烷烃上的氢原子可以被卤素取代而生成相应的卤代环烷烃。

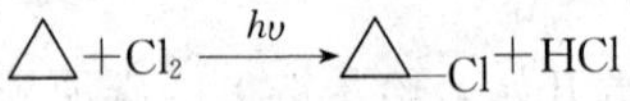

$$\triangle + Cl_2 \xrightarrow{h\nu} \triangle\text{-}Cl + HCl$$

2. 开环（或加成）反应

在催化剂的作用下，加氢、加卤素、加卤化氢。

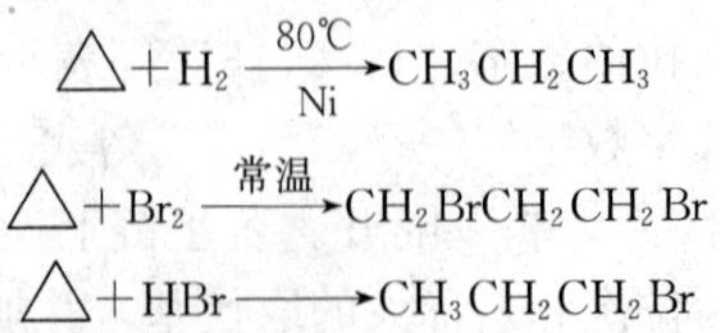

$$\triangle + H_2 \xrightarrow[\text{Ni}]{80℃} CH_3CH_2CH_3$$

$$\triangle + Br_2 \xrightarrow{\text{常温}} CH_2BrCH_2CH_2Br$$

$$\triangle + HBr \longrightarrow CH_3CH_2CH_2Br$$

2.3 典型习题讲解及参考答案

1. 化合物 $BrCH_2CH_2Br$ 有几种较稳定的构象？哪一种构象最稳定？平衡体系中，哪一种构象异构体的含量最多，为什么？

解：有两种较为稳定的构象（1）和（2），其中（1）较稳定。在平衡体系中（1）的含量最多，因为两个大的溴原子处于对位交叉式的位置，没有 Br—C—C—Br 二面角之间较大的排斥力。

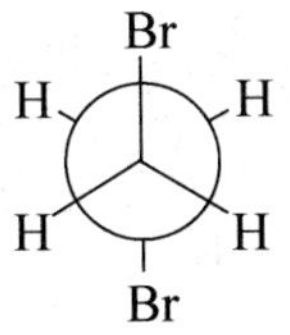

(1) 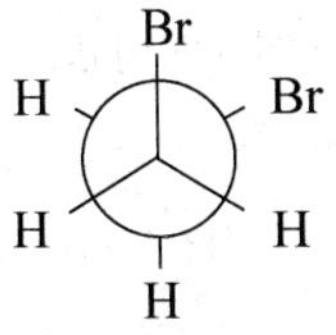　　　　　(2)

2. 解释下列化合物的沸点顺序。

(1) A. CH_3CH_3（-89℃）　　B. CH_3CH_2Br（38℃）　　C. CH_3CH_2I（72℃）

(2) A. $CH_3(CH_2)_4CH_3$（69℃）　　B. $CH_3CH(CH_3)(CH_2)_2CH_3$（60℃）

C. $CH_3CH_2C(CH_3)_2CH_3$（49.7℃）　　D. 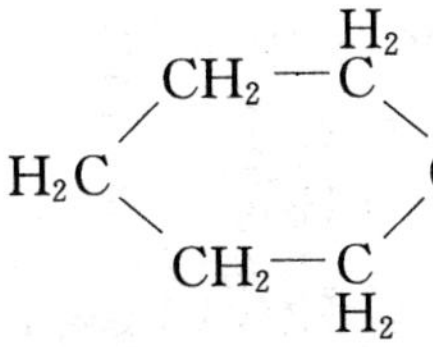 环己烷（81℃）

解：(1) A 沸点 -89℃，无极性，只有范德华引力，相对分子质量不大，沸点较低。

B 沸点 38℃，相对分子质量增大，且有偶极-偶极作用，沸点升高。

C 沸点 72℃，相对分子质量增大，分子接触面增大，沸点升高。

(2) A 沸点 69℃，分子间有范德华引力。

B 沸点 60℃，有侧链，分子间排列不整齐，分子间接触面减少，分子间吸引力也减少，沸点降低。

C 沸点 49.7℃，侧链增加，分子间吸引力进一步减少，沸点也进一步降低。

D 沸点 81℃，分子排列比较有规律，分子间接触面增大，吸引力大，沸点升高。

3. 写出环己烷在光作用下的溴化反应式，并阐述溴代环己烷的反应机制。

解：

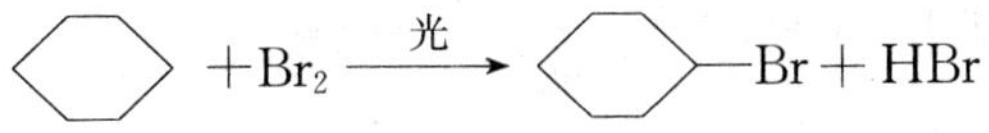

$$\text{C}_6\text{H}_{12} + Br_2 \xrightarrow{\text{光}} \text{C}_6\text{H}_{11}-Br + HBr$$

反应机制：

第一步：链引发

$$Br_2 \xrightarrow{\text{光}} 2Br\cdot$$

第二步：链转移

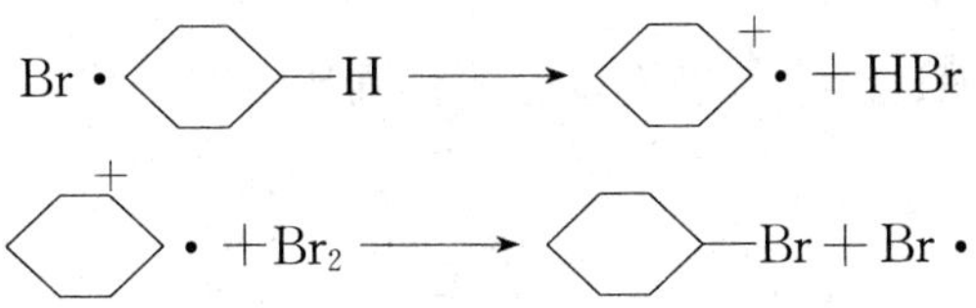

$$Br\cdot + \text{C}_6\text{H}_{11}-H \longrightarrow \text{C}_6\text{H}_{11}\cdot + HBr$$

$$\text{C}_6\text{H}_{11}\cdot + Br_2 \longrightarrow \text{C}_6\text{H}_{11}-Br + Br\cdot$$

第三步：链终止

$$Br\cdot + Br\cdot \longrightarrow Br_2$$

$$\text{〇}\cdot + \text{〇}\cdot \longrightarrow \text{〇—〇}$$

$$\text{〇}\cdot + Br\cdot \longrightarrow \text{〇—Br}$$

4. 2-甲基丁烷氯化时，产生四种可能的异构体，它们的相对含量如下式所示：

$$\underset{\underset{CH_3}{|}}{CH_3CHCH_2CH_3} \xrightarrow[300°C]{Cl_2} \underset{\underset{CH_3}{|}}{ClCH_2CHCH_2CH_3} + \underset{\underset{CH_3}{|}}{CH_3\overset{\overset{Cl}{|}}{C}CH_2CH_3} + \underset{\underset{CH_3}{|}}{CH_2\overset{\overset{Cl}{|}}{C}HCHCH_3}$$

$$\quad\quad\quad\quad\quad\quad\quad\quad\quad\quad\quad 34\% \quad\quad\quad\quad\quad\quad 22\% \quad\quad\quad\quad\quad\quad 28\%$$

上述反应结果与自由基的稳定性：叔自由基＞仲自由基＞伯自由基，是否矛盾？请解释，并计算伯氢、仲氢、叔氢反应活性之比。

解： 2-甲基丁烷中有 9 个伯氢、2 个仲氢、1 个叔氢，每种氢反应速率之比为：v（伯氢）：v（仲氢）：v（叔氢）＝（34+16/9）：（28/2）：（22/1）＝1：2.5：4。

5. 解释下列化合物的沸点顺序。

(1) CH_3CH_3，CH_3CH_2Br，CH_3CH_2I
　　　$-89°C$　　　$38°C$　　　$72°C$

(2) $CH_3(CH_2)_4CH_3$，$CH_3\overset{\overset{CH_3}{|}}{C}H(CH_2)_2CH_3$，$CH_3CH_2\overset{\overset{CH_3}{|}}{\underset{\underset{CH_3}{|}}{C}}CH_3$，环戊烷（环状$CH_2$）

　　　　　　$69°C$　　　　　　$60°C$　　　　　　$49.7°C$　　　　　　$81°C$

解： (1) CH_3CH_3：沸点 $-89°C$，无极性，只有范德华引力，相对分子质量不大，沸点较低。

CH_3CH_2Br：沸点 $38°C$，相对分子质量增大，且有偶极-偶极作用，沸点升高。

CH_3CH_2I：沸点 $72°C$，相对分子质量增大，分子接触面增大，沸点升高。

(2) $CH_3(CH_2)_4CH_3$：沸点 $69°C$，分子间有范德华引力。

$CH_3\overset{\overset{CH_3}{|}}{C}H(CH_2)_2CH_3$：沸点 $60°C$，有侧链，分子间排列不整齐，分子间接触面减少，分子间吸引力也减小，沸点降低。

$CH_3CH_2\overset{\overset{CH_3}{|}}{\underset{\underset{CH_3}{|}}{C}}CH_3$：沸点 $49.7°C$，侧链增加，分子间吸引力进一步减少，沸点也进一步降低。

环戊烷：沸点 $81°C$，分子排列比较有规律，分子间接触面增大，吸引力大，沸点升高。

6. 由下列指定化合物合成相应的卤化物，用 Cl_2 还是 Br_2？为什么？

(1)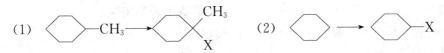

解：(1) 溴化，因溴化反应有选择性，3°H＞2°H＞1°H
(2) 氯化、溴化均可。

7. 解释下列反应得此两个产物的原因，并估计哪一个产物较多？

$$CH_3CH_2CH_2CH_2CH_3 \xrightarrow[\triangle]{\text{光, Br}_2} CH_3\underset{Br}{C}HCH_2CH_2CH_3 + CH_3CH_2\underset{Br}{C}HCH_2CH_3$$

解：溴化的选择性较高，主要是 2°H 反应。在分子中有两种 2°H，C-2 和 C-4 上的 2°H 是等同的，共有 4 个；C-3 上的 2°H 只有 2 个。因此 C-2 和 C-4 上的 2°H 反应会多，主要产物为 $CH_3\underset{Br}{C}HCH_2CH_2CH_3$。

8. 2-甲丁烷中有 3 种 C—C 键，在热裂反应中，可形成哪些自由基（一次断裂）？根据键离解能，推算哪一种断裂优先？

解：$CH_3\underset{CH_3}{C}HCH_2CH_3$ 热裂产生 CH_3，$CH_3\underset{CH_3}{C}HCH_2CH_3$，$CH_3\underset{CH_3}{C}HCH_3$，$CH_3CH_2$，$CH_3\underset{CH_3}{C}HCH_2$ 5 种自由基。在断裂时，$CH_3\underset{CH_3}{C}HCH_3$，$CH_3CH_2$ 优先。这是根据自由基的稳定性顺序 3°＞2°＞1°＞CH_3 以及分子在中间断裂的 ΔH^θ 最小，因而机会较多来推断的。

9. 写出下列化合物的构造式，并用 IUPAC（中英文）命名。
(1) 异丙基二级丁基甲烷   (2) 乙基二异丙基甲烷
(3) 异丁基二级丁基正戊基甲烷   (4) 二乙基三级丁基甲烷

解：

(1) $(CH_3)_2CHCH_2\underset{CH_3}{\overset{CH_3}{C}H}CHCH_2CH_3$

2，4-二甲基己烷
2，4-dimethylhexane

(2) $CH_3\underset{CH_3}{C}H\underset{CH_3}{C}H\underset{CH_3}{C}HCH_3$ (with CH_2CH_3 in middle)

2，4-二甲基-3-乙基戊烷
3-ethyl-2，4-dimethylpentane

(3) $CH_3\underset{CH_3}{C}HCH_2\underset{\underset{CH_2CH_3}{CHCH_3}}{C}H(CH_2)_4CH_3$

2-甲基-4-（1-甲丙基）壬烷
2-methyl-4-（1-methylpropyl）nonane

(4) $CH_3CH_2\underset{\underset{CH_3}{\overset{CH_3}{C}CH_3}}{C}HCH_2CH_3$

2，2-二甲基-3-乙基戊烷
3-ethyl-2，2-dimethylpentane

10. 写出下列每个烷烃的结构式。
(1) 新戊烷   (2) 异丁烷

(3) 异戊烷 (4) 3，4，5-三甲基-4-丙基庚烷
(5) 6-（3-甲基丁基）十一烷 (6) 4-叔丁基庚烷
(7) 2-甲基十七烷

解：

(1) $CH_3-\underset{\underset{CH_3}{|}}{\overset{\overset{CH_3}{|}}{C}}-CH_3$ (2) $CH_3-\underset{\overset{CH_3}{|}}{CH}-CH_3$

(3) $CH_3-\underset{\overset{CH_3}{|}}{CH}-CH_2-CH_3$ (4) $CH_3CH_2-\underset{\underset{CH_2CH_3}{|}}{\overset{\overset{CH_3}{|}}{C}}-\underset{\overset{CH_3}{|}}{CH}-CH_2-CH_3$

(5) $CH_3(CH_2)_4\underset{\overset{CH_2CH_2CH(CH_3)_2}{|}}{CH}(CH_2)_4CH_3$

(6) $CH_3CH_2CH_2\underset{\overset{C(CH_3)_3}{|}}{CH}CH_2CH_2CH_3$

(7) $(CH_3)_2CH(CH_2)_{14}CH_3$

11. 解释为什么乙苯在紫外光存在下氯代生成91%1-氯-1-苯基乙烷和9%1-氯-2-苯基乙烷；而丁烷氯代却生成72%的2-氯丁烷和28%的1-氯丁烷。

解： $PhCH_2CH_3 \xrightarrow{Cl \cdot} Ph\dot{C}HCH_3 + PhCH_2\dot{C}H \xrightarrow{Cl_2}$ 产物
　　　　　　　　　共振稳定　　1°自由基
　　　　　　　　　2°自由基

相对反应活性：$\dfrac{2°C-H}{1°C-H} = \dfrac{91}{9} \times \dfrac{3}{2} \simeq 15$

$CH_3CH_2CH_2CH_3 \xrightarrow{Cl \cdot} CH_3CH_2\dot{C}HCH_3 + CH_3CH_2CH_2\dot{C}H_2 \xrightarrow{Cl_2}$ 产物
　　　　　　　　　　　　　　2°自由基　　　　　　1°自由基

相对反应活性：$\dfrac{2°C-H}{1°C-H} = \dfrac{72}{28} \times \dfrac{3}{2} \simeq 4$

C—H键强顺序：1°>2°>苄基。自由基形成的放热顺序为：苄基>2°>1°。因此，这些C—H键的相对反应活性具有同样的顺序。

12. 异戊烷氯代时产生四种可能的异构体，它们的相对含量如下：

$$\underset{}{\overset{\overset{C}{|}}{C}}-\underset{}{C}-\underset{}{C}-C \xrightarrow{Cl_2, 300°C} \underset{\overset{Cl}{}}{C}-\underset{\overset{C}{|}}{C}-C-C + \underset{\overset{C}{|}}{\overset{\overset{Cl}{|}}{C}}-C-C-C + C-\underset{\overset{C}{|}}{\overset{\overset{Cl}{|}}{C}}-C-C + C-\underset{\overset{C}{|}}{C}-C-\underset{\overset{}{}}{C}-Cl$$
　　　　　　　　　　（Ⅰ）34%　　　　（Ⅱ）22%　　　（Ⅲ）28%　　　（Ⅳ）16%

上述的反应结果与游离基的稳定性为3°>2°>1°>·CH₃是否矛盾？解释之。

解： 不矛盾。在高温下各产物的多少，除了与游离基的稳定性有关外，还与产生某种游离基的几率有关，即与不同位置上可取代氢的数目有关。可产生产物（Ⅰ）的氢有6个，每个的相对产量为5.8%；生成（Ⅱ）的氢只有1个，相对产量为22%；生成（Ⅲ）的氢有2

个，每个的相对产量为14%；生成（Ⅳ）的氢有3个，每个的相对产量为5.3%。从上述不同单个游离基所生成的产物来看，仍符合游离基的稳定性为3°>2°>1°>·CH_3的规律。

13. 用IUPAC法命名下列化合物。

(1) $(CH_3)_2CHCH_2CH_2CH(CH_3)_2$

(2) $CH_3-CH_2-\underset{\underset{CH_3}{|}}{\overset{\overset{CH_3}{|}}{CH}}-CH_2-\underset{\underset{CH_3}{|}}{\overset{\overset{CH_3}{|}}{C}}-CH_2-\overset{\overset{CH_2-CH_3}{|}}{CH}-CH_2-CH_3$

(3) $CH_3-CH_2-CH_2-\overset{\overset{CH_3-CH-CH_2-CH_3}{|}}{CH}-CH_2-CH_3$

(4) $CH_3-CH_2-\overset{\overset{CH_3-CH-CH_3}{|}}{CH}-CH_2-\underset{\underset{CH_3}{|}}{\overset{\overset{CH_2-CH_3}{|}}{C}}-CH_2-CH_3$

(5) $(CH_3-CH_2-\underset{\underset{CH_3}{|}}{\overset{\overset{CH_3}{|}}{C}}-CH_2-CH_2)_3CH$

(6) $(CH_3CH_2)_3C$

(7) $(CH_3CH_2)_2CH-\overset{\overset{CH_3}{|}}{CH}-CH_2-CH_3$

(8) $(CH_3CH_2)_2CHCH_2CH_3$ 的结构中含$\overset{\overset{CH_3}{|}}{C}$和$\underset{CH_3}{|}$

解：(1) 2,5-二甲基己烷　　　　　　(2) 3,5,5-三甲基-7-乙基壬烷
(3) 3-甲基-4-乙基庚烷　　　　　　(4) 2,6-二甲基-3,6-二乙基辛烷
(5) 3,3,9,9-四甲基-6-(3,3-二甲基戊基)十一烷
(6) 3,3-二乙基戊烷　　　　　　　(7) 3-甲基-4-乙基己烷
(8) 3,3-二甲基-4-乙基己烷

14. 写出庚烷的各种异构体，并用IUPAC法命名。

解：$CH_3(CH_2)_5CH_3$　庚烷；　　　$CH_3CH(CH_2)_3CH_3$　2-甲基己烷；
　　　　　　　　　　　　　　　　　$\underset{CH_3}{|}$

$CH_3CH_2\underset{\underset{CH_3}{|}}{CH}CH_2CH_2CH_3$　3-甲基己烷；　$CH_3\underset{\underset{CH_3}{|}}{\overset{\overset{CH_3}{|}}{C}}-CH_2H_2CH_3$　2,2-二甲基戊烷；

$CH_3\underset{\underset{CH_3}{|}}{CH}\underset{\underset{CH_3}{|}}{CH}CH_2CH_3$　2,3-二甲基戊烷；　$CH_3\underset{\underset{CH_3}{|}}{CH}CH_2\underset{\underset{CH_3}{|}}{CH}CH_3$　2,4-二甲基戊烷；

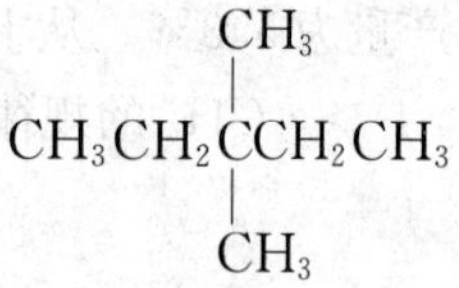

$CH_3CH_2\underset{\underset{CH_3}{|}}{\overset{\overset{CH_3}{|}}{C}}CH_2CH_3$ 3,3-二甲基戊烷； $CH_3CH_2\underset{\underset{CH_2CH_3}{|}}{CH}CH_2CH_3$ 3-乙基戊烷；

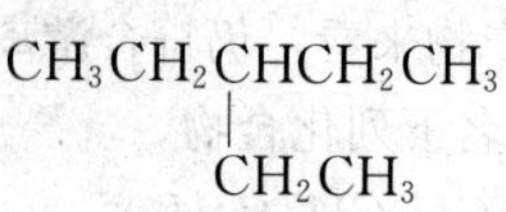

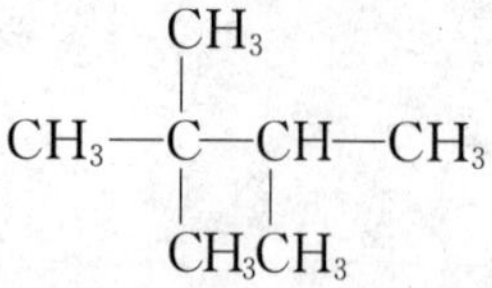

$CH_3-\underset{\underset{CH_3}{|}}{\overset{\overset{CH_3}{|}}{C}}-CH-CH_3$ 2,2,3-三甲基丁烷

15. 写出相当于下列名称的各化合物的构造式，如其名称与系统命名原则不符，予以改正。

(1) 2,3-二甲基-2-乙基丁烷；

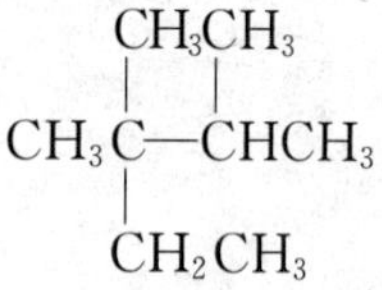

$CH_3-\underset{\underset{CH_2CH_3}{|}}{\overset{\overset{CH_3\,CH_3}{|\;\;\;|}}{C}}CHCH_3$

(2) 1,5,5-三甲基-3-乙基己烷；

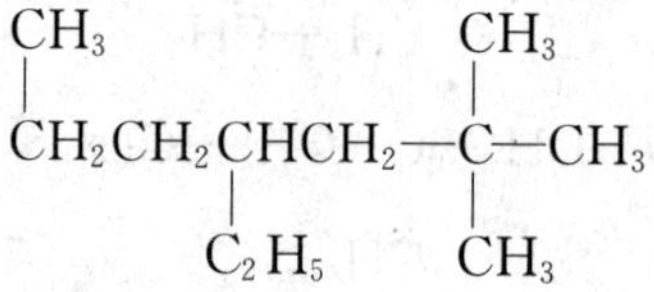

$\underset{\underset{CH_3}{|}}{CH_2}CH_2\underset{\underset{C_2H_5}{|}}{CH}CH_2-\underset{\underset{CH_3}{|}}{\overset{\overset{CH_3}{|}}{C}}-CH_3$

(3) 2-叔丁基-4,5-二甲基己烷；

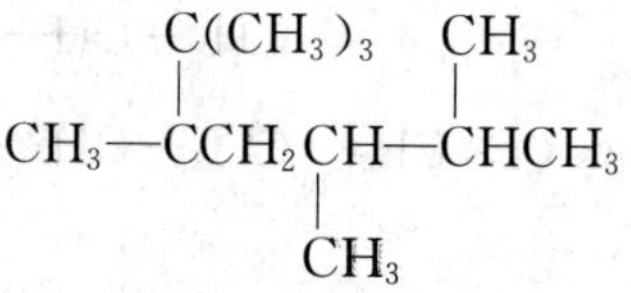

$CH_3-\underset{\underset{}{}}{\overset{\overset{C(CH_3)_3}{|}}{CH}}CH_2CH-\underset{\underset{CH_3}{|}}{\overset{\overset{CH_3}{|}}{CH}}CH_3$

(4) 甲基乙基异丙基甲烷；

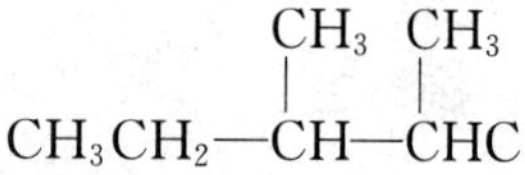

$CH_3CH_2-\underset{\underset{}{}}{\overset{\overset{CH_3\,CH_3}{|\;\;\;|}}{CH}}-CHC$

(5) 丁基环丙烷；

$\triangle\!\!-CH_2CH_2CH_2CH_3$

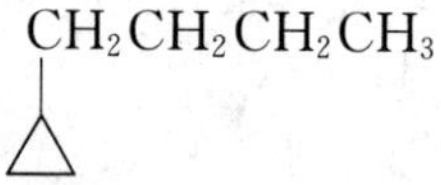

(6) 1-丁基-3-甲基环己烷

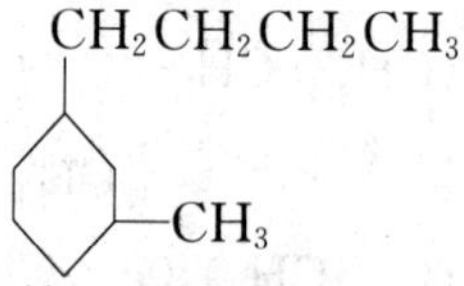

[环己烷 with $CH_2CH_2CH_2CH_3$ and CH_3 substituents]

解：(1) 2,3,3-三甲基戊烷；(2) 2,2-二甲基-4-乙基庚烷；(3) 2,2,3,5,6-五甲基庚烷；(4) 2,3-二甲基戊烷；(5) 1-环丙基丁烷；(6) 1-甲基-3-丁基环己烷

16. 以 C_2 与 C_3 的 σ 键为旋转轴，试分别画出2,3-二甲基丁烷和2,2,3,3-四甲基丁烷的典型构象式，并指出哪一个为其最稳定的构象式。

解： 2,3-二甲基丁烷的典型构象式共有四种：

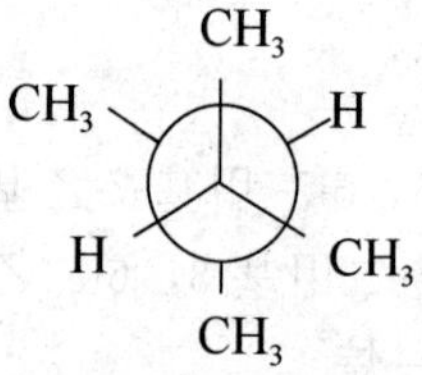

(I)(最稳定构象) 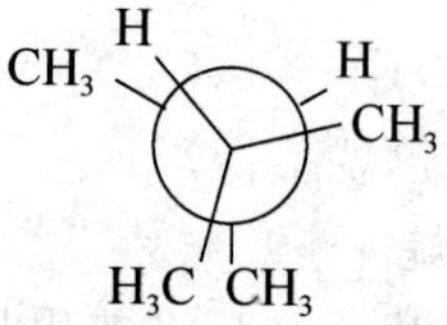 (Ⅱ)

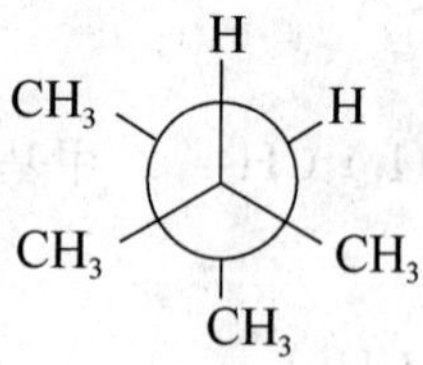

(Ⅲ) 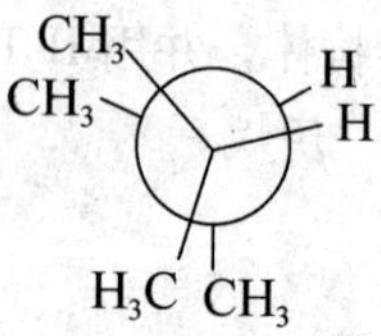 (Ⅳ)(最不稳定构象)

2,2,3,3-四甲基丁烷的典型构象式共有两种：

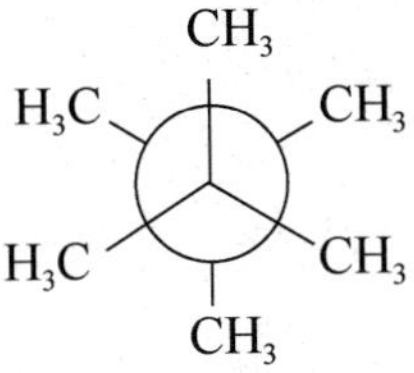

(Ⅰ)(最稳定构象) 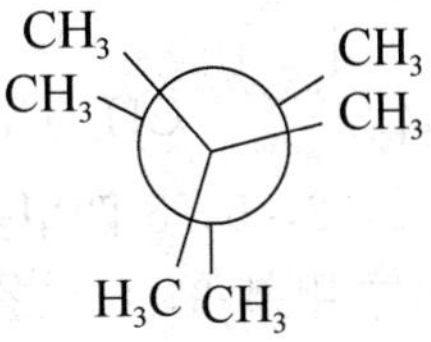　　　　　　　　　　(Ⅱ)

17. 将下列的自由基按稳定性大小排列成序。

(1) $\overset{+}{C}H_3$；(2) $CH_3\underset{\underset{CH_3}{|}}{C}H CH_2\overset{+}{C}H_2$；(3) $CH_3\overset{+}{\underset{\underset{CH_3}{|}}{C}}CH_2CH_3$；(4) $CH_3\overset{+}{\underset{\underset{CH_3}{|}}{C}H}CHCH_3$

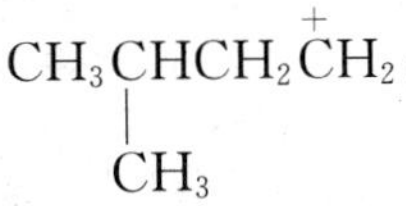

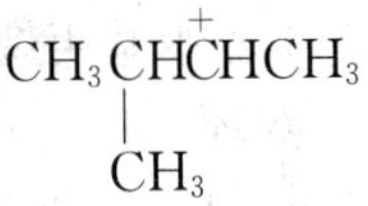

解：自由基的稳定性顺序为：（3）＞（4）＞（2）＞（1）。

2.4　课后习题及参考答案

1. 命名下列化合物。

(1) $(CH_3)_3CCH_2CH_2C(CH_3)_3$

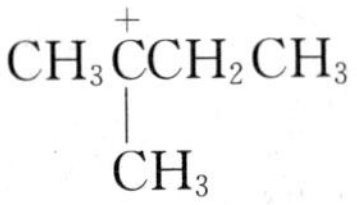

(2) 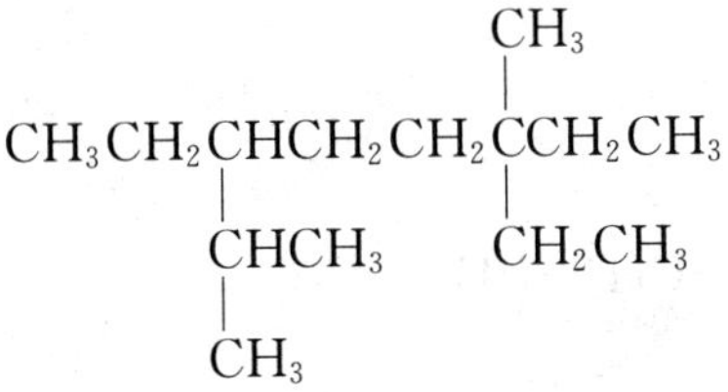 $CH_3CH_2\underset{\underset{\underset{CH_3}{|}}{CHCH_3}}{C}H CH_2\underset{\underset{CH_2CH_3}{|}}{\overset{\overset{CH_3}{|}}{C}}CH_2CH_3$

(3) $(CH_3)_3CCH_2\underset{\underset{CH_3}{|}}{C}HCH_3$

(4) 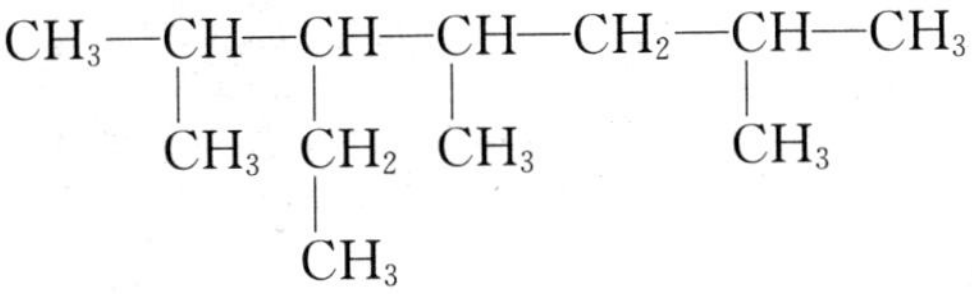 $CH_3-\underset{\underset{CH_3}{|}}{C}H-\underset{\underset{\underset{CH_3}{|}}{CH_2}}{C}H-\underset{\underset{CH_3}{|}}{C}H-CH_2-\underset{\underset{CH_3}{|}}{C}H-CH_3$

(5) 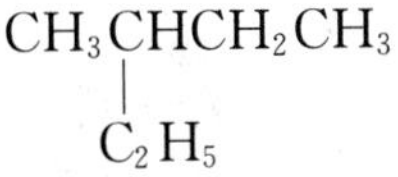 $CH_3\underset{\underset{C_2H_5}{|}}{C}HCH_2CH_3$

(6) 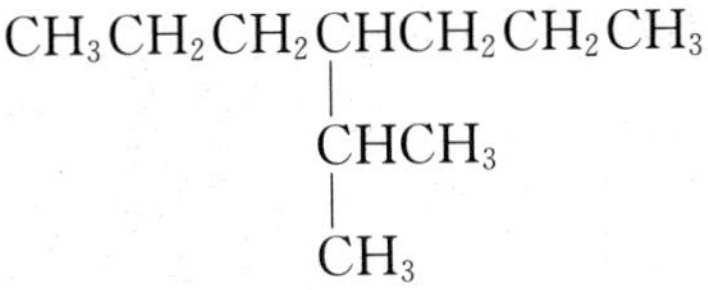 $CH_3CH_2CH_2\underset{\underset{\underset{CH_3}{|}}{CHCH_3}}{C}HCH_2CH_3$

(7) 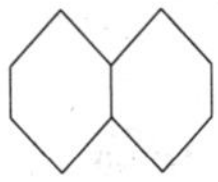 [bicyclic structure]

(8) 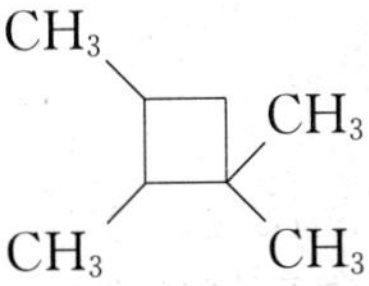 [cyclobutane with four methyl groups]

(9) 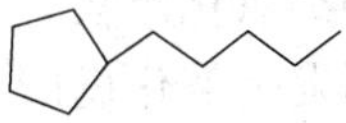 [cyclopentane with pentyl chain]

(10) C_2H_5—[环]—$CH_2(CH_2)_4CH_3$

解：(1) 2,2,5,5-四甲基己烷

(2) 2,6-二甲基-3,6-二乙基辛烷

(3) 2,4-二甲基戊烷

(4) 2,4,6-三甲基-3-乙基庚烷

(5) 3-甲基戊烷

(6) 4-乙丙基庚烷

(7) 双环[4.4.0]癸烷

(8) 1,1,2,3-四甲基环丁烷

(9) 2-甲基-3-环丙基庚烷

(10) 1-乙基-4-正己基环辛烷

2. 用不同符号标出下列化合物中伯、仲、叔、季碳原子。

(1) CH_3CHCH_2—$\underset{\underset{CH_2CH_3}{|}}{\overset{\overset{CH_3}{|}}{C}}$—$\underset{\underset{CH_2CH_3}{|}}{\overset{\overset{CH_3}{|}}{C}}$—$CH_2CH_3$ ；(2) $CH_3CH(CH_3)CH_2C(CH_3)_2CH(CH_3)CH_2CH_3$

解：(1) $CH_3\overset{3°}{-}CH\overset{2°}{-}CH_2\overset{4°}{-}C\overset{4°}{-}C\overset{4°}{-}C\overset{2°}{-}CH_2-CH_3$ 以伯、仲、叔、季碳原子标注

(2) $\overset{1°}{CH_3}\overset{3°}{CH}(\overset{1°}{CH_3})\overset{2°}{CH_2}\overset{4°}{C}(\overset{1°}{CH_3})_2\overset{3°}{CH}(\overset{1°}{CH_3})\overset{2°}{CH_2}\overset{1°}{CH_3}$

3. 写出下列化合物的结构式。

(1) 2-甲基-3-乙基己烷

(2) 2,6-二甲基-3,6-二乙基辛烷

(3) 2,3-二甲基-4-异丙基庚烷

(4) 2,3,5-三甲基己烷

解：(1) $(CH_3)_2CHCH(CH_2CH_3)CH_2CH_2CH_3$

(2) $(CH_3)_2CHCH(CH_2CH_3)CH_2CH_2C(CH_3)(CH_2CH_3)_2$

(3) $CH_3CH-CH-CH-CH_2-CH_2-CH_3$
　　　 $|\ \ \ \ \ |\ \ \ \ \ |$
　　　 $CH_3\ CH_3\ CH-CH_3$
　　　　　　　　 $|$
　　　　　　　　 CH_3

(4) $CH_3CH-CH-CH_2-CH-CH_3$
　　　 $|\ \ \ \ \ |\ \ \ \ \ \ \ \ \ \ |$
　　　 $CH_3\ CH_3\ \ \ \ \ \ CH_3$

4. 解释甲烷氯化反应中观察到的现象。

(1) 甲烷和氯气的混合物于室温下在黑暗中可以长期保存而不起反应。

(2) 将氯气先用光照射，然后迅速在黑暗中与甲烷混合，可以得到氯化产物。

(3) 将氯气用光照射后在黑暗中放一段时期，再与甲烷混合，不发生氯化反应。

(4) 将甲烷先用光照射后，在黑暗中与氯气混合，不发生氯化反应。
(5) 甲烷和氯气在光照下起反应时，每吸收一个光子产生许多氯化甲烷分子。

解：(1) 无引发剂自由基产生。
(2) 光照射，产生 Cl·，氯自由基非常活泼与甲烷立即反应。
(3) 所生成的 Cl· 重新变为 Cl_2，失去活性。
(4) 光照射，CH_4 不能生成自由基，不能与 Cl_2 在黑暗中反应。
(5) 自由基具有连锁反应。

5. 按自由基稳定性大小排序。

(1) ·CH_3；(2) $CH_3\dot{C}HCH_2CH_3$；(3) $\dot{C}H_2CH_2CH_2CH_3$；(4) $CH_3-\underset{CH_3}{\overset{\dot{C}H_3}{C}}-CH_3$

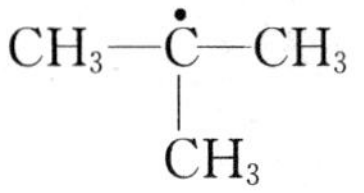

解：(4) ＞ (2) ＞ (3) ＞ (1)。

6. 写出下列化合物最稳定的构象的透视式。
(1) 反-1,4-二甲基环己烷；(2) 顺-1-甲基-4-叔丁基环己烷

解：

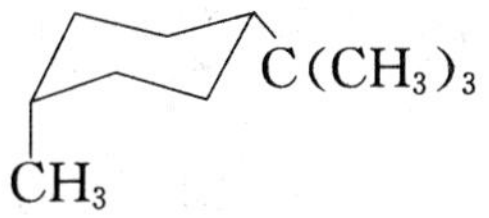

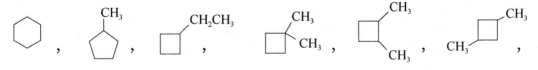

7. 写出分子式为 C_6H_{14} 的烷烃和 C_6H_{12} 的环烷烃的所有构造异构体，用短线或缩简式表示。

解：(1) C_6H_{14} 共有 5 个构造异构体，如下所示：

$CH_3CH_2CH_2CH_2CH_2CH_3$，$CH_3\underset{}{\overset{CH_3}{\underset{|}{C}H}}CH_2CH_2CH_3$，$CH_3CH_2\underset{}{\overset{CH_3}{\underset{|}{C}H}}CH_2CH_3$，

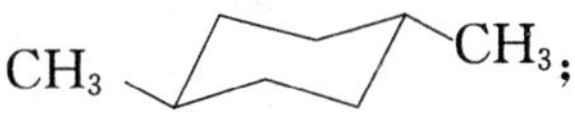

$CH_3\underset{\overset{|}{CH_3}}{\overset{\overset{|}{CH_3}}{C}H}-\underset{}{\overset{}{C}H}CH_3$，$CH_3\underset{\overset{|}{CH_3}}{\overset{\overset{|}{CH_3}}{C}}CH_2CH_3$

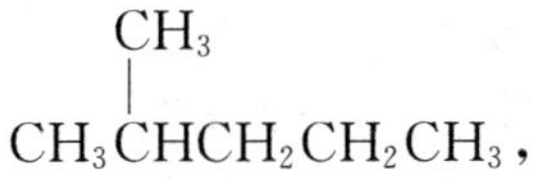

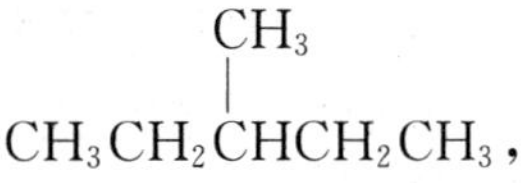

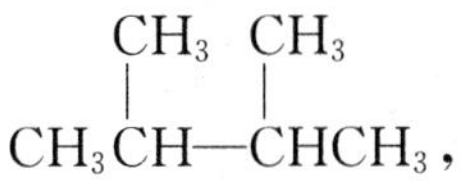

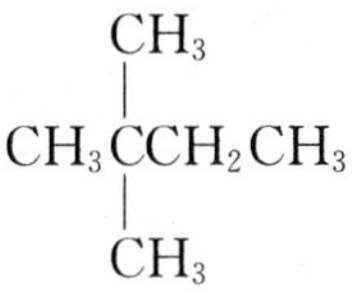

(2) 环烷烃 C_6H_{12} 共有 12 个构造异构体，如下所示：

（环己烷），（甲基环戊烷），（乙基环丁烷），（1,1-二甲基环丁烷），（1,2-二甲基环丁烷），（1,3-二甲基环丁烷），

（丙基环丙烷），（异丙基环丙烷），（1,1-二甲基-2-甲基环丙烷类），（1,1,2-三甲基环丙烷），（1,1,2-三甲基环丙烷），（1,2,3-三甲基环丙烷）

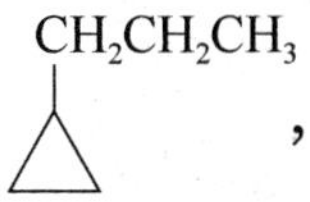

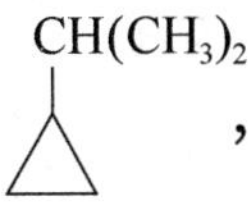

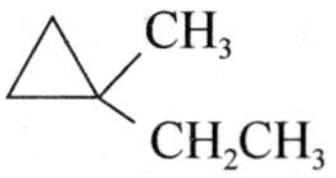

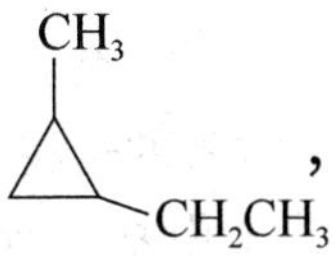

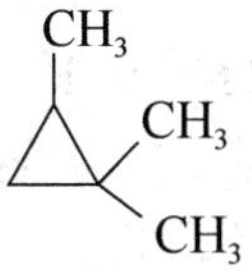

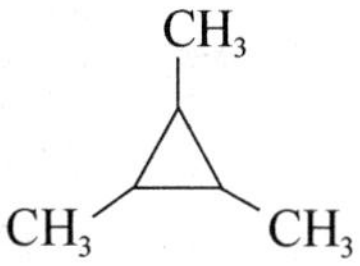

8. 下列化合物哪些是同一化合物？哪些是构造异构体？
(1) $CH_3C(CH_3)_2CH_2CH_3$
(2) $CH_3CH_2CH(CH_3)CH_2CH_3$
(3) $CH_3CH(CH_3)CH_2CH_3$
(4) $(CH_3)_2CHCH_2CH_2CH_3$

(5) CH₃(CH₂)₂CH(CH₃)₂
(6) (CH₃CH₂)₂CHCH₃

解：(3)(4)(5) 是同一化合物；(2)(6) 是同一化合物；(1)(3)(6) 互为构造异构体。

9. 构造和构象有何不同？判断下列各对化合物是构造异构、构象异构，还是完全相同的化合物。

(1) [纽曼投影式图]

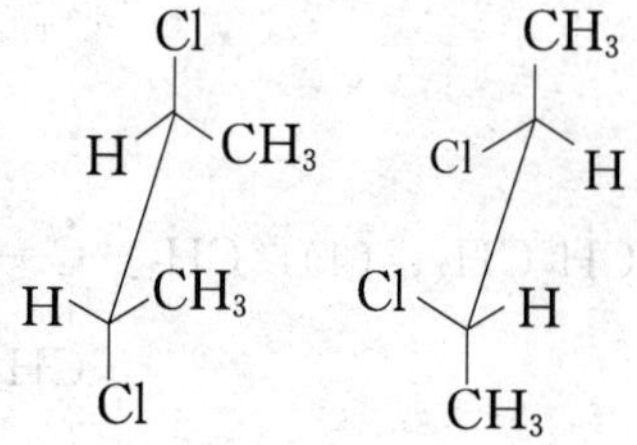

(2) [纽曼投影式图]

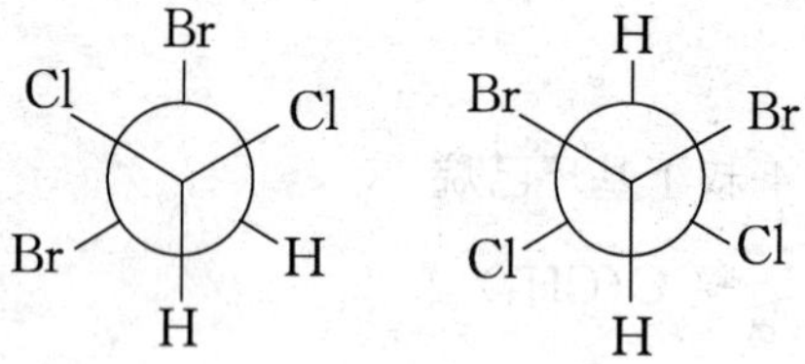

解：构造异构：分子中原子或原子团的排列顺序不同；从一种构造转变成另一种构造必须断裂化学键。

构象异构：分子中原子或原子团的排列顺序相同，但由于 C—C 单键自由旋转所引起的原子或原子团的相对位置不同，从一种构象转变成另一种构象不需要断裂化学键。

(1) 和 (2) 分别是构象异构。

10. 写出下列每一个构象式所对应的烷烃的构造式。

(1) [纽曼投影式图]

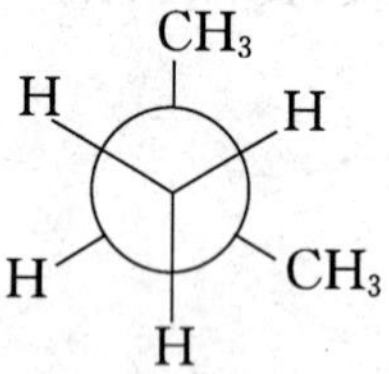

(2) [纽曼投影式图]

解：(1) CH₃—CH—CH₃ (2) 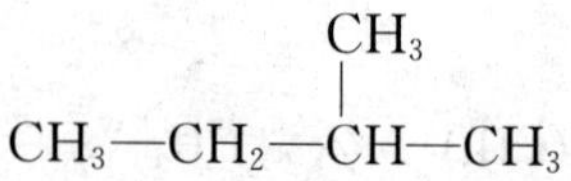 CH₃—CH₂—CH—CH₃
           | |
           CH₃   CH₃

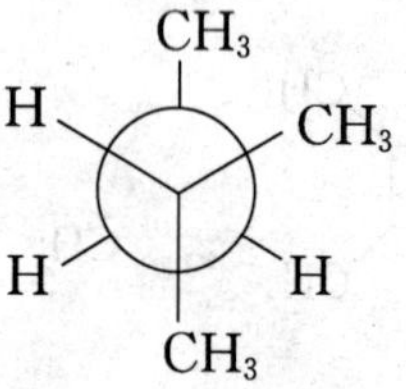

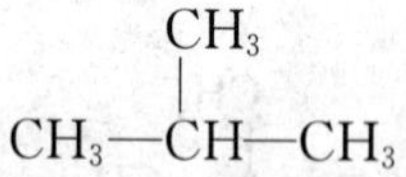

11. 写出下列化合物最稳定构象的透视式。
(1) 异丙基环己烷；(2) 顺-1-甲基-2-异丙基环己烷

解：(1) [纽曼投影式图]

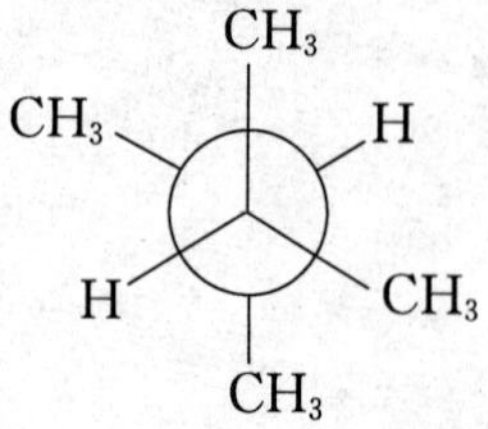

(2) [Newman 投影式]

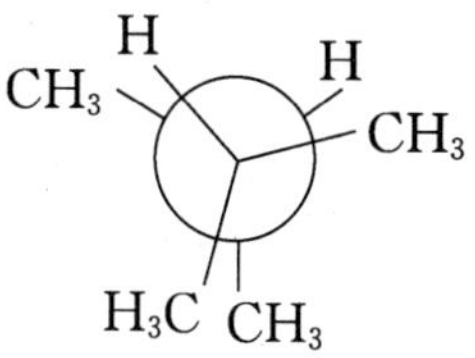

12. 写出 2，3-二甲基丁烷沿 C2-C3σ 键旋转时，能量最低和能量最高的构象式。

解：2，3-二甲基丁烷的典型构象式共有四种，其中 I 构象式能量最低，IV 构象式能量最高。

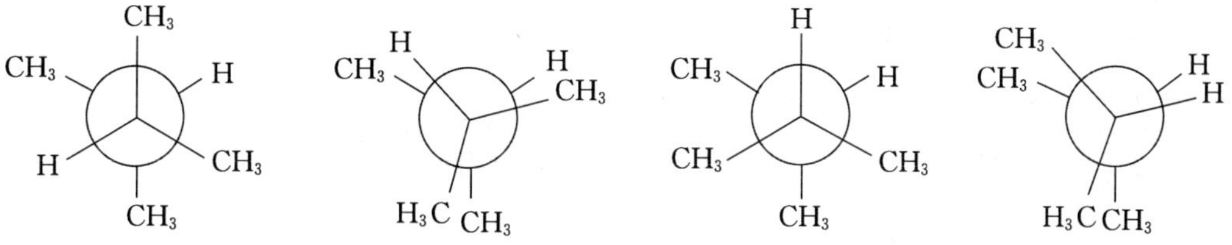

（I） （II） （III） （IV）

13. 比较下列各组化合物的沸点高低，并说明理由。
（1）正丁烷和异丁烷
（2）正辛烷和 2，2，3，3-四甲基丁烷
（3）庚烷、2-甲基己烷和 3，3-二甲基戊烷

解：各组化合物中沸点均是依次降低。因为当碳原子个数相同时，分子中支链越多，分子间作用力越小，相应的沸点越低。

14. 在己烷（C_6H_{14}）的五个异构体中，试推测哪一个熔点最高？哪一个熔点最低？哪一个沸点最高？哪一个沸点最低？

解：正己烷的熔点和沸点最高，2-甲基戊烷熔点最低，2，2-二甲基丁烷的沸点最低。

15. 比较下列各组化合物的相对密度高低，并说明理由。
（1）正戊烷和环戊烷 （2）正辛烷和环辛烷

解：两组化合物的相对密度都是后者大于前者。因为后者的刚性和对称性均较前者大，分子间作用力更强些，结合得较为紧密。

16. 环己烷与氯气在光照下反应，生成氯代环己烷，试写出其反应机理。

解：链引发：$Cl-Cl \xrightarrow{h\nu} 2\dot{C}l$

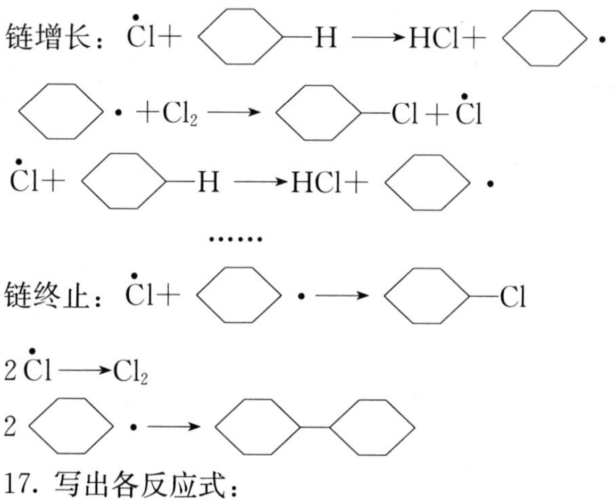

链增长：$\dot{C}l +$ ⬡—H → HCl + ⬡•

⬡• + Cl_2 → ⬡—Cl + $\dot{C}l$

$\dot{C}l +$ ⬡—H → HCl + ⬡•

……

链终止：$\dot{C}l +$ ⬡• → ⬡—Cl

$2\dot{C}l \longrightarrow Cl_2$

2 ⬡• → ⬡—⬡

17. 写出各反应式：

(1) 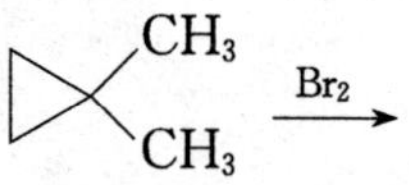 ![triangle with two CH3] $\xrightarrow{Br_2}$

(2) ▷—CH₃ $\xrightarrow{H_2SO_4}$

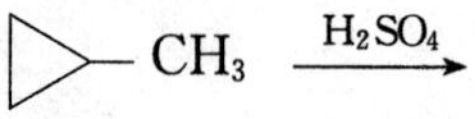

解：(1) $Br-CH_2CH_2\underset{Br}{\overset{CH_3}{\underset{|}{\overset{|}{C}}}}CH_3$

(2) $CH_3CH_2\underset{}{\overset{OSO_2OH}{\underset{|}{CH}}}CH_3$ + $CH_3CH=CHCH_3$ + ☐

　　　　主要产物　　　　　　　　　　　次要产物

第3章

不饱和烃（烯烃、炔烃和二烯烃）

3.1 本章重点和难点

本章重点

1. 烯烃和炔烃的结构；
2. 共轭二烯烃的结构（累积双键二烯烃和1,3-丁二烯）；
3. 烯烃和炔烃的同分异构现象（构造异构和顺反异构）；
4. 烯烃和炔烃的系统命名法；
5. 烯烃的 Z-E 命名法及次序规则；
6. 烯烃和炔烃的亲电加成反应、机理和马氏规则；
7. 烯烃的自由基加成反应、氧化反应、硼氢化反应；
8. 烯烃 α-氢原子的反应和炔烃碳上活泼氢的反应；
9. 共轭二烯烃的1,2 和 1,4-加成反应及理论解释。

本章难点

1. 烯烃和炔烃的亲电加成反应；
2. Markovnikov 规则的理论解释；
3. 在过氧化物存在下，烯烃与溴化氢加成的反应机理；
4. 共轭二烯烃的1,2 和 1,4-加成反应及理论解释；
5. 共轭效应及超共轭效应。

3.2 本章知识要点

3.2.1 烯烃和炔烃的同分异构现象

1. 构造异构

(1) 烯烃的碳链异构体　　$CH_2=CHCH_2CH_3$　　$CH_2=C-CH_3$
$\qquad\qquad\qquad\qquad\qquad\qquad\qquad\qquad\qquad\qquad\qquad\quad |$
$\qquad\qquad\qquad\qquad\qquad\qquad\qquad\qquad\qquad\qquad\quad CH_3$

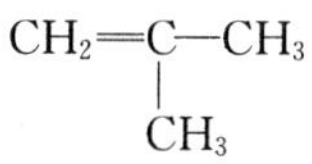

(2) 烯烃的位置异构体　　$CH_2=CHCH_2CH_3$　　$CH_3CH=CHCH_3$

(3) 炔烃的碳链异构体　　CH₃CH₂CH₂C≡CH　　CH₃—CH—C≡CH
　　　　　　　　　　　　　　　　　　　　　　　　　|
　　　　　　　　　　　　　　　　　　　　　　　　CH₃

(4) 炔烃的位置异构体　　CH₃CH₂CH₂C≡CH　　CH₃CH₂C≡CCH₃

2. 顺反异构

以 2-丁烯为例，当两个相同的氢原子或甲基在双键的同侧时为顺式异构体，命名为顺-2-丁烯；当两个相同的氢原子或甲基在双键的两侧时为反式异构体，命名为反-2-丁烯。顺-2-丁烯的熔沸点（熔点：−139℃，沸点：3.7℃）都比反-2-丁烯（熔点：−105.8℃，沸点：0.88℃）的要高。

　　　　H　　　H　　　　　　　　　　　　　H　　　CH₃
　　　　　C＝C　　　　　　　　　　　　　　　C＝C
　　　H₃C　　　CH₃　　　　　　　　　　　H₃C　　　H
　　　　　顺-2-丁烯　　　　　　　　　　　　　反-2-丁烯

3.2.2 烯烃和炔烃的命名

1. IUPAC 系统命名法

(1) 选择含有 C＝C 双键或 C≡C 三键的最长碳链为主链，其他为取代基，根据主链中的碳原子数目命名为"某烯"或"某炔"。

(2) 从靠近 C＝C 双键或 C≡C 三键的一端开始，给主链上的碳原子编号，使得 C＝C 双键或 C≡C 三键的位次较小。

(3) 以 C＝C 双键或 C≡C 三键中编号较小的数字表示双键的位号，用阿拉伯数字 1，2，3 等表示，并将数字与"某烯"或"某炔"名称之间用半字线"-"隔开，写在"某烯"或"某炔"的名称前面。1-烯（或炔）烃中的"1"一般都省略不写。

(4) 取代基的位次、数目、名称也写在"某烯"或"某炔"的名称前面。若主链上连有不同的几个取代基时，则先写位次和名称小的取代基，再写位次和名称大的取代基，并加在主链名称之前。

(5) 当化合物同时含有双键和三键时，则按先烯烃后炔烃的顺序编号，即优先给双键以最低编号。

(6) 和烷基一样，我们把烯烃或炔烃失去一个氢原子后剩下的部分称作烯基或炔基。

2. 次序规则

(1) 比较与双键碳原子直接连接的两侧原子的原子序数，按原子序数大小排列。大的为"较优"基团，如果是同位素，则质量较高者定为"较优"基团。取代基团中常见的各个原子，按照原子序数递减的次序排列，如果取代的是原子团，也只比较与双键碳原子直接相连的原子的原子序数即可。

　　例如：　　　　　　　　I＞Br＞Cl＞S＞P＞F＞O＞N＞C＞D＞H
　　　　　　　　　　　　　−Br＞−OH＞−NH₂＞−CH₃＞H

(2) 如果与双键碳原子直接连接的基团的第一个原子的原子序数相同时，则要依次比较与该原子相连的第二、第三顺序原子的原子序数，来决定基团的大小顺序。如果仍然相同，则依次逐轮外推，直至比较出较优的基团为止。

例如：CH₃CH₂−＞CH₃−（因第一顺序原子均为 C，故必须比较与碳相连基团的大小）
CH₃−　　 中与碳相连的是　C（H、H、H）
CH₃CH₂−　中与碳相连的是　C（C、H、H）　　所以 CH₃CH₂−优先。

同理，$(CH_3)_3C-> CH_3CH(CH_3)CH-> (CH_3)_2CHCH_2-> CH_3CH_2CH_2CH_2-$

(3) 当取代基为不饱和基团时，则把双键、三键原子看成是它与多个某原子相连。

3. 烯烃的 Z-E 命名法

Z-E 命名法跟顺反命名法一样，将 Z 或 E ［或（Z）或（E）］放在系统命名法命名的烯烃名称前面，同时用半字线"-"与烯烃名称相连。

但必须注意，顺反命名法中的"顺""反"和 Z-E 命名法中的"Z""E"不是相互对应的关系，两种命名方法的概念不同，顺式可以是 Z，也可以是 E，反之也成立。

3.2.3 烯烃和炔烃的催化氢化反应

在常温常压下，烯烃和炔烃很难与氢气发生反应，但在 Pt、Pd、Ni 等金属催化剂存在下，烯烃和炔烃可以与氢原子加成而生成相应的烷烃。

$$CH_2=CH_2 + H_2 \xrightarrow[Pt]{Ni} CH_3CH_3$$

$$CH\equiv CH + H_2 \xrightarrow[Pt]{Ni} CH_2=CH_2 \xrightarrow[Pt]{Ni} CH_3CH_3$$

3.2.4 烯烃和炔烃的亲电加成反应

1. 与卤素的加成

烯烃和炔烃容易与卤素（X_2）进行亲电加成反应，生成二卤代烷。卤素的活性顺序是 F>Cl>Br>I。如果分子中同时存在双键和三键时，亲电加成反应将优先发生在双键上。

$$\underset{\text{红棕色}}{>C=C< + Br_2} \xrightarrow{CCl_4} \underset{\text{无色}}{>\overset{Br}{\underset{|}{C}}-\overset{Br}{\underset{|}{C}}<}$$

$$RC\equiv CH \xrightarrow[\text{(or } Br_2)]{Cl_2} RCCl=CHCl \xrightarrow[\text{(or } Br_2)]{Cl_2} \underset{(RCBr_2CHBr_2)}{RCCl_2CHCl_2}$$

2. 与卤化氢（HX）的加成、机理及马氏规则

在极性溶剂中（如氯仿、乙酸等）烯烃或炔烃容易与 HX 发生加成反应，生成相应的卤代烷烃。例如：

$$>C=C< + \underset{(HX=HCl, HBr, HI)}{H:X} \longrightarrow -\overset{|}{\underset{H}{C}}-\overset{|}{\underset{X}{C}}-$$

$$RC\equiv CH \xrightarrow{HX} R-\overset{}{\underset{X}{C}}=CH_2 \xrightarrow{HX} R-\overset{X}{\underset{X}{C}}-CH_3$$

烯烃和炔烃与 HX 发生反应，烯烃双键或炔烃三键上的电子云密度越高，氢卤酸的酸性越强，反应越容易进行。卤化氢发生加成反应的活泼性顺序为：HI>HBr>HCl，卤化氢主要是指氯、溴和碘。

不对称烯烃或炔烃与卤化氢进行加成反应时，氢原子倾向于加到含氢较多的双键碳原子上，卤原子则倾向于加成到含氢较少的或不含氢原子的双键碳原子上。这是一条经验规律，称为 Markovnikov 规则，简称马氏规则。利用马氏规则可以预测很多不对称烯烃与卤化氢

加成的主要产物。

烯烃和炔烃加卤化氢时为什么遵循马氏规则？这是由反应中间体正碳离子的稳定性所决定的。

按碳正离子所连的烃基数目的不同，可以把碳正离子分为伯、仲、叔和甲基碳正离子。碳正离子的稳定性顺序是：叔碳正离子＞仲碳正离子＞伯碳正离子＞甲基碳正离子。

$$R-\underset{R}{\underset{|}{\overset{R}{\overset{|}{C}}}}{}^+ > R-\overset{R}{\underset{|}{CH}}{}^+ > R-CH_2{}^+ > CH_3{}^+$$

3. 烯烃与 H_2SO_4 的加成

烯烃与浓硫酸在 0℃ 条件下生成硫酸氢乙酯，然后加热水解可以得到相应的醇。不对称烯烃与硫酸的加成也遵循马氏规则。

$$CH_2=CH_2 + H_2SO_4 (98\%) \longrightarrow CH_3CH_2OSO_2OH \xrightarrow[\triangle]{H_2O} CH_3CH_2OH + H_2SO_4$$

乙烯　　　　　　　　　　　　硫酸氢乙酯　　　　　乙醇

4. 与水的加成

烯烃在加热、加压和中等的强酸（H_2SO_4，H_3PO_4，HNO_3）的作用下，在水溶液中反应，生成醇，这种反应称为水合反应。

$$(CH_3)_2C=CH_2 + H_2O \xrightarrow{H_2SO_4\ (65\%)} (CH_3)_3COH$$

2-甲基丙烯　　　　　　　　　　　叔丁醇

5. 烯烃与次卤酸（HOX）的加成

烯烃与氯或溴在水溶液中进行加成，相当于烯烃与次卤酸发生了加成，亲电的卤素 X^+ 加在含氢较多的 $\diagup_{C=C}\diagdown$ 双键上，带负电的 OH^- 加在含氢较少的双键碳上，生成 β-卤代醇。不对称烯烃与次卤酸的加成也遵循马氏规则。

$$CH_3CH=CH_2 + HOX \longrightarrow CH_3\underset{}{\overset{OH}{\underset{|}{CH}}}-\underset{X}{\underset{|}{CH_2}}$$

3.2.5　烯烃和炔烃的自由基加成反应

在通常条件下，HBr 与不对称烯烃的加成一般遵循马氏规则，但在过氧化物（R—O—O—R，如过氧化乙酰、过氧化苯甲酰等）存在的情况下，HBr 与不对称烯烃发生自由基加成反应，则主要生成"反"马氏规则的溴代烃。这种现象称为过氧化物效应。例如：

$$CH_3CH_2CH=CH_2 + HBr \xrightarrow{90\%} CH_3CH_2\underset{}{\overset{Br}{\underset{|}{CH}}}-\overset{H}{\underset{|}{CH_2}}$$

$$CH_3CH_2CH=CH_2 + HBr \xrightarrow[95\%]{(PhCOO)_2} CH_3CH_2\overset{H}{\underset{|}{CH}}-\overset{Br}{\underset{|}{CH_2}}$$

3.2.6 烯烃和炔烃的硼氢化反应

$$CH_3CH=CH_2 \xrightarrow[\text{二甘醇二甲醚}]{BH_3} \underset{94\%}{CH_3CH_2CH_2\underset{|}{B}CH_2CH_2CH_3}$$
$$CH_2CH_2CH_3$$

$$CH_3CH_2CH_2\underset{\underset{CH_2CH_2CH_3}{|}}{B}CH_2CH_2CH_3 \xrightarrow[OH^-,\ H_2O]{H_2O_2} CH_3CH_2CH_2OH + B(OH)_3$$

以上两步反应合起来称为硼氢化-氧化反应。

3.2.7 烯烃 α-氢原子的卤代反应

烯烃与卤素在较低温度下，主要发生亲电加成反应，但在高温、光照或过氧化物存在下，则容易发生 α-氢卤代反应。

$$CH_3-CH=CH_2 \xrightarrow{Cl_2} \begin{cases} \xrightarrow[\text{低温}]{CCl_4\text{溶液}} CH_3\underset{\underset{Cl}{|}}{CH}-\underset{\underset{Cl}{|}}{CH_2} \\ 1,2\text{-二氯丙烷} \\ \xrightarrow[500\sim600℃]{\text{气相}} ClCH_2CH=CH_2 \\ 3\text{-氯-1-丙烯} \end{cases}$$

如在溴化剂 NBS（N-溴代丁二酰亚胺）的存在下，烯烃中 α-氢原子与卤素的取代反应则可以在相对较低的温度下进行，但通常须在过氧化物的存在下才发生此类反应。

$$CH_3(CH_2)_4CH_2CH=CH_2 \xrightarrow{NBS} \underset{28\%}{CH_3(CH_2)_4\underset{\underset{Br}{|}}{CH}CH=CH_2} + \underset{72\%}{CH_3(CH_2)_4CH=\underset{\underset{Br}{|}}{CH}CH_2}$$

3.2.8 炔烃碳上活泼氢的反应

炔烃中与碳碳三键与碳上直接相连的氢原子比较活泼而显酸性。乙炔的酸性比乙烯、乙烷强，但比水的酸性弱。由于炔烃三键碳上氢原子的弱酸性，乙炔和端位炔烃可以与碱金属中的 Na、K 等或氨基钠等强碱作用，生成金属炔化物。

$$CH\equiv CH + Na \xrightarrow{\text{液}NH_3} \underset{\text{乙炔钠}}{CH\equiv CNa} \xrightarrow[\text{液}NH_3]{Na} \underset{\text{乙炔二钠}}{NaC\equiv CNa}$$

$$RC\equiv CH + NaNH_2 \xrightarrow{\text{液}NH_3} \underset{\text{炔化钠}}{RC\equiv CNa} + NH_3$$

利用炔钠的生成，可使碳链增长。例如：

$$CH_3C\equiv CNa + C_2H_5Br \longrightarrow CH_3C\equiv CC_2H_5 + NaBr$$
$$CNa\equiv CNa + 2CH_3I \longrightarrow CH_3C\equiv CCH_3 + 2NaI$$

3.2.9 共轭效应的特点

1. π-π 共轭体系的结构特征是单双键交替，且参与共轭的双键不限于两个，亦可以是多个（用弯箭头表示由共轭效应引起的电子流动方向）。形成 π-π 共轭体系的重键不限于双键，三键亦可；此外，组成共轭体系的原子亦不限于碳原子，氧、氮原子均可。

2. 键长趋于平均化。

3. 共轭体系势能较低，分子趋于稳定。

3.2.10 超共轭效应

1. σ键分别与π键、碳正离子的p轨道都能发生共轭，形成σ-π共轭和σ-p共轭，统称为超共轭效应。超共轭效应比π-π和p-π共轭效应弱得多。

2. 碳正离子的稳定性次序为：$3°>2°>1°>CH_3^+$。

对于自由基来说，同样有 $3°>2°>1°>\cdot CH_3$，只是中心碳上的p空换成有一个电子的p轨道。

3.2.11 1，2和1，4-加成反应及理论解释

例如，1，3-丁二烯能与卤化氢发生加成反应。但由于其结构的特殊性，加成产物通常有两种：一种加成方式是发生在一个双键上的加成，称为1，2-加成；另一种加成方式是试剂的两部分分别加成到共轭体系的两端，即加到 C_1 和 C_4 两个碳原子上，分子中原来的两个双键消失，而在 C_2 与 C_3 之间形成一个新的双键，称为1，4-加成。

反应的温度高低，溶剂的性质及产物的稳定性等都会影响最终产物的比例。

$$CH_2\!=\!CH\!-\!CH\!=\!CH_2 + HBr \begin{cases} \xrightarrow{1,2\text{加成}} CH_3CHBrCH\!=\!CH_2 \\ \qquad\qquad\qquad\quad 3\text{-溴-1-丁烯} \\ \xrightarrow{1,4\text{加成}} CH_3CH\!=\!CHCH_2Br \\ \qquad\qquad\qquad\quad 1\text{-溴-2-丁烯} \end{cases}$$

其理论解释主要与p-π共轭效应有关。

3.3 典型习题讲解及参考答案

1. 分子式为 $C_{23}H_{46}$ 的烃A，是一种家蝇的性诱剂。A加氢生成 $C_{23}H_{48}$；A用热浓的 $KMnO_4$ 氧化，生成 $CH_3(CH_2)_{12}COOH$ 和 $CH_3(CH_2)_7COOH$；A与溴加成生成一对对映体的二溴代物。推测A的结构。

解：A的分子式 $C_{23}H_{46}$，符合 C_nH_{2n} 通式，可能是烯烃或环烷烃（含三元环或四元环）；加氢后生成的 $C_{23}H_{48}$（符合 C_nH_{2n+2}）应是饱和烃；A被 $KMnO_4$ 氧化生成 $CH_3(CH_2)_{12}COOH$ 和 $CH_3(CH_2)_7COOH$，说明A为烯烃，且双键在 $C_9\sim C_{10}$ 之间，A与溴加成生成一对对映体的二溴代物，说明该烃是顺式烃。综上所述，A可能的结构式为

$$\begin{array}{c} \quad\;\; H \qquad\quad H \\ \quad\;\; \backslash \qquad\quad / \\ \quad\;\; C\!=\!C \\ \quad / \qquad\qquad \backslash \\ CH_3(CH_2)_{12} \qquad (CH_2)_7CH_3 \end{array}$$

2. 试写出构造式为 $CH_3CH\!=\!CH\!-\!CH\!=\!CHCH_3$ 的所有立体异构体。

解：该化合物是共轭二烯烃。从构造式可以看出，它只有顺反异构。造成顺反异构的原因与单烯烃完全相同。其立体异构体的数目与分子中双键数目 n 有关，最多为 2^n 个。在书写中，可按照下述方式进行，即首先确定分子的立体异构体数目。本题中 $n=2$，其数目最多为4个。

其次，可按照 ZZ，EE，ZE 和 EZ 四种组合方式写出立体化学式。它们分别为：

① ZZ

② EE

③ ZE

④ EZ

其中，$EZ = ZE$，原因归于 C_2 和 C_5 上连有两个等同的基团（甲基和氢），故该分子的立体异构体总数为 $2^2 - 1 = 3$，分别为①②③。

3. 用 IUPAC 命名下列化合物（用中、英文）。

(1) $CH_3(CH_2)_2\overset{CH_3}{\underset{}{C}}=CH_2$

(2) $CH_3(CH_2)_3\underset{H}{\overset{}{C}}=\underset{H}{\overset{(CH_2)_4CH_3}{C}}$

(3) $\underset{Cl}{\overset{CH_3CH_2}{C}}=\underset{CH_2CH_2\overset{H}{\underset{Cl}{C}}CH_3}{\overset{CH_3}{C}}$

(4) $\underset{CH_3CHCl}{\overset{ClCH_2CH_2}{C}}=\underset{CH_3}{\overset{CH_2Cl}{C}}$

(5) $CH_2=CHCH_2Br$

(6) ⬡—$CH_2\underset{CH_3}{\overset{}{CH}}CH=CH_2$

解：（1）2-甲基-1-戊烯   2-methyl-1-pentene

(2) 顺或（Z）-5-十一碳烯   cis-或（Z）-5-undecane

(3) （7S，3Z）-4-甲基-3，7-二氯-3-辛烯
     （7S，3Z）-3，7-dichloro-4-methyl-3-octene

(4) （2E）-2-甲基-3-（2-氯乙烯）-1，4-二氯-2-戊烯
     （2E）-1，4-dichloro-3-（2-chloroethyl）-2-methyl-2-pentene

(5) 3-溴-1-丙烯   3-bromo-1-propene

(6) 3-甲基-4-环己基-1-丁烯   4-cyclohexyl-3-methyl-1-butene

4. 写出下列反应的主要产物，并说明理由。

(1) $CH_2=\underset{CH_3}{\overset{}{C}}-CH=CH_2 + (1\text{mol})HBr \xrightarrow{\text{无过氧化物}}$

(2) $CH_3-CH=CH-CH=CH-CH_3 + (1\text{mol})HCl \longrightarrow$

(3) $CH_2=CH-CH_2-CH=CH-CH_3 + (1\text{mol})Cl_2 \longrightarrow$

(4) $CH_2=CH-CH=CH-CH=CH_2 + (1\text{mol})HBr \longrightarrow$

解：（1）产物为 $CH_3-\underset{CH_3}{\overset{}{C}}=CH-CH_2Br$，理由是：1，4-共轭体系以 1，4-共轭加成

为主。

(2) 产物为 $CH_3-\underset{Cl}{CH}-CH=CH-CH_2CH_3$，理由是：1,4-共轭体系以 1,4-共轭加成为主。

(3) 产物为 $CH_2=CH-CH_2-\underset{Cl}{CH}-\underset{Cl}{CH}-CH_3$，理由是：非共轭体系，亲电加成首先在电荷密度高的双键处发生。

(4) 产物为 $CH_3CH=CHCH=CHCH_2Br$，理由是：1,6-共轭体系以 1,6-共轭加成为主。

5. 写出 HI 与下列化合物反应的主要产物。

(1) $CH_3CH_2CH=CH_2$　　　　(2) $(CH_3)_2C=CHCH_3$

(3) $CH_3CH=CHCH_2Cl$　　　　(4) $(CH_3)_3\overset{+}{N}CH=CH_2$

(5) $CH_3OCH=CH_2$　　　　　　(6) $CF_3CH=CHCl$

(7) $(CH_3CH_2)_3CCH=CH_2$

解：(1) $CH_3CH_2\underset{I}{CH}-CH_3$　　　　(2) $(CH_3)_2\underset{I}{C}-CH_2CH_3$

(3) $CH_3\underset{I}{CH}-CH_2CH_2Cl$　　　　(4) $(CH_3)_3\overset{+}{N}CH_2-CHI$

(5) $CH_3O\underset{I}{CH}-CH_3$　　　　　　(6) $CF_3CH_2-\underset{I}{CH}Cl$

(7) $(CH_3CH_2)_2\underset{ICH_2CH_3}{\overset{|}{C}}CHCH_3$　重排产物为主。

6. 苯乙烯($\bigcirc-CH=CH_2$)在甲醇溶液中溴化，得到 1-苯基-1,2-二溴乙烷及 1-苯基-1-甲氧基-2-溴乙烷，用反应机制说明。

解：$CH_3OH+Br_2 \longrightarrow CH_3\overset{-}{O}\overset{+}{Br}+HBr$

$\bigcirc-CH=CH_2 \xrightarrow{Br_2} \bigcirc-\overset{Br}{\overset{+}{CH}}-CH_2 + Br^- \longrightarrow \bigcirc-CHBrCH_2Br$

$\downarrow \overset{-}{O}CH_3$

$\bigcirc-\underset{OCH_3}{\overset{|}{CH}}CH_2Br$

7. 完成下列反应，写出主要产物（反应摩尔比 1∶1）。

(1) $CH_3CH=CHCH_3 \xrightarrow[500\sim600℃]{Cl_2}$　　(2) $CH_3CH=CHCH_3 \xrightarrow{Cl_2,室温}$

(3) [环己烯-甲基] $\xrightarrow[CCl_4,\triangle]{NBS,(C_6H_5COO)_2}$

解：（1）$CH_3CH=CHCH_2Cl$　　　　（2）$CH_3\underset{Cl}{C}H-\underset{Cl}{C}HCH_3$

(3) 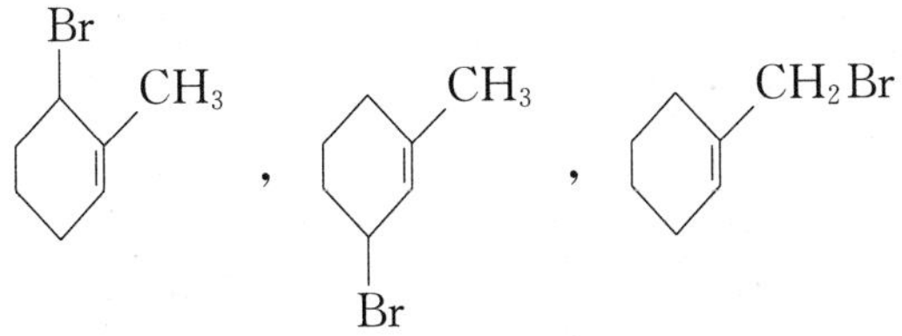
$\underset{Br}{\overset{CH_3}{\bigcirc}}$, $\underset{Br}{\overset{CH_3}{\bigcirc}}$, $\overset{CH_2Br}{\bigcirc}$

8. 将下列化合物按指定性能从大到小排列成序。

(1) 按沸点：

$CH_3CH_2CH_2CH_2CH=CH_2$, $\underset{H}{\overset{CH_3CH_2}{>}}C=C\underset{H}{\overset{CH_2CH_3}{<}}$, $\underset{H}{\overset{CH_3CH_2}{>}}C=C\underset{CH_2CH_3}{\overset{H}{<}}$

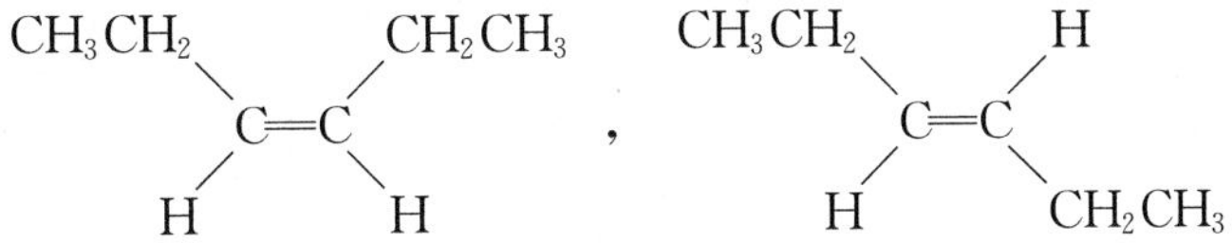

　　　　(a)　　　　　　　　　　(b)　　　　　　　　　　　(c)

(2) 按偶极矩：

$CH_3CH_2CH_2CH_2CH=CH_2$, $CH_3CH_2CH_2CH_2CH_3$, $CH_3CH_2\underset{Cl}{C}HCH=CH_2$

　　　　　(a)　　　　　　　　　　　(b)　　　　　　　　　(c)

解：（1）(b) > (c) > (a)

（2）(c) > (a) > (b)。

9. 解释下列反应中为何主要得到（1），其次是（2），而仅得少量（3）。

$(CH_3)_3CCH=CH_2 \xrightarrow{H^+,H_2O} (CH_3)_2\overset{OH}{C}CH(CH_3)_2 + (CH_3)_3\overset{OH}{C}CHCH_3 + (CH_3)_3CCH_2CH_2OH$

　　　　　　　　　　　　　　　　　(1)　　　　　　　　(2)　　　　　　　(3)

解： 反应时，首先产生二级碳正离子 $(CH_3)_3C\overset{+}{C}HCH_3$ (a)，(a) 重排为三级碳正离子 $(CH_3)_2\overset{+}{C}CH(CH_3)_2$ (b)，(b) 与 H_2O 反应得 (1)，(a) 与水反应得 (2)，(b) 比 (a) 稳定，因此 (1) 为主要产物，(2) 为次要产物。

如果反应时产生一级碳正离子 $(CH_3)_3CCH_2-\overset{+}{C}H_2$ (c)，则 (c) 与 H_2O 反应可得 (3)，由于 (c) 不太稳定，不易形成，故 (3) 很少。

10. 按稳定性降低的次序，将下述碳正离子排序。

(1) 2,4-戊二烯基正离子、2,4-环戊二烯基正离子、烯丙基正离子

(2) 苄基正离子、p-硝基苄基正离子、p-甲氧基苄基正离子

(3) 叔丁基正离子、环丁基正离子、环己基正离子

解：（1）$\begin{bmatrix} CH_2=CH-CH=CH-\overset{+}{C}H_2 \\ \updownarrow \\ CH_2=CH-\overset{+}{C}H-CH=CH_2 \\ \updownarrow \\ \overset{+}{C}H_2-CH=CH-CH=CH_2 \end{bmatrix} > \begin{bmatrix} CH_2=CH-\overset{+}{C}H_2 \\ \updownarrow \\ \overset{+}{C}H_2-CH=CH_2 \end{bmatrix} > \overset{+}{\pentagon}$

(2) $CH_3O-\underset{}{\bigcirc}-\overset{+}{C}H_2$ > $\bigcirc-\overset{+}{C}H_2$ > $NO_2-\bigcirc-\overset{+}{C}H_2$

苄基正离子由于正电荷的离域而比较稳定。

$\bigcirc-\overset{+}{C}H_2 \leftrightarrow \overset{+}{\bigcirc}=CH_2 \leftrightarrow \overset{+}{\bigcirc}=CH_2 \leftrightarrow \overset{+}{\bigcirc}=CH_2$

  a   b   c   d

p-硝基苄基正离子由于—NO_2 的—I 和—C 效应，使得类似 b 至 d 典型式贡献很低，而 p-甲氧基苄基正离子中正电荷却能被较好地离域。

(3) 叔丁基正离子（平面）>环己基正离子（无张力）>环丁基正离子（有角张力）

11. 比较下列各组烯烃与硫酸加成活性。

(1) 乙烯，溴乙烯

(2) 丙烯，2-丁烯

(3) 氯乙烯，1，2-二氯乙烯

(4) 乙烯，CH_3CH_2—COOH

(5) 2-丁烯，异丁烯

解：(1) 乙烯>溴乙烯

(2) 丙烯<2-丁烯

(3) 氯乙烯>1，2-二氯乙烯

(4) 乙烯>CH_3CH_2—COOH

(5) 2-丁烯>异丁烯

12. 写出下列反应历程。

$$CH_3\underset{CH_3}{\overset{|}{C}}=CH_2 + CH_3CHCH_3 \xrightarrow{H^+} CH_3\underset{CH_3}{\overset{CH_3}{\overset{|}{C}}}-CH_2CHCH_3$$

解：$CH_3\underset{CH_3}{\overset{|}{C}}=CH_2 \xrightarrow{H^+} CH_3\overset{CH_3}{\overset{|}{\overset{+}{C}}}\underset{CH_3}{} \xrightarrow{CH_2=C(CH_3)_2}$

叔丁基碳正离子

$CH_3\underset{CH_3}{\overset{CH_3}{\overset{|}{C}}}-CH_2\overset{+}{C}CH_3 \xrightarrow{CH_3CH_3 \; H} CH_3\underset{CH_3}{\overset{CH_3}{\overset{|}{C}}}-CH_2CHCH_3 + CH_3\underset{}{\overset{+}{C}}CH_3$

叔丁基碳正离子

13. 试提出四种区别烯烃和烷烃的化学方法，并指出区别时出现的现象。

解：(1) 加 Br_2/CCl_4，烯烃与 Br_2 加成使 Br_2 的红棕色消失，而烷烃不反应。

(2) 加 $KMnO_4$ 溶液，烯烃被 $KMnO_4$ 氧化而使其紫色消失。

(3) 加浓 H_2SO_4 溶液，烯烃溶于浓 H_2SO_4，油层消失。

(4) 催化加氢，使氢气体积减小者为烯烃。

14. 完成下列反应式。

(1) $CH_3CH_2\underset{\underset{CH_3}{|}}{C}=CH_2 + HCl \longrightarrow$

(2) $CF_3CH=CH_2 + HCl \longrightarrow$

(3) $(CH_3)_2C=CH_2 + Br_2 \xrightarrow[\text{水溶液}]{NaCl}$

(4) $CH_3CH_2C\equiv CH \xrightarrow[\text{(2) } H_2O_2,\ OH^-]{\text{(1) } 1/2\ (BH_3)_2}$

(5) 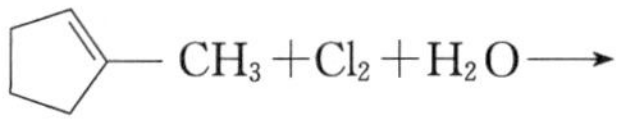 环戊烯–$CH_3 + Cl_2 + H_2O \longrightarrow$

(6) 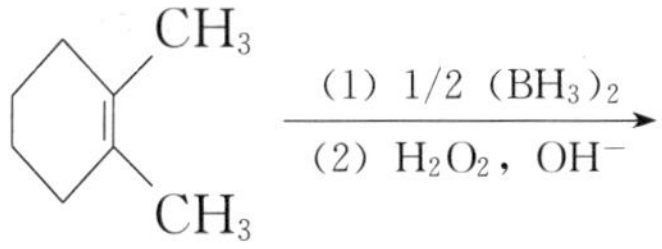 1,2-二甲基环己烯 $\xrightarrow[\text{(2) } H_2O_2,\ OH^-]{\text{(1) } 1/2\ (BH_3)_2}$

(7)  环丙基–$CH=CHCH_3 \xrightarrow[\triangle]{KMnO_4}$

(8) 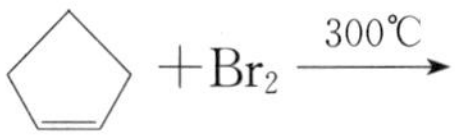 环戊烯 $+ Br_2 \xrightarrow{300℃}$

解：(1) $CH_3CH_2\underset{\underset{Cl}{|}}{\overset{\overset{CH_3}{|}}{C}}-CH_3$

(2) $CF_3CH_2-CH_2Cl$

(3) $(CH_3)_2\underset{\underset{Br}{|}}{C}-CH_2Br + (CH_3)_2\underset{\underset{Br}{|}}{C}-CH_2Cl + (CH_3)_2\underset{\underset{Br}{|}}{C}-CH_2OH$

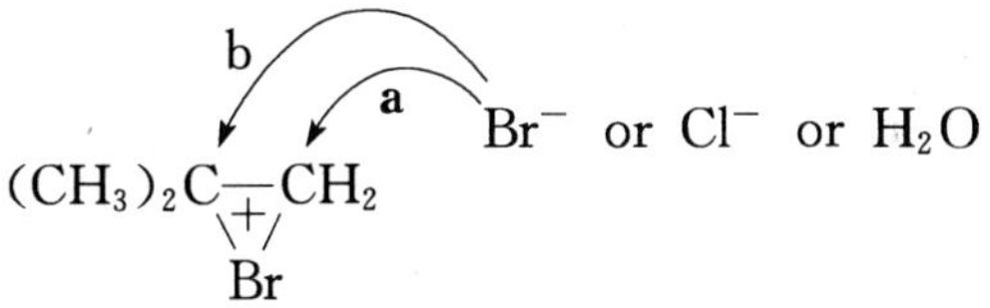

$(CH_3)_2\overset{b\ \curvearrowleft}{\underset{\underset{Br}{|}}{C}}\overset{a\ \curvearrowleft}{-}CH_2\quad Br^-\ or\ Cl^-\ or\ H_2O$

这是经由溴鎓离子中间体的亲电加成反应，溴正离子作为亲电试剂进攻双键 π 电子，之后能够给出电子对的溴负离子及溶液中的氯负离子、羟基都可以作为亲核试剂进攻溴鎓离子。最终按照 a 方式反应的产物因为空间位阻小为主要产物，按照 b 方式反应的产物为次要产物。

(4) $CH_3CH_2\underset{\underset{H}{|}}{C}=\underset{\underset{OH}{|}}{C}H \longrightarrow CH_3CH_2CH_2CHO$

硼氢化反应的特点：顺加、反马、不重排。

(5) 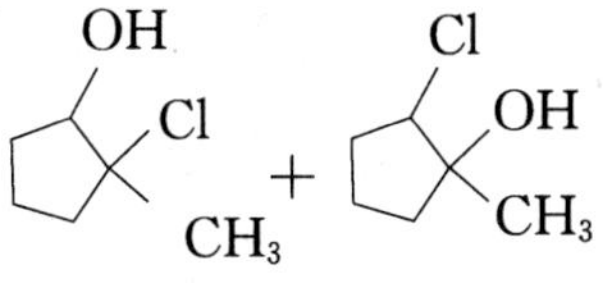 2-氯-1-甲基环戊醇 + 1-氯-2-甲基环戊醇（顺反异构产物）

(6) [环己烷，顶端CH₃和OH，底部CH₃的立体结构]

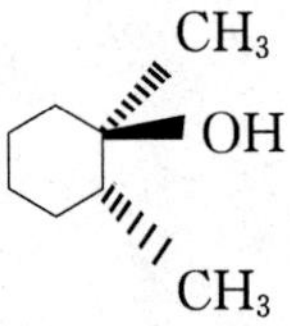

硼氢化反应的特点：顺加、反马、不重排。

(7) 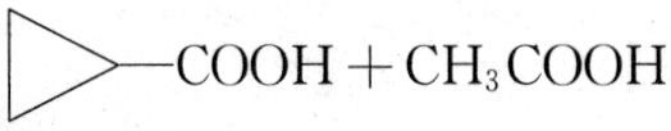 ▷—COOH + CH₃COOH

(8) [环戊烯-Br结构]

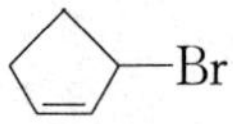

15. 下列第一个碳正离子均倾向于重排成更稳定的碳正离子，试写出其重排后碳正离子的结构。

(1) $CH_3CH_2\overset{+}{C}H_2$

(2) $(CH_3)_2CH\overset{+}{C}HCH_3$

(3) $(CH_3)_3C\overset{+}{C}HCH_3$

(4) 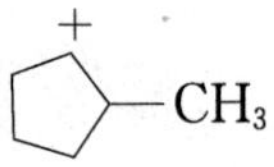 [环戊基阳离子-CH₃]

解： 题给碳正离子可经重排形成下列碳正离子：

(1) $CH_3\overset{+}{C}HCH_3$

(2) $(CH_3)_2\overset{+}{C}CH_2CH_3$

(3) $(CH_3)_2\overset{+}{C}CH(CH_3)_2$

(4) 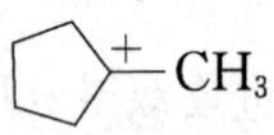 [环戊基-$\overset{+}{C}$HCH₃]

16. 写出下列各反应的机理。

(1) 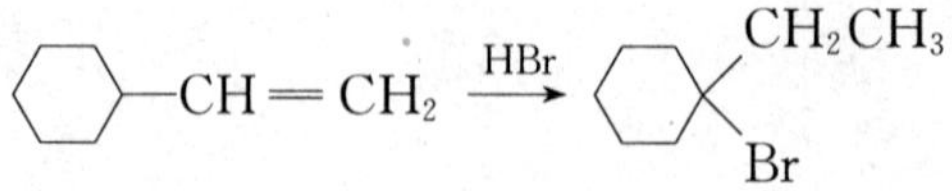 [环己基-CH=CH₂] $\xrightarrow{HBr}$ [环己基-C(CH₂CH₃)(Br)]

解： [环己基-CH=CH₂] $\xrightarrow{H^+}$ [环己基-$\overset{+}{C}$HCH₃ 带H] → [环己基$^+$-CH₂CH₃] $\xrightarrow{Br^-}$ [环己基-C(CH₂CH₃)(Br)]

(2) [环己烯-CH₃] $\xrightarrow[\text{(2) }H_2O_2,\ OH^-]{\text{(1) }1/2\ (BH_3)_2}$ [环己烷，CH₃和H在上，H和OH在下]

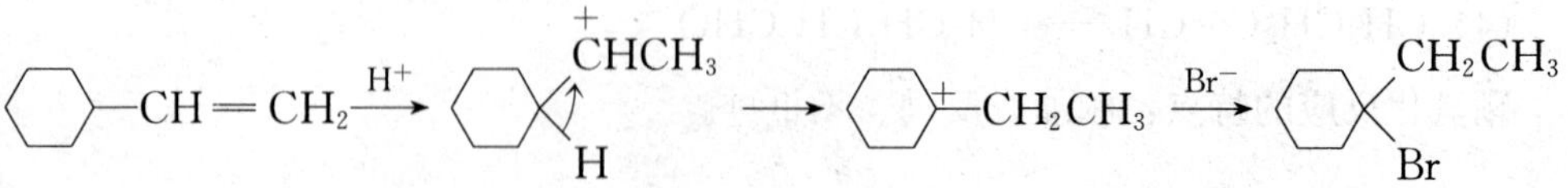

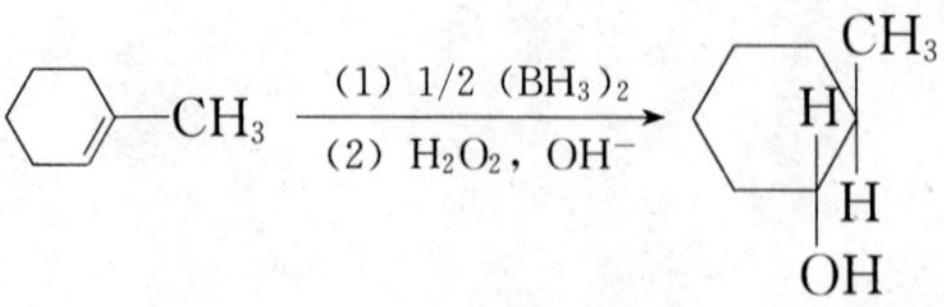

解：

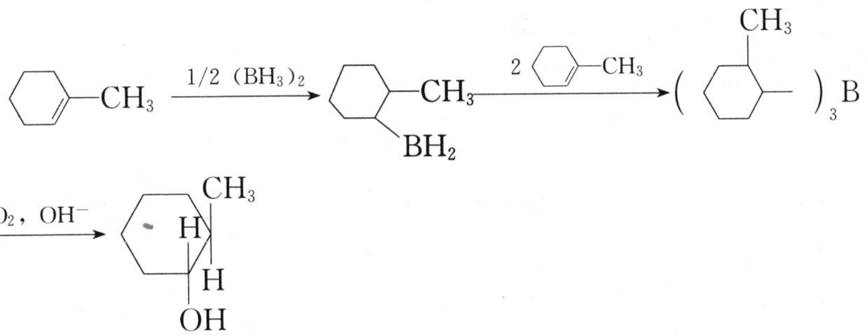

（结构式反应流程）环己烯基-CH₃ $\xrightarrow{1/2(BH_3)_2}$ 环己基-CH₂-BH₂ $\xrightarrow{2\,\text{环己烯-CH}_3}$ (环己基-CH₂-CH₃)₃B

$\xrightarrow{3H_2O_2,\ OH^-}$ （生成带 CH₃、H、H、OH 的环己烷，反马氏加成产物）

(3) 2-甲基-Δ¹-八氢萘 $\xrightarrow[\text{ROOR}]{\text{HBr}}$ 1-溴-2-甲基十氢萘

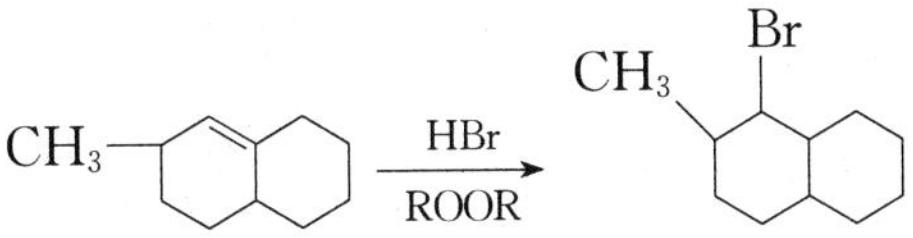

解： 该反应为自由基加成反应：

引发：$ROOR \xrightarrow{h\nu\ or\ \Delta} 2RO\cdot$

$RO\cdot + HBr \longrightarrow ROH + Br\cdot$

增长：2-甲基-Δ¹-八氢萘 + Br· ⟶ 1-溴-2-甲基-十氢萘自由基

1-溴-2-甲基-十氢萘自由基 + HBr ⟶ 产物 + Br·

⋮

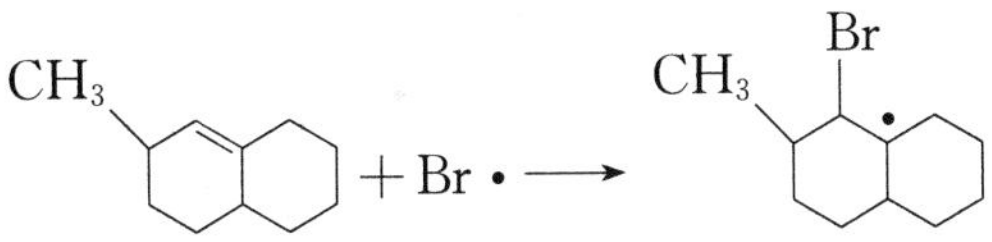

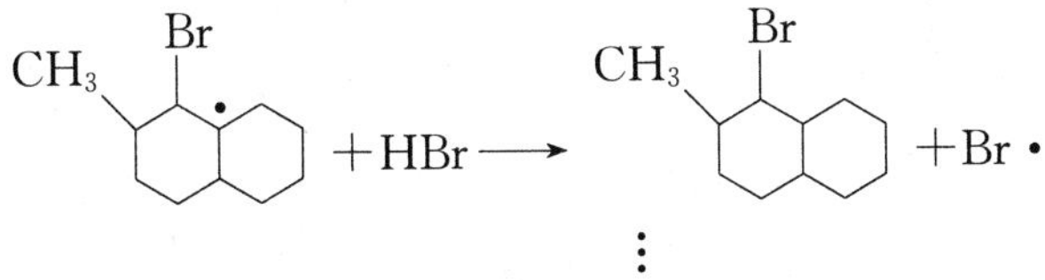

终止：略。

(4) 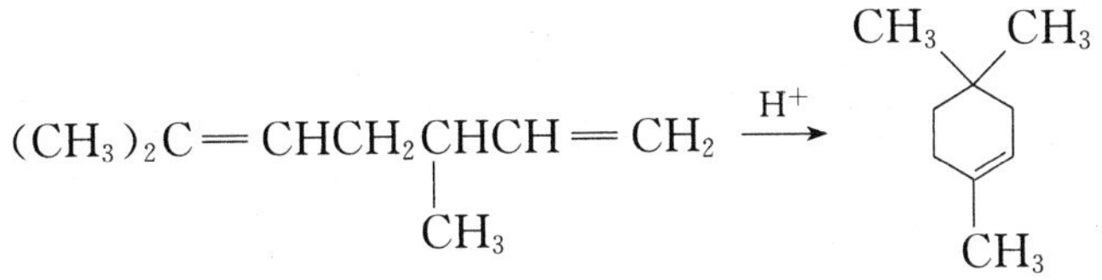 $(CH_3)_2C=CHCH_2CH(CH_3)CH=CH_2 \xrightarrow{H^+}$ （1,1,4-三甲基环己-3-烯）

解： $(CH_3)_2C=CHCH_2CH(CH_3)CH=CH_2 \xrightarrow{H^+} (CH_3)_2\overset{+}{C}CH_2CH_2CH(CH_3)CH=CH_2$

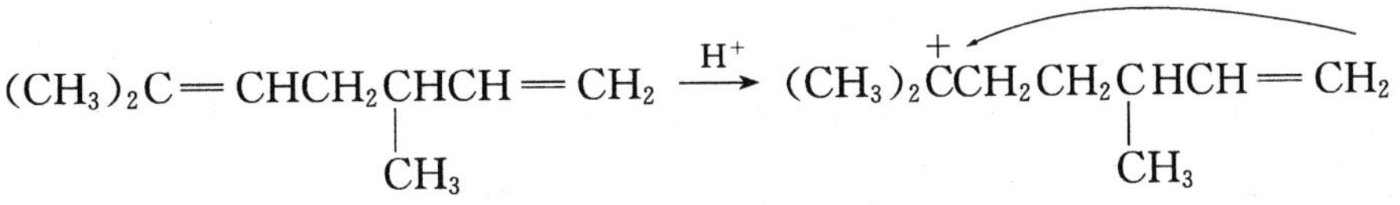

（箭头所指方向为电子云的流动方向！）

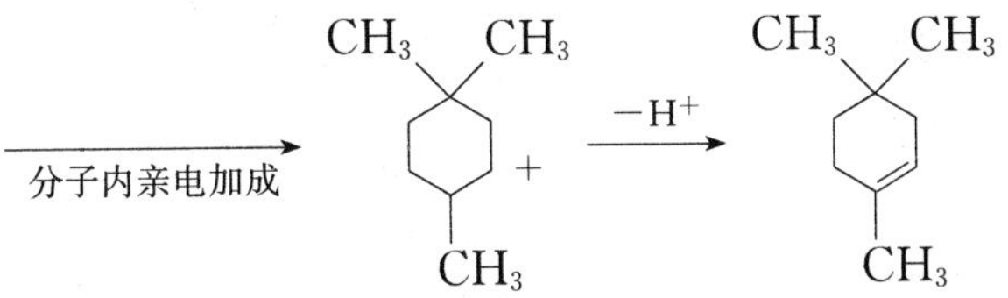

$\xrightarrow{\text{分子内亲电加成}}$ （环己基正离子中间体） $\xrightarrow{-H^+}$ 1,1,4-三甲基环己-3-烯

17. 预测下列反应的主要产物，并说明理由。

(1) $CH_2=CHCH_2C\equiv CH \xrightarrow[HgCl_2]{HCl} (CH_3-CHClCH_2C\equiv CH)$

解： 双键中的碳原子采取 sp² 杂化，其电子云的 s 成分小于采取 sp 杂化的三键碳，离核更远，流动性更大，更容易作为一个电子源。

所以，亲电加成反应活性：$C=C > C\equiv C$

(2) $CH_2=CHCH_2C\equiv CH \xrightarrow[\text{Lindlar}]{H_2} (CH_2=CHCH_2CH=CH_2)$

解： 在进行催化加氢时，首先是 H_2 及不饱和键被吸附在催化剂的活性中心上，而且三键的吸附速度大于双键。

所以，催化加氢的反应活性：三键＞双键。

(3) $CH_2=CHCH_2C\equiv CH \xrightarrow[\text{KOH}]{C_2H_5OH} (CH_2=CHCH_2C=CH_2)$

解： 三键碳采取 sp 杂化，其电子云中的 s 成分更大，离核更近，导致其可以发生亲核加成。而双键碳采取 sp^2 杂化，其电子云离核更远，不能发生亲核加成。

(4) $CH_2=CHCH_2C\equiv CH \xrightarrow{C_6H_5CO_3H} \left(\underset{\underset{O}{\diagdown\diagup}}{CH_2-CH}-CH_2C\equiv CH\right)$

解： 双键上电子云密度更大，更有利于氧化反应的发生。

(5) 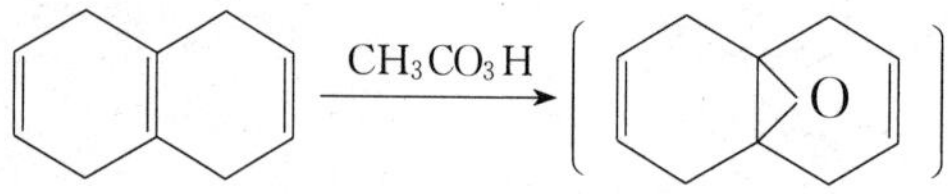 [环结构] $\xrightarrow{CH_3CO_3H}$ [环氧化产物]

解： 氧化反应总是在电子云密度较大处。

(6) $(CH_3)_3C-CH=CH_2 \xrightarrow{\text{浓 HI}} \left[\begin{array}{c} \quad\quad I \quad CH_3 \\ \quad\quad | \quad\quad | \\ CH_3-C-CH-CH_3 \\ \quad\quad | \\ \quad\quad CH_3 \end{array}\right]$

解： 重排，C^+ 稳定性：$3°C^+ > 2°C^+$

18. $(CH_3)_3CCH=CH_2$ 在酸催化下加水，不仅生成产物 $(CH_3)_3C\underset{\underset{OH}{|}}{CH}CH_3$ (a)，而且生成 $(CH_3)_2\underset{\underset{OH}{|}}{C}CH(CH_3)_2$ (b)，但不生成 $(CH_3)_3CCH_2CH_2OH$ (c)，试解释为什么？

解： 该实验现象与烯烃酸催化下的水合反应机理有关：

$(CH_3)_3CCH=CH_2 \xrightarrow{H^+} (CH_3)_3C\overset{+}{C}H-CH_3 \xrightarrow{\text{甲基迁移}} (CH_3)_2\underset{\underset{CH_3}{|}}{\overset{+}{C}}-CH-CH_3$

$\quad\quad\quad\quad\quad\quad\quad\quad\quad (Ⅰ)(2°C^+) \quad\quad\quad\quad\quad\quad (Ⅱ)(3°C^+)$

$(Ⅰ) \xrightarrow{H_2\ddot{O}} \xrightarrow{-H^+} (CH_3)_3C\underset{\underset{OH}{|}}{CH}CH_3 \quad (a)$

$(Ⅱ) \xrightarrow{H_2\ddot{O}} \xrightarrow{-H^+} (CH_3)_2\underset{\underset{CH_3}{|}}{\overset{\overset{OH}{|}}{C}}CH-CH_3 \quad (b)$

与(c)相关的 C^+ 为 $(CH_3)_3CCH_2—\overset{+}{C}H_2$ ($1°C^+$)，能量高，不稳定，因此产物(c)不易生成。

19. 根据下列反应中各化合物的酸碱性，试判断每个反应能否发生？（pKa 的近似值：ROH 为 16，NH_3 为 34，$RC≡CH$ 为 25，H_2O 为 15.7）

(1) $RC≡CH + NaNH_2 \longrightarrow RC≡CNa + NH_3$
　　强酸　　　强碱　　　　　弱碱　　　弱酸

解：该反应能够发生。

(2) $RC≡CH + RONa \longrightarrow RC≡CNa + ROH$
　　弱酸　　　　　　　　　　　　　　强酸

解：该反应不能发生。

(3) $CH_3C≡CH + NaOH \longrightarrow CH_3C≡CNa + H_2O$
　　弱酸　　　　　　　　　　　　　　　　强酸

解：该反应不能发生。

(4) $ROH + NaOH \longrightarrow RONa + H_2O$
　　弱酸　　　　　　　　　　　强酸

解：该反应不能发生。

20. 根据沸点，一个未知物可能是下四种化合物中的一种。

正戊烷，36℃；2-戊烯，36℃；1-戊炔，40℃；1,3 戊二烯，42℃。

试设计一个系统的化学检验方法来确定该未知物。

解：

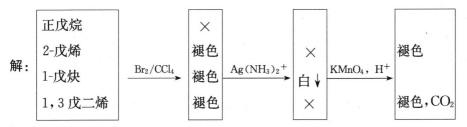

3.4 课后习题及参考答案

1. 命名下列化合物。

(1)

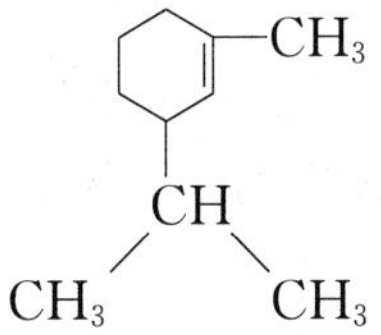

(2) $CH_3CH—C≡CCH_2CH_3$
　　　　　$|$
　　　　　Cl

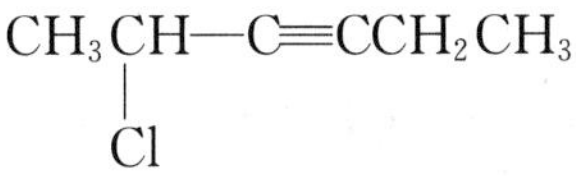

(3)

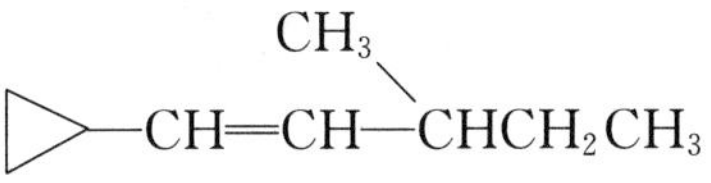

(4)

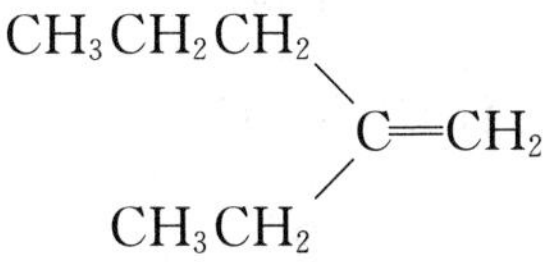

(5)
$$\underset{CH_3}{\overset{CH_3CH_2CH_2}{\diagdown}}C=C\underset{CH_2CH_3}{\overset{CH_3}{\diagup}}$$

(6)
$$\underset{\underset{CH_3}{\overset{|}{CH}}-}{\overset{CH_3}{\diagdown}}C=C\underset{CH_2CH_3}{\overset{CH_3}{\diagup}}$$
(其中左侧C上为Cl)

(7)
$$\underset{Br}{\overset{Cl}{\diagdown}}C=C\underset{I}{\overset{F}{\diagup}}$$

(8) $HC\equiv CCH_2Br$

解：(1) 1-甲基-3-异丙基-环己烯

(2) 2-氯-3-己炔

(3) 3-甲基-1-环丙基-1-戊烯

(4) 2-乙基-1-戊烯

(5) 反-3,4-二甲基-3-庚烯 或 (E)-3,4-二甲基-3-庚烯

(6) (E)-2,4-二甲基-3-氯-3-己烯

(7) (Z)-1-氟-2-氯-2-溴-1-碘乙烯

(8) 3-溴丙炔

2. 解释下列事实。

(1) $CH_2=CH-\underset{\underset{CH_3}{|}}{CH}-CH_3 + HBr \longrightarrow CH_3\underset{\underset{Br}{|}}{CH}\underset{\underset{CH_3}{|}}{CH}CH_3 + CH_3CH_2\underset{\underset{Br}{|}}{\overset{\overset{CH_3}{|}}{C}}CH_3$

(2) $CH_2=CH-\underset{\underset{CH_3}{|}}{\overset{\overset{CH_3}{|}}{C}}-CH_3 \xrightarrow{HBr} CH_3\underset{\underset{Br}{|}}{CH}\underset{\underset{CH_3}{|}}{\overset{\overset{CH_3}{|}}{C}}CH_3 + CH_3\underset{\underset{CH_3}{|}}{\overset{\overset{CH_3}{|}}{C}}-\underset{\underset{CH_3}{|}}{\overset{\overset{Br}{|}}{C}}CH_3$

解：HBr与烯烃的加成首先生成碳正离子活性中间体，然后，碳正离子中发生氢迁移或甲基迁移的碳正离子重排，生成更稳定的碳正离子，从而得到上述产物。具体的反应机理如下：

(1) $CH_2=CH-\underset{\underset{CH_3}{|}}{\overset{\overset{H}{|}}{CH}}-CH_3 \xrightarrow{H^+} CH_3\overset{+}{CH}-\underset{\underset{CH_3}{|}}{CH}-CH_3 \xrightarrow{Br^-} CH_3\underset{\underset{Br}{|}}{CH}\underset{\underset{CH_3}{|}}{CH}CH_3$

$\downarrow$

$CH_3CH_2\overset{+}{\underset{\underset{CH_3}{|}}{\overset{\overset{CH_3}{|}}{C}}}CH_3 \xrightarrow{Br^-} CH_3CH_2\underset{\underset{Br}{|}}{\overset{\overset{CH_3}{|}}{C}}CH_3$

(2)
$$CH_2=CH-\underset{\underset{CH_3}{|}}{\overset{\overset{CH_3}{|}}{C}}-CH_3 \xrightarrow{H^+} CH_3-CH-\underset{\underset{CH_3}{|}}{\overset{\overset{CH_3}{|}}{\overset{+}{C}}}-CH_3 \xrightarrow{Br^-} CH_3\underset{\underset{Br}{|}}{CH}\underset{\underset{CH_3}{|}}{\overset{\overset{CH_3}{|}}{C}}CH_3$$

$$\downarrow$$

$$CH_3-\underset{\underset{CH_3}{|}}{\overset{\overset{CH_3}{|}}{CH}}-\overset{+}{C}-CH_3 \xrightarrow{Br^-} CH_3-\underset{\underset{CH_3}{|}}{\overset{\overset{CH_3}{|}}{CH}}-\overset{\overset{Br}{|}}{\underset{\underset{CH_3}{|}}{C}}-CH_3$$

3. 丙烯高温时与氯反应主要发生 α-H 取代，生成 3-氯-1-丙烯，而不是加成反应，为什么？

解： 烯烃与卤素在低温或没有光的条件下，在液相中主要发生亲电加成反应，在高温时主要发生 α 位的取代反应：

$$CH_3CH=CH_2 + Cl_2 \xrightarrow{500℃} \underset{\underset{Cl}{|}}{CH_2}-CH=CH_2$$

这是因为如果发生加成反应，在高温条件下，双键碳原子与卤原子之间的碳卤键容易断裂而发生可逆反应。

$$·Cl + CH_3CH=CH_2 \rightleftarrows \begin{array}{l} \overset{·}{C}H_2=CH-CH_2 + HCl \\ CH_3\overset{·}{C}H-CH_2-Cl \end{array}$$

此外，α 取代反应的活性中间体也比加成反应的活性中间体稳定。即 $\overset{·}{C}H_2-CH=CH_2$ 的稳定性高于 $CH_3-\overset{·}{C}HCH_2-Cl$。因此，高温时主要发生 α 取代反应。

如果与溴反应，而且希望在较低温度下的溶剂中得到 α-溴代产物，则可以用 NBS 作溴化剂。

$$CH_3CH=CH_2 + \underset{O}{\overset{O}{\underset{\|}{\overset{\|}{N}}}}-Br \xrightarrow[\triangle]{CCl_4} \underset{\underset{Br}{|}}{CH_2}-CH=CH_2$$

N-溴代丁二酰亚胺（NBS）的作用是在反应中逐渐放出溴，始终保持较低浓度的溴，而避免加成反应的发生。

4. 三键比双键更不饱和，为什么三键进行亲电加成反应的速度反倒不如双键？

解： 三键进行亲电加成反应确实不如双键活泼，如

$$CH_2=CH-CH_2-C≡CH + Br_2 \xrightarrow[-20℃]{CCl_4} \underset{\underset{Br}{|}}{CH_2}-\underset{\underset{Br}{|}}{CH}-CH_2-C≡CH$$

这有两方面的原因：（1）从三键和双键碳原子的杂化状态来看，三键碳原子轨道是 sp 杂化，比双键的 sp^2 杂化含有较多的 s 轨道成分，因而电子云更靠近碳原子核，也可以说三键碳比双键碳有更大的电负性，当然也就更不利于亲电试剂的进攻。同时由于 sp 杂化轨道

中 s 轨道成分比 sp² 中增加，三键碳原子间的 σ 键必然比双键碳原子间的 σ 键短，这样三键中形成 π 键的 p 轨道交盖的程度比在双键中更大，结合更紧密，所以不易发生给出电子的亲电加成。(2) 从反应过程中形成的活性中间体的稳定性来看，三键加成得到的是烯基正离子活性中间体，而双键加成得到的是烷基正离子活性中间体，如下式所示：

$$CH\equiv CH + E^+ \longrightarrow H-\overset{+}{C}=CHE \quad ①$$

$$CH_2=CH_2 + E^+ \longrightarrow \overset{H}{\underset{H}{C}}-CH_2E \quad ②$$

烯基正离子不如烷基正离子稳定，因此，进行亲电加成反应的活性，炔烃就不如烯烃大。烯基正离子为什么不如烷基正离子稳定呢？简单地从电负性来比较 $C_{sp} > C_{sp^2}$，因而①不如②稳定。也可从结构上来考虑，②中各 σ 键之间的键角都为 120°，而①中两个 σ 键的键角为 180°，π 键的 p 轨道与两个 σ 键都呈 90°夹角，相互间排斥力较大，能量较高，不如②稳定。

5. 如何实现下列转变？

(1) $CH_3CH_2CH_2CH=CH_2 \longrightarrow CH_3CH_2CH_2C\equiv CH$

(2) $CH_3CHBrCH_3 \longrightarrow CH_3CH_2CH_2Br$

(3) $CH_3CH_2C(CH_3)=CH_2 \longrightarrow CH_3CH_2C(CH_3)_2OCH_3$

解：(1) $\diagup\!\!\!\diagdown\!\!\!\diagup \xrightarrow{Br_2/CCl_4}$ (CH₃CH₂CH₂CHBrCH₂Br) $\xrightarrow[(2)\ NaOH]{(1)\ KOH,\ EtOH}$ $\diagup\!\!\!\diagdown\!\!\!\equiv$

(2) $CH_3CHBrCH_3 \xrightarrow{KOH/EtOH} CH_2=CHCH_3 \xrightarrow[\text{或}\ h\nu]{HBr/ROOR} CH_2BrCH_2CH_3$

(3) $CH_3CH_2C(CH_3)=CH_2 \xrightarrow[(2)\ Na]{(1)\ B_2H_6/H_2O_2/OH^-} CH_3CH_2(CH_3)_2ONa$

$\xrightarrow[NaOH/CH_3OH]{CH_3Cl} CH_3CH_2(CH_3)_2OCH_3$

6. 2-甲基-2-戊烯分别在下列条件下发生反应，试写出各反应的主要产物。

(1) H₂/Pd-C (2) HOBr(Br₂+H₂O) (3) O₃, 锌粉-醋酸溶液
(4) Cl₂（低温） (5) B₂H₆/ NaOH-H₂O₂ (6) 稀冷 KMnO₄
(7) HBr / 过氧化物

解：

(1) 2-甲基戊烷结构式

(2) 2-甲基-3-溴-2-戊醇（OH在叔碳，Br在相邻碳）

(3) (CH₃)₂C=O + CH₃CH₂CHO

(4) 2,3-二氯-2-甲基戊烷

(5) 2-甲基-3-戊醇

(6) 2-甲基-2,3-戊二醇

(7) (CH₃)₂C(Br)CH₂CH₃ structure with Br

7. 试以反应历程解释下列反应结果。

$$(CH_3)_3CCH=CH_2 \xrightarrow[\triangle]{H^+} (CH_3)_3CCH(OH)CH_3 + (CH_3)_2C(OH)CH(CH_3)_2$$

解：主要是因为中间经历了碳正离子重排历程。

$$(CH_3)_3CCH=CH_2 \xrightarrow{H^+} [\underset{(Ⅰ)}{(CH_3)_3C\overset{+}{C}H-CH_3} \longrightarrow \underset{(Ⅱ)}{(CH_3)_2\overset{+}{C}CH(CH_3)_2}]$$

$$(Ⅰ) \xrightarrow[-H^+]{+H_2O} (CH_3)_3C\underset{\underset{OH}{|}}{C}H-CH_3$$

$$(Ⅱ) \xrightarrow[-H^+]{+H_2O} (CH_3)_2\underset{\underset{OH}{|}}{C}CH(CH_3)_2$$

8. 试以反应式表示以丙烯为原料，并选用必要的无机试剂制备下列化合物。
(1) 2-溴丙烷　　(2) 1-溴丙烷　　(3) 异丙醇　　(4) 聚丙烯腈

解：(1) $CH_3CH=CH_2 \xrightarrow{HBr} CH_3CHBrCH_3$

(2) $CH_3CH=CH_2 \xrightarrow[ROOR]{HBr} BrCH_2CH_2CH_3$

(3) $CH_3CH=CH_2 \xrightarrow{H_2O/H^+} CH_3CH(OH)CH_3$

(4) $CH_2=CH-CH_3 + NH_3 + O_2 \xrightarrow[470℃]{磷钼酸铋} CH_2=CH-CN + H_2O$

$$nCH_2=CH(CN) \longrightarrow \overset{}{\underset{}{+CH_2-CH(CN)+_n}}$$

9. 某化合物（A），分子式为 $C_{10}H_{18}$，经催化加氢得到化合物（B），（B）的分子式为 $C_{10}H_{22}$。化合物（A）和过量高锰酸钾溶液作用，得到如下三个化合物：

$$CH_3-\overset{O}{\underset{}{C}}-CH_3 \qquad CH_3-\overset{O}{\underset{}{C}}-CH_2-CH_2-\overset{O}{\underset{}{C}}-OH \qquad CH_3-\overset{O}{\underset{}{C}}-OH$$

写出化合物（A）的构造式。

解：（A）的构造式为

$$\underset{H_3C}{\overset{H_3C}{\diagdown}}C=\underset{}{\overset{CH_3}{\underset{}{C}}}-CH_2-CH_2-CH=CHCH_3$$

10. 某化合物分子式为 C_8H_{16}。它可以使溴水褪色，也可溶于浓硫酸。经臭氧化反应并在锌粉存在下水解，只得到一种产物丁酮（$CH_3COCH_2CH_3$）。写出该烯烃可能的构造式。

解：该烯烃为

$$\text{CH}_3\text{CH}_2\text{-C(CH}_3\text{)=C(CH}_3\text{)-CH}_2\text{CH}_3 \quad 或 \quad \text{CH}_3\text{-C(CH}_3\text{)=C(CH}_2\text{CH}_3\text{)-CH}_3$$

11. 回答以下问题。

(1) 1,3-丁二烯和 HBr 的 1,2-加成和 1,4-加成，哪个速度快？为什么？

(2) 为什么 1,4-加成产物比 1,2-加成产物稳定？

解： 1,2-加成比 1,4-加成快。1,4-加成中断两个 π 键和重新形成一个 π 键的过程，因此根据化学动力学，1,2-加成在温度较低时速率高，但双键在碳链一端时能量比双键在碳链中间的要高，根据化学热力学，1,4-加成产物能量较低，因此较稳定。

12. 比较下列（A）（B）（C）（D）碳正离子的稳定性。

(A) $CH_2=CH\overset{+}{C}HCH=CH_2$ (B) $CH_3\overset{+}{C}HCH=CH_2$

(C) $CH_3\overset{+}{C}HCH_3$ (D) $\overset{+}{C}H_3$

解： (A) > (B) > (C) > (D)

13. 写出 1-戊炔与下列试剂作用的反应式。

(1) 热 $KMnO_4$ 溶液 (2) H_2/Pt (3) 过量 Br_2/CCl_4，低温

(4) $AgNO_3$ 氨溶液 (5) Cu_2Cl_2 氨溶液 (6) H_2SO_4，H_2O，Hg^{2+}

解：

(1) 1-戊炔 $\xrightarrow{KMnO_4/H_2O, \triangle}$ CH$_3$CH$_2$CH$_2$COOH + CO$_2$ + H$_2$O

(2) 1-戊炔 $\xrightarrow{H_2/Pt}$ 正戊烷

(3) 1-戊炔 $\xrightarrow{Br_2(过量)/CCl_4}$ CH$_3$CH$_2$CBr$_2$CBr$_2$H

(4) 1-戊炔 $\xrightarrow{Ag(NH_3)_2NO_3}$ AgC≡CCH$_2$CH$_2$CH$_3$ ↓ + NH$_4$NO$_3$ + NH$_3$

(5) 1-戊炔 $\xrightarrow{Cu(NH_3)_2Cl}$ CuC≡CCH$_2$CH$_2$CH$_3$ ↓ + NH$_4$Cl + NH$_3$

(6) 1-戊炔 $\xrightarrow[HgSO_4]{H_2SO_4/H_2O}$ CH$_3$COCH$_2$CH$_2$CH$_3$

14. 完成下列反应式。

$$CH_3C\equiv CCH_3 \begin{cases} \xrightarrow{热\ KMnO_4\ 溶液} ? \\ \xrightarrow{H_2/Pd\text{-}BaSO_4, 喹啉} ? \xrightarrow{Br_2/CCl_4} ? \xrightarrow{2KOH} ? \\ \xrightarrow{H_2SO_4, H_2O, Hg^{2+}} [\quad] \longrightarrow ? \\ \xrightarrow{AgNO_3\ 氨溶液} ? \end{cases}$$

解: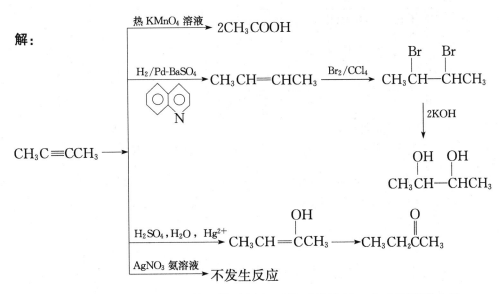

15. 用反应式表示以丙炔为原料，并选用必要的无机试剂，合成下列化合物。
(1) 丙酮；(2) 1-溴丙烷；(3) 丙醇；(4) 正己烷

解：(1) ⫽ $\xrightarrow{H_2SO_4, H_2O, Hg^{2+}}$ 丙酮(O)

(2) ⫽⫽ $\xrightarrow{H_2, Lindlar}$ ⫽ $\xrightarrow{HBr, 过氧化物}$ $BrCH_2CH_2CH_3$

(3) ⫽⫽ $\xrightarrow{H_2, Lindlar}$ ⫽ $\xrightarrow[(2)\ H_2O_2,\ OH^-]{(1)\ B_2H_6}$ $CH_3CH_2CH_2OH$

(4) ⫽⫽ $\xrightarrow{H_2, Lindlar}$ ⫽ $\xrightarrow{Cl_2/500℃}$ ⫽Cl

⫽⫽ $\xrightarrow{NaNH_2/液\ NH_3}$ $NaC\equiv CCH_3$

⫽Cl + $NaC\equiv CCH_3$ ⟶ ⫽⫽⫽ $\xrightarrow{H_2}{Pd-C}$ ⟍⟋⟍⟋

16. 用化学方法区别下列各组化合物。
(1) 丙烷、丙烯和丙炔；(2) $CH_3CH_2CH_2C\equiv CH$ 和 $CH_3CH_2-C\equiv C-CH_3$

解：(1)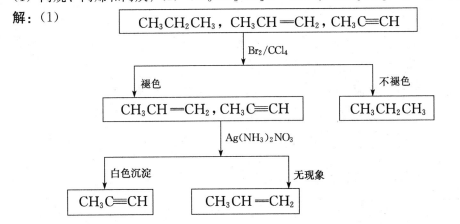

(2)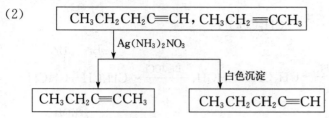

17. 推测下列反应的机理。

(1) $(CH_3)_2C=CH_2 + Cl_2 \longrightarrow CH_2=C(CH_3)-CH_2Cl + HCl$

(2) $C_5H_{11}CH=CH_2 + (CH_3)_3COH \xrightarrow{CH_3OH, HCl} C_5H_{11}CHOC(CH_3)_3CH_2Cl$

提示：$(CH_3)_3COCl$ 的作用与 $HClO$ 相似。

解： (1) $Cl_2 \xrightarrow[h\nu]{\text{引发剂}} 2Cl\cdot$

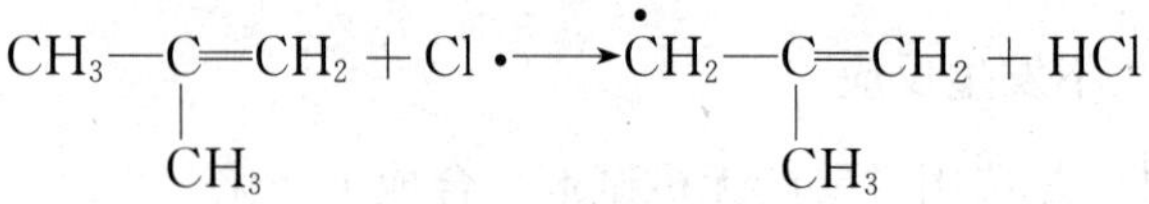

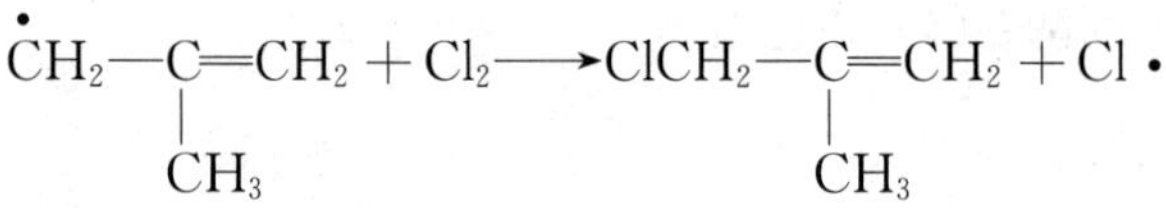

$$CH_3-\underset{CH_3}{\overset{|}{C}}=CH_2 + Cl\cdot \longrightarrow \overset{\cdot}{C}H_2-\underset{CH_3}{\overset{|}{C}}=CH_2 + HCl$$

$$\overset{\cdot}{C}H_2-\underset{CH_3}{\overset{|}{C}}=CH_2 + Cl_2 \longrightarrow ClCH_2-\underset{CH_3}{\overset{|}{C}}=CH_2 + Cl\cdot$$

(2) $(CH_3)_3C\overset{\delta-}{O}-\overset{\delta+}{Cl} + CH_2=CHC_5H_{11} \longrightarrow$

$\overset{+}{ClCH_2-CHC_5H_{11}} \xrightarrow{^-OC(CH_3)_3} C_5H_{11}CHOC(CH_3)_3CH_2Cl$

18. 2,4-庚二烯 $CH_2CH=CH-CH=CHCH_2CH_3$ 是否有顺反异构现象？如有，写出它们的所有顺反异构体，并以顺/反和 Z/E 两种命名法命名。

解：

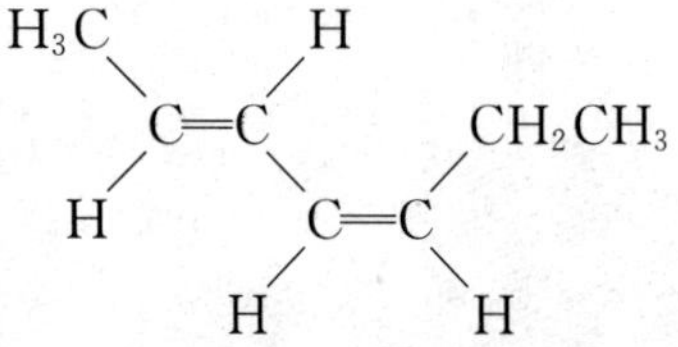

(2反，4顺)-2,4-庚二烯
或 (2E, 4Z)-2,4-庚二烯

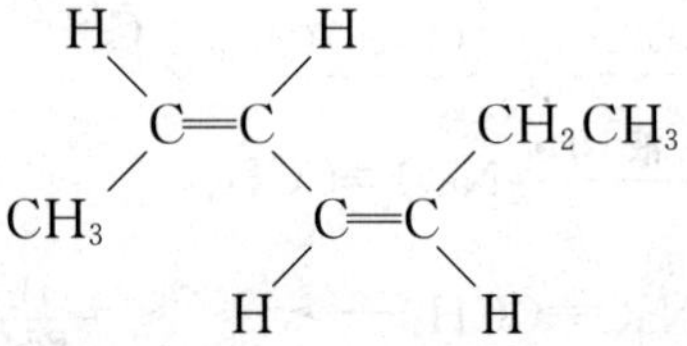

(2顺，4顺)-2,4-庚二烯
或 (2Z, 4Z)-2,4-庚二烯

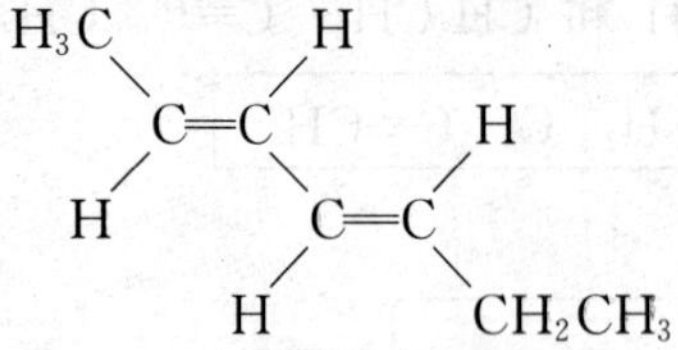

(2反，4反)-2,4-庚二烯
或 (2E, 4E)-2,4-庚二烯

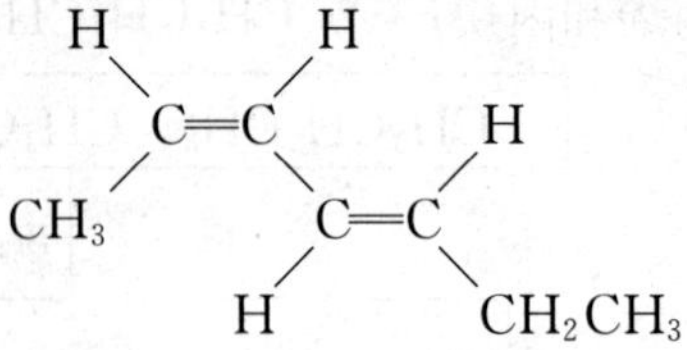

(2顺，4反)-2,4-庚二烯
或 (2Z, 4E)-2,4-庚二烯

第 4 章

芳 烃

4.1 本章重点和难点

本章重点

1. 重要的概念

单环、多环、稠环芳烃的命名，芳基，苯环上的亲电取代反应［卤代、硝化、磺化、Friedel-Crafts 反应（烷基化和酰基化反应）、氯甲基化］，苯环上亲电取代反应的定位规律，第一类（邻对位）定位基，第二类（间位）定位基，hückel 规则。

2. 结构

苯的凯库勒（Kekule）式，苯的结构及表示方法。

3. 性质和反应

苯环上的亲电取代反应和反应机理，苯环上亲电取代反应的定位规则及应用，两类定位基对苯环的影响及定位效应，二取代苯亲电取代的定位规则，烷基苯侧链上的反应（氧化反应、卤化反应），萘的亲电取代反应、加成反应和氧化反应。

本章难点

苯环的结构，苯环上亲电取代反应的机理，苯环上亲电取代反应的定位规律及其应用，hückel 规则。

4.2 本章知识要点

4.2.1 苯环的结构

苯，液体，有芳香味，不溶于水，C_6H_6 平面结构，sp^2 杂化，每个 C 原子上都有一个 p 轨道，各个方向上重叠，6 个 π 电子均匀离域在苯环上，形成环状闭合的大 π 键。

4.2.2 苯环上的亲电取代反应

1. 卤化反应

在催化剂 Fe、FeX_3、$AlCl_3$ 存在下，苯较易和 X_2 作用，生成卤代苯，此反应称为卤化反应。通式为：

$$\text{C}_6\text{H}_5\text{H} + \text{X}-\text{X} \xrightarrow{\text{Fe or FeX}_3} \text{C}_6\text{H}_5\text{X} + \text{H}-\text{X}$$

不同卤素与苯发生卤化反应的活性次序是：F＞Cl＞Br＞I。
反应机理：

$$\text{FeX}_3 + \text{X}_2 \rightleftharpoons \text{FeX}_4^- + \text{X}^+$$

$$\text{C}_6\text{H}_6 + \text{X}^+ \rightleftharpoons [\text{C}_6\text{H}_6\text{X}]^+ \xrightarrow[-\text{H}^+]{\text{FeX}_4^-} \text{C}_6\text{H}_5\text{X} + \text{FeX}_3 + \text{HX}$$

2. 硝化反应（NO_2^+）

苯与混酸（浓 HNO_3 和浓 H_2SO_4 的混合物）于 50~60℃反应，苯环上的氢原子被硝基（—NO_2）取代，生成硝基苯。这种在苯上引入硝基的反应称为硝化反应。

$$\text{C}_6\text{H}_6 + \text{HNO}_3 \xrightarrow[50\sim60℃]{\text{H}_2\text{SO}_4} \text{C}_6\text{H}_5\text{NO}_2 + \text{H}_2\text{O}$$

反应机理：

$$\text{HONO}_2 + \text{HSO}_4\text{H} \longrightarrow {}^-\text{SO}_4\text{H} + \text{H}_2\text{O} + \text{NO}_2^+$$

$$\text{C}_6\text{H}_6 + \text{NO}_2^+ \rightleftharpoons [\text{C}_6\text{H}_6\text{NO}_2]^+ \xrightarrow{-\text{H}^+} \text{C}_6\text{H}_5\text{NO}_2$$

3. 磺化反应（$^+SO_3H$ 或 SO_3）

苯与浓 H_2SO_4、发烟硫酸、SO_3 和氯磺酸（$ClSO_3H$）等磺化剂作用，苯环上的一个氢原子被磺酸基（—SO_3H）取代苯磺酸，生成的反应很慢，若在更高温度下继续反应，则主要生成间苯二磺酸。这类反应称为磺化反应。

$$\text{C}_6\text{H}_6 + \text{发烟 H}_2\text{SO}_4 \longrightarrow \text{C}_6\text{H}_5\text{SO}_3\text{H} + \text{H}_2\text{O}$$

对于甲苯来说，不同的磺化温度得到的产物不同。例如，在 0℃时主要生成邻位和对位产物，而在 100℃时则主要生成对位产物。

如果用浓硫酸代替发烟硫酸，反应是可逆的，这样可以利用磺化反应进行占位，然后通过逆反应去磺化。

反应机理：SO_3 是亲电试剂。

$$\text{C}_6\text{H}_6 + \text{SO}_3 \longrightarrow [\text{C}_6\text{H}_6\text{SO}_3^-]^+ \xrightarrow{-\text{H}^+} \text{C}_6\text{H}_5\text{SO}_3^- \xrightarrow{+\text{H}^+} \text{C}_6\text{H}_5\text{SO}_3\text{H}$$

4. Friedel-Crafts 反应（烷基化和酰基化反应）

（1）烷基化反应

$$\text{C}_6\text{H}_6 + \text{CH}_3\text{CH}_2\text{Cl} \xrightarrow{\text{AlCl}_3} \text{C}_6\text{H}_5\text{CH}_2\text{CH}_3 + \text{HCl}$$

反应机理：

$$\text{AlCl}_3 + \text{CH}_3\text{CH}_2\text{Cl} \rightleftharpoons \text{AlCl}_4^- + \text{CH}_3\text{CH}_2^+$$

$$\text{CH}_3\text{CH}_2^+ + \text{C}_6\text{H}_6 \rightleftharpoons [\text{H}_3\text{CH}_2\text{C}-\text{C}_6\text{H}_6]^+ \xrightarrow[-\text{H}^+]{\text{AlCl}_4^-} \text{C}_6\text{H}_5\text{CH}_2\text{CH}_3 + \text{AlCl}_3 + \text{HCl}$$

反应过程中生产碳正离子中间体，会有重排现象，并且该反应为可逆反应，由于引入的基团为活化基团，所以易得到多取代的产物。只要产生碳正离子中间体就能发生反应，所以可以用醇或烯来代替卤代烷。

（2）酰基化反应

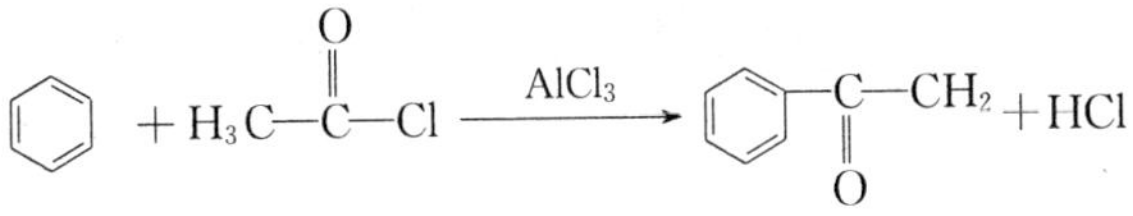

$$C_6H_6 + H_3C-\overset{O}{\underset{}{C}}-Cl \xrightarrow{AlCl_3} C_6H_5-\overset{O}{\underset{}{C}}-CH_2 + HCl$$

反应机理：

$$AlCl_3 + H_3C-\overset{O}{\underset{}{C}}-Cl \rightleftharpoons H_3C-\overset{O}{\underset{}{C}}{}^+ + AlCl_4^-$$

$$H_3C-\overset{+}{\underset{O}{C}} + C_6H_6 \rightleftharpoons H_3C-\overset{O}{\underset{}{C}}-C_6H_6^+ \xrightarrow[-H^+]{AlCl_4^-} H_3C-\overset{O}{\underset{}{C}}-C_6H_5 + AlCl_3 + HCl$$

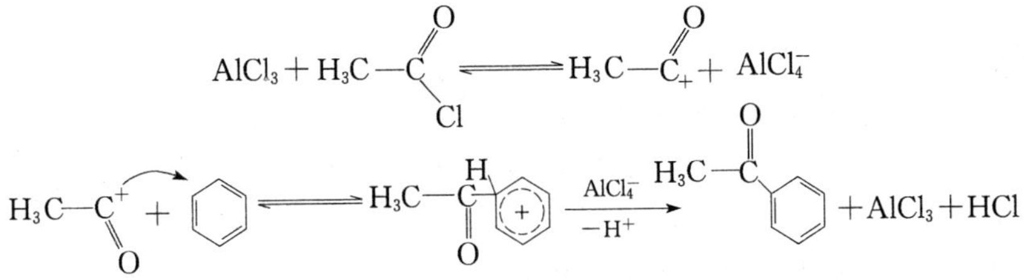

酰基化的优点：无重排，不可逆，不能进一步取代。

5. 氯甲基化（$ClCH_2^+$）

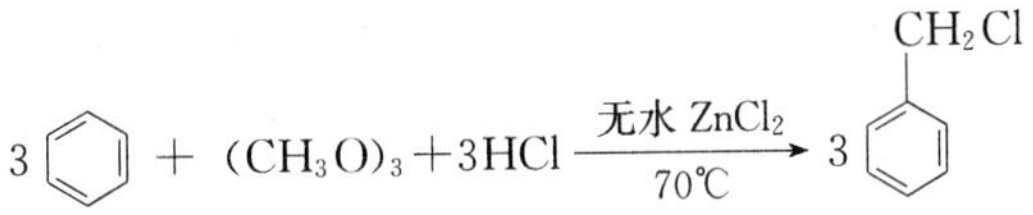

$$3\,C_6H_6 + (CH_2O)_3 + 3HCl \xrightarrow[70℃]{无水\ ZnCl_2} 3\,C_6H_5CH_2Cl$$

4.2.3 烷基苯侧链上的反应

1. 氧化反应

含有 α-H 的烷基苯，在强氧化剂下，无论侧链长短如何，最后都氧化生成苯甲酸。

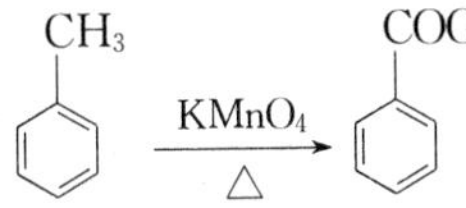

$$C_6H_5CH_3 \xrightarrow[\triangle]{KMnO_4} C_6H_5COOH$$

2. 卤化反应

由于芳烃侧链上的 α 氢原子比较活泼，可发生氯化反应。

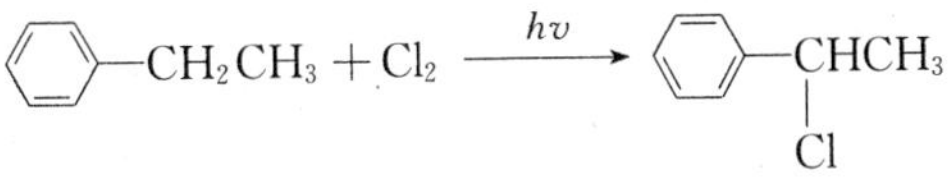

$$C_6H_5-CH_2CH_3 + Cl_2 \xrightarrow{h\nu} C_6H_5-\underset{Cl}{\overset{}{C}H}CH_3$$

4.2.4 两类定位基

第一类定位基，邻对位定位基。常见的定位基（A 基团）按照定位能力次序从强到弱大致为：

—O^-、—$N(CH_3)_2$、—NH_2、—OH、—OR、—NHCOR、—OCOR、—Ar、—CH=CH_2、—R、—F、—Cl、—Br、—I 等。

第二类定位基，间位定位基。常见的定位基（B 基团）按照定位能力次序从强到弱大致为：

—$N^+(CH_3)_3$、—N^+H_3、—NO_2、—CF_3、—CN、—SO_3H、—COR、—COOR、—$CONH_2$、—$CONR_2$ 等。

4.2.5 二取代苯亲电取代的定位规则

1. 若两个取代基属于同一类的定位基时，第三个取代基主要进入定位效应强的定位基指向的位置。
2. 若两个取代基是不同类的定位基时，第三个取代基进入苯环的位置，一般由第一类定位基起主要作用。

4.3 典型习题讲解及参考答案

1. 单选题

(1) 下列基团中，属于邻、对位定位基的是（　　）。

A. —NH_2　　　B. —NO_2　　　C. —CHO　　　D. —COOH

答案：A

(2) 下列化合物中，不能被高锰酸钾氧化的是（　　）。

A. 叔丁基苯　　B. 异丁基苯　　C. 仲丁基苯　　D. 正丁基苯

答案：A

(3) 下列化合物中，硝化反应最快的是（　　）。

A. 氯苯　　　B. 苯胺　　　C. 甲苯　　　D. 硝基苯

答案：B

2. 以苯或甲苯及≤C_3的烃为原料，合成下列化合物。

(1) 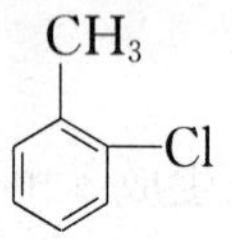 邻氯甲苯

(2) 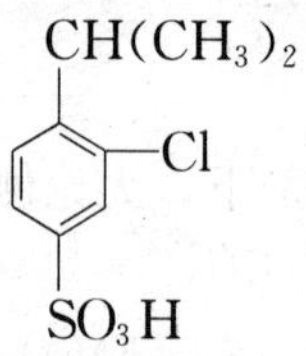 2-氯-4-磺酸基异丙苯

解：(1) 方法一：该方法生产的邻位氯代甲苯和对位氯代甲苯不易分离，影响产率。

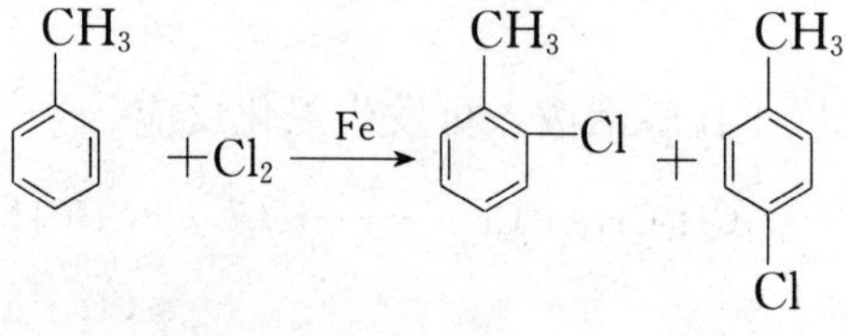

甲苯 + Cl_2 —Fe→ 邻氯甲苯 + 对氯甲苯

方法二：该法利用磺化反应可逆的特点，引入—SO_3H 占用对位，使—Cl 只进入邻位，然后去掉—SO_3H，产物容易分离提纯，为较佳合成路线。

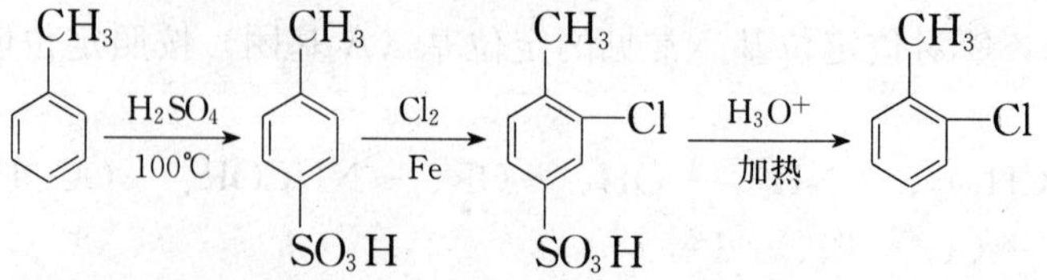

甲苯 —H_2SO_4/100℃→ 对甲苯磺酸 —Cl_2/Fe→ 3-氯-4-甲基苯磺酸 —H_3O^+/加热→ 邻氯甲苯

(2) 方法一：先磺化，后氯化，最后烷基化。由于—SO_3H 和—Cl 都使得苯环钝化，因而很难烷基化，产率低。

方法二：先氯化，后烷基化，最后磺化。不足之处，氯代之后使得苯环钝化，影响烷基化，且对位烷基化产物会多于邻位产物，因而产率不高。

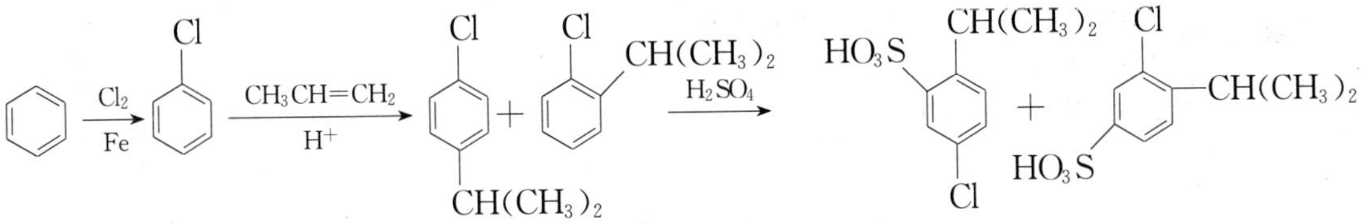

方法三：先烷基化后磺化，最后卤代。该法利用磺化反应可逆的特点，引入—SO₃H 占用对位，使得—Cl 只进入邻位，然后去掉—SO₃H，产物容易分离提纯，为较佳合成路线。

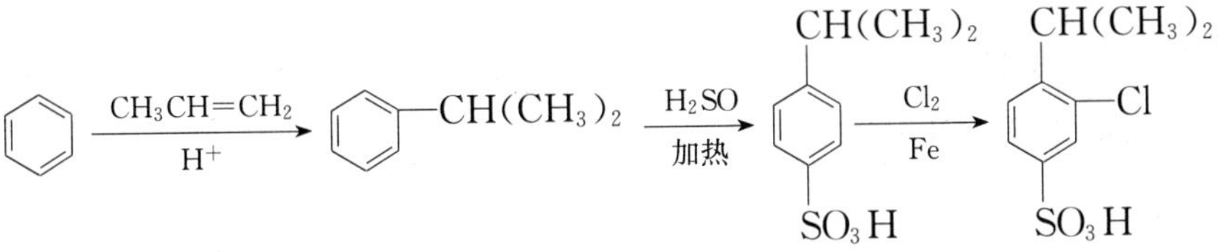

3. 写出下列化合物的中英文名称。

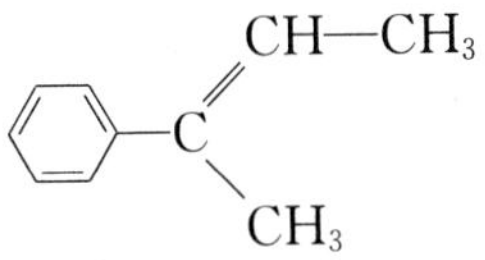

(1) 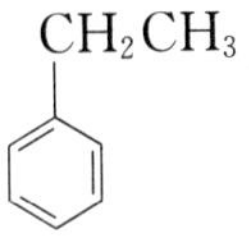 乙苯 Ethylbenzene
(2) 2-苯基-2-丁烯 2-Phenyl-2-butene
(3) 对-乙基甲苯 p-Ethyltoluene
(4) 邻-乙基异丙苯 o-Ethylcumene
(5) 间二乙苯 m-Diethylbenzene
(6) 3,5-二甲基苯乙烯 3,5-Dimethylstyrene

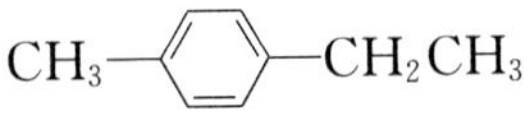

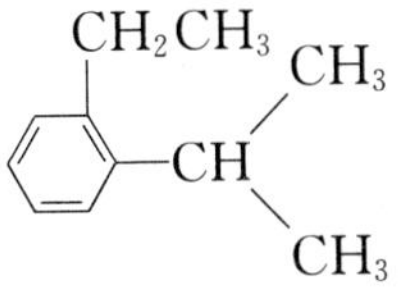

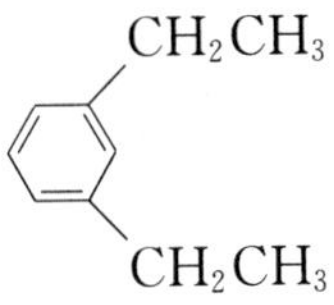

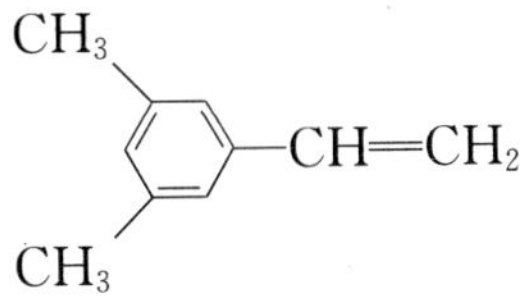

4. 写出下列化合物的构造式。
(1) 1-苯基庚烷
(2) 3-丙基邻二甲苯
(3) 2-乙基萘
(4) 2-甲基-3-苯基戊烷
(5) 2,3-二甲基-1-苯基-1-己烯
(6) 邻硝基苯甲醛
(7) 3-羟基-5-碘苯乙酸
(8) 对亚硝基溴苯
(9) 间甲苯酚

解：(1) 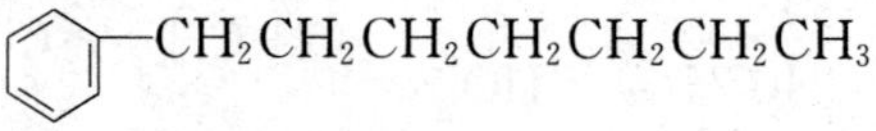

(2) 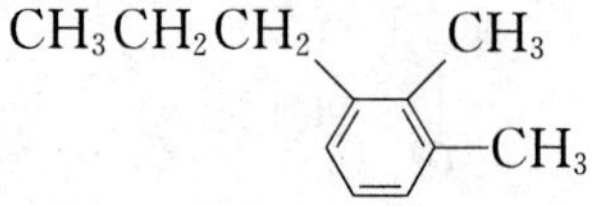

(3) 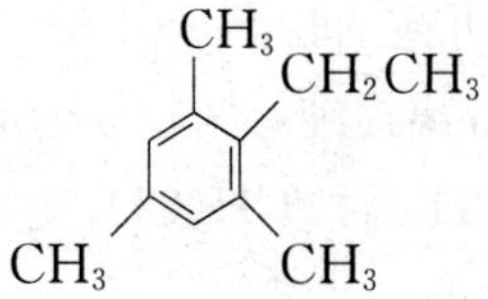

(4) 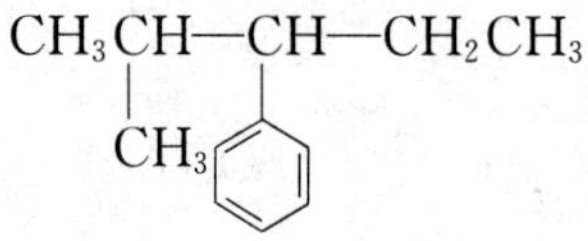

(5) 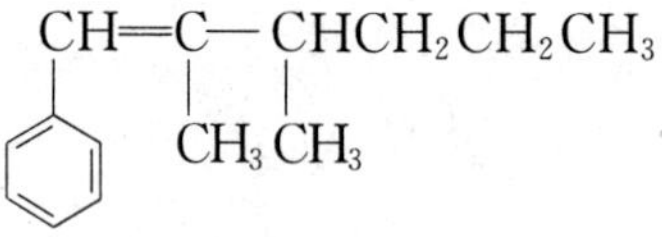

(6) 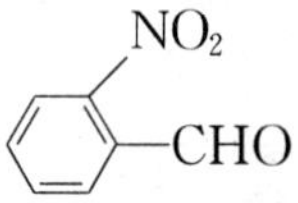

(7) 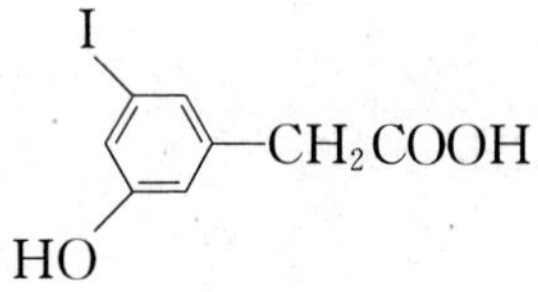

(8) 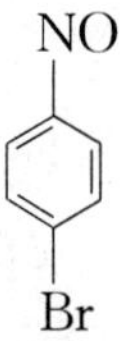

(9) 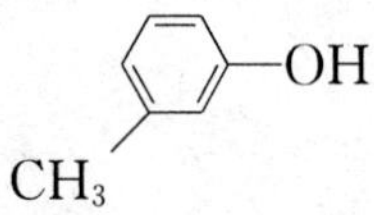

5. 排列出下列化合物对于溴化反应的活性。

(1) 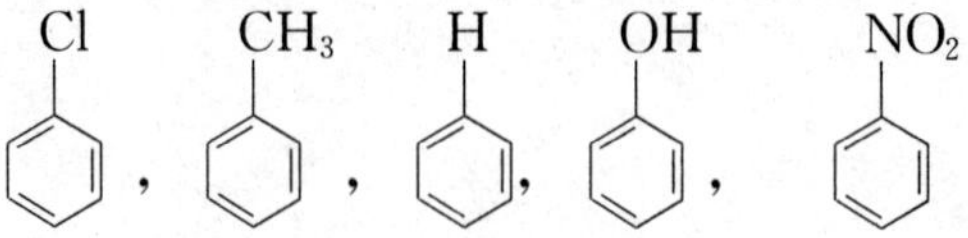

(2) 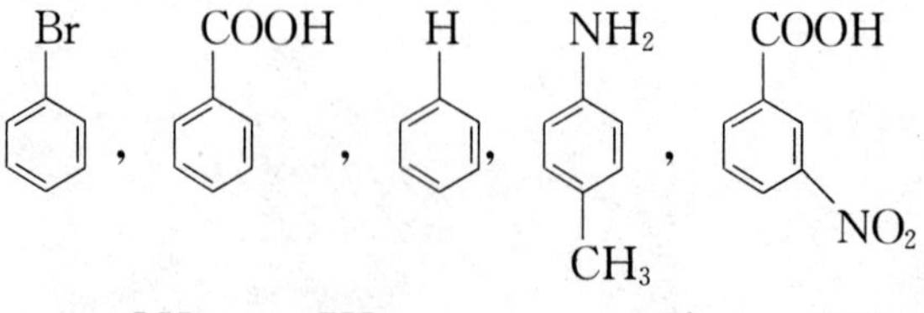

解：(1) 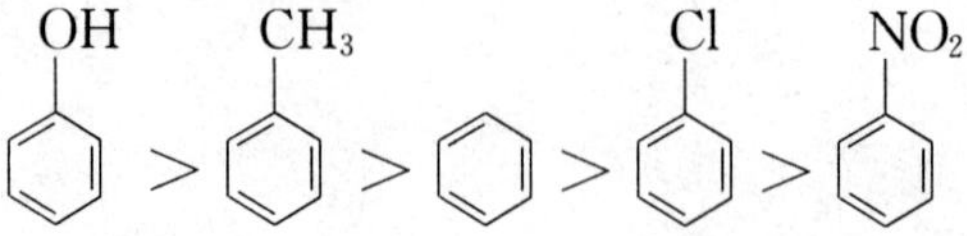

(2) ![p-toluidine] > ![benzene] > ![bromobenzene] > ![benzoic acid] > ![m-nitrobenzoic acid]

6. 请解释：

(1) 为什么邻二甲苯、间二甲苯、对二甲苯的沸点和熔点都不相同？

(2) 为什么邻二甲苯、间二甲苯、对二甲苯的沸点差别不大，而熔点差别较大？

(3) 为什么对二甲苯的熔点比邻二甲苯、间二甲苯高？

解：（1）化合物的沸点与熔点都与它本身的结构有关，由于邻二甲苯、间二甲苯、对二甲苯的结构不同，所以它们的沸点和熔点都不相同。

（2）液体沸点的高低取决于分子间的引力，分子间引力称为范德华引力，它包括静电引力、诱导力和色散力。液体化合物的分子间引力与分子量大小、分子体积大小有关，由于邻二甲苯、间二甲苯、对二甲苯的分子量相等、体积大小接近，所以它们的沸点差别不大，晶体的熔点也取决于分子间的作用力，但在晶体中，分子间的作用力不仅取决于分子的大小，还取决于分子的晶格排列，对称性好的分子排列紧密，紧密的排列必然导致分子间作用力的加强。由于邻二甲苯、间二甲苯、对二甲苯形成晶体时排列的紧密程度不同，所以它们的熔点差别较沸点大。

（3）对二甲苯的对称性最好，排列最整齐、最紧密，所以它的熔点比邻二甲苯、间二甲苯的高。

7. 用箭头表示下列化合物发生硝化时硝基进入苯环的主要位置。

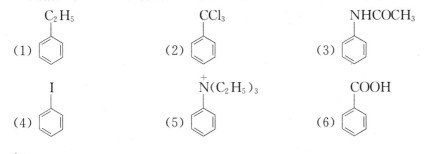

解：

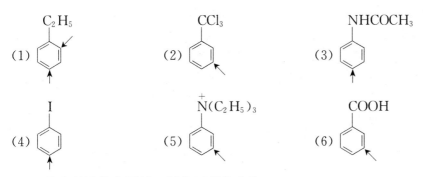

8. 以苯或者甲苯为原料，制备下列化合物。

(1) 间硝基氯苯；(2) 氟苯；(3) 对二溴苯；(4) 间氯苯甲酸；(5) 对溴苯甲酸；(6) 对硝基甲苯

解：(1) C$_6$H$_6$ $\xrightarrow{\text{浓 H}_2\text{SO}_4 / \text{浓 HNO}_3}$ C$_6$H$_5$NO$_2$ $\xrightarrow{\text{Cl}_2 / \text{FeCl}_3}$ 间-硝基氯苯（3-NO$_2$-C$_6$H$_4$-Cl）

(2) C$_6$H$_6$ + XeF$_2$ $\xrightarrow{\text{HF} / \text{CCl}_4}$ C$_6$H$_5$F + Xe + HF

(3) C$_6$H$_6$ + Br$_2$ $\xrightarrow{\text{FeBr}_3}$ C$_6$H$_5$Br $\xrightarrow{\text{Br}_2 / \text{FeBr}_3}$ 对二溴苯（1,4-Br$_2$-C$_6$H$_4$）

(4) C$_6$H$_5$CH$_3$ $\xrightarrow{\text{KMnO}_4}$ C$_6$H$_5$COOH $\xrightarrow{\text{Cl}_2 / \text{FeCl}_3}$ 间-氯苯甲酸（3-Cl-C$_6$H$_4$-COOH）

(5) C$_6$H$_5$CH$_3$ + Br$_2$ $\xrightarrow{\text{FeBr}_3}$ 对-溴甲苯（4-Br-C$_6$H$_4$-CH$_3$）$\xrightarrow{\text{KMnO}_4}$ 对-溴苯甲酸（4-Br-C$_6$H$_4$-COOH）

(6) C$_6$H$_5$CH$_3$ + HNO$_3$ $\xrightarrow{\text{H}_2\text{SO}_4}$ 邻-硝基甲苯 + 对-硝基甲苯 $\xrightarrow{\text{分离}}$ 对-硝基甲苯

9. 下列化合物中哪些不能发生傅-克烷基化反应？

(1) C$_6$H$_5$CN (2) C$_6$H$_5$CH$_3$ (3) C$_6$H$_5$CCl$_3$

(4) C$_6$H$_5$CHO (5) C$_6$H$_5$OH (6) C$_6$H$_5$COCH$_3$

解：(1)(2)(3)(4) 均不能发生傅-克烷基化反应。

(5) C$_6$H$_5$OH 很容易进行傅-克反应，但不能用 AlCl$_3$ 做催化剂，因为酚类化合物和 AlCl$_3$ 会发生反应而使 AlCl$_3$ 失去催化能力。

$$\text{ArOH} + \text{AlCl}_3 \longrightarrow \text{ArOAlCl}_2 + \text{HCl}$$

所以，一般用醇和烯在酸性催化剂存在下与酚反应，如果一定要用 AlCl$_3$ 做催化剂，可以将酚变成醚，再进行反应，反应后用盐酸处理，使醚重新变成酚。

10. 以苯或者甲苯为起始原料，选择合适的试剂合成。

(1) C$_6$H$_5$CH$_2$NH$_2$ (2) CH$_3$-C$_6$H$_4$-CH$_2$COOH

(3) CH$_3$-C$_6$H$_4$-CHO (4) C$_6$H$_5$CH$_2$OH

解：(1) C$_6$H$_6$ $\xrightarrow{\text{CH}_2\text{O, HCl} / \text{ZnCl}_2, 60℃}$ C$_6$H$_5$CH$_2$Cl $\xrightarrow{\text{NH}_3\text{（大量）}}$ C$_6$H$_5$CH$_2$NH$_2$

(2) 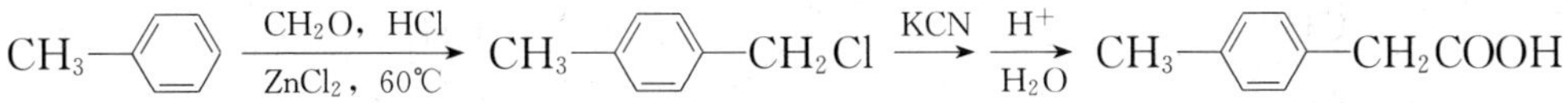 $CH_3-\langle\bigcirc\rangle \xrightarrow[ZnCl_2, 60℃]{CH_2O, HCl} CH_3-\langle\bigcirc\rangle-CH_2Cl \xrightarrow[H_2O]{KCN\ H^+} CH_3-\langle\bigcirc\rangle-CH_2COOH$

(3) $CH_3-\langle\bigcirc\rangle + CO + HCl \xrightarrow[\triangle]{AlCl_3, CuCl} CH_3-\langle\bigcirc\rangle-CHO$

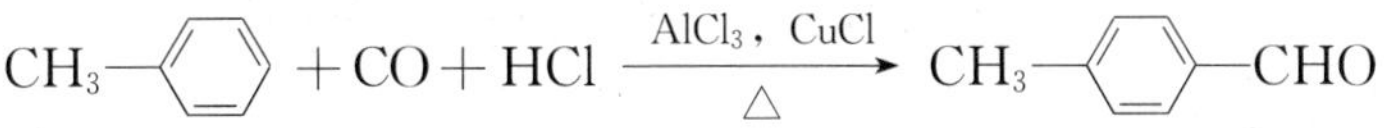

(4)  $\langle\bigcirc\rangle \xrightarrow[ZnCl_2, 60℃]{CH_2O, HCl} \langle\bigcirc\rangle-CH_2Cl \xrightarrow[H_2O]{NaOH} \langle\bigcirc\rangle-CH_2OH$

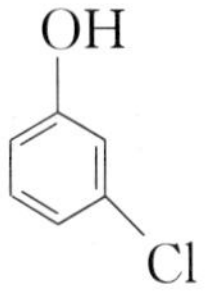

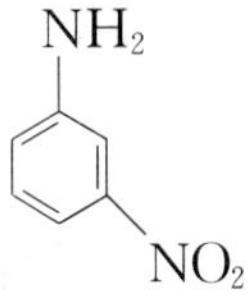

11. 用箭头表示新进入基团主要进入苯环的位置。

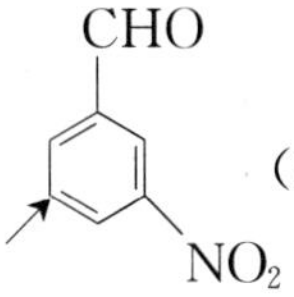

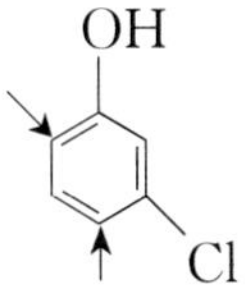

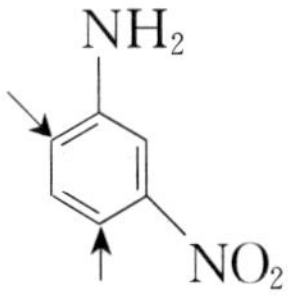

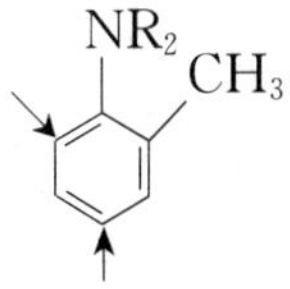

(1) 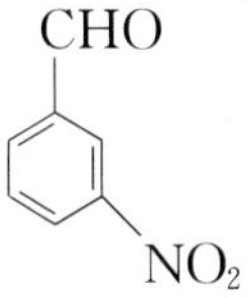 3-硝基苯甲醛 (2) 3-氯苯酚 (3) 3-硝基苯胺 (4) 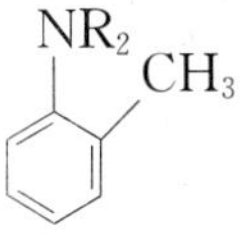 邻-NR₂,CH₃-苯

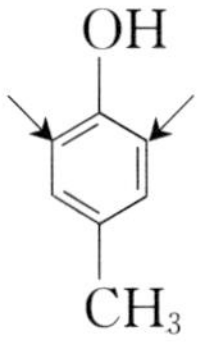

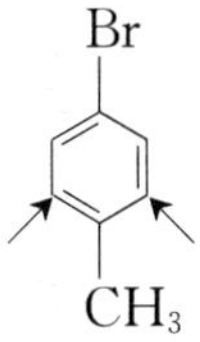

(5) 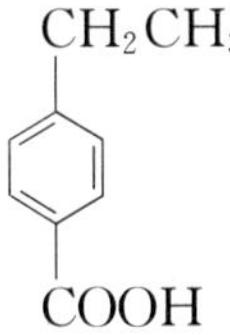 对-CH₂CH₃, COOH-苯 (6) 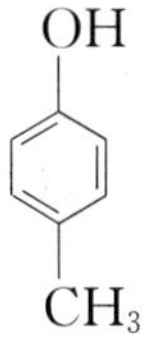 对-OH, CH₃-苯 (7) 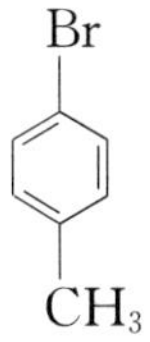 对-Br, CH₃-苯 (8) 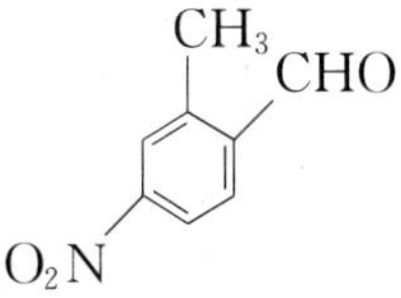 2-甲基-4-硝基苯甲醛

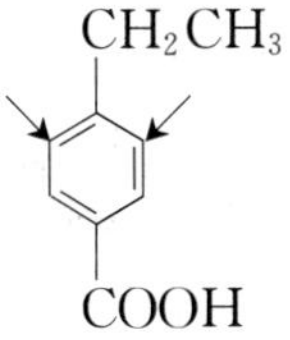

解: (1)–(8) 箭头位置如图所示（见原图）。

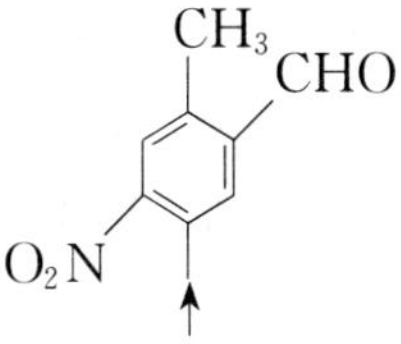

12. 写出下列各化合物一次硝化的主要产物（问题为答案去掉箭头）。

解: 箭头指向为硝基将要进入的位置:

(1) 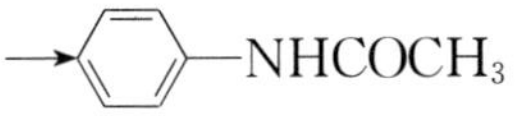 →⟨◯⟩—NHCOCH₃

(2) 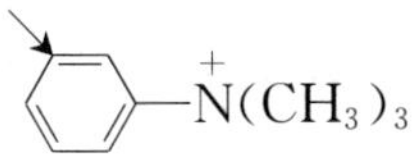 ⟨◯⟩—N⁺(CH₃)₃

(3) H₃C—⟨◯⟩—OCH₃

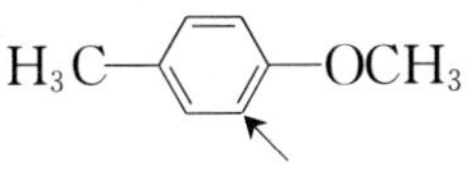

(4) 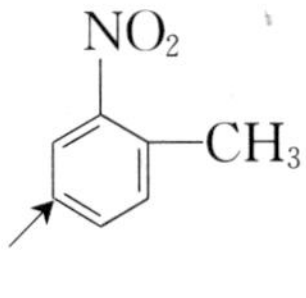 邻-NO₂, CH₃-苯

(5) 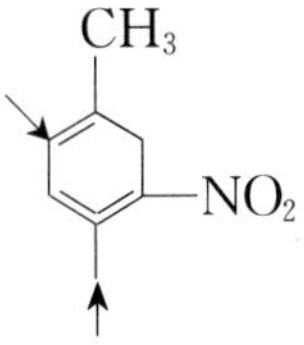 2-甲基-4-硝基苯

(6) 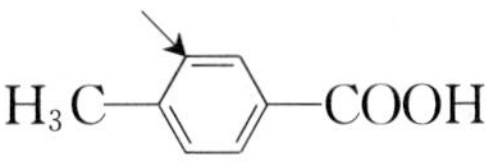 H₃C—⟨◯⟩—COOH

(7) 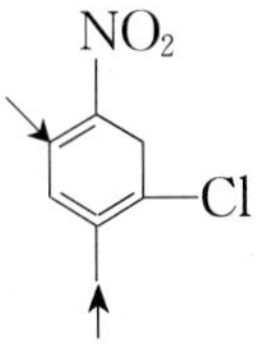 2-硝基-4-氯苯

(8) 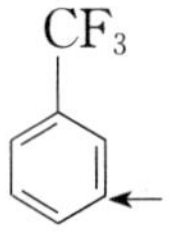 ⟨◯⟩—CF₃

(9) 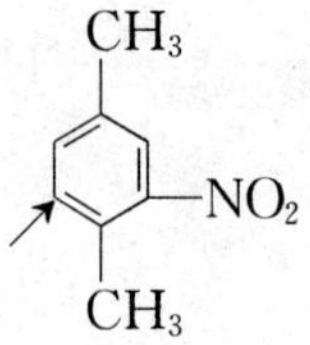 结构式：2,4-二甲基-1-硝基苯，箭头指向CH₃邻位

(10) 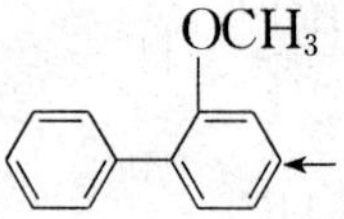 结构式：2-甲氧基联苯，箭头指向对位

(11) 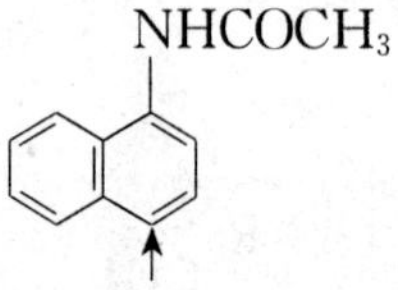 结构式：1-乙酰氨基萘，箭头指向4位

(12) 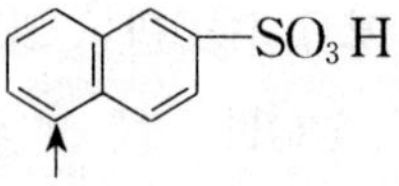 结构式：2-萘磺酸，箭头指向5位

(13) 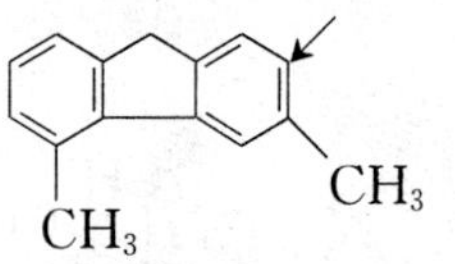 结构式：芴的3,5-二甲基衍生物，箭头指向2位

(14) 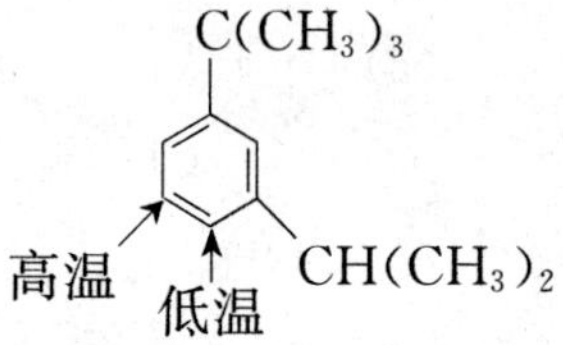 结构式：1-叔丁基-3-异丙基苯，高温指向4位，低温指向2位

(15) 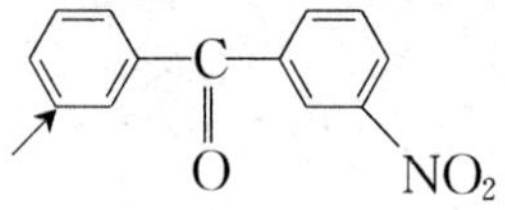 结构式：3-硝基二苯甲酮，箭头指向另一苯环间位

(16) 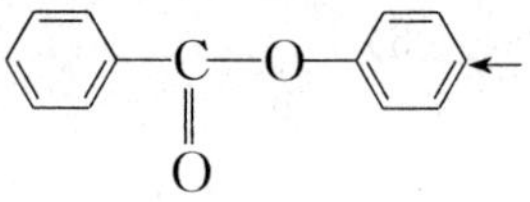 苯甲酸苯酯，箭头指向苯氧基对位

(17) 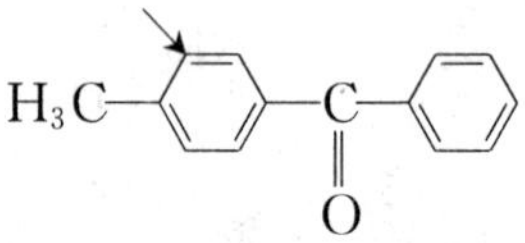 对甲基二苯甲酮，箭头指向甲基邻位

(18) 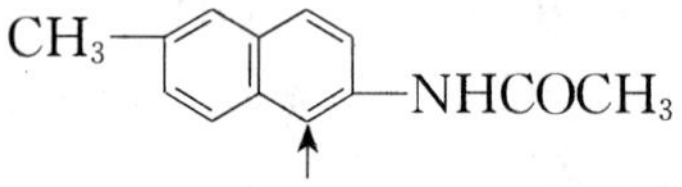 6-甲基-2-乙酰氨基萘，箭头指向1位

讨论：

A. (10) 的一元硝化产物为 [2-甲氧基-4'-硝基联苯] 而不是 [2-甲氧基-3'-硝基联苯]，因为与前者相关的 σ-络合物中正电荷分散程度更大，反应活化能更低。

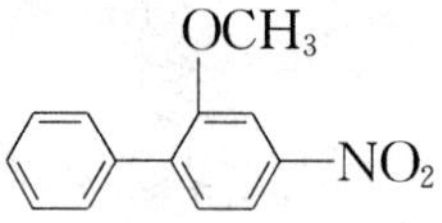

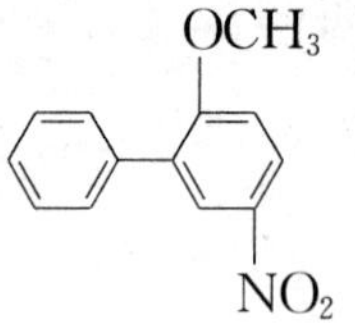

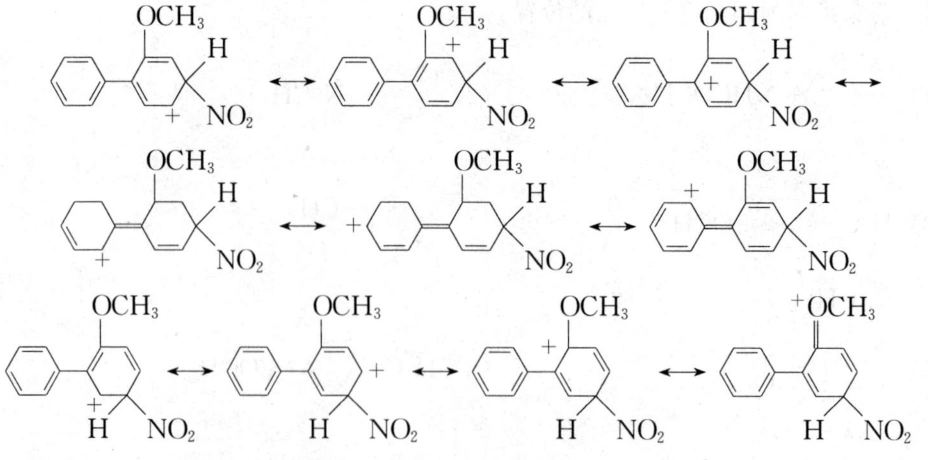

[σ-络合物共振结构式组（十二个共振式）]

B. (13) 的一元硝化产物为 [2-硝基-3,5-二甲基芴] 而不是 [1-硝基-4,6-二甲基芴]，是因为前

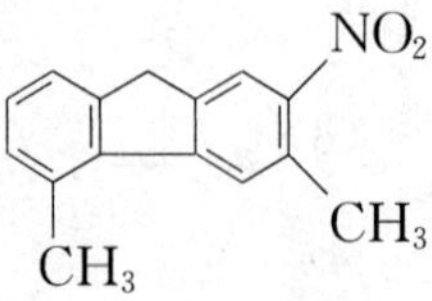

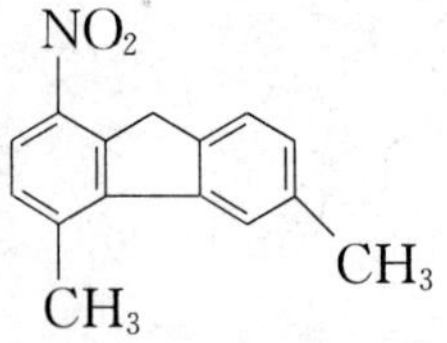

者的空间障碍小，热力学稳定。

13. 由苯或者甲苯为起始原料合成。
(1) 邻硝基苯甲酸
(2) 2-硝基-1,4-二溴苯
(3) 邻氯甲苯
(4) 3,5-二硝基苯甲酸

解：(1) $CH_3-C_6H_5 \xrightarrow{浓 H_2SO_4} CH_3-C_6H_4-SO_3H \xrightarrow[浓 H_2SO_4]{浓 HNO_3} CH_3-C_6H_3(O_2N)-SO_3H$

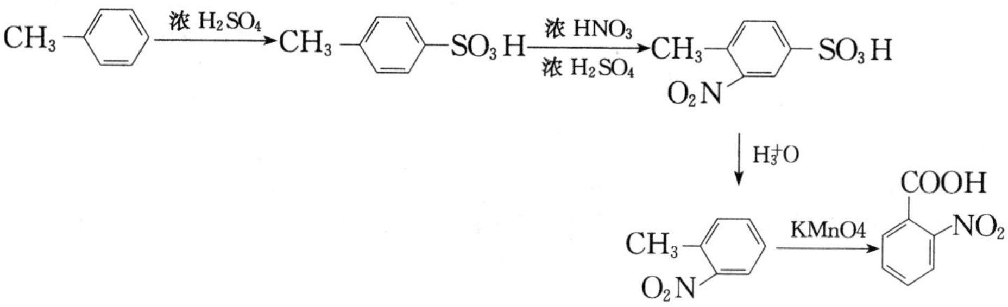

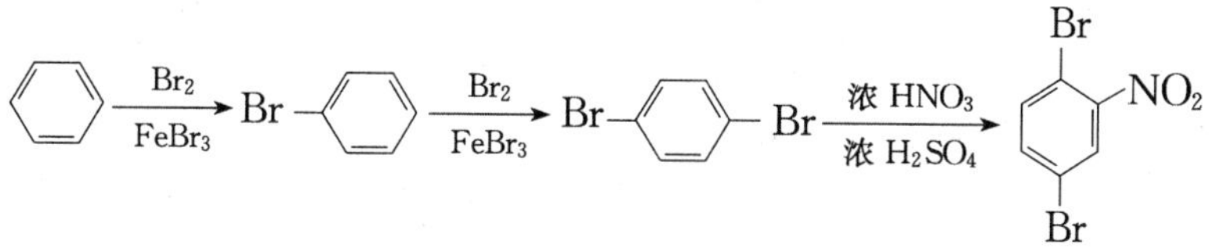

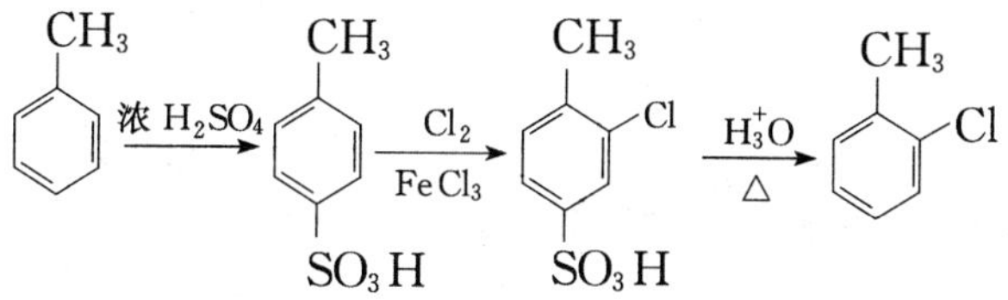

$\xrightarrow{H_3^+O}$ 邻硝基甲苯 $\xrightarrow{KMnO_4}$ 邻硝基苯甲酸

(2) $C_6H_6 \xrightarrow{Br_2/FeBr_3} C_6H_5Br \xrightarrow{Br_2/FeBr_3} Br-C_6H_4-Br \xrightarrow[浓 H_2SO_4]{浓 HNO_3}$ 2-硝基-1,4-二溴苯

(3) 甲苯 $\xrightarrow{浓 H_2SO_4}$ 对甲苯磺酸 $\xrightarrow{Cl_2/FeCl_3}$ 2-氯-4-甲苯磺酸 $\xrightarrow[\Delta]{H_3^+O}$ 邻氯甲苯

(4) 甲苯 $\xrightarrow{KMnO_4}$ 苯甲酸 $\xrightarrow{硝化}$ 3,5-二硝基苯甲酸

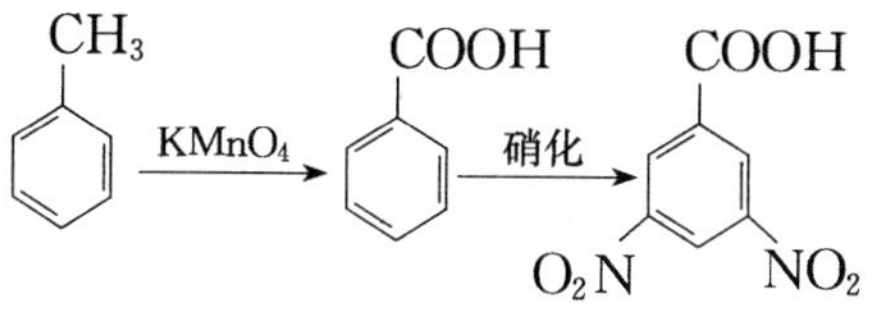

14. 将下列各组化合物，按其进行硝化反应的难易次序排列。
(1) 苯、间二甲苯、甲苯
(2) 乙酰苯胺、苯乙酮、氯苯

解：(1) 间二甲苯＞甲苯＞苯
苯环上甲基越多，对苯环致活作用越强，越易进行硝化反应。
(2) 乙酰苯胺＞氯苯＞苯乙酮
连有致活基团的苯环比连有致钝基团的苯环易进行硝化反应。
对苯环起致活作用的基团为：—NH_2，—$NHCOCH_3$，且致活作用依次减小。
对苯环起致钝作用的基团为：—Cl，—$COCH_3$，且致钝作用依次增强。

15. 比较下列各组化合物进行一元溴化反应的相对速率，按由大到小排列。
(1) 甲苯、苯甲酸、苯、溴苯、硝基苯
(2) 对二甲苯、对苯二甲酸、甲苯、对甲基苯甲酸、间二甲苯

解：(1) 一元溴化相对速率：甲苯＞苯＞溴苯＞苯甲酸＞硝基苯

致活基团为—CH_3；致钝基团为—Br，—COOH，—NO_2，且致钝作用依次增强。

(2) 间二甲苯＞对二甲苯＞甲苯＞对甲基苯甲酸＞对苯二甲酸

—CH_3对苯环有活化作用且连接越多活化作用越强。两个甲基处于间位的致活效应有协同效应，强于处于对位的致活效应；—COOH有致钝作用。

16. 将下列化合物按酸性由大到小排列成序。

(1) 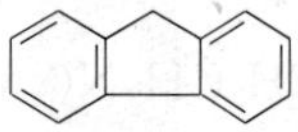 芴

(2) 甲苯

(3) 2-硝基芴

(4) 乙苯

(5) 二苯甲烷

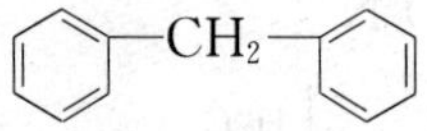

解：(3) ＞ (1) ＞ (5) ＞ (2) ＞ (4)

各化合物失去H^+后得到的碳负离子稳定性顺序为：(3) ＞ (1) ＞ (5) ＞ (2) ＞ (4)。碳负离子越稳定，H^+越易离去，化合物酸性越强。

17. 写出下列各反应的机理。

(1) 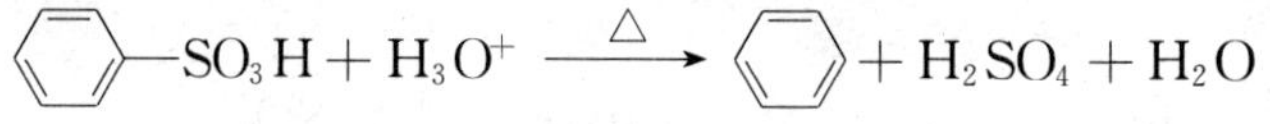 C_6H_5—$SO_3H + H_3O^+ \xrightarrow{\Delta} C_6H_6 + H_2SO_4 + H_2O$

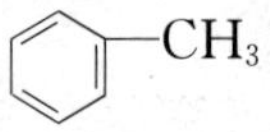

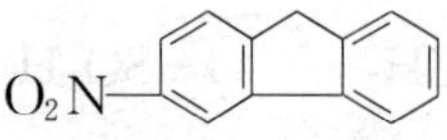

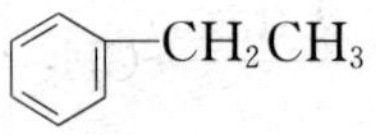

解：苯磺酸 $\xrightleftharpoons{H^+}$ 质子化中间体 $\xrightleftharpoons{-H^+, -SO_3}$ 苯

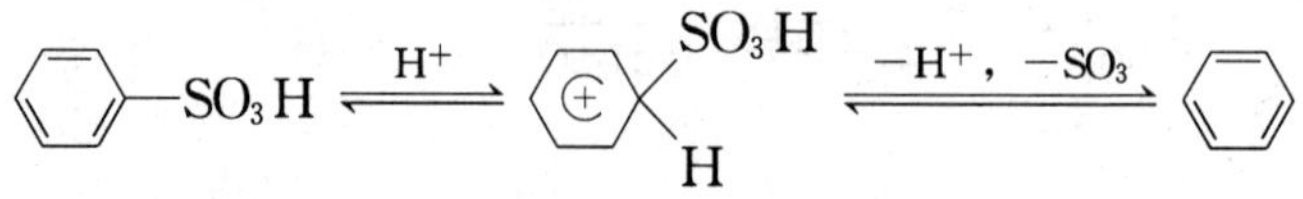

(2) $C_6H_6 + C_6H_5CH_2OH + H_2SO_4 \longrightarrow (C_6H_5)_2CH_2 + H_3O^+ + HSO_4^-$

解：$C_6H_5CH_2OH \xrightarrow{H^+} C_6H_5CH_2\overset{+}{O}H_2 \xrightarrow{H_2O} C_6H_5\overset{+}{C}H_2 \xrightarrow{C_6H_6}$ 中间体 $\xrightarrow{-H^+}$

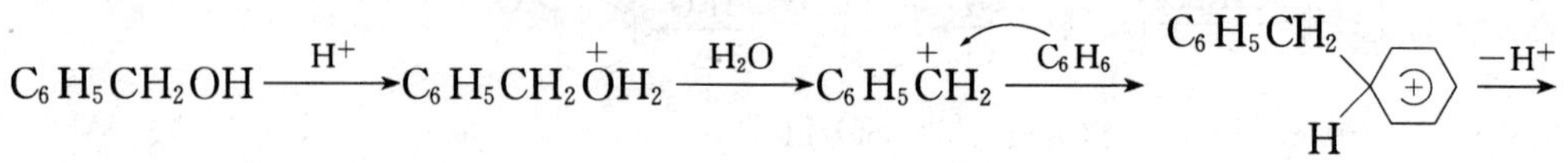

$C_6H_5CH_2C_6H_6$（箭头所指方向为电子云流动的方向！）

(3) 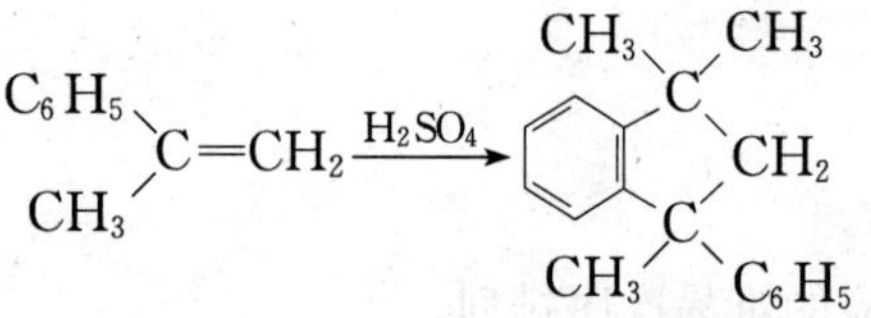 $\underset{CH_3}{\overset{C_6H_5}{C}}=CH_2 \xrightarrow{H_2SO_4}$ 环化产物

解：$\underset{CH_3}{\overset{C_6H_5}{C}}=CH_2 \xrightarrow{H^+} C_6H_5\overset{+}{C}(CH_3)CH_3 \xrightarrow{CH_2=C(CH_3)Ph}$ 中间体

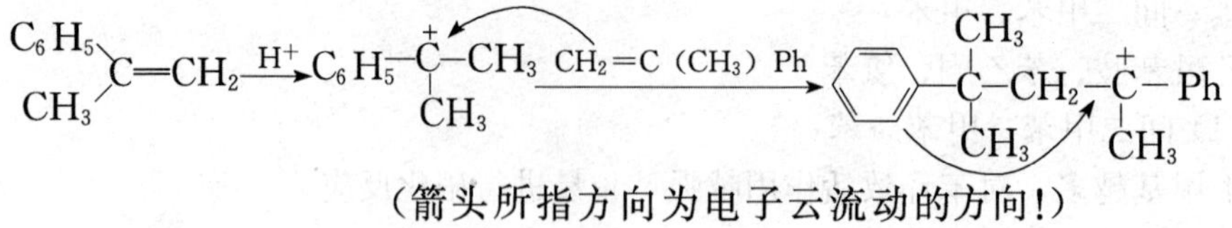

（箭头所指方向为电子云流动的方向！）

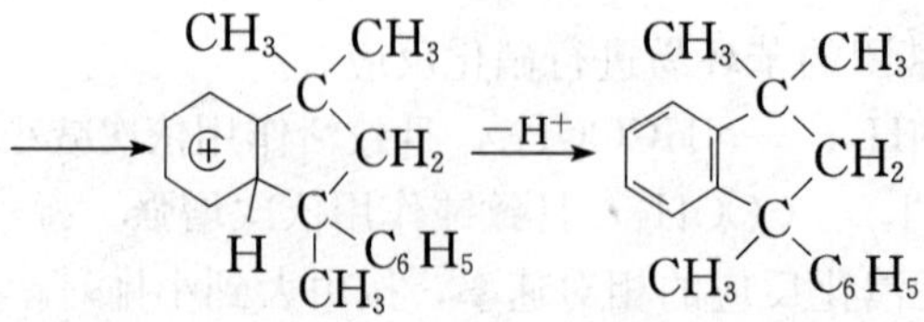

$\xrightarrow{-H^+}$ 环化产物

(4) $CH_3-\underset{\underset{O}{\|}}{C}-Cl \xrightarrow{AlCl_3} CH_3-\underset{\underset{O}{\|}}{\overset{+}{C}} + AlCl_4^-$

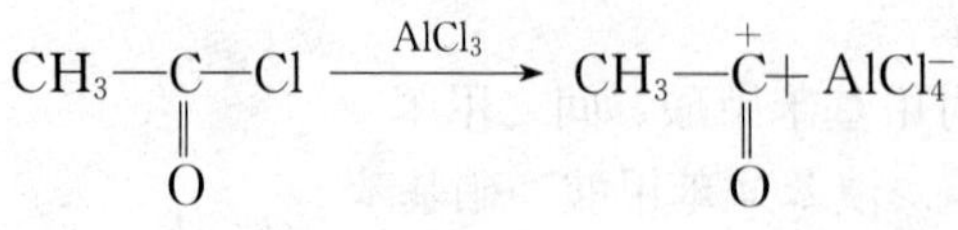

解：

$$\text{C}_6\text{H}_6 + \text{CH}_3\overset{+}{\text{C}}=\text{O} \longrightarrow \text{[中间体]} \xrightarrow{-\text{H}^+} \text{C}_6\text{H}_5\text{COCH}_3$$

18. 指出下列化合物硝化时，一元间位硝化产物的产率高低次序，并说明理由。

(1) $\text{C}_6\text{H}_5\overset{+}{\text{N}}(\text{CH}_3)_3$，(2) $\text{C}_6\text{H}_5\text{CH}_2\overset{+}{\text{N}}(\text{CH}_3)_3$，(3) $\text{C}_6\text{H}_5\text{CH}_2\text{CH}_2\overset{+}{\text{N}}(\text{CH}_3)_3$，(4) $\text{C}_6\text{H}_5\text{CH}_2\text{CH}_2\text{CH}_2\overset{+}{\text{N}}(\text{CH}_3)_3$

解： 一元间位硝化产物的产率如下：

(1) 95% > (2) 88% > (3) 19% > (4) 5%

间位硝化产物的产率逐渐降低。原因是：在（1）中，带正电荷的氮原子直接与苯环相连，该取代基为一强间位定位基，所以硝化时，主要得到间位硝化产物。但当不同数目的亚甲基把带正电荷的氮原子与苯环隔开后，它的吸电子诱导效应对苯环的影响随亚甲基数目的增加而迅速降低，间位定位作用也相应地减小。而烷基的邻、对位定位作用迅速增加，所以所列化合物的一元间位硝化产率应依次降低。

4.4 课后习题及参考答案

1. 命名下列各化合物。

(1) (E)-2-苯基-2-丁烯的结构式；(2) 邻硝基苯甲醛的结构式；(3) 4-硝基-1-萘酚的结构式

解：（1）(E)-2-苯基-2-丁烯；（2）邻硝基苯甲醛；（3）4-硝基-1-萘酚

2. 下列化合物中哪些不能发生傅-克烷基化反应？

(1) $\text{C}_6\text{H}_5\text{CN}$ ；(2) $\text{C}_6\text{H}_5\text{CH}_3$ ；(3) $\text{C}_6\text{H}_5\text{CCl}_3$ ；(4) $\text{C}_6\text{H}_5\text{CHO}$ ；

(5) $\text{C}_6\text{H}_5\text{OH}$ ；(6) $\text{C}_6\text{H}_5\text{COCH}_3$

解：（1）（3）（4）（6）均不能发生傅-克烷基化反应。因为它们的苯环上均带有吸电子基团，使苯环钝化。（5）$\text{C}_6\text{H}_5\text{OH}$ 虽然很容易进行这类反应，但不能用无水 AlCl_3 做催化剂。因为酚羟基与 AlCl_3 可形成络合物，使催化剂 AlCl_3 失活，如下式所示，一般用醇或烯烃在酸性条件下与酚进行反应。

$$ArOH + AlCl_3 \longrightarrow Ar\overset{\underset{H}{}}{O}\overset{\delta+}{\cdots}AlCl_3^{\delta-}$$

3. 用箭头表示下列化合物发生一元硝化反应时硝基进入苯环的主要位置。

(1) 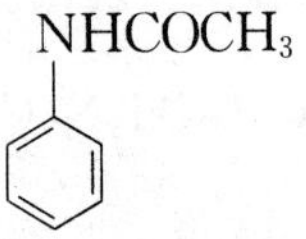 NHCOCH$_3$-苯环   (2) 对甲基苯磺酸   (3) 间硝基苯磺酸   (4) 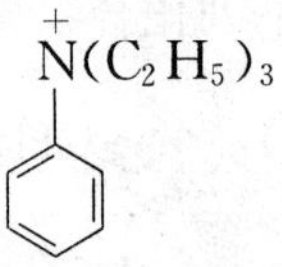 $\overset{+}{N}(C_2H_5)_3$-苯环

解：(1) 对位(↑指向NHCOCH$_3$的对位)
(2) 甲基的邻位(2位)
(3) SO$_3$H 与 NO$_2$ 之间位置(5位)
(4) 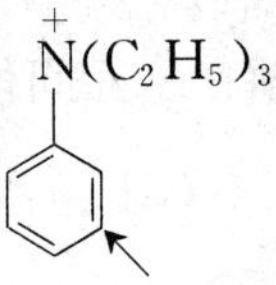 间位

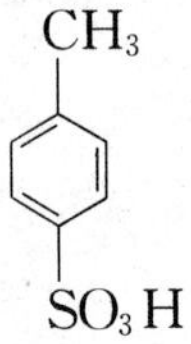

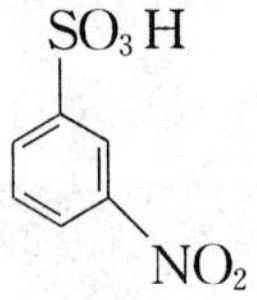

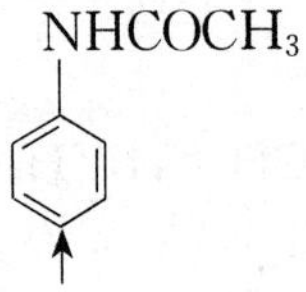

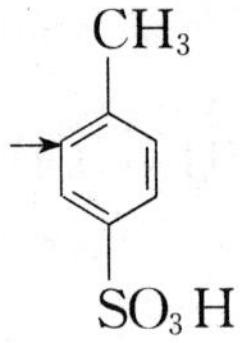

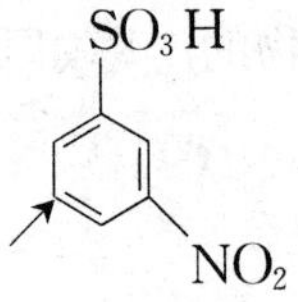

4. 完成下列各反应式。

(1) 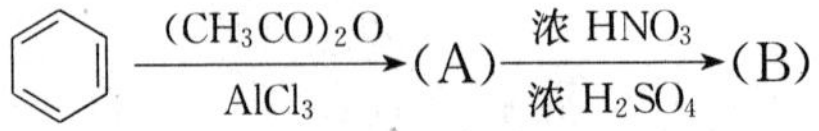 苯 $\xrightarrow[AlCl_3]{(CH_3CO)_2O}$ (A) $\xrightarrow[\text{浓}H_2SO_4]{\text{浓}HNO_3}$ (B)

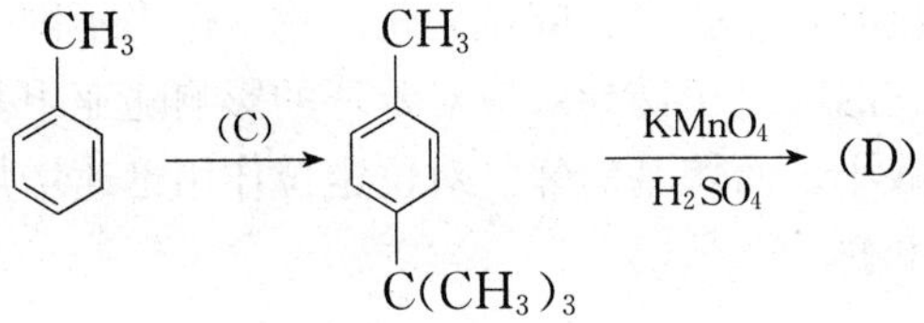

(2) 甲苯 $\xrightarrow{\text{(C)}}$ 对叔丁基甲苯 $\xrightarrow[H_2SO_4]{KMnO_4}$ (D)

(3) 苯 $\xrightarrow{\text{(E)}}$ 苄氯 $\xrightarrow[AlCl_3]{\text{苯}}$ (F)

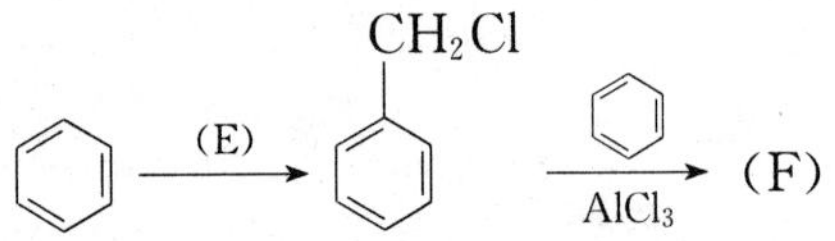

解：(1) (A)  苯乙酮 C$_6$H$_5$COCH$_3$ (B) 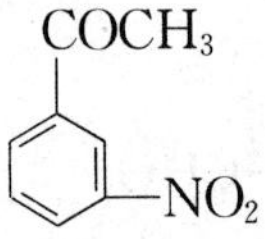 间硝基苯乙酮

(2) (C) 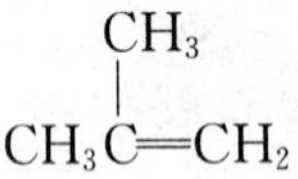 $CH_3\text{—}\overset{CH_3}{\underset{}{C}}\text{=}CH_2$ (D) 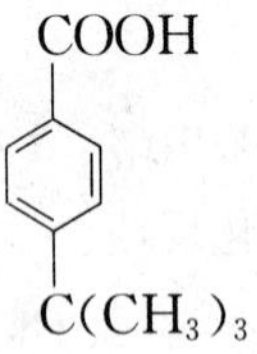 对叔丁基苯甲酸 (COOH, C(CH$_3$)$_3$)

(3) (E) (HCHO)$_3$ + HCl (无水 ZnCl$_2$)   (F) 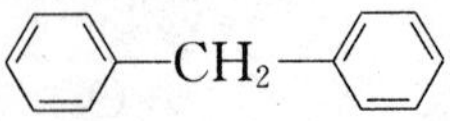 二苯甲烷 C$_6$H$_5$CH$_2$C$_6$H$_5$

5. 试将下列各组化合物按环上硝化反应的活性顺序排列。
(1) 苯，溴苯，硝基苯，甲苯
(2) 对苯二甲酸，甲苯，对甲苯甲酸，对二甲苯

解：(1) 甲苯＞苯＞溴苯＞硝基苯
(2) 对二甲苯＞甲苯＞对甲苯甲酸＞对苯二甲酸

6. 以苯、甲苯及必要的原料合成下列化合物。

(1) HOOC—C₆H₅

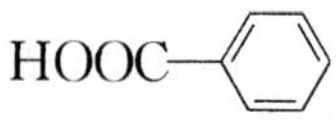

(2) CH₃—C₆H₄—NO₂ (邻位)

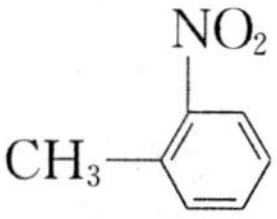

(3) 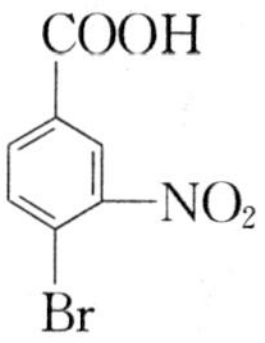
COOH
|
—NO₂
|
Br

(4) 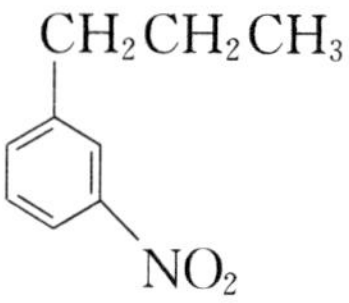
CH₂CH₂CH₃
|
—
|
NO₂

解：（1）目标分子 HOOC—C₆H₄—NO₂（间位）

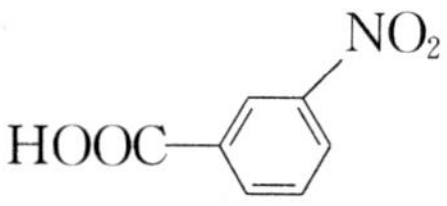

两个取代基互呈间位，且都为间位定位基。无论先引入哪个基团似乎都可以得到目标分子。然而，羧基—COOH 很难直接引入苯环，一般须由其他基团转化而来。在这里可以考虑将原料甲苯氧化，使甲基转化为羧基，然后再引入硝基，则得目标分子。若以苯为原料，先引入硝基，则由于硝基的致钝作用，无法在硝基苯上引入甲基，也得不到目标分子。故合成路线应为：

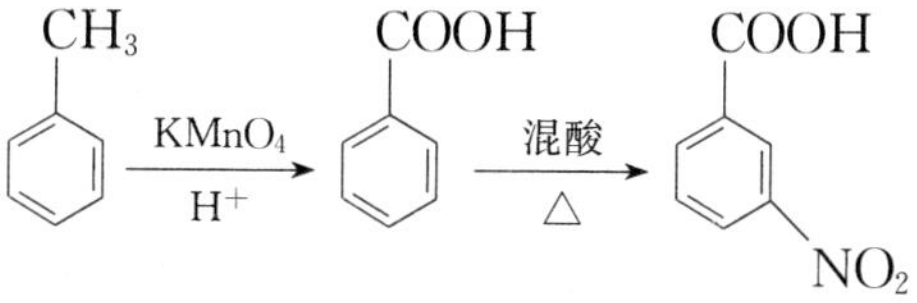

$$\text{甲苯} \xrightarrow[H^+]{KMnO_4} \text{苯甲酸} \xrightarrow[\triangle]{混酸} \text{间硝基苯甲酸}$$

（2）目标分子 邻甲基硝基苯

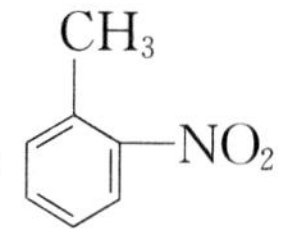

甲基是邻、对位定位基，只要由甲苯硝化就可制得邻位取代产物。但是甲苯的硝化产物往往是邻、对位异构体的混合物。在这种情况下可以考虑利用磺酸基占位来得到目标分子。合成路线如下：

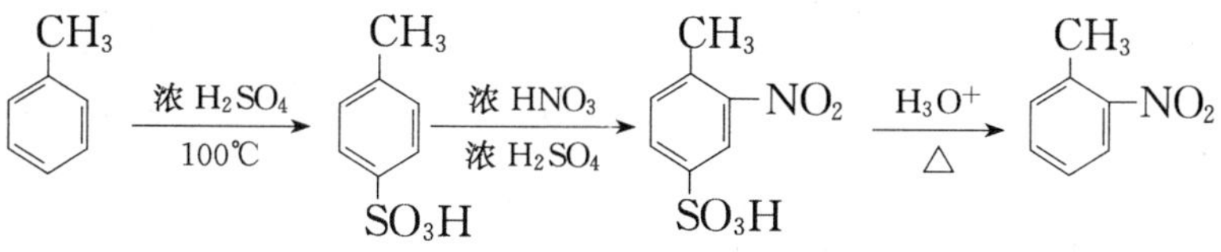

$$\text{甲苯} \xrightarrow[100℃]{浓 H_2SO_4} \text{对甲苯磺酸} \xrightarrow[浓 H_2SO_4]{浓 HNO_3} \text{3-硝基-4-甲基苯磺酸} \xrightarrow[\triangle]{H_3O^+} \text{邻硝基甲苯}$$

（3）目标分子
COOH
|
—NO₂
|
Br

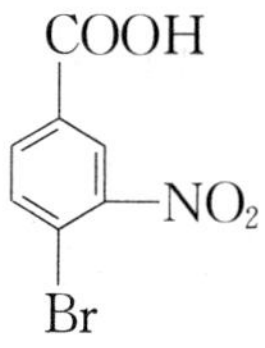

反应的第一步不能是引入硝基或者羧基，因为硝基和羧基都是间位定位基，而这个化合物分子中的溴原子是在硝基的邻位和羧基的对位。原料如果是苯，显然第一步只能是烷基化或者直接引入甲基。原料有甲苯可用，则可用甲苯卤化，之后高锰酸钾氧化甲基为羧基，羧基是二类定位基，溴原子是一类定位基，服从第一类定位基的定位作用，硝化硝基刚好是目标硝基。合成路线如下：

$$\text{C}_6\text{H}_5\text{CH}_3 \xrightarrow[\text{FeBr}_3]{\text{Br}_2} p\text{-BrC}_6\text{H}_4\text{CH}_3 \xrightarrow[\text{H}^+,\triangle]{\text{KMnO}_4} p\text{-BrC}_6\text{H}_4\text{COOH} \xrightarrow[\text{浓 HNO}_3,\triangle]{\text{浓 H}_2\text{SO}_4} \text{目标产物}$$

(4) 目标分子：间位取代的 CH$_2$CH$_2$CH$_3$ 和 NO$_2$ 的苯

以苯为原料合成目标分子，丙基是邻、对位定位基，不能先向苯环上引入该基团。但若先向苯环上引入硝基，由于硝基强的致钝作用使苯环上不能再发生傅-克烷基化反应，也不能先向苯环上引入硝基。因此要合成目标分子只能用间接方法。苯环上的丙基可由丙酰基还原而来，而且丙酰基为间位定位基，可以先向苯环上引入丙酰基，再引入硝基生成间位取代产物，最后还原得到目标分子。合成路线如下：

$$\text{C}_6\text{H}_6 \xrightarrow[\text{AlCl}_3]{\text{CH}_3\text{CH}_2\text{COCl}} \text{C}_6\text{H}_5\text{COCH}_2\text{CH}_3 \xrightarrow[\text{浓 HNO}_3,\triangle]{\text{浓 H}_2\text{SO}_4} m\text{-O}_2\text{NC}_6\text{H}_4\text{COCH}_2\text{CH}_3 \xrightarrow[(\text{HOCH}_2\text{CH}_2)_2\text{O},\triangle]{85\%\text{NH}_2\text{NH}_2,\text{NaOH}} \text{目标产物}$$

7. 指出下列化合物中哪些具有芳香性。

(1) 苯；(2) 环辛四烯；(3) 环戊二烯负离子；(4) 环丙烯正离子；(5) 戊搭烯；(6) 环庚三烯；(7) 环戊二烯负离子；(8) 薁；(9) 二氢萘；(10) 二氢蒽类；(11) [14]轮烯

解：(1) (7) (8) (11) 具有芳香性。

根据 Hückel 规则判断化合物是否具有芳香性，即对于单环共轭多烯分子，当成环原子都处在同一平面，且离域的 π 电子数是 $4n+2$ 时该化合物具有芳香性；

在 (2) 中成环原子不处在同一平面，不符合 Hückel 规则，(6) 中环上有 sp^3 杂化碳，不能形成闭合的共轭体系，因此 (2) (6) 不具有芳香性；

在（9）（10）中虽然成环原子都是 sp^2 杂化，但由于环内氢原子之间距离较近，它们相互排斥，使得环不在同一平面上，不具有芳香性；

在（3）（4）（5）中 π 电子数不符合 $4n+2$ 通式，不具有芳香性；

在（11）中成环原子都是 sp^2 杂化，且环内氢原子之间距离较远，它们相互排斥较小，成环的 18 个碳原子接近同一平面，π 电子数符合 $4n+2$ 通式，具有芳香性；

在（1）（7）（8）中成环的碳原子都是 sp^2 杂化，都处在同一平面，π 电子数符合 $4n+2$ 通式，具有芳香性。

8. 解释什么叫定位基，并说明有哪两类定位基。

解：苯环上已有一个取代基后，再进行亲电取代反应时，新进入的基团进入苯环的位置由环上原有取代基的性质决定，这个原有的取代基叫定位基。定位基可分为三类，即：

（1）邻、对位定位基，如—OH、—NH_2、—$NHCOCH_3$、—CH_3 等，这类基团使苯环活化，并且使新引入的取代基在定位基的邻位和对位。

（2）间位定位基，如—NO_2、—CN、—$COCH_3$、—COOH、—SO_3H 等，这类基团使苯环钝化，并使新引入的取代基在它的间位。

（3）卤素是一类特殊的定位基，它使苯环钝化，但都是邻、对定位基。

9. 甲苯和对二甲苯相比，哪个对游离基卤代反应更活泼？试说明理由。

解：对二甲苯对游离基卤代反应更活泼。因为对二甲苯在卤素游离基作用下生成对甲苄基游离基，由于甲基的给电子作用，使得它的稳定性大于苄基游离基。即稳定性：

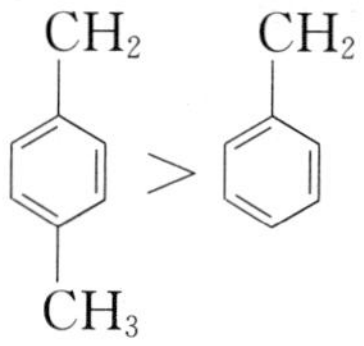

10. 写出下列化合物的构造式。

（1）对二硝基苯；（2）间溴硝基苯；（3）1,3,5-三甲苯；（4）对碘苄氯；（5）邻羟基苯甲酸；（6）邻溴苯酚；（7）3,5-二氨基苯磺酸；（8）2,4,6-三硝基甲苯；（9）3,5-二甲基苯乙烯；（10）3-丙基邻二甲苯；（11）2,3-二甲基-1-苯基己烯

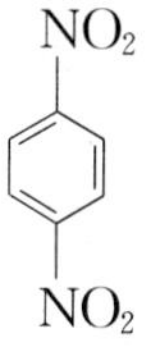

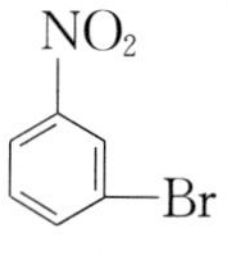

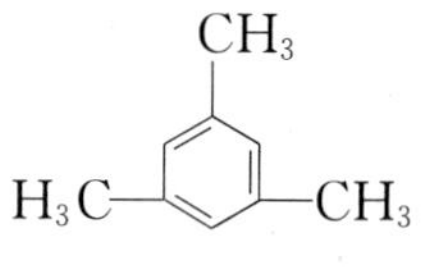

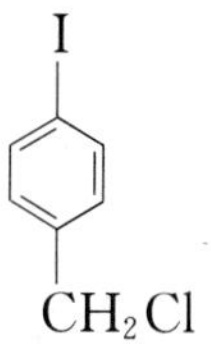

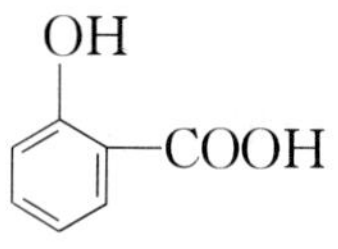

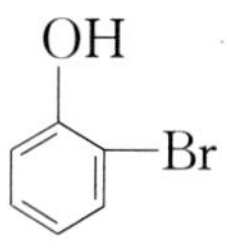

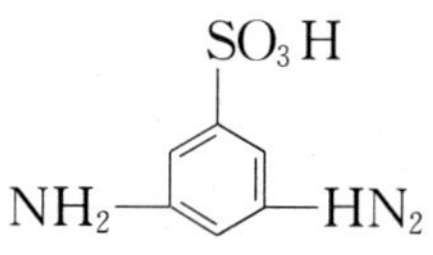

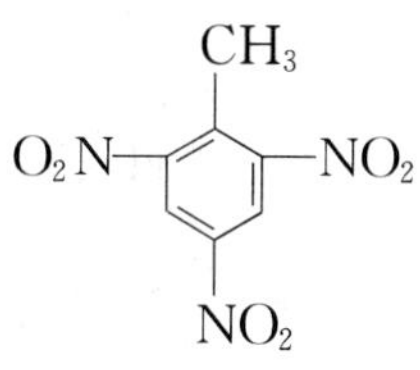

(9) 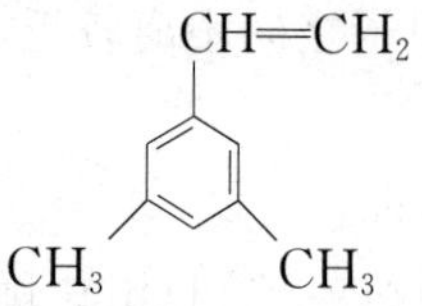 3,5-二甲基苯乙烯结构 　　(10) 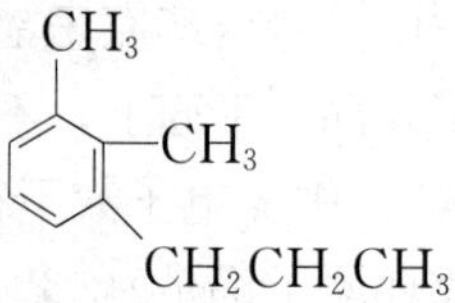 1,2-二甲基-3-乙基苯结构

(11) 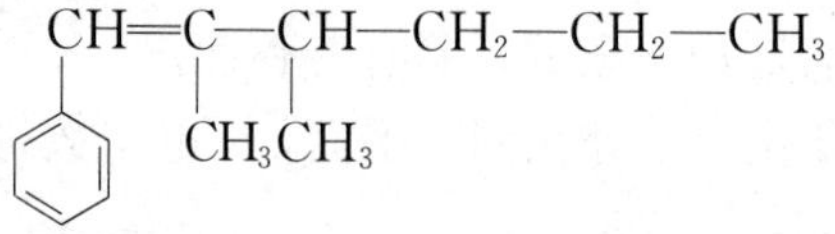 C₆H₅—CH=C(CH₃)—CH(CH₃)—CH₂—CH₂—CH₃

11. 用化学方法区别下列各组化合物。

(1)  环己烷，环己烯，苯

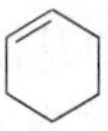

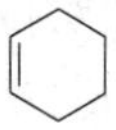

(2) 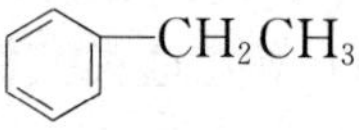 C₆H₅—CH₂CH₃ ，C₆H₅—CH=CH₂ ，C₆H₅—C≡CH

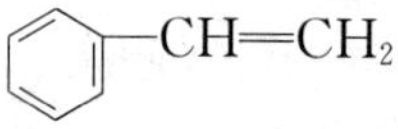

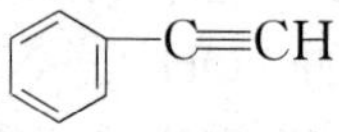

解：(1) 加溴水，使溴水褪色的为环己烯，剩下的两种化合物中加浓硫酸，加热后溶于酸层的为苯。

(2) 加 AgNO₃ 氨溶液，有白色沉淀的为 C₆H₅—C≡CH，剩下的两种化合物中加溴水，使溴水褪色的为 C₆H₅—CH=CH₂。

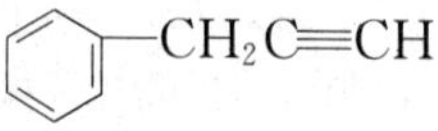

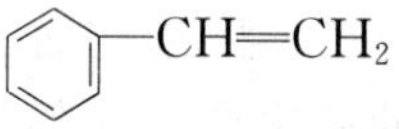

12. 把下列各组化合物按环上发生亲电取代反应的活性大小排列成序。

(1) (A)  苯　(B) 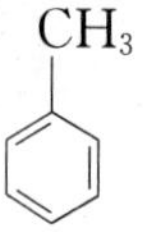 甲苯　(C) 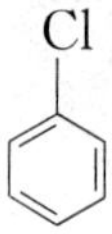 氯苯　(D) 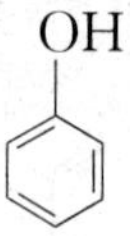 苯酚　(E) 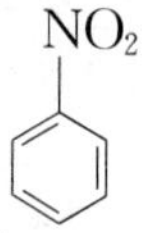 硝基苯

(2) (A)  苯胺　(B) 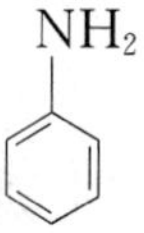 苯胺　(C) 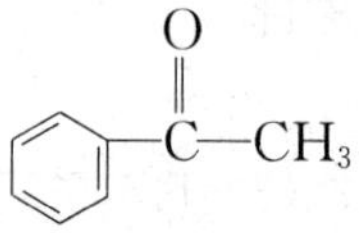 苯乙酮　(D) 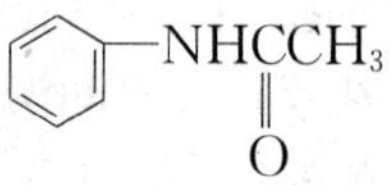 乙酰苯胺

解：(1) (D)＞(B)＞(A)＞(C)＞(E)

(2) (B) ＞ (D) ＞ (A) ＞ (C)

13. 完成下列各反应式。

(1) 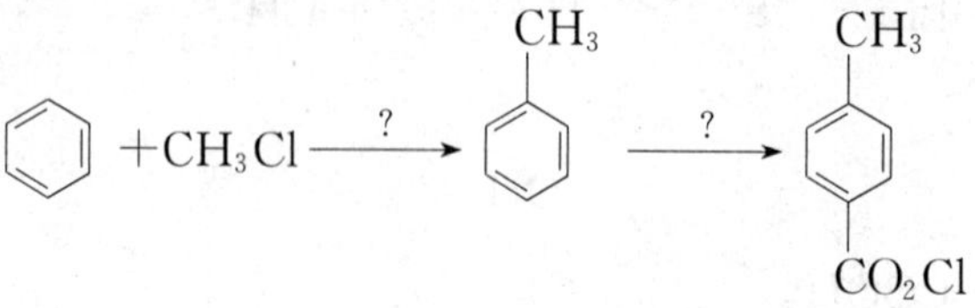 苯 + CH₃Cl $\xrightarrow{?}$ 甲苯 $\xrightarrow{?}$ 对甲基苯甲酰氯 (CO₂Cl)

(2) 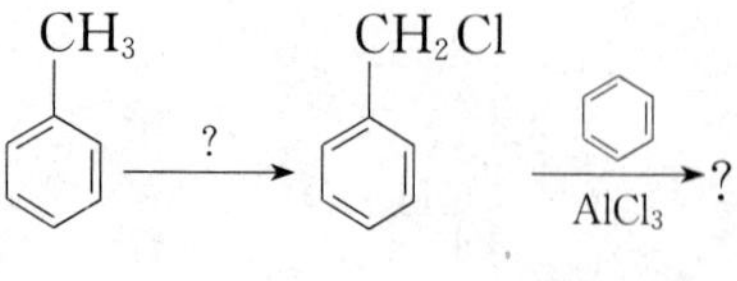 甲苯 $\xrightarrow{?}$ 苄氯 (CH₂Cl) $\xrightarrow[AlCl_3]{苯}$?

(3) 苯 + ? $\xrightarrow{AlCl_3}$ 异丙苯 $\xrightarrow{KMnO_4+H_2SO_4}$?

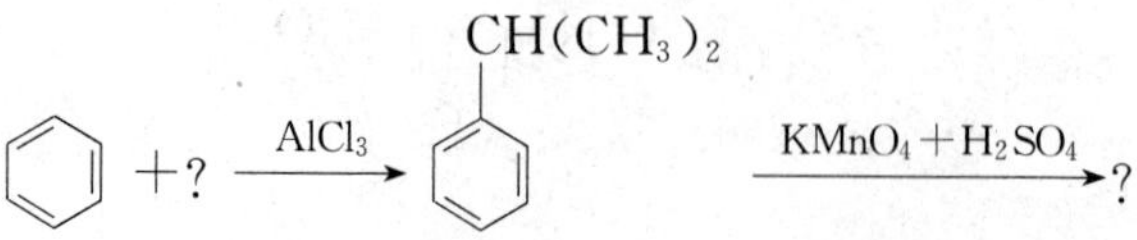

(4) C₆H₅-C₂H₅ + 3H₂ $\xrightarrow{Pd}$?

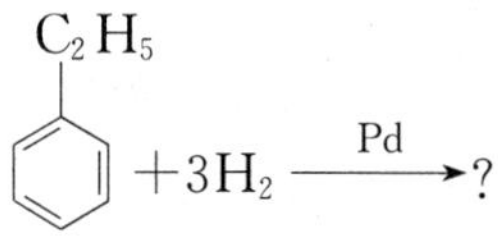

解：

(1) $AlCl_3$, $Cl-\overset{O}{\underset{}{C}}-OCl$

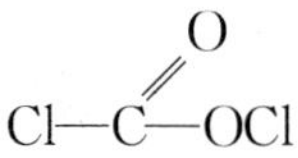

(2) Cl_2, $h\nu$, C₆H₅-CH₂-C₆H₅

(3) $CH_3CH_2CH_2Cl$, 苯甲酸(C₆H₅COOH)

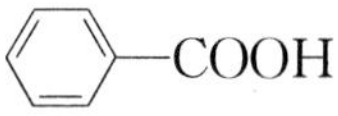

(4) 乙基环己烷

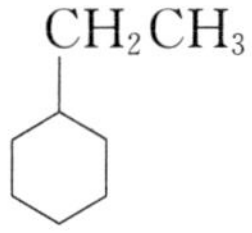

14. 指出下列反应式中的错误。

(1) 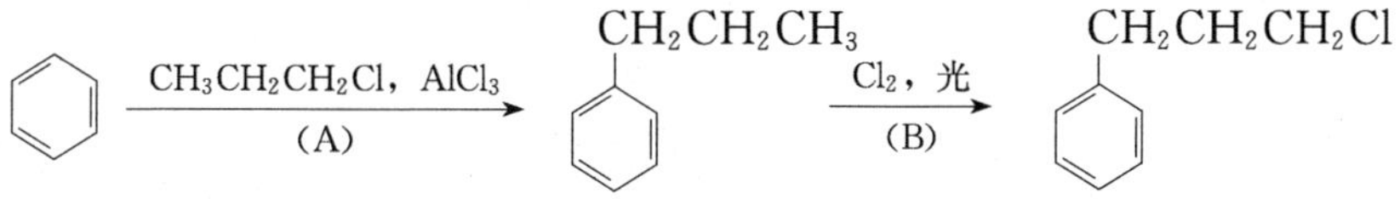 苯 $\xrightarrow[\text{(A)}]{CH_3CH_2CH_2Cl,\ AlCl_3}$ 丙苯 $\xrightarrow[\text{(B)}]{Cl_2,\ \text{光}}$ 3-氯丙苯

(2) 硝基苯 $\xrightarrow[\text{(A)}]{CH_2=CH_2,\ H_2SO_4}$ 间硝基乙苯 $\xrightarrow[\text{(B)}]{KMnO_4}$ 间硝基苯乙酸

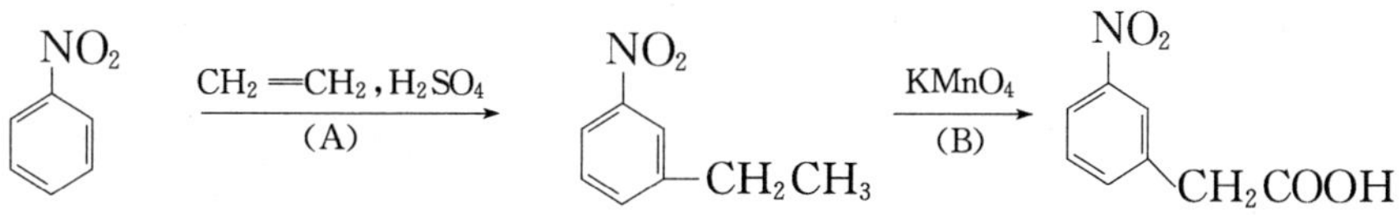

解：（1）第一步反应的产物应为烷基重排产物异丙苯，第二步反应的产物应为苄位被卤代，即 PhCHClCH₂CH₃。

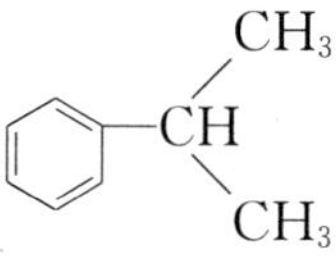

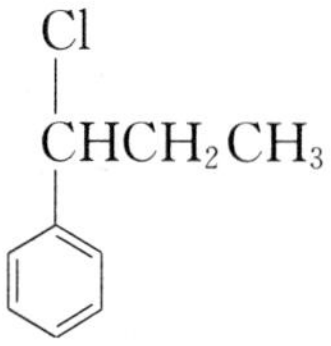

（2）第一步反应不能发生，傅-克烷基化酰基化反应在苯环上有强拉电子基团存在时是不能发生的，例如：硝基、磺酸基、羧基、氰基等。第二步反应的产物应为原来乙基的位置直接被氧化为 COOH。

15. 根据氧化得到的产物，试推测原料芳烃的结构。

(1) 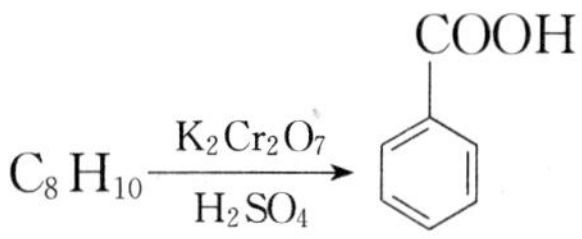 C_8H_{10} $\xrightarrow[H_2SO_4]{K_2Cr_2O_7}$ 苯甲酸

(2) C_9H_{12} $\xrightarrow{[O]}$ 邻苯二甲酸

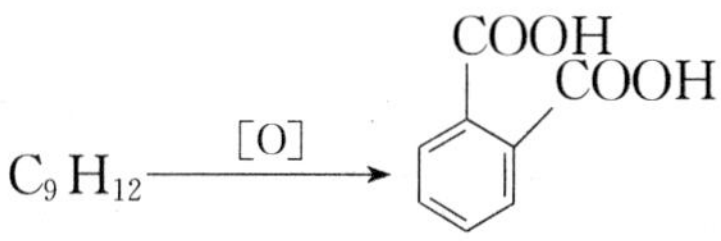

(3) $C_{10}H_{14}$ ⟶ 1,3,5-苯三甲酸 (HOOC-C₆H₃(COOH)-COOH)

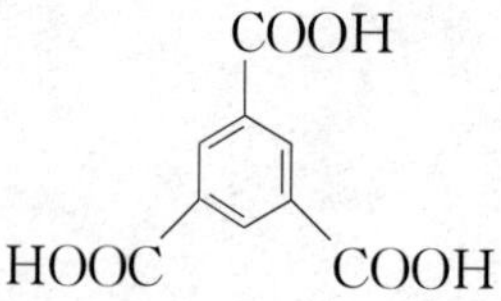

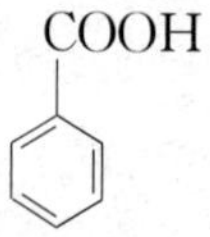

(4) C_9H_{12} ⟶ 苯甲酸 (C₆H₅COOH)

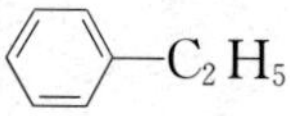

解：(1) C₆H₅—C₂H₅　　(2) 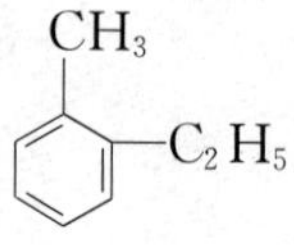 邻-CH₃-C₆H₄-C₂H₅　　(3) 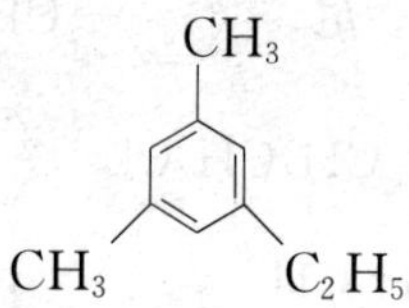 1,3-二甲基-5-乙基苯

(4) 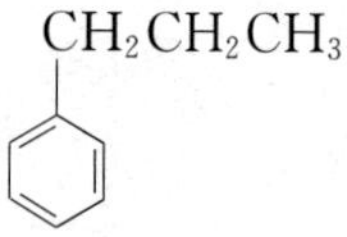 C₆H₅—CH₂CH₂CH₃ 和 C₆H₅—CH(CH₃)₂

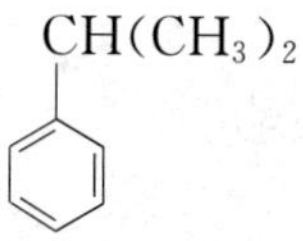

16. 把下列各组化合物按酸性强弱排列成序。
(1) (A) 苯　　　(B) 环己烷　　(C) 环戊二烯
(2) (A) 甲苯　　(B) 二苯甲烷　(C) 三苯甲烷

解：(1) (C)＞(A)＞(B)

(2) (C)＞(B)＞(A)

第5章 对映异构

5.1 本章重点和难点

本章重点

1. 重要的概念

对映异构，对映异构体，旋光异构，分子的手性和对称性，对称因素"对称面（σ）、对称中心（i）"，物质的旋光性，左旋体和右旋体，外消旋体，旋光度，Fischer 投影式，D/L 标记法，R/S 标记法，手性碳原子，一个手性碳原子化合物的对映异构。

2. 结构

构型的表示方法，透视式和 Fischer 投影式。

本章难点

R/S 标记法，利用分子的模型或透视式画出 Fischer 投影式，一个手性碳原子化合物的对映异构。

5.2 本章知识要点

5.2.1 对映异构

1. **右旋体和左旋体**　右旋体是指能使偏振光的振动平面向顺时针旋转的物质，用 d 或（＋）表示；左旋体是指使偏振光的振动平面向逆时针旋转的物质为左旋体，用 l 或（－）表示。例如：

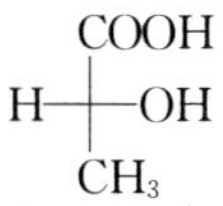

$$\begin{array}{cc} \text{COOH} & \text{COOH} \\ \text{H}-\!\!\!\!\!\!-\text{OH} & \text{OH}-\!\!\!\!\!\!-\text{H} \\ \text{CH}_3 & \text{CH}_3 \\ (-)\text{-乳酸} & (+)\text{-乳酸} \end{array}$$

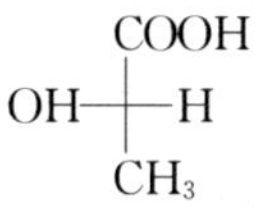

2. **旋光度和比旋光度**　旋光度是指偏振光的振动平面旋转的角度，用 α 表示。在一定条件下，某旋光性物质的旋光度是一常数，通常用比旋光度 $[\alpha]_\lambda^t$ 表示，比旋光度与旋光度之间的关系计算公式如下：

$$[\alpha]_\lambda^t = \frac{\alpha}{c \times l}$$

3. **手性碳原子和手性分子** 手性碳原子或称不对称碳原子是指 4 个不相同的原子或基团相连的碳原子，可用"*"标出。例如：

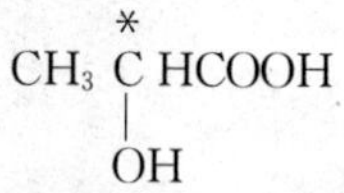

$$CH_3 \overset{*}{C} HCOOH$$
$$\quad\quad |$$
$$\quad\quad OH$$

互为实物和镜像关系且不能完全重叠的分子称为手性分子。例如：

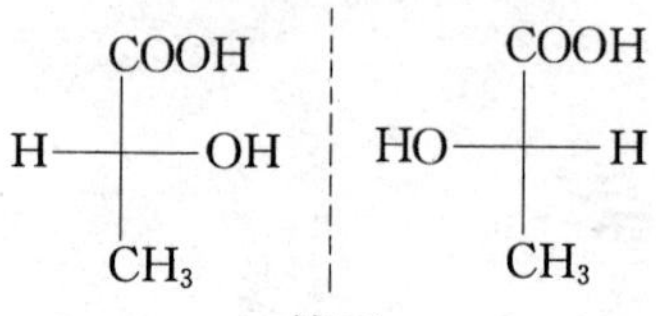

```
    COOH         COOH
     |            |
H —— C —— OH   HO —— C —— H
     |            |
    CH₃          CH₃
    (1)    镜面    (2)
```

5.2.2 Fischer 投影式

投影规则：以"十"字交叉点代表手性碳原子，主链直立，编号最小的基团放在上端；竖向（垂直方向）连接伸向纸平面后方的 2 个原子或基团，横向（水平方向）连接处于纸平面前方的 2 个原子或基团。

5.2.3 D/L 构型标示法

人为规定：甘油醛—OH 在 C * 右边为 D—构型，相反为 L—型。

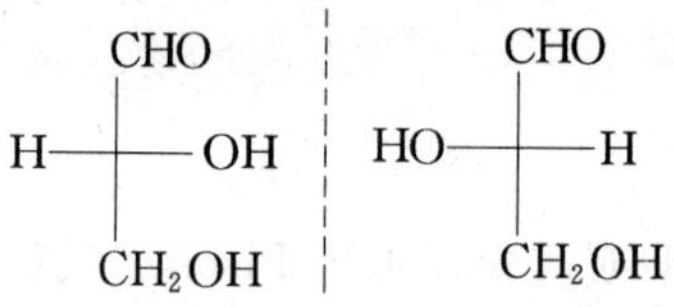

```
      CHO              CHO
       |                |
H ——— C ——— OH    HO ——— C ——— H
       |                |
      CH₂OH            CH₂OH

  D-(+)-甘油醛       L-(-)-甘油醛
```

比较

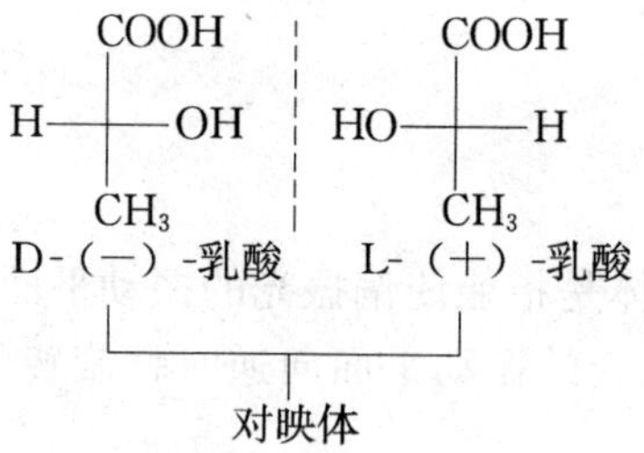

```
      COOH             COOH
       |                |
H ——— C ——— OH    HO ——— C ——— H
       |                |
      CH₃              CH₃
   D-(-)-乳酸        L-(+)-乳酸
            对映体
```

5.2.4 R/S 构型标示法

1. 与 C * 连接的 4 个基团 abcd 按"次序原则"排列优先基团的顺序：a(最大)→b→c→d(最小)。

2. 把 d 放在离观察者最远的地方，如果 a→b→c 顺时针排列为 R-型，逆时针则为 S-型（以透视式或立体模型标准来判断）。

Fischer 投影式 R/S 构型的判断：

(1) 当 d 在横键上时，a→b→c 顺时针为 S-型；a→b→c 逆时针为 R-型。例如：

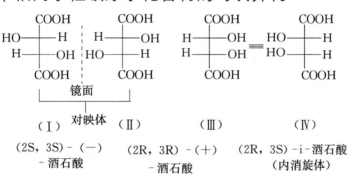

(2) 当 d 在竖键上时，a→b→c 顺时针为 R-型，a→b→c 逆时针为 S-型。

5.2.5 对映体

R-乳酸和 S-乳酸为一对对映体，其中一个为左旋，另一个为右旋。

5.2.6 外消旋体

R-乳酸和 S-乳酸等量混合为一个外消旋体。

5.2.7 旋光异构的性质

一对对映体除旋光方向相反外，其他物理性质如熔点、沸点和旋光度大小都相同，化学性质几乎完全相同，但生理活性差别很大。

5.2.8 两个相同手性碳原子化合物的对映异构

(1) 酒石酸有 3 个旋光异构体：(−)-酒石酸、(+)-酒石酸和 i-酒石酸（内消旋体）；
(2) 酒石酸有 1 对对映体：（Ⅰ）与（Ⅱ）；
(3) 1 个外消旋体：（Ⅰ）与（Ⅱ）等量混合；
(4) 1 个内消旋体：（Ⅲ）。

5.3 典型习题讲解及参考答案

1. 单选题

(1) 温度 20℃，以钠光灯为光源，用 100mm 盛液管在旋光仪中测得某葡萄糖溶液旋光度为 +10.5°。已知葡萄糖比旋光度 +52.5°，则该葡萄糖溶液浓度是(　　)。
　　A. 5%　　　B. 10%　　　C. 20%　　　D. 30%
　　答案：C

2. 下列化合物为 R-构型的是 (　　)。

A. 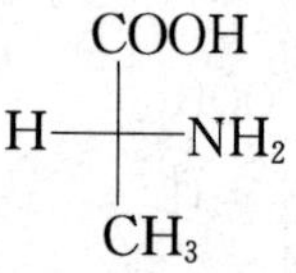 H—C(COOH)(NH₂)—CH₃ (H left, NH₂ right, COOH up, CH₃ down) B. H—C(CH₃)(Br)—Cl C. 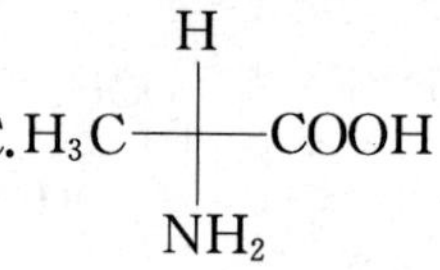 H₃C—C(H)(COOH)—NH₂ D. 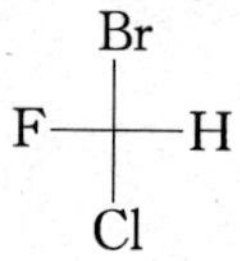 F—C(Br)(H)—Cl

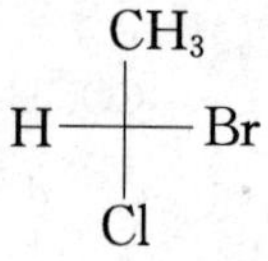

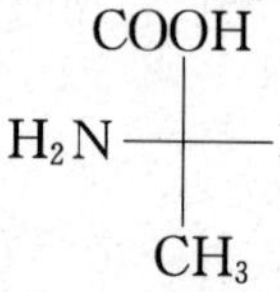

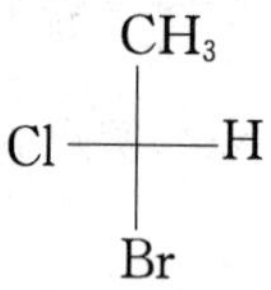

答案：A

3. 下列叙述不正确的是（　　）。

A. 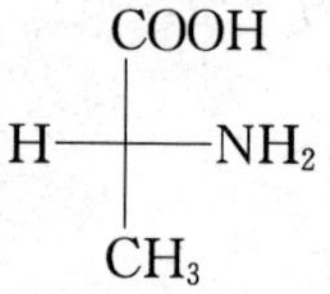 H—C(COOH)(NH₂)—CH₃ 与 H₂N—C(COOH)(H)—CH₃（即 H₂N 在左，H 在右）为对映体

B. 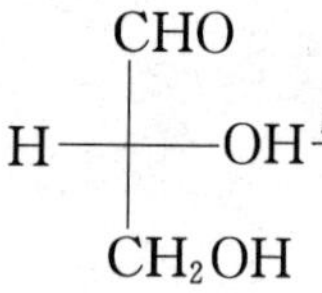 H—C(CHO)(OH)—CH₂OH 与 HO—C(CHO)(H)—CH₂OH 等量混合为外消旋体

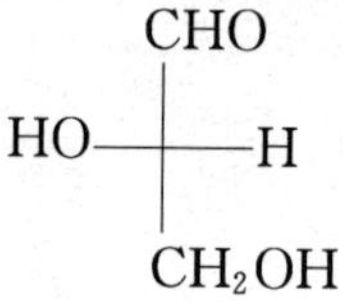

C. 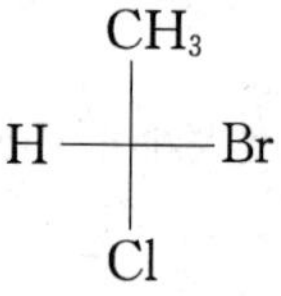 H—C(CH₃)(Br)—Cl 与 Cl—C(CH₃)(H)—Br 为同一化合物

D. 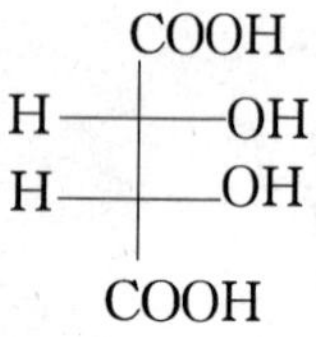 含两个手性碳的 Fischer 投影式 H—C(COOH)(OH)—... / H—C(OH)—COOH 与 HO—C—H / HO—C—H 为对映体

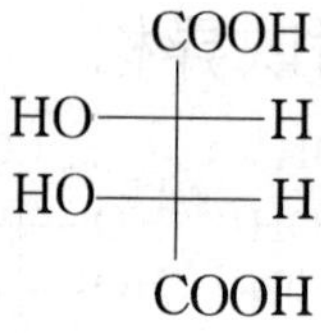

答案：D

4. 下列有机物没有手性碳的是（　　）。

A. $CH_3CHClCH_2CH_3$　　　　　B. $CH_3CHOHCH_2CH_3$

C. $HOCH_2CH_2CH_2OH$　　　　　D. $CH_2=CHCHClCH_3$

答案：C

5. 指出下列化合物的构型。

(1) 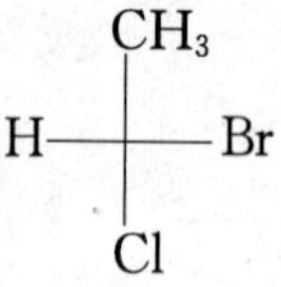 H—C(CH₃)(Br)—Cl　　(2) 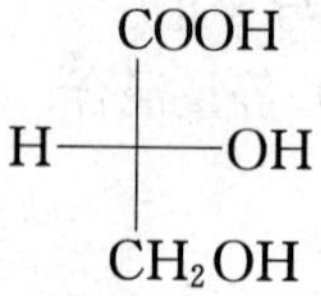 H—C(COOH)(OH)—CH₂OH　　(3) H₂N—C(COOH)(H)—CH₃

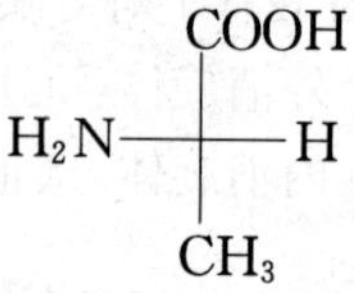

解：（1）S　（2）R　（3）S

6. 写出化合物（2E，4S）-2-氯-4-溴-2-戊烯的 Fischer 投影式。

解： 该化合物有一个手性碳原子和一个碳碳双键。根据手性碳原子书写 R 或 S 构型的碳原子与其他化合物相同；根据碳碳双键书写顺反异构体与书写烯烃的顺反异构体相同。现说明如下：

(1) 写出化合物 2-氯-4-溴-2-戊烯的构造式。

$$\begin{array}{c} H \\ | \\ H_3C-C-C-CH_3 \\ | \quad | \\ Br \quad H \\ \quad Cl \end{array}$$

（2）确定手性碳原子（C_4）的四个原子或原子团的优先次序：Br>CH=CClCH$_3$>CH$_3$>H；将 H 原子放在距离观察者最远的位置，再将其他三个基团由最优先（Br）到次优先（CH=CClCH$_3$）再到第三优先（CH$_3$）的次序依次排列，以满足 S 构型的条件。

$$\begin{array}{c} CH_3 \\ \diagdown H \\ Br-C \\ \quad CH=CClCH_3 \end{array}$$

（3）将碳碳双键上的原子或原子团按照要求排列成 E 构型。

$$\begin{array}{c} \quad\quad\quad CH_3 \\ C=C \\ H \quad\quad Cl \end{array}$$

（4）按照书写 Fischer 投影式的要求画出（2E，4S）-2-氯-4-溴-2-戊烯的投影式。

$$\begin{array}{c} CH_3 \\ H—Br \\ C=C \\ H \quad\quad Cl \\ \quad\quad CH_3 \end{array}$$

7. 下列各对化合物哪些属于对映体、非对映体或同一化合物？

(1) 四个 Fischer 投影式：
- $\begin{array}{c}CH_3\\H—Br\\H—Cl\\CH_3\end{array}$ $\begin{array}{c}CH_3\\H—Cl\\H—Br\\CH_3\end{array}$ $\begin{array}{c}CH_3\\H—Br\\H—Cl\\CH_3\end{array}$ $\begin{array}{c}CH_3\\H—Cl\\H—Br\\CH_3\end{array}$

(2) $\begin{array}{c}CH_3\\H—OH\\H—Br\\CH_3\end{array}$ $\begin{array}{c}H—CH_3\\H—OH\\CH_3\end{array}$

(3) 两个 Newman 投影式

(4) 两个透视式

解：考察结构式之间关系的方法不尽相同，首先要考察它们的分子式和构造式。当分子式或构造式不同时，他们之间的关系肯定不是对映体、非对映体或同一化合物。当分子式或构造式相同时，再比较它们之间的关系。考察的方法有多种，现简单分述。

（1）这一对化合物的构造式是 Fischer 投影式，其分子式和构造式均相同，只是结构式不同。若将左面（或右面）的式子在纸面上旋转 180°（在 Fischer 投影式中，这是允许的），则形成下面的关系：

$$\begin{array}{c}CH_3\\Cl—H\\Br—H\\CH_3\end{array} \quad\quad \begin{array}{c}CH_3\\H—Cl\\H—Br\\CH_3\end{array}$$

它们之间是实物与镜像的关系，故是一对对映体。

(2) 两个化合物的分子式和构造式都相同。其中右式的含碳原子的原子团不都是在竖键上,是一种非习惯上的投影式,因此考察它们之间的关系,可通过分别考察手性碳原子(C_2和C_3)的构型来确定。

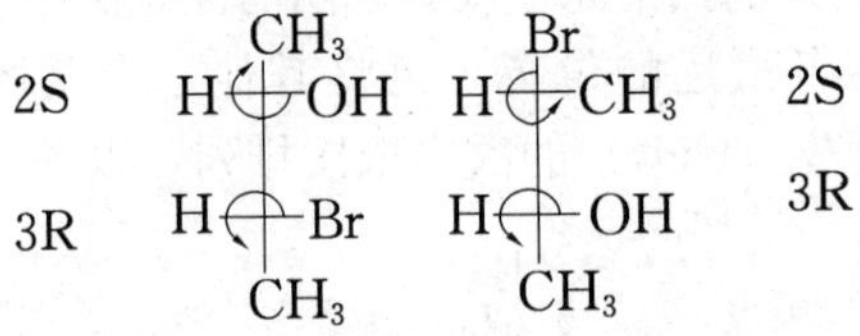

左边式子是(2S,3R),右边式子是(2R,3R),因此它们是非对映体。

(3) 两个化合物的分子式和构造式均相同。两个式子都是 Newman 投影式,因此可将其中一式的C_2—$C_3 \sigma$键旋转 120°或 240°,再观察它们之间的关系,如将右式的C_2—$C_3 \sigma$键旋转 120°则形成如下关系:

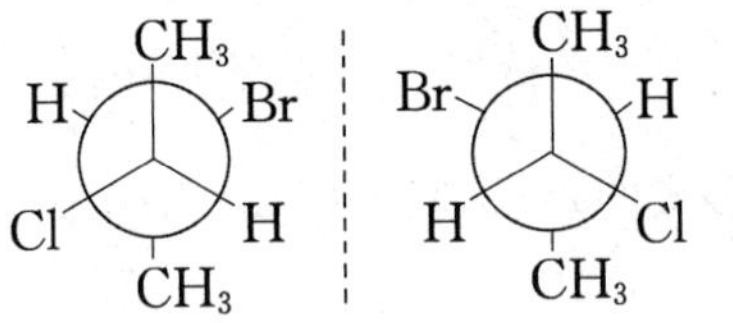

它们是实物与镜像的关系,因此是一对对映体。

(4) 两个化合物的分子式和构造式均相同。两个式子都是透视式,因此将其中一个式子旋转 180°,使两式中的CH_3和C_2H_5形成对映关系,然后再比较其他原子。

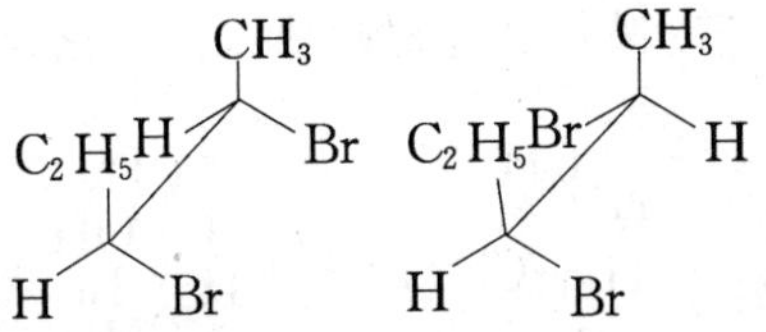

两个式子是非对映关系,是非对映体。

8. 区别下列各组概念并举例说明。

(1) 手性和手性碳

(2) 对映体和非对映体

(3) 内消旋体和外消旋体

(4) 构型与构象

(5) 左旋与右旋

(6) 构造异构和立体异构

解:(1) 手性:实物和镜像不能重合的现象称为手性,它如同人的左右手,互为镜像,但不能重合。

手性碳:如果碳原子连接要四个各不相同的原子或基团,这个碳原子就称为手性碳,用"*"标记。

(2) 对映体:具有实物和镜像关系的一堆立体异构体,称为对映体。它们具有旋光性,旋光角度相同,旋光方向相反。

非对映体:不为镜像与实物关系的立体异构体叫非对映体。

例如：

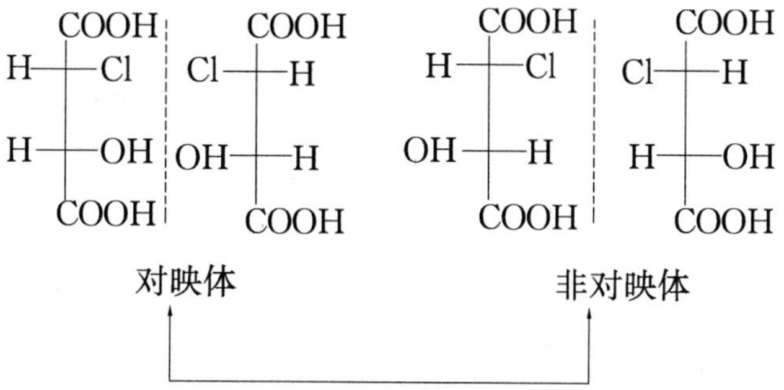

```
    COOH      COOH      COOH      COOH
H ──┼── Cl  Cl ──┼── H   H ──┼── Cl  Cl ──┼── H
H ──┼── OH  OH ──┼── H  OH ──┼── H   H ──┼── OH
    COOH      COOH      COOH      COOH
```

对映体　　　　　　　　　非对映体

非对映体

（3）内消旋：有手性中心，但无手性（旋光性）的化合物或分子叫做内消旋。因为分子中有对称因素（对称中心或对称面），旋光性分子内部相互抵消。

外消旋：由等量的左旋体和右旋体组成的混合物，一个异构分子引起的旋光被其对映分子所引起的等量的方向相反的旋光所抵消。如：

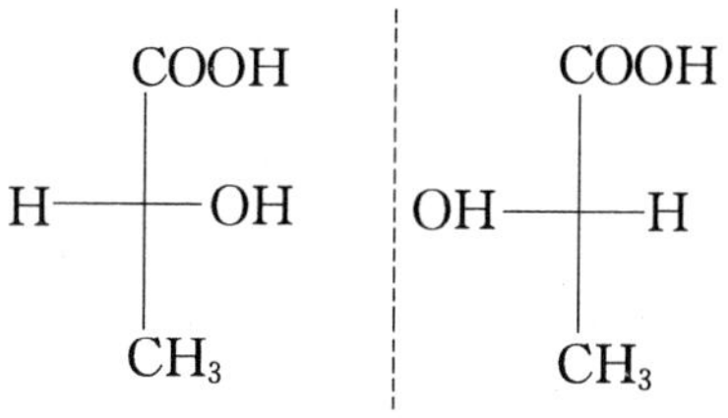

```
    COOH          COOH
H ──┼── OH    OH ──┼── H
    CH₃           CH₃
```

等量的乳酸对映体混合物无旋光性

$[\alpha]_D^{20} = -3.8°$　　　$[\alpha]_D^{20} = +3.8°$

（4）构型与构象

构型：具有一定构造的分子中的原子或基团在空间的排列状况。

构象：立体异构的一种。①由 σ 键旋转产生的空间异构。通过旋转产生构象异构的转化，不可分离，只存在理论上的异构体。②环己烷的椅式和船式构象，也是可以转化而不可分离的。

（5）左旋与右旋

对映异构体对平面偏振光的作用，使平面偏振光向右旋，成为右旋体，用符号（＋）表示，它的对映体则一定使偏振光向左旋，称为左旋体，用符号（－）表示。

（6）构造异构和立体异构

构造异构是指具有相同的分子式，但是分子内原子排列的顺序不同或方式不同而产生的异构形式；用构造式表示。

立体异构是指具有相同的分子式、相同的原子连接顺序，但是有不同的空间排列方式产生的异构；用构型式表示。立体异构包括顺反异构、对映异构和构象异构。

9. 在氯丁烷和氯戊烷的所有异构体中，哪些有手性碳原子？

解：氯丁烷有四种构造异构体，其中 2-氯丁烷中有手性碳。

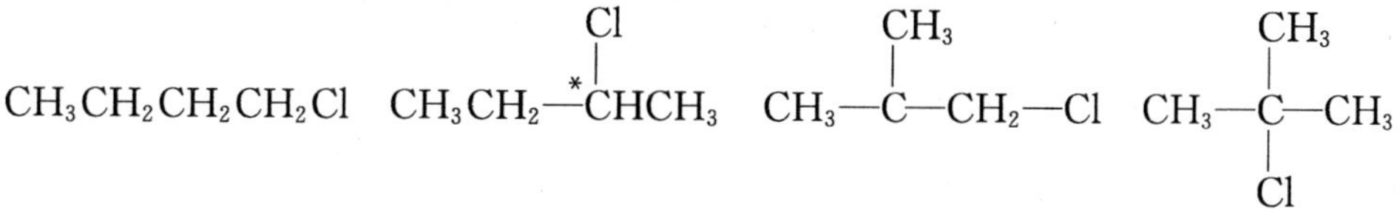

$$CH_3CH_2CH_2CH_2Cl \quad CH_3CH_2\overset{*}{C}HCH_3 \quad CH_3-\underset{CH_3}{\overset{CH_3}{C}}-CH_2-Cl \quad CH_3-\underset{Cl}{\overset{CH_3}{C}}-CH_3$$
$$ Cl$$

氯戊烷有八种构造异构体，其中 2-氯戊烷（C_2^*），2-甲基-1-氯丁烷（C_2^*），2-甲基-3-氯丁烷（C_3^*）有手性碳原子。

$$CH_3(CH_2)_4Cl \qquad CH_3CH_2C\overset{*}{H}ClCH_3 \qquad CH_3CH_2CHClCH_3 \qquad CH_3\overset{CH_3}{\underset{Cl}{\overset{|}{\underset{|}{C}}}}\overset{*}{H}CH_3$$

$$CH_3\overset{*}{C}HCH_2CH_3 \quad CH_3\overset{CH_3}{\underset{Cl}{\overset{|}{\underset{|}{C}}}}CH_2CH_3 \quad CH_3\overset{CH_3}{\underset{|}{CH}}CH_2CH_2Cl \quad CH_3-\overset{CH_3}{\underset{CH_2Cl}{\overset{|}{\underset{|}{C}}}}-CH_3$$
$$CH_2Cl Cl$$

10. 相对分子质量最低而有旋光性的烷烃是哪些？用 Fischer 投影式表明它们的构型。

解：

$$CH_3-\overset{CH_2CH_3}{\underset{CH_2CH_2CH_3}{\overset{|}{\underset{|}{C}}}}-H \quad 和 \quad H-\overset{CH_2CH_3}{\underset{CH_2CH_2CH_3}{\overset{|}{\underset{|}{C}}}}-CH_3 \quad ,$$

$$CH_3-\overset{CH_2CH_3}{\underset{CH(CH_3)_2}{\overset{|}{\underset{|}{C}}}}-H \quad 和 \quad H-\overset{CH_2CH_3}{\underset{CH(CH_3)_2}{\overset{|}{\underset{|}{C}}}}-CH_3$$

11. 下列 Fischer 投影式中，哪个是同乳酸 $H-\overset{COOH}{\underset{CH_3}{\overset{|}{\underset{|}{C}}}}-OH$ 一样的？

(1) $HO-\overset{CH_3}{\underset{COOH}{\overset{|}{\underset{|}{C}}}}-H$ (2) $H-\overset{OH}{\underset{CH_3}{\overset{|}{\underset{|}{C}}}}-COOH$ (3) $COOH-\overset{CH_3}{\underset{H}{\overset{|}{\underset{|}{C}}}}-OH$ (4) $HO-\overset{COOH}{\underset{H}{\overset{|}{\underset{|}{C}}}}-CH_3$

解：① 在 Fischer 投影式中，任意两个基团对调，构型改变，对调两次，构型复原；任意三个基团轮换，构型不变。

② 在 Fischer 投影式中，如果最小的基团在竖键上，其余三个基团从大到小的顺序为顺时针时，手性碳的构型为 R-型，反之，为 S-型；如果最小的基团在横键上，其余三个基团从大到小的顺序为顺时针时，手性碳的构型为 S-型，反之，为 R-型。

所以，(1)(3)(4) 和题中所给的乳酸相同，均为 R-型；(2) 为 S-型。

12. (1) 写出 3-甲基-1-戊炔分别与下列试剂反应的产物。

(A) Br_2，CCl_4 (B) H_2，Lindlar 催化剂

(C) H_2O，H_2SO_4，$HgSO_4$ (D) HCl（1mol）

(E) $NaNH_2$，CH_3I

(2) 如果反应物是有旋光性的，哪些产物有旋光性？

(3) 哪些产物同反应物的手性中心有同样的构型关系？

(4) 如果反应物是左旋的，能否预测哪个产物也是左旋的？

解：(1)（A） $\underset{Br}{\overset{Br}{CH-}}\underset{Br}{\overset{Br}{C-}}\underset{CH_3}{\overset{|}{CH-}}CH_2CH_3$

（B） $CH_2=CH-\underset{CH_3}{\overset{|}{CH}}-CH_2CH_3$

(C) 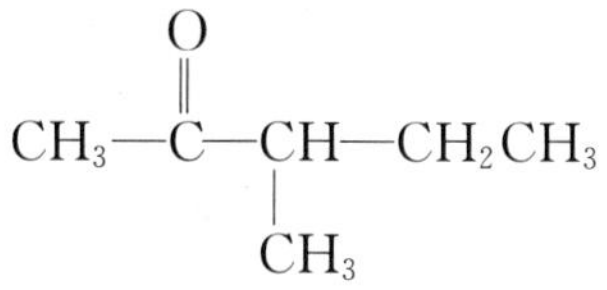 $CH_3-\overset{\overset{O}{\|}}{C}-\underset{\underset{CH_3}{|}}{CH}-CH_2CH_3$

(D) 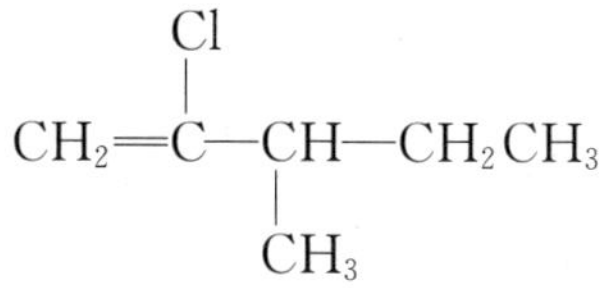 $CH_2=\underset{\underset{CH_3}{|}}{\overset{\overset{Cl}{|}}{C}}-CH-CH_2CH_3$

(E) 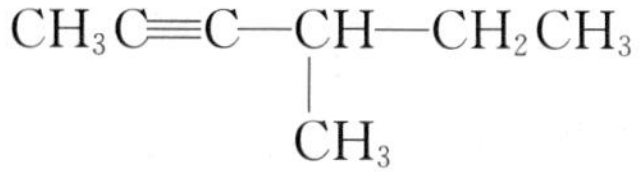 $CH_3C\equiv C-\underset{\underset{CH_3}{|}}{CH}-CH_2CH_3$

(2) 以上各产物都有旋光性。
(3) 全部都有同样的构型关系。
(4) 都不能预测。

13. 写出下列化合物的 Fischer 投影式，并用 R 和 S 标定不对称碳原子。

解：(1) C₂H₅ / Cl—H / Br (S)

(2) 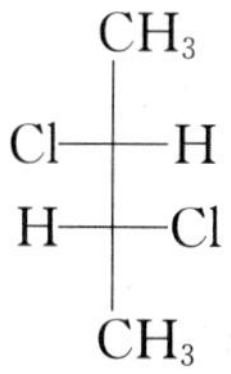 CH₃ / Cl—H (R) / H—Cl (R) / CH₃

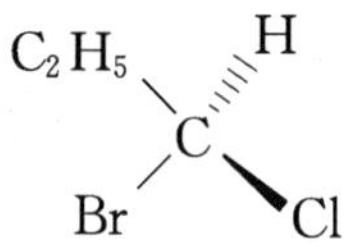

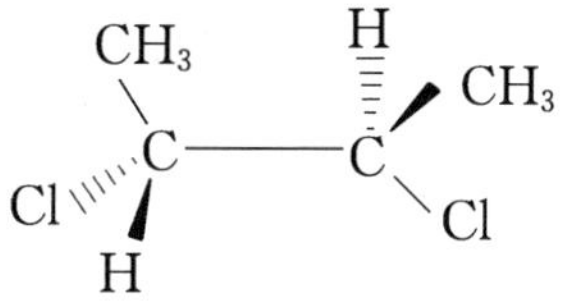

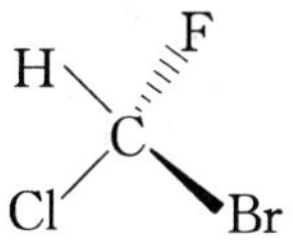

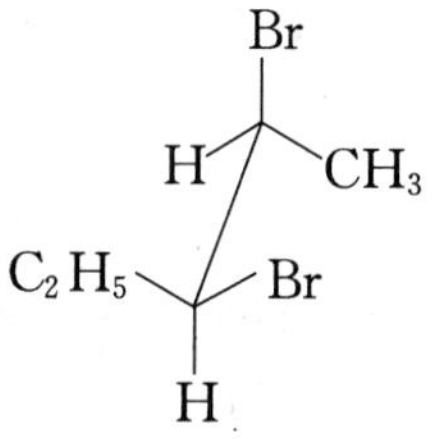

(3) 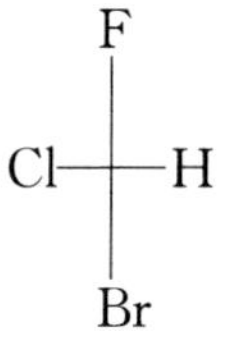 F / Cl—H / Br (S)

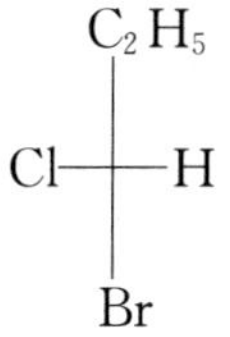

(4) 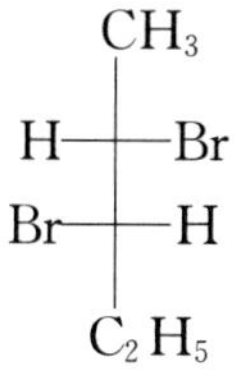 CH₃ / H—Br (S) / Br—H (S) / C₂H₅

5.4 课后习题及参考答案

1. 下列化合物各有多少种立体异构体？

(1) 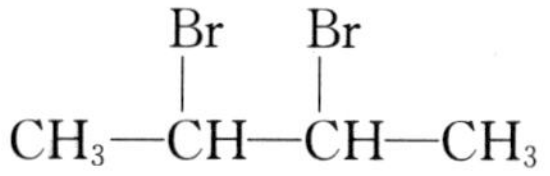 $CH_3-\underset{\underset{}{|}}{\overset{\overset{Br}{|}}{CH}}-\underset{\underset{}{|}}{\overset{\overset{Br}{|}}{CH}}-CH_3$

(2) 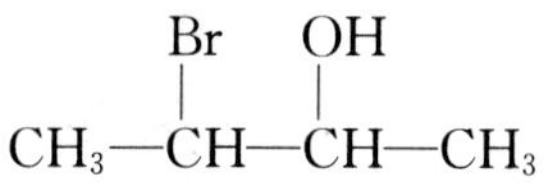 $CH_3-\underset{\underset{}{|}}{\overset{\overset{Br}{|}}{CH}}-\underset{\underset{}{|}}{\overset{\overset{OH}{|}}{CH}}-CH_3$

(3) 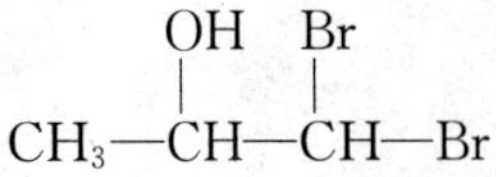 $CH_3-\overset{OH}{\underset{}{CH}}-\overset{Br}{\underset{}{CH}}-Br$

(4) $CH_3CH(OH)CH(OH)COOH$

解：(1) 3个

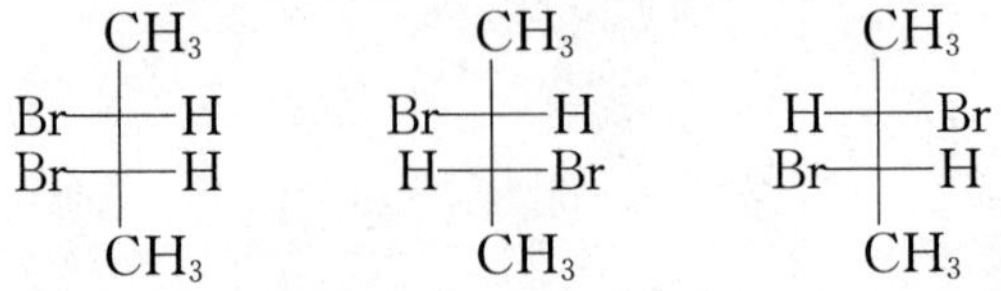

(2) 4个

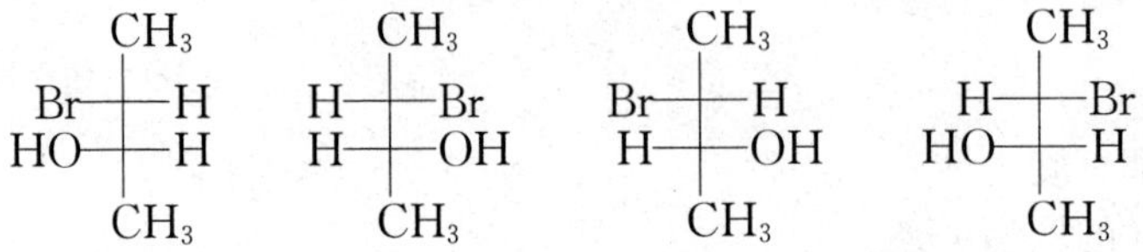

(3) 2个

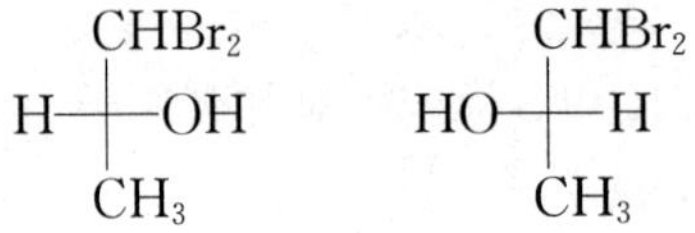

(4) 3个

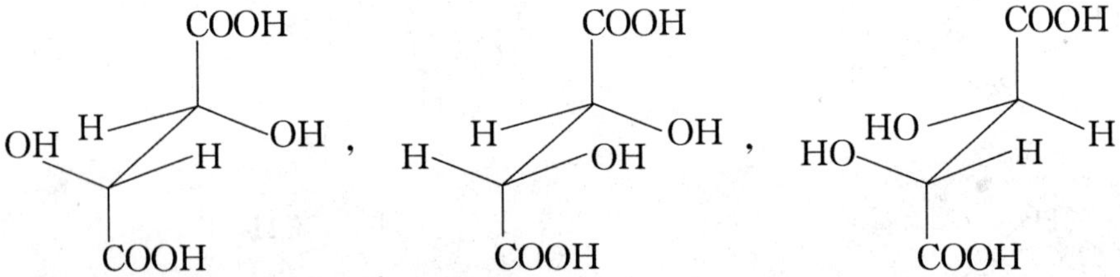

2. 下列各组化合物哪些是相同的？哪些是对映体？哪些是非对映体？

(1)

(2)

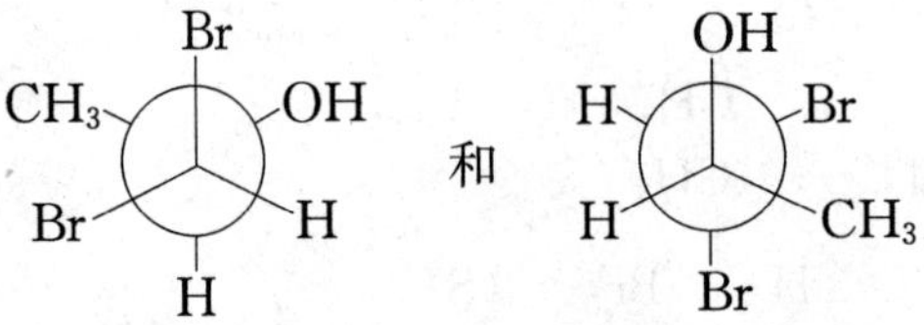

(3)

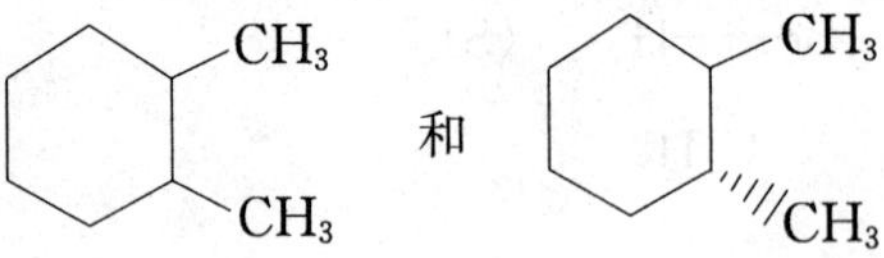

(4)

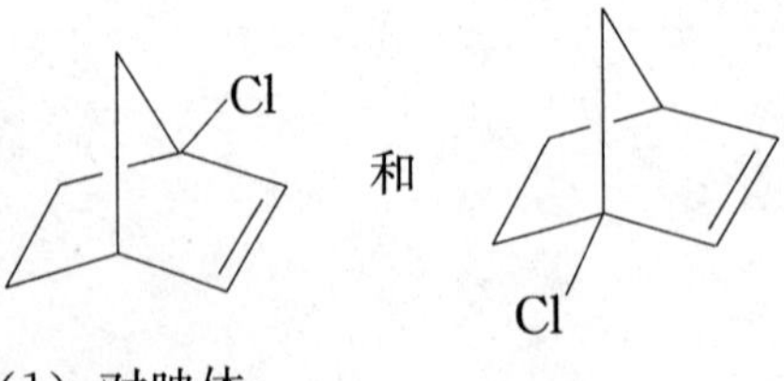

解：(1) 对映体；

(2) 对映体；

(3) 非对映体；

(4) 对映体。

3. 某醇 $C_5H_{10}O$(A)具有旋光性,催化加氢后,生成的醇 $C_5H_{12}O$(B)没有旋光性。试写出(A)和(B)的结构式。

解：(A)　$CH_2=CH-CH-OH$　　　　(B) $(CH_3CH_2)_2CHOH$
　　　　　　　　　　　CH_3H_2C

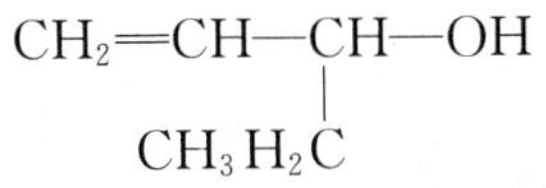

4. 指出下列各对化合物属于哪一类型的异构?

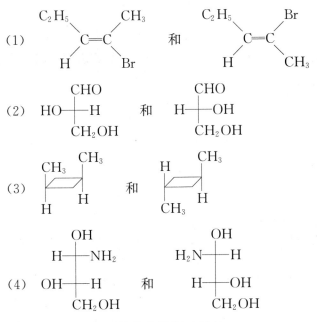

解：(1) 属于构型异构中的顺反异构；
(2) 属于构型异构中的对映异构；
(3) 属于构型异构中的顺反异构；
(4) 属于构型异构中的非对映异构。

5. 下列化合物中有无手性碳原子?(可用 * 表示手性碳)

(1) $CH_3CHDC_2H_5$

(2) 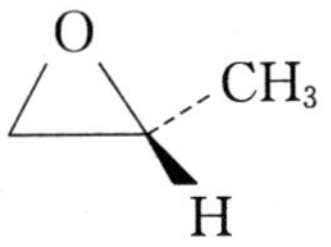 环氧乙烷-CH₃/H 结构

(3)  Cl-环己烷-OCH₃ 结构

解：判断化合物中的碳是否是手性碳,首先看它是否是 sp^3 杂化,其次看它所连的四个基团是否有相同的,只要有一对相同的,即没有手性。

(1) $CH_3\overset{*}{C}HDC_2H_5$

(2) 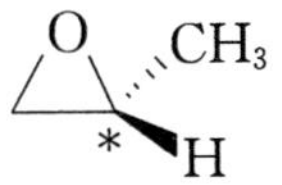 环氧乙烷带*标记结构

(3) 无手性碳

6. 写出下列化合物的 Fischer 投影式。

(1) (S)-1-氯-1-溴丙烷　　　　　(2) (S)-氟氯溴代甲烷
(3) (2R，3R)-2,3-二氯丁烷　　　(4) (2S，3R)-1,2,3,4-四羟基丁烷

解：(1)
```
    CH₂CH₃
Br──┼──Cl
    H
```
(2)
```
    H
F ──┼── Cl
    Br
```

(3)
```
    CH₃
Cl──┼──H
 H──┼──Cl
    CH₃
```
(4)
```
    CH₂OH
HO──┼──H
HO──┼──H
    CH₂OH
```

7. 相对分子质量最低而又有旋光性的烷烃是哪些？用 Fischer 投影式表明它们的构型。

解：
```
        CH₃
CH₃CH₂──┼──CH₂CH₃      CH₃CH₂──┼──CH₂CH₂CH₃
        H                      CH₃
```
和
```
        CH₃                       H  CH₃
CH₃CH₂──┼──CHCH₃        CH₃CH₂──┼──CHCH₃
        H  CH₃                   CH₃
```
和

8. 比较左旋仲丁醇和右旋仲丁醇的下列各项：
(1) 沸点；(2) 熔点；(3) 相对密度；(4) 比旋光度；(5) 折射率；(6) 溶解度；(7) 构型

解：(4) 比旋光度大小相等方向相反；(7) 构型相反（一为 R 构型，一为 S 构型）；其余各项均相等。

9. 把 3-甲基戊烷进行氯化，写出所有可能得到的一氯代物。哪几对是对映体？哪些是非对映体？哪些异构体不是手性分子？

解：(1)
```
       C₂H₅
CH₃ ──┼── H
     CH₂CH₂Cl
```
；(2)
```
       C₂H₅
  H ──┼── CH₃
     CH₂CH₂Cl
```
；(3)
```
       C₂H₅
 CH₃ ──┼── H
       ──┼── H
         CH₃
```
；

(4)
```
      C₂H₅
  H ──┼── CH₃
  H ──┼── Cl
       CH₃
```
；(5)
```
      C₂H₅
 CH₃ ──┼── H
   H ──┼── Cl
       CH₃
```
；(6)
```
      C₂H₅
 CH₃ ──┼── H
  Cl ──┼── H
       CH₃
```
；

(7)
```
           CH₃
  CH₃CH₂CHCH₂CH₃
           Cl
```
；(8)
```
         CH₃ Cl
  CH₃CH₂CHCH₂CH₃
            H
```

(1) 与 (2)，(3) 与 (4)，(5) 与 (6) 为对映体；(3) 与 (5) (6)，(4) 与 (5) (6) 互为非对映体；(7) (8) 不是手性分子。

第6章 卤代烃

6.1 本章重点和难点

本章重点

1. 重要的概念

卤代烃命名和性质，卤代烷，伯、仲、叔卤代烷，乙烯型和苯基型卤代烃，丙烯型和苄基型卤代烃，卤代烃的制备，卤代烃亲核取代（S_N2，S_N1）和消除反应（E2，E1），Walder 转化，亲核试剂，离去基团，Saytzeff（扎伊采夫）规律及 Hofmann（霍夫曼）规律，不同类型卤代烃卤原子活性，Grignard 试剂，有机锂试剂，二烷基铜锂等。

2. 结构

C—X 键的结构特征，氯乙烯和氯苯的结构，烯丙基和苄基碳正离子的结构，苯炔的结构，双键和苯环位置对氯原子活泼性的影响。

3. 化学性质和反应

卤代烷的化学性质，卤代烃的亲核取代（S_N2，S_N1）和消除反应（E2，E1）的类型、机理及四者间的竞争关系、影响因素，乙烯型和苯基型卤代烃的化学性质，烯丙型和苄基型卤代烃的化学性质，科瑞-赫思（Corey-House）合成法。

本章难点

S_N1、S_N2、E1、E2 的立体化学特征、机理，亲核取代（S_N2，S_N1）和消除反应（E2，E1）及四者间的竞争关系、影响因素，碳正离子的稳定性，Saytzeff（扎伊采夫）规律。

6.2 本章知识要点

6.2.1 卤代烷烃的制备

1. 由烃卤代制备

（1）α-H 的卤化

若用烯烃为原料，在高温或光照的条件下可发生 α-H 的卤代。

$$CH_3CH_2CH=CH_2 + Cl_2 \xrightarrow{500℃} CH_3\overset{Cl}{\underset{|}{C}}HCH=CH_2$$

(2) 芳烃的卤化

室温下，在 Fe、FeX_3、AlX_3 等催化下，氯或溴与苯发生卤化反应，生成氯苯或溴苯，但常伴有邻位和对位二取代物的生成。

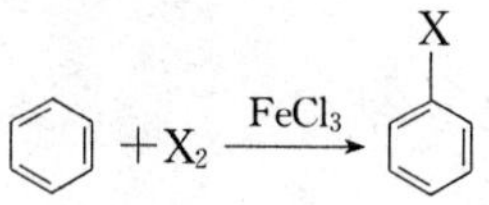

$$\text{C}_6\text{H}_6 + X_2 \xrightarrow{FeCl_3} \text{C}_6\text{H}_5X \quad X=Cl，Br$$

2. 由不饱和烃与卤素或卤化氢加成

烯烃与卤化氢加成可制得一卤代烃，反应遵循马氏定则。

$$CH_2=CHCH_3 \xrightarrow{HBr} CH_3-CHBr-CH_3$$

3. 由醇制备

(1) 醇与氢卤酸作用

$$CH_3CH_2CH_2OH + HBr(48\%) \xrightarrow[\triangle]{H_2SO_4} CH_3CH_2CH_2Br + H_2O$$

(2) 醇与卤化磷作用

$$ROH + PCl_5 \longrightarrow RCl + HCl + POCl_3$$

(3) 醇与亚硫酰氯作用

$$ROH + SOCl_2 \xrightarrow{\triangle} RCl + SO_2\uparrow + HCl\uparrow$$

6.2.2 卤代烃的亲核取代反应

卤代烃分子中，卤原子成键的碳原子带部分正电荷，是一个缺电子中心，易受负离子（如 OH^-、RO^-、CN^-、NO_3^-）或具有孤对电子的中心分子（如 H_2O、NH_3）等的进攻，使 C—X 键发生异裂，卤素以负离子形式离去，称为离去基团（leaving group，简写作 L），这种类型的反应是由亲核试剂引起的，故又叫亲核取代反应（nucleophilic substitution，简写作 S_N）。卤代烷是受亲核试剂（nucleophile，简写作 Nu^-）进攻的对象，称为底物。其通式为

$$Nu^- + R^{\delta+}-X^{\delta-} \longrightarrow R-Nu + X:^-$$

$$Nu: + R^{\delta+}-X^{\delta-} \longrightarrow R-Nu^+ + X:^-$$

亲核试剂　底物　　　产物　离去基团

1. 与氢氧化钠（钾）作用

卤代烷与强碱的水溶液共热，则卤原子被羟基（—OH）取代生成醇，称为水解反应，加入 NaOH 可使反应趋于完全，实际上是 OH^- 参与了反应。

$$C_5H_{11}Cl + NaOH \xrightarrow[\triangle]{H_2O} C_5H_{11}OH + NaCl$$

（混合物）　　　　　　（混合物）

2. 与醇钠作用

$$R_1ONa + R_2-X \longrightarrow R_1OR_2 + NaX$$

3. 与氰化钾（钠）作用

$$NaCN + R-X \xrightarrow{\text{乙醇}} RCN + NaX$$

4. 与氨作用

$$H-NH_2 + R-X \longrightarrow RNH_2 + HX$$

5. 与硝酸银作用

$$RX + AgNO_3 \xrightarrow{\text{乙醇}} RONO_2 + AgX\downarrow$$

6. 与炔化钠作用

$$Na-I + R-X \xrightarrow{\text{丙酮}} R-I + NaX\downarrow$$

6.2.3 卤代烃的消除反应

卤代烃分子中消去卤化氢生成烯烃，这种从一个分子中失去一个简单分子生成不饱和烃的反应，称为消除（Elimination）反应，简称 E 反应。由于卤代烷中 C—X 键有极性，X 的吸电子诱导效应（-I）导致 β-氢原子上的电子云密度偏向碳原子，从而使 β-氢原子表现出一定的"酸性"（活泼性），在碱的作用下卤代烷可消去 β-H 和卤原子，故又称为 β-氢原子消除。

$$-\overset{|}{\underset{\boxed{H}}{C}}{}^\beta-\overset{|}{\underset{\boxed{X}}{C}}{}^\alpha- + CH_3CH_2ONa \xrightarrow{CH_3CH_2OH} \diagup\!\!\!\!\diagdown + CH_3CH_2OH + NaX$$

1. 脱卤化氢

$$CH_3CH_2CH_2CH_2Br \begin{cases} \xrightarrow[\text{稀水溶液}]{NaOH,\triangle} CH_3CH_2CH_2CH_2OH + NaBr \\ \xrightarrow[\text{浓乙醇溶液}]{NaOH,\triangle} CH_3CH_2CH=CH_2 + NaBr + H_2O \end{cases}$$

2. 脱卤素

$$CH_3-\underset{Br}{\overset{|}{CH}}-\underset{Br}{\overset{|}{CH}}CH_3 \xrightarrow[\text{或 NaI, 丙酮, 80\%}]{Zn, \text{乙醇}} CH_3CH=CHCH_3$$

6.2.4 卤代烃与金属反应

1. 与金属钠作用

$$RX + 2Na \longrightarrow RNa + NaX$$
$$RNa + RX \longrightarrow R-R + NaX$$

2. 与金属镁反应

$$R-X + Mg \xrightarrow{\text{无水乙醚}} RMgX$$
$$\text{（Grignard 试剂）}$$

$$CH_3CH_2CH_2MgBr + H-Y \longrightarrow CH_3CH_2CH_3 + MgBrY$$
（Y 可分别代表—OH、—OR、—X、—NH$_2$、—C≡CR）

制备和使用格氏试剂时必须在无水、隔绝空气（最好在氮气保护）下进行，否则会破坏格氏试剂而使反应失败。

3. 与金属锂反应

$$CH_3(CH_2)_2CH_2Br + 2Li \xrightarrow[80\%\sim 90\%]{\text{乙醚},-20\sim-10℃} CH_3(CH_2)_2CH_2Li + LiBr$$

$$(CH_3)_3CCl + 2Li \xrightarrow[5h, 80\%]{\text{戊烷,回流}} (CH_3)_3CLi + LiCl$$

$$2RLi + CuX \xrightarrow[N_2]{\text{纯醚}} R_2CuLi + LiX$$

(R=1°、2°、3°烷基,乙烯基,烯丙基,芳基;X=I,Br,Cl)

6.2.5 亲核取代反应历程

1. 单分子亲核取代反应(S_N1)机理

反应时 C—X 键断裂,形成碳正离子 C^+,有重排,亲核试剂 Nu^- 与比较稳定的碳正离子成键,得到反应产物。

决定反应速率的控制步骤是第一步,只与卤代烃的浓度有关,而与亲核试剂的浓度无关。

如果反应中心碳原子为手性碳原子,则得到构型保持和构型翻转两种产物,组成外消旋体,这一过程称为外消旋化。

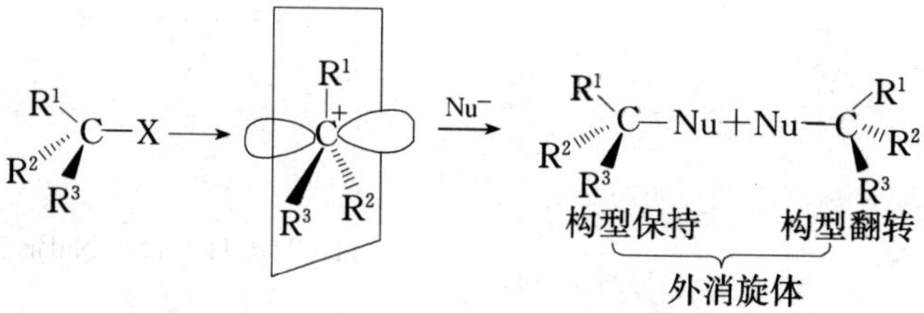

2. 双分子亲核取代反应(S_N2)机理

卤素的脱离和亲核试剂 Nu^- 与 C 的成键是同时进行的,会经过一个过渡态,构型会发生改变,没有碳正离子(C^+)的生成。反应速率与卤代烃的浓度和亲核试剂的浓度都有关。

瓦尔登转化是 S_N2 反应的立体化学特征,即手性碳原子上的 S_N2 的标志是发生构型翻转。

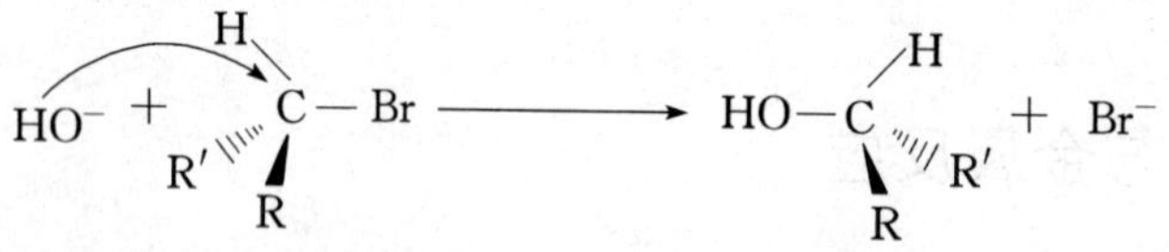

总的来说,在 S_N1 反应中,叔卤>仲卤>伯卤>甲基卤,而 S_N2 正好相反。叔卤易于发生 S_N1 反应,因为叔碳正离子比较稳定,不仅具有超共轭效应,还在脱卤素后,由 sp^3 杂化变为 sp^2 平面结构,缓解了分子的拥挤情况,减小了斥力。桥头碳不易脱去—X 形成平面结构,也不易于亲核试剂从背面进攻,所以不易发生取代反应。

离去基团离去能力越强,亲核反应越容易进行。卤代烷中卤素作为离去基团的反应活性为:碘代烷>溴代烷>氯代烷。这个活性次序对 S_N1 反应的影响程度大于 S_N2 反应。

S_N1 与亲核试剂的亲核性或碱性无关,而 S_N2 与其是正比关系;亲核试剂的浓度越大,亲核试剂的亲核能力越强,反应按 S_N2 历程的趋势就越大。

溶剂的极性增大,有利于卤代烷的离解,而不利于过渡态的形成,即有利于反应按 S_N1

历程进行，不利于按 S_N2 历程进行。

6.2.6 消除反应历程

β-氢消除反应的机理有两种：单分子消除反应机理（以 E1 表示）和双分子消除反应机理（以 E2 表示）。这两者的区别是：α—C—X 键首先断裂生成活性中间体碳正离子，然后在碱的作用下，β—C—H 键断裂生成烯烃，称为单分子消除反应；若在碱的作用下，α—C—X 键和 β—C—H 键同时断裂脱去 HX 生成烯烃，称为双分子消除反应。

1. 单分子消除反应（E1）机理

脱去—X 生成碳正离子，然后失去 β—H 而成烯，伴随重排。

第一步：$-\underset{\beta}{\overset{H}{C}}-\underset{\underset{X}{\alpha}}{C}- \rightleftharpoons -\overset{H}{C}-\overset{+}{C}- + X^-$ 慢

第二步：$-\overset{H}{C}-\overset{+}{C}- \;\; OH^- \longrightarrow \;\; C=C + H_2O$ 快

2. 双分子消除反应（E2）机理

—X 和—H 键的断裂同时进行，一步完成，无重排。

总的来说，E1 和 E2 中的反应活性：叔卤＞仲卤＞伯卤；基团越容易离去，反应速率越快：RI＞RBr＞RCl；增加碱试剂的强度和浓度有利于 E2 反应进行；增强溶剂的极性有利于 E1 反应，弱极性溶剂有利于 E2 反应。

3. 消除反应的取向

仲卤代烷和叔卤代烷在发生消除反应时，主要产物为双键碳原子上连有烷基最多的烯烃或氢原子最少的烯烃，这个规律称为 Saytzeff 规律。

$$CH_3CH_2CHBrCH_3 \xrightarrow[C_2H_5OH]{C_2H_5ONa} \underset{81\%}{H_3CHC=CHCH_3} + \underset{19\%}{C_2H_5HC=CH_2}$$

季铵碱或锍碱加热时发生消除反应，主要产物为双键上连有烷基最少的烯烃，这个规律称为 Hofmann 规律。

$$\underset{\overset{|}{\overset{\oplus}{N}(CH_3)_3\overset{\ominus}{O}H}}{CH_3CH_2CHCH_3} \xrightarrow{150℃} \underset{95\%}{H_2C=CHCH_2CH_3} + \underset{5\%}{H_3CHC=CHCH_3} + N(CH_3)_3$$

$$\underset{\underset{H_3C}{\overset{H_3C}{|}}}{CH_3CH_2-\overset{\oplus}{C}-S(CH_3)_2} \xrightarrow[EtOH, \triangle]{EtONa} \underset{86\%}{H_2C=CCH_2CH_3} + \underset{14\%}{\underset{CH_3}{H_3CHC=C(CH_3)_2}} + S(CH_3)_2$$

6.2.7 亲核取代和消除反应的竞争

1. 叔卤有利于 S_N1、E1，更有利于 E1。
2. 碱性有利于 S_N2、E2，更有利于 E2；S_N1 和 E1 的反应速率都不受亲核试剂的影响。
3. 极性有利于 S_N1、E1，更有利于 S_N1。

4. 温度越高越有利于消除。

6.3 典型习题讲解及参考答案

1. 单选题

(1) 化合物① $CH_3CH=CHCH_2Cl$；② $CH_3CH_2CHClCH_3$；③ $CH_3CH=CClCH_3$；④ $CH_2=CHCH_2CH_2Cl$ 中卤原子的活性由强到弱顺序排列是(   )。

A. ①＞②＞③＞④ B. ④＞③＞②＞①
C. ①＞②＞④＞③ D. ②＞①＞③＞④

答案：C

(2) 下列物质可做灭火剂的是（   ）。

A. CH_3Cl B. CH_2Cl_2 C. $CHCl_3$ D. CCl_4

答案：D

(3) 下列卤代烃与强碱共热时最容易发生消除反应的是(   )。

A. 卤代乙烯   B. 伯卤代烷   C. 仲卤代烷   D. 叔卤代烷

答案：D

2. 完成下列反应式，并写出反应机理。

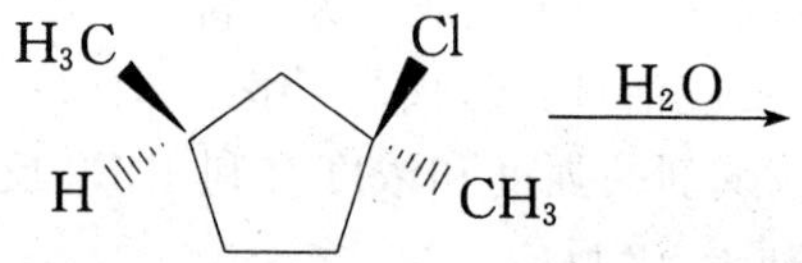

<化合物结构图：顺式-1-甲基-2-氯-1-甲基环戊烷 + H_2O →>

解：反应物是叔氯代环烷，且进行水解反应，即试剂是弱的亲核试剂也是弱碱，因此反应按 S_N1 机理进行。

首先是反应物的 C—Cl 键进行异裂，生成碳正离子中间体，由于带正离子电荷的碳原子是平面构型，H_2O 可从平面的两边机会均等地进攻带正电荷的碳原子，生成两种构型相反的醇。

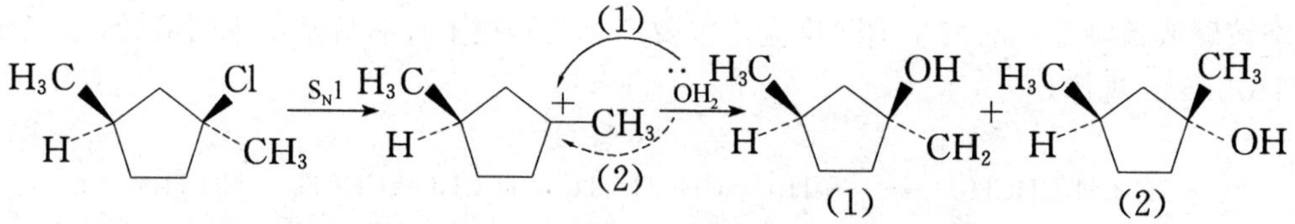

<反应机理图示>

3. 2-氯丁烷在强碱的作用下脱卤化氢时，生成反和顺-2-丁烯之比为 6∶1，试解释之。

解：2-氯丁烷在强碱作用下脱卤化氢时按 E2 机理进行，且当 H 和 Cl 处于反式共平面时才能发生。

2-氯丁烷有一个手性碳原子，有一对对映体，每一个对映体均有两个异构体（Ⅰ）和（Ⅱ），如下：

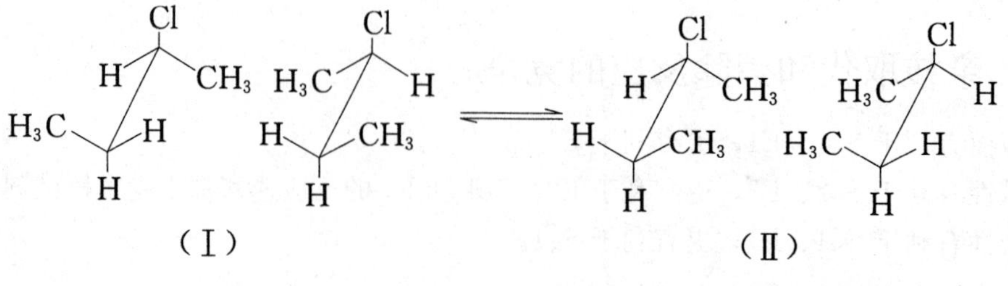

<构象结构式 (Ⅰ) 和 (Ⅱ)>

在异构体（Ⅰ）中，两个甲基处于对位交叉，而（Ⅱ）中的两个甲基处于邻位交叉，故（Ⅰ）的能量较低。在平衡中多数以（Ⅰ）的形式存在，同时在反应过程中，（Ⅰ）有较不拥挤、能量较低的过渡态，因此反应速率较大。由（Ⅰ）进行消除得到反式烯。在（Ⅱ）中的两个甲基处于邻位交叉，比（Ⅰ）拥挤，能量较高，不仅含量少，且过渡态较拥挤，故反应速率小。由（Ⅱ）进行消除得到顺式烯。

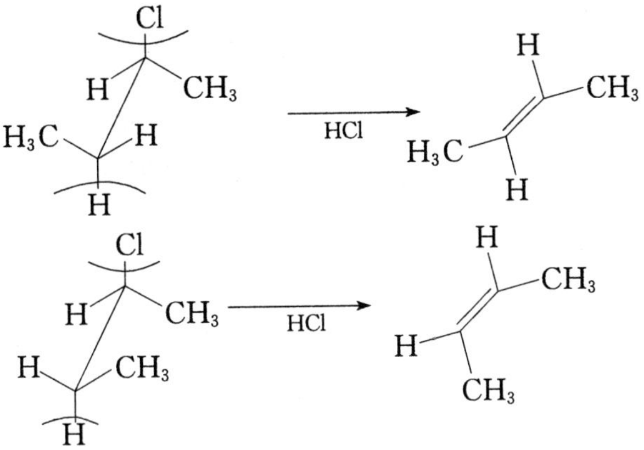

另外，反-2-丁烯比顺-2-丁烯内能低且较稳定。

综上所述，2-氯丁烷脱卤化氢主要生成反-2-丁烯。

4. 解释以下反应。

（1）$CH_3CH_2OH + HI \longrightarrow CH_3CH_2I$

（2）$CH_3CH_2OH + HCN \longrightarrow$ 不反应

解： 这两个反应的差别关键在于 HI 是强酸，而 HCN 是弱酸，HI 首先使得 C_2H_5OH 质子化，然后按 S_N2 反应取代。HCN 是很弱的酸，难以使 C_2H_5OH 质子化，而 OH—又是很不好的离去基团，因此不反应。

$$CH_3CH_2OH + H-I \longrightarrow CH_3CH_2\overset{+}{O}H_2 + I^-$$

$$I^- + CH_3CH_2-\overset{+}{O}H_2 \longrightarrow CH_3CH_2I + H_2O$$

5. 命名下列化合物。

（1）$(CH_3)_2CHCH(CH_3)Cl$

（2）$CH_3CH_2CH{=}(CH_3)CH_2I$

（3）$HOCH_2CH_2Cl$

（4）$(CH_3)_3CLi$

（5）CBr_2I_2

（6）CH_3MgBr

解：（1）2，3-二甲基-1-氯丁烷　（2）2-甲基-1-碘-2-戊烯

（3）2-氯乙醇　（4）叔丁基锂　（5）二碘二溴甲烷（6）甲基溴化镁

6. 按 S_N1 反应排出下列每组化合物的活性次序。

(1) 2-甲基-1-溴戊烷，2-甲基-2-溴戊烷，2-甲基-3-溴戊烷

(2) 3-甲基-3-溴戊烷，3-甲基-1-溴戊烷，3-甲基-2-溴戊烷

解：(1) 2-甲基-2-溴戊烷＞2-甲基-3-溴戊烷＞2-甲基-1-溴戊烷

(2) 3-甲基-3-溴戊烷＞3-甲基-2-溴戊烷＞3-甲基-1-溴戊烷

7. 按 S_N2 反应排出下列每组化合物的活性次序。

(1) 环己基碘，环己基氯，环己基溴

(2) 2-甲基-1-溴丁烷，2-甲基-2-溴丁烷，2-甲基-3-溴丁烷

解：(1) 环己基碘＞环己基溴＞环己基氯

(2) 2-甲基-1-溴丁烷＞2-甲基-3-溴丁烷＞2-甲基-2-溴丁烷

8. 下列各对 S_N1 反应哪一个进行得比较快？并简要说明理由。

(1) $(CH_3)_3CI + CH_3OH \longrightarrow (CH_3)_3COCH_3 + HI$

$(CH_3)_3CBr + CH_3OH \longrightarrow (CH_3)_3COCH_3 + HBr$

解：前者较快，因为 I^- 离去的倾向较大。

(2) $(CH_3)_3CBr + H_2O \longrightarrow (CH_3)_3COH + HBr$

$(CH_3)_3CBr + CH_3OH \longrightarrow (CH_3)_3COCH_3 + HBr$

解：前者较快，因为 H_2O 极性较强，有利于 C—Br 键离解。

(3) $(CH_3)_3CCl(1.0 mol \cdot L^{-1}) + CH_3O^-(0.01 mol \cdot L^{-1}) \xrightarrow{CH_3OH} (CH_3)_3COCH_3 + Cl^-$

$(CH_3)_3CCl(1.0 mol \cdot L^{-1}) + CH_3O^-(0.001 mol \cdot L^{-1}) \xrightarrow{CH_3OH} (CH_3)_3COCH_3 + Cl^-$

解：两者反应速度一样快。反应按照 S_N1 反应进行，$[CH_3O^-]$ 对反应速度无影响。

(4) $(CH_3)_3CCl + H_2O \longrightarrow (CH_3)_3COH + HCl$

$(CH_3)_3C=CHCl + H_2O \longrightarrow (CH_3)_3C=CHOH + HCl$

解：前者较快。后一反应中，由于 π 键与 Cl 结合形成了共用电子对，形成 p-π 共轭，因此 C—Cl 键比较牢固。

9. 下面各对化合物哪一个在 C_2H_5ONa 和 CH_3OH 作用下更容易发生 E2 反应？

(1) $CH_3(CH_2)_3Cl$ 和 $(CH_3)_3CCl$

解：叔卤代烃的 E2 反应比伯卤代烃容易得多。在 E2 过渡态中，双键已部分形成，如下图所示。烯烃的热力学稳定性随着双键上取代程度的增大而增加，因此叔卤代烃发生消去反应的过渡态比伯卤代烷发生消去反应的过渡态要稳定。

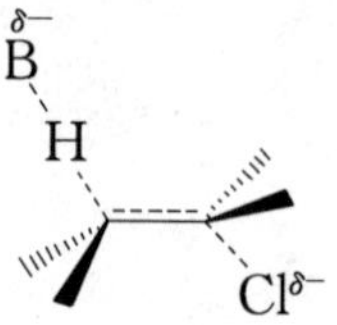

所以，$(CH_3)_3CCl > CH_3(CH_2)_3Cl$。

(2) $CH_3(CH_2)_3Cl$ 和 $CH_2=CHCH_2CH_2Cl$

解：由于 $CH_2=CHCH_2CH_2C$ 中 α 碳原子上的氢有较强的酸性，易被碱脱去，同时，在形成烯烃的过渡态中双键已部分形成，这部分形成的双键与原有双键因共轭而稳定。所以，$CH_2=CHCH_2CH_2Cl > CH_3(CH_2)_3Cl$。

(3) $CH_3(CH_2)_3CBr$ 和 $CH_3CH_2C(CH_3)Br-CH_3$

解：$CH_3CH_2C(CH_3)Br-CH_3$ 中 α 碳原子上的支链有利于过渡态的形成。所以，CH_3

CH₂C(CH₃)Br—CH₃＞CH₃(CH₂)₃CBr

10. 为什么邻二甲苯、间二甲苯和对二甲苯的沸点和熔点都不同？为什么三者的沸点差别不大，而熔点差别却很大？

解：因为化合物的沸点与熔点与它本身的结构有关，由于邻二甲苯、间二甲苯和对二甲苯的结构不同，所以它们的沸点和熔点都不相同。

液体沸点的高低取决于分子间的引力，分子间引力称为范德华力，它包括静电引力、诱导力和色散力。液体化合物的分子间引力与分子量大小、分子体积大小有关，由于邻二甲苯、间二甲苯和对二甲苯的分子量相等且体积大小接近，所以它们的沸点差别不大。晶体的熔点也取决于分子间的作用力，但在晶体中，分子间的作用力不仅取决于分子的大小，还取决于分子的晶格排列，对称性好的分子排列紧密，紧密的排列必然导致分子间作用力的加强。由于这三者形成晶体时排列的紧密程度不同，所以它们的熔点差别较沸点大。

11. 苯甲酸与苯哪一个更容易硝化？为什么？

解：因为苯环上的硝化反应是亲电取代反应，苯环上电子云密度越高对反应越有利，而苯甲酸中羧基的诱导效应和共轭效应都是吸电子的，它使得苯环上的电子云密度降低，所以苯甲酸不易硝化。

12. 写出下列反应的主要产物。

(1) 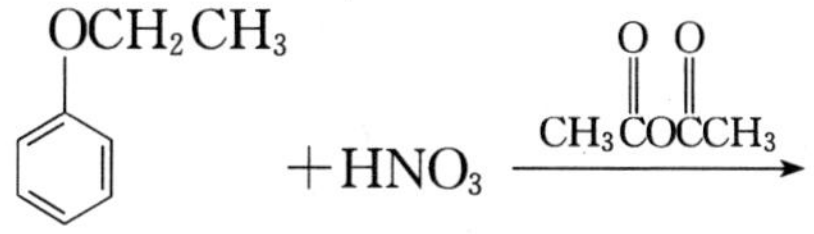 苯基-OCH₂CH₃ + HNO₃ —(CH₃COOCCH₃)→

(2) 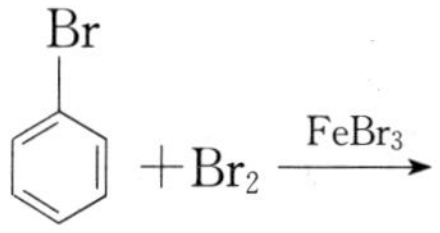 苯基-Br + Br₂ —FeBr₃→

(3) 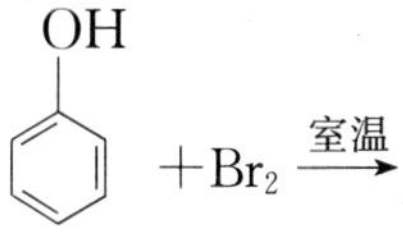 苯基-OH + Br₂ —室温→

(4) 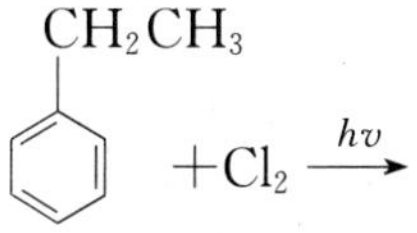 苯基-CH₂CH₃ + Cl₂ —hv→

解：(1) 邻位产物：OCH₂CH₃，NO₂

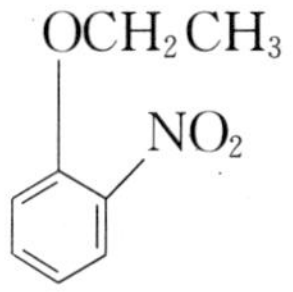

(2) 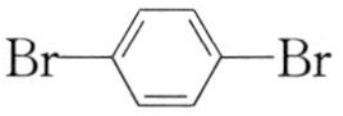 Br—⌬—Br (对位)

(3) 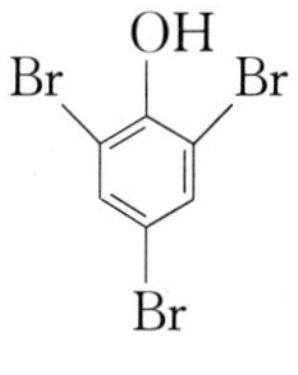 2,4,6-三溴苯酚

(4) 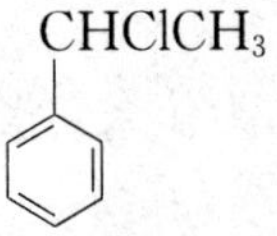 C₆H₅CHClCH₃ (benzene ring with CHClCH₃ substituent)

13. 下列化合物中哪些不能发生傅-克烷基化反应？

(1) C_6H_5CN；(2) $C_6H_5CH_3$；(3) $C_6H_5CCl_4$；(4) C_6H_5CHO；(5) C_6H_5OH；

(6) $C_6H_5\overset{O}{\underset{\|}{C}}CH_3$

解：(1) (3) (4) (6) 均不能发生傅-克烷基化反应，(5) 很容易进行傅-克烷基化反应，但不能用 $AlCl_3$ 做催化剂，因为酚类化合物和 $AlCl_3$ 会起反应而使 $AlCl_3$ 失去催化能力。如下：

$$ArOH + AlCl_3 \longrightarrow ArOAlCl_2 + HCl$$

所以，一般用醇和烯烃在酸性催化剂存在下与酚发生反应。如果一定要用 $AlCl_3$ 做催化剂，可以将酚变成醚，再进行反应，反应后用盐酸处理，使得醚重新变成酚。

6.4 课后习题及参考答案

1. 命名下列化合物。

(1) $CH_2ClCH_2CH_2CH_2Br$；(2) $CF_2=CF_2$；(3) $CH_3CH=CHCHClCH_3$ 型结构；(4) 3-氯环己烯结构；

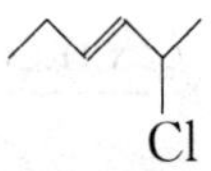

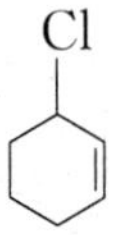

(5) $CH_2=C(CH_3)CH=CHCH_2I$；(6) $CH_3CHBrCH(CH_2CH_3)CH_3$；(7) 1-溴-4-甲基环己烯结构；

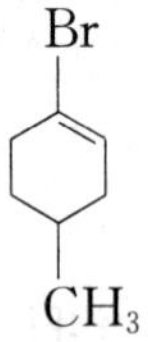

(8)  对溴氯苯结构

解：(1) 1-溴-3-氯丁烷；(2) 四氟乙烯；(3) 2-氯-3-乙烯；(4) 3-氯环己烯；(5) 2-甲基-3-氯-6-碘-1,4-己二烯；(6) 2-甲基-3-乙基-4-溴戊烷；(7) 4-甲基-1-溴环己烯 (8) 1-氯-4-溴苯

2. 写出下列化合物的构造式。

(1) 烯丙基溴；(2) 苄氯；(3) 4-甲基-5-溴-2-戊炔；(4) 偏二氟乙烯；(5) 二氟二氯甲烷；(6) 碘仿；(7) 一溴戊烷（环戊基溴）；(8) 1-苯基-2-氯乙烷；(9) 1,1-二氯-3-溴-7-乙基-2,4-壬二烯；(10) 对溴苯基溴甲烷；(11) (1R, 2S, 3S)-1-甲基-3-氟-2-氯环己烷；(12) (2S, 3S)-2-氯-3-溴丁烷

解：(1) $CH_2=CH-CH_2Br$

(2) 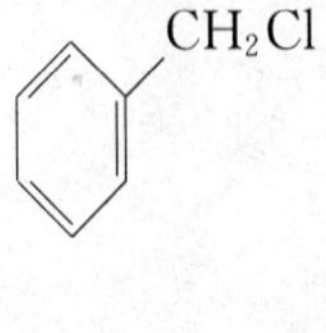 C₆H₅CH₂Cl (benzyl chloride structure)

(3) $CH_3CH=CH-\underset{\underset{CH_3}{|}}{C}H-CH_2Br$

(4) $CH_2=CF_2$

(5) CF_2I_2

(6) CHI_3

(7) 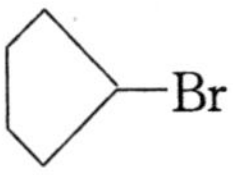 ⬠—Br (cyclopentyl bromide)

(8) 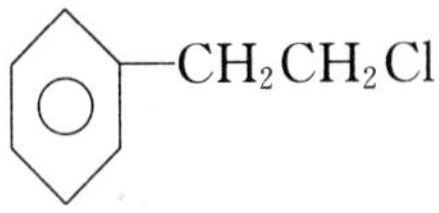 Ph—CH_2CH_2Cl

(9) $Cl_2CHCH=\underset{\underset{Br}{|}}{C}-CH_2-CH_2-\underset{\underset{CH_2CH_3}{|}}{C}H-CH_3$

(10) 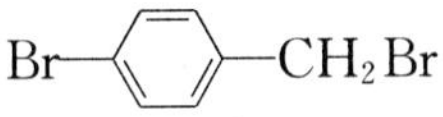 Br—⌬—CH_2Br (para)

(11) 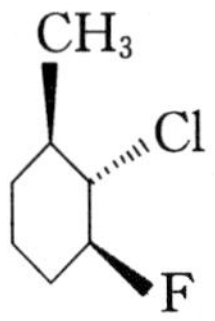 cyclohexane with CH_3, Cl, F substituents

(12) $CH_3-\underset{\underset{H}{|}}{\overset{\overset{Cl}{|}}{C}}-\underset{\underset{Br}{|}}{\overset{\overset{H}{|}}{C}}-CH_3$

3. 完成下列反应式。

(1) $CH_3CH=CH_2 + HBr \longrightarrow ? \xrightarrow{NaCN} ?$

(2) $CH_3CH=CH_2 + Cl_2 \xrightarrow{500℃} ? \xrightarrow{Cl_2+H_2O} ?$

(3) $CH_3CH=CH_2 + HBr \xrightarrow{过氧化物} ? \xrightarrow{H_2O(KOH)} ?$

(4) $(CH_3)_3CBr + HCN \xrightarrow{乙醇} ?$

(5)  ⬡ $+ Cl_2 \longrightarrow ? \xrightarrow{2KOH,醇} ?$

(6) 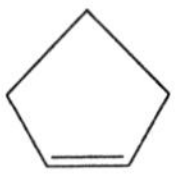 cyclopentene $\xrightarrow{NSB} ? \xrightarrow[丙酮]{NaI} ?$

(7) $CH_3-\underset{\underset{CH_3}{|}}{C}H-\underset{\underset{OH}{|}}{C}H-CH_3 \xrightarrow{PCl_5} ? \xrightarrow{NH_3} ?$

(8) $CH\equiv CH + 2Cl_2 \longrightarrow ? \xrightarrow{1mol\ KOH(醇)} ?$

(9) PhCH₂Cl +
- NaCN → ?
- NH₃ → ?
- C₂H₅ONa → ?
- NaI/丙酮 → ?
- H₂O, OH⁻ → ?

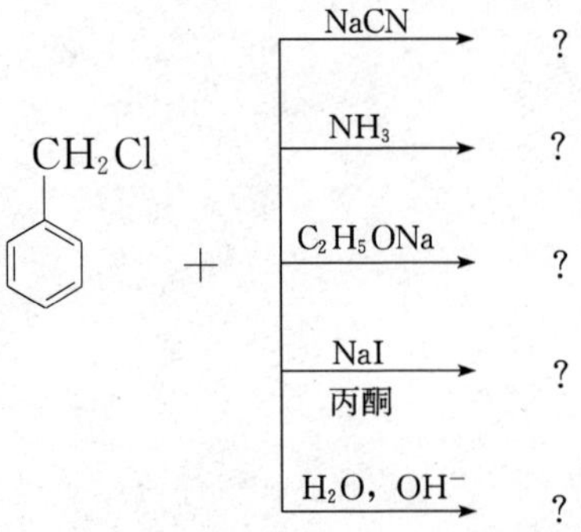

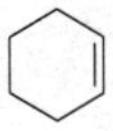

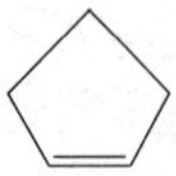

(10) [cyclohexene] + Cl₂ ⟶ ? $\xrightarrow{2KOH/醇}$?

(11) [cyclopentene] $\xrightarrow{NBS}$? $\xrightarrow{NaOH/H_2O}$?

(12) $(CH_3)_3CBr + KCN \xrightarrow{乙醇}$?

(13) $C_2H_5MgBr + CH_3CH_2CH_2CH_2C\equiv CH \longrightarrow$?

解：(1) H₃C—CHCH₃ , H₃C—CHCH₃
    | |
    Br   CN

(2) CH₂CH=CH₂ , CH₂CHCH₂
  | | |
  Cl   Cl OH

(3) CH₃CH₂CH₂Br , CH₃CH₂CH₂OH

(4) CH₃C=CH₂
   |
   CH₃ (上标)

(5) trans-1,2-二氯环己烷 , 苯

(6) 环戊烯-Br , 环戊烯-I

(7) CH₃CH—CHCH₃ , CH₃CH—CHCH₃
   | | | |
   CH₃ Cl   CH₃ NH₂

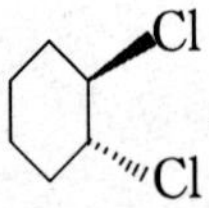

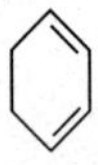

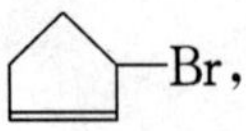

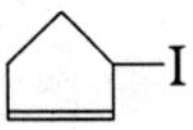

(8) CH—CH , CH=CCl₂
 | | |
 Cl Cl   Cl
 | |
 Cl Cl

(9) PhCH₂CN , PhCH₂CH₂ , PhCH₂OC₂H₅ , PhCH₂I , PhCH₂OH

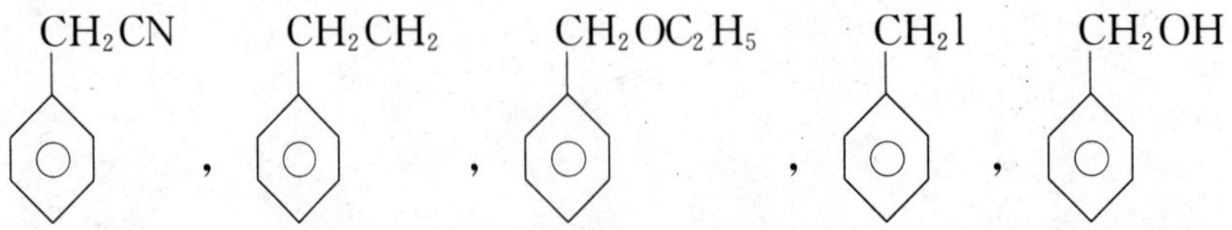

(10) 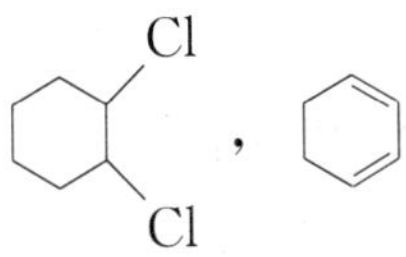 [环己烷-1,2-二氯], [苯]

(11) 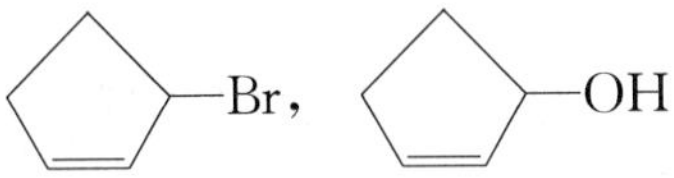 [3-溴环戊烯], [2-环戊烯-1-醇]

(12) 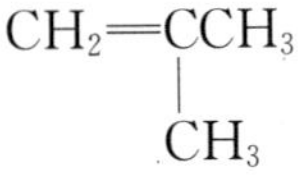 $CH_2=CCH_3$
         $\quad\ \ |$
         $\quad\ CH_3$

(13) $CH_3CH_2CH_2CH_2C\equiv CMgBr + CH_3CH_3$

4. 用化学方法鉴别下列化合物。

(1) $CH_3CH=CHCl$, $CH_2=CHCH_2Cl$, $CH_3CH_2CH_2Cl$

(2) 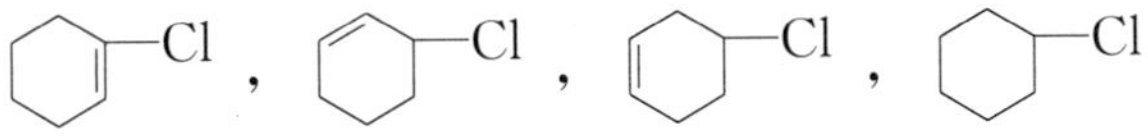 [1-氯环己烯], [3-氯环己烯], [4-氯环己烯], [氯环己烷]

解：(1) $CH_3CH=CHCl$
         $CH_2=CHCH_2Cl$ $\xrightarrow[\text{醇}]{AgNO_3}$ 加热，无沉淀生成 / 立刻生成白色沉淀 / 加热，生成白色沉淀
         $CH_3CH_2CH_2Cl$

(2) [1-氯环己烯]
    [3-氯环己烯] $\xrightarrow[\text{醇}]{AgNO_3}$ 加热，无沉淀生成 / 立刻生成白色沉淀 / 过一会儿生成白色沉淀 / 过一会儿生成白色沉淀 $\xrightarrow[H_2O]{Br_2}$ 褪色 / 不褪色
    [4-氯环己烯]
    [氯环己烷]

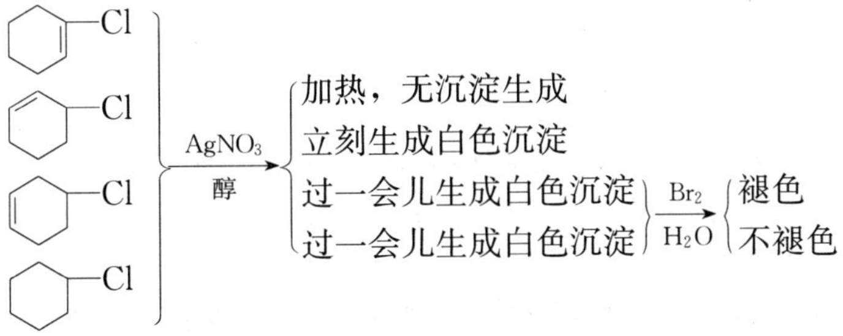

5. 将下列各组化合物按反应速度大小顺序排列。

(1) 按 S_N1 反应：

$CH_3CH_2CH_2CH_2Br \qquad (CH_3)_3CBr \qquad CH_3CH_2\underset{\underset{CH_3}{|}}{C}HBr$

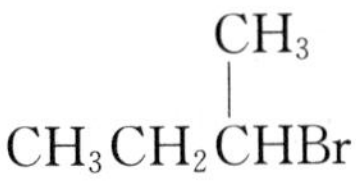

(2) 按 S_N2 反应：

$CH_3CH_2CH_2Br \qquad (CH_3)_3CCH_2Br \qquad (CH_3)_2CHCH_2Br$

解：(1) 按 S_N1 反应：

$(CH_3)_3CBr > CH_3CH_2\underset{\underset{CH_3}{|}}{C}HBr > CH_3CH_2CH_2CH_2Br$（碳正离子稳定性不同）

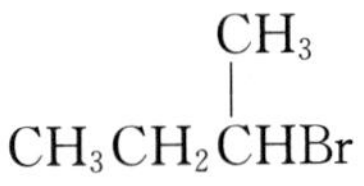

(2) 按 S_N2 反应：

$CH_3CH_2CH_2Br > (CH_3)_2CHCH_2Br > (CH_3)_3CCH_2Br$（空间位阻不同）

6. 将下列化合物按照消去 HBr 难易次序排序，并写出产物的构造式。

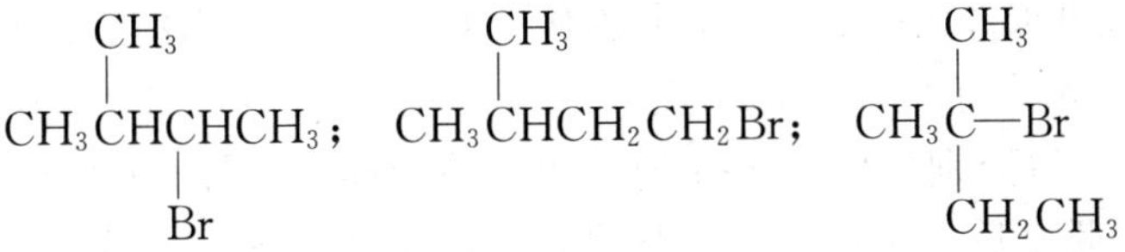

$CH_3\underset{\underset{Br}{|}}{C}H\underset{\underset{}{|}}{C}HCH_3$；$CH_3\overset{\overset{CH_3}{|}}{C}HCH_2CH_2Br$；$CH_3\overset{\overset{CH_3}{|}}{\underset{\underset{CH_2CH_3}{|}}{C}}-Br$
$\quad\ \ |$
$\ CH_3$

解：

$$\underset{\underset{CH_2CH_3}{|}}{\overset{\overset{CH_3}{|}}{CH_3-C-Br}} > \underset{\underset{Br}{|}}{\overset{\overset{CH_3}{|}}{CH_3CHCHCH_3}} > \overset{\overset{CH_3}{|}}{CH_3CHCH_2CH_2Br}$$

产物：$(CH_3)_2C=CHCH_3$；$(CH_3)_2C=CHCH_3$；$(CH_3)_2CHCH=CH_2$。

7. 下列各对化合物哪一个在 C_2H_5ONa/C_2H_5OH 作用下更易发生 E2 反应。

(1) (A) $CH_3(CH_2)_3Cl$　　　　　(B) $(CH_3)_3CCl$

(2) (A) $CH_3(CH_2)_3Cl$　　　　　(B) $CH_2=CHCH_2CH_2Cl$

(3) (A) (CH₃)₃-环己基-Cl　　　(B) (CH₃)₃-环己基-Cl

(4) (A) 环己基-Cl　　　　　　(B) 桥环-Cl

(5) (A) $(CH_3)_3CBr$　　　　　(B) $CH_3CH_2\underset{\underset{CH_3}{|}}{\overset{\overset{CH_3}{|}}{C}}-Br$

解：(1) (B) > (A)。叔卤代烷的 E2 反应比伯卤代烷快，因为消除反应生成烯烃的热力学稳定性随着双键上取代程度增高而增加。所以，叔卤代烷发生消去反应的过渡态比伯卤代烷发生消去反应的过渡态稳定。

(2) (B) > (A)。(B) 中烯丙基碳上的 H 有较强酸性，易被碱脱去。同时，在过渡态中已部分形成的双键与原有双键因共轭而稳定。

(3) (A) > (B)。前者虽不如后者稳定，但这种构象很容易发生反式共平面的 E2 消除反应，生成相应烯烃。反式的 4-叔丁基-1-氯环己烷虽然较稳定，但必须要翻转为不稳定的构象，才能发生反式共平面的 E2 消除反应，这就需要较高的能量。

(4) (B) > (A)。桥头碳上不易形成双键，因此难以发生 E2 反应。

(5) (B) > (A)。(B) 的过渡态稳定。

8. 由指定原料合成下列化合物。

环己基-Cl → 环己烯基-OH

解：环己基-Cl $\xrightarrow[\text{醇}]{KOH}$ 环己烯 $\xrightarrow[500℃]{Cl_2}$ 环己烯基-Cl $\xrightarrow[H_2O]{KOH}$ 环己烯基-OH

9. 某化合物 (A) 与溴作用生成含有三个卤原子的化合物 (B)。(A) 能使稀、冷 $KMnO_4$ 溶液褪色，生成含有一个溴原子的 1,2-二醇。(A) 很容易与 NaOH 作用，生成 (C) 和 (D)，(C) 和 (D) 氢化后分别生成两种互为异构体的饱和一元醇 (E) 和 (F)，(E) 比 (F) 更容易脱水。(E) 脱水后产生两个异构化合物，(F) 脱水后仅产生一个化合物。这些脱水产物都能被还原成正丁烷。写出 (A)~(F) 的构造式及各步反应式。

解：(A) $CH_2=CHCHCH_3$
$\qquad\qquad\quad\ \ |$
$\qquad\qquad\quad\ \ Br$

(B) CH_2CHCH_3
$\ \ |\ \ \ |\ \ \ |$
$\ Br\ Br\ Br$

(C) $CH_2=CHCHCH_3$
$\qquad\quad\ \ |$
$\qquad\quad\ \ OH$

(D) $CH_2CH=CHCH_3$
$\ \ |$
$\ OH$

(E) $CH_3CH_2CHCH_3$
$\qquad\quad\ |$
$\qquad\quad\ OH$

(F) $CH_2CH_2CH_2CH_3$
$\ |$
$\ OH$

反应式：$CH_2=CHCHCH_3 \xrightarrow{Br_2} CH_2CHCHCH_3$
$\qquad\qquad\qquad\quad\ |\qquad\qquad\quad\ |\ \ \ |\ \ \ |$
$\qquad\qquad\qquad\quad Br\qquad\qquad\ Br\ Br\ Br$
$\qquad\qquad\qquad\ \ (A)\qquad\qquad\qquad (B)$

$CH_2=CHCHCH_3 \xrightarrow[\text{稀，冷}]{KMnO_4} CH_2—CH—CHCH_3$
$\qquad\qquad\ |\qquad\qquad\qquad\qquad |\qquad |\qquad |$
$\qquad\qquad Br\qquad\qquad\qquad\ \ OH\ \ OH\ \ Br$
$\qquad\quad\ \ (A)$

$CH_2=CHCHCH_3 \xrightarrow[H_2O]{NaOH} CH_2=CHCHCH_3 + CH_2CH=CHCH_3$ (烯丙位重排)
$\qquad\qquad\ |\qquad\qquad\qquad\qquad\quad\ |\qquad\qquad\quad |$
$\qquad\qquad Br\qquad\qquad\qquad\qquad\ OH\qquad\qquad OH$
$\qquad\quad\ \ (A)\qquad\qquad\qquad\qquad (C)\qquad\qquad\quad (D)$

$CH_2=CHCHCH_3 \xrightarrow{H_2/Ni} CH_3CH_2CHCH_3 \xrightarrow{-H_2O} \begin{cases} CH_3CH=CHCH_3 \\ CH_3CH_2CH=CH_2 \end{cases}$
$\qquad\qquad\ |\qquad\qquad\qquad\qquad\quad |$
$\qquad\qquad OH\qquad\qquad\qquad\qquad OH$
$\qquad\quad\ (C)\qquad\qquad\qquad\qquad\ (E)$

$CH_2CH=CHCH_3 \xrightarrow{H_2/Ni} CH_2CH_2CH_2CH_3 \xrightarrow{-H_2O} CH_2=CHCH_2CH_3$
$\ |\qquad\qquad\qquad\qquad\ \ |$
$OH\qquad\qquad\qquad\qquad OH$
$\ (D)\qquad\qquad\qquad\qquad (F)$

$\left.\begin{array}{l} CH_3CH=CHCH_3 \\ CH_3CH_2CH=CH_2 \end{array}\right\} \xrightarrow{H_2/Ni} CH_3CH_2CH_2CH_3$

10. 由苯和/或甲苯为原料合成下列化合物（其他试剂任选）。

(1) 邻硝基苯氧基苄基醚（2-NO_2-C_6H_4-O-CH_2-C_6H_5）

(2) 4-氯-4'-溴二苯甲酮

(3) 2-硝基-4-溴苯乙腈（CH_2CN，NO_2，Br）

(4) (E)-1,2-二苄基乙烯 PhCH_2-CH=CH-CH_2Ph

解：(1) C$_6$H$_6$ $\xrightarrow{\text{Cl}_2, \text{Fe}, \triangle}$ C$_6$H$_5$Cl $\xrightarrow{\text{浓 H}_2\text{SO}_4, \triangle}$ 4-Cl-C$_6$H$_4$-SO$_3$H $\xrightarrow{\text{混酸}, \triangle}$ 4-Cl-3-NO$_2$-C$_6$H$_3$-SO$_3$H $\xrightarrow{\text{H}_2\text{O, HCl}, \triangle}$

2-NO$_2$-C$_6$H$_4$-Cl $\xrightarrow{\text{Na}_2\text{CO}_3, \triangle}$ 2-NO$_2$-C$_6$H$_4$-ONa $\xrightarrow{\text{PhCH}_2\text{Cl}}$ 2-NO$_2$-C$_6$H$_4$-O-CH$_2$-Ph

[C$_6$H$_5$CH$_3$ $\xrightarrow{\text{Cl}_2, \text{光}}$ C$_6$H$_5$CH$_2$Cl]

(2) C$_6$H$_5$CH$_3$ $\xrightarrow{\text{Br}_2/\text{Fe}}$ 4-Br-C$_6$H$_4$-CH$_3$ $\xrightarrow{\text{KMnO}_4/\text{H}^+}$ 4-Br-C$_6$H$_4$-COOH $\xrightarrow{\text{SOCl}_2}$ 4-Br-C$_6$H$_4$-COCl $\xrightarrow{\text{C}_6\text{H}_5\text{Cl}}$ 4-Cl-C$_6$H$_4$-CO-C$_6$H$_4$-4-Br

或：C$_6$H$_5$CH$_3$ $\xrightarrow{\text{Cl}_2/\text{光}}$ C$_6$H$_5$CH$_2$Cl $\xrightarrow{\text{C}_6\text{H}_6}$ C$_6$H$_5$-CH$_2$-C$_6$H$_5$ $\xrightarrow{\text{Cl}_2/\text{Fe}}$ 4-Cl-C$_6$H$_4$-CH$_2$-C$_6$H$_5$

$\xrightarrow{\text{Br}_2/\text{Fe}}$ 4-Cl-C$_6$H$_4$-CH$_2$-C$_6$H$_4$-4-Br $\xrightarrow{2\text{Cl}_2/\text{光}}$ 4-Cl-C$_6$H$_4$-CCl$_2$-C$_6$H$_4$-4-Br

$\xrightarrow{\text{H}_2\text{O}/\text{OH}^-}$ 4-Cl-C$_6$H$_4$-CO-C$_6$H$_4$-4-Br

(3) C$_6$H$_5$CH$_3$ $\xrightarrow{\text{浓 H}_2\text{SO}_4, \triangle}$ 4-CH$_3$-C$_6$H$_4$-SO$_3$H $\xrightarrow{\text{混酸}}$ 4-CH$_3$-3-NO$_2$-C$_6$H$_3$-SO$_3$H $\xrightarrow{\text{H}_3\text{O}^+}$ 2-NO$_2$-C$_6$H$_4$-CH$_3$

$\xrightarrow{\text{Br}_2/\text{Fe}}$ 4-Br-2-NO$_2$-C$_6$H$_3$-CH$_3$ $\xrightarrow{\text{Cl}_2/\text{h}\nu}$ 4-Br-2-NO$_2$-C$_6$H$_3$-CH$_2$Cl $\xrightarrow{\text{KCN}}$ 4-Br-2-NO$_2$-C$_6$H$_3$-CH$_2$CN

(4) C$_6$H$_5$CH$_3$ $\xrightarrow{\text{Cl}_2/\text{h}\nu}$ C$_6$H$_5$CH$_2$Cl

HC≡CH $\xrightarrow{2\text{Na}}$ NaC≡CNa $\xrightarrow{\text{PhCH}_2\text{Cl}}$ PhCH$_2$-C≡C-CH$_2$Ph $\xrightarrow{\text{H}_2, \text{Lindlar 催化剂}}$ (Z)-PhCH$_2$-CH=CH-CH$_2$Ph

第6章 卤代烃

11. 用方程式表示 $CH_3CH_2CH_2Br$ 与下列化合物反应的主要产物。

(1) KOH（水）；(2) KOH（醇）；(3)（A）Mg，乙醚；(B)（A）的产物 + HC≡CH；(4) NaI/丙酮；(5) NH_3；(6) NaCN；(7) $CH_3C≡CNa$；(8) $AgNO_3$（醇）；(9) Na；(10) $HN(CH_3)_2$

解：(1) $CH_3CH_2CH_2Br \xrightarrow{KOH（水）} CH_3CH_2CH_2OH$

(2) $CH_3CH_2CH_2Br \xrightarrow{KOH（乙醇）} CH_3CH=CH_2$

(3) $CH_3CH_2CH_2Br \xrightarrow{Mg，乙醚} CH_3CH_2CH_2MgBr$

$CH_3CH_2CH_2MgBr + HC≡CH \longrightarrow CH_3CH_2CH_3 + HC≡CMgBr$

(4) $CH_3CH_2CH_2Br \xrightarrow{NaI/丙醇} CH_3CH_2CH_2I$

(5) $CH_3CH_2CH_2Br \xrightarrow{NH_3} CH_3CH_2CH_2NH_2$

(6) $CH_3CH_2CH_2Br \xrightarrow{NaCN} CH_3CH_2CH_2CNH$

(7) $CH_3CH_2CH_2Br \xrightarrow{CH_3C≡CNa} CH_3CH_2CH_2C≡CCH_3$

(8) $CH_3CH_2CH_2Br \xrightarrow{AgNO_3（醇）} CH_3CH_2CH_2ONO_2 + CH_3\underset{CH_3}{\overset{}{CH}}-ONO_2$

(9) $CH_3CH_2CH_2Br \xrightarrow{Na} CH_3CH_2CH_2CH_2CH_3$

(10) $CH_3CH_2CH_2Br \xrightarrow{HN(CH_3)_2} CH_3CH_2CH_2N(CH_3)_2$

12. 将下列各组化合物按反应速度大小顺序排列。

(1) 按 S_N1 反应：

① $CH_3CH_2CH_2CH_2Br$，$(CH_3)_3CBr$，$CH_3\underset{}{\overset{CH_3}{CH}}CHBr$

② ⌬—CH_2CH_2Br，⌬—CH_2Br，⌬—$\underset{Br}{\overset{}{CH}}CH_3$

③ 1-氯丁烷，1-氯-2-甲基丙烷，2-氯-2-甲基丙烷，2-氯丁烷（被 OH^- 取代）

④ 3-氯-3-苯基-1-丙烯，3-氯-1-苯基-1-丙烯，2-氯-1-苯基-1-丙烯

(2) 按 S_N2 反应：

① $CH_3CH_2CH_2Br$，$(CH_3)_3CCH_2Br$，$(CH_3)_2CHCH_2Br$

② $CH_3CH_2\underset{}{\overset{Br}{CH}}Br$，$(CH_3)_3CBr$，$CH_3CH_2CH_2Br$

③ 1-戊醇，2-戊醇，2-甲基-1-丁醇，2-甲基-2-丁醇，2,2-二甲基-1-丙醇（与 HCl 反应）

④ 4-戊烯-1-基对甲苯磺酸酯，4-戊烯-2-基对甲苯磺酸酯，4-戊烯-3-基对甲苯磺酸酯（被 I^- 取代）。

解：(1) 按 S_N1 反应：

① $(CH_3)_3CBr > CH_3\underset{}{\overset{CH_3}{CH}}CHBr > CH_3CH_2CH_2CH_2Br$

② C₆H₅CH(Br)CH₃ > C₆H₅CH₂Br > C₆H₅CH₂CH₂Br

③ 2-氯-2-甲基丙烷 > 2-氯乙烷 > 1-氯-2-甲基丙烷 > 1-氯乙烷

④ 3-氯-3-苯基-1 丙烯 > 3-氯-1-苯基-1-丙烯 > 2-氯-1-苯基-1-丙烯

(2) 按 S_N2 反应：

① $CH_3CH_2CH_2Br$ > $(CH_3)_2CHCH_2Br$ > $(CH_3)_3CCH_2Br$

② $CH_3CH_2CH_2CH_2Br$ > $(CH_3)_2CHCH_2(CH_3)Br$ > $(CH_3)_3CBr$

③ 1-戊醇 > 2-甲基-1-丁醇 > 2,2-二甲基-1-丙醇 > 2-戊醇 > 2-甲基-2-丁醇

④ 4-戊烯-1-基对甲苯磺酸酯 > 4-戊烯-2-基对甲苯磺酸酯 > 4-戊烯-3-基对甲苯磺酸酯。

13. 预测下列各对反应中，何者较快？并说明理由。

(1) $CH_3CH_2CH(CH_3)CH_2Br + CN^- \longrightarrow CH_3CH_2CH(CH_3)CH_2CN + Br^-$

   $CH_3CH_2CH_2CH_2Br + CN^- \longrightarrow CH_3CH_2CH_2CH_2CN + Br^-$

(2) $(CH_3)_3CBr + H_2O \longrightarrow (CH_3)_3COH + HBr$（加热条件下）

   $(CH_3)_2CHBr + H_2O \longrightarrow (CH_3)_2CHOH + HBr$（加热条件下）

(3) $CH_3I + NaOH(H_2O) \longrightarrow CH_3OH + NaI$

   $CH_3I + NaSH(H_2O) \longrightarrow CH_3SH + NaI$

(4) $(CH_3)_2CHCH_2Br + NaOH(H_2O) \longrightarrow (CH_3)_2CHCH_2OH + NaBr$

   $(CH_3)_2CHCH_2Cl + NaOH(H_2O) \longrightarrow (CH_3)_2CHCH_2OH + NaCl$

解：(1) 第二个反应较快，由于反应主要是 S_N2 历程，而第二个反应的原料（1-溴丁烷）有较小的空间障碍（无支链）；

(2) 反应主要按 S_N1 历程进行，由于 $(CH_3)_3C^+$ 比 $(CH_3)_2CH^+$ 更稳定，故第一个反应较快。

(3) 第二个反应较快，SH^- 亲核性比 OH^- 好；

(4) 反应主要是按 E2 历程进行，由于 Br 是比 Cl 更好的离去基，所以第一个反应更快。

14. 卤烷与 NaOH 在水与乙醇混合物中进行反应，指出哪些属于 S_N2 历程，哪些属于 S_N1 历程。

(1) 产物的构型完全转化；

(2) 有重排产物；

(3) 碱浓度增加，反应速度加快；

(4) 叔卤烷反应速度大于仲卤烷；

(5) 增加溶剂的含水量，反应速度明显加快；

(6) 反应一步完成，不分阶段；

(7) 试剂亲核性愈强，反应速度愈快

解：(1) 是 S_N2 历程；

(2) 是 S_N1 历程（最初生成的碳正离子可能重排成更稳定的碳正离子）；

(3) 是 S_N2 历程（S_N1 历程属一级，与亲核试剂无关）；

(4) 是 S_N1 历程（叔碳正离子比仲碳正离子稳定）；

(5) 是 S_N1 历程（含水量增加，意味着反应体系溶剂极性增加，有利于 S_N1）；

(6) 是 S_N1 历程（S_N2 反应只有一步，没有中间体生成，而 S_N1 反应属于两步反应，有

中间体碳正离子形成）；

（7）试剂亲核性愈强，反应速度愈快，属 S_N2 历程（S_N1 反应中，第一步是决定反应速度的一步，所以 S_N1 的反应速度与亲核试剂无关）。

15. 下列各步反应中有无错误（孤立地看）？如有的话，试指出其错误的地方。

(1) $CH_3CH=CH_2 \xrightarrow{HBrO}_{(A)} CH_3CHBrCH_2OH \xrightarrow{Mg, Et_2O}_{(B)} CH_3CH(MgBr)CH_2OH$

(2) $CH_2=C(CH_3)_2 + HCl \xrightarrow{ROOR}_{(A)} (CH_3)_3CCl \xrightarrow{NaCN}_{(B)} (CH_3)_3CCN$

(3) 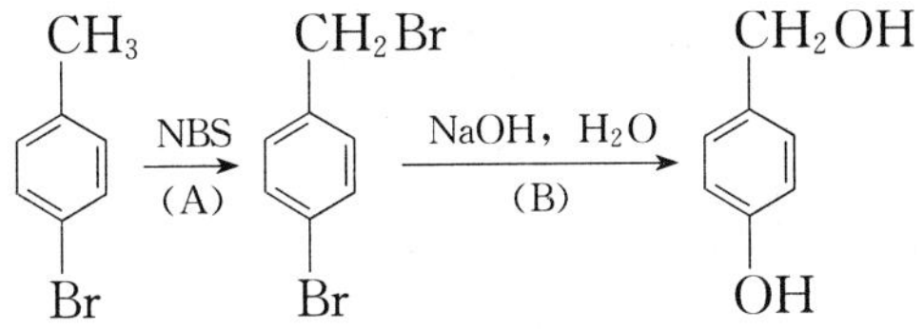 ![对甲苯] $\xrightarrow{NBS}_{(A)}$![对溴苄溴] $\xrightarrow{NaOH, H_2O}_{(B)}$![对羟基苄醇]

(4) ![环戊烯基-CH_2CHBrCH_2CH_3] $\xrightarrow{KOH, EtOH}$![环戊烯-CH_2CH=CH_2]

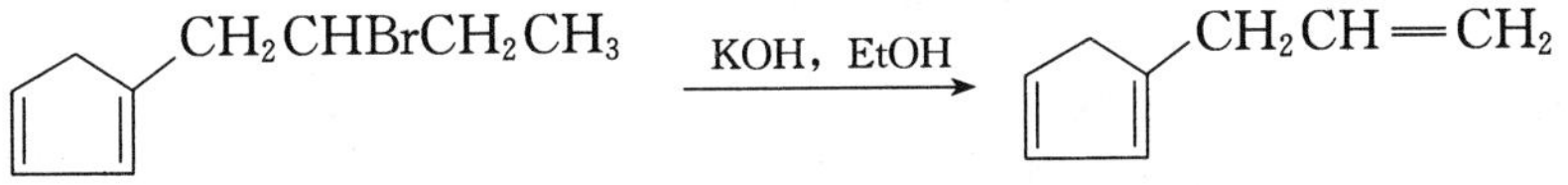

解：(1) A 错：加成方向反了。B 错：分子中的 OH 基存在可破坏生成的 Grignard 试剂，应先保护。

(2) A 无错。B 错：NaCN 为强碱弱酸盐，它的溶液呈碱性，叔卤代烃在碱性溶液中一般生成消除产物，而不是取代产物。

(3) 产物应为 ![对溴苄醇 CH_2OH/Br]

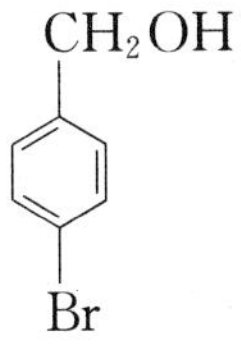

(4) 主要生成共轭产物 ![环戊烯-CH=CHCH_2CH_3]

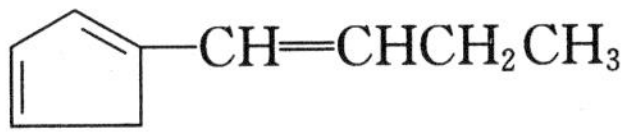

16. 合成下列化合物。

(1) $CH_3CHBrCH_3 \longrightarrow CH_3CH_2CH_2Br$

(2) $CH_3CHClCH_3 \longrightarrow CH_3CH_2CH_2Cl$

(3) $CH_3CHClCH_3 \longrightarrow CH_3CCl_2CH_3$

(4) $CH_3CHBrCH_3 \longrightarrow CH_2ClCHClCH_2Cl$

(5) $CH_3CH=CH_2 \longrightarrow CH_2(OH)CH(OH)CH_2OH$

(6) $CH_3CH=CH_2 \longrightarrow CH\equiv CCH_2OH$

(7) 1,2-二溴乙烷 $\longrightarrow$ 1,1-二氯乙烷

(8) 1,2-二溴乙烷 $\longrightarrow$ 1,1,2-三溴乙烷

(9) 丁二烯 $\longrightarrow$ 己二腈

(10) 乙炔 $\longrightarrow$ 1,1-二氯乙烯，三氯乙烯

(11) 1-氯乙烷 $\longrightarrow$ 2-己炔

(12) 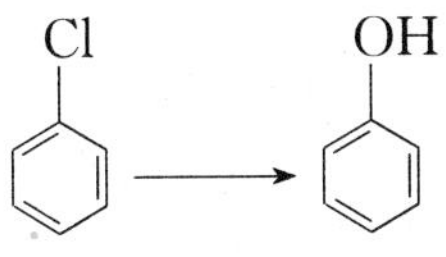 ![氯苯] $\longrightarrow$![苯酚]

(13) 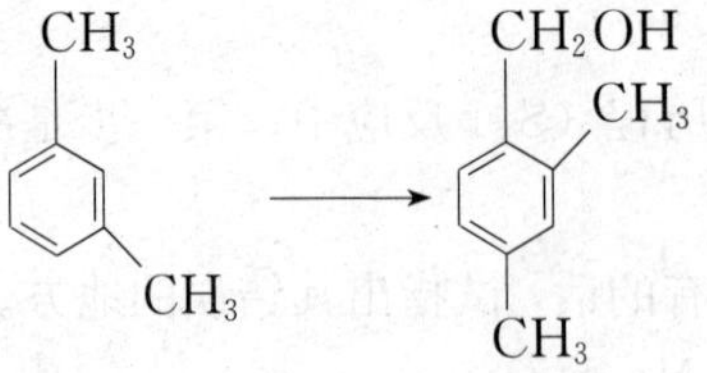 1,3-二甲苯 → 2,4-二甲基苯甲醇 (CH₂OH, CH₃, CH₃ 在苯环上)

解：(1) $CH_3CHBrCH_3 \xrightarrow{NaOH, EtOH} CH_3CH=CH_2 \xrightarrow[ROOR]{HBr} CH_3CH_2CH_2Br$

(2) $CH_3CHClCH_3 \xrightarrow{NaOH, 乙醇} CH_3CH=CH_2 \xrightarrow[ROOR]{HBr} CH_3CH_2CH_2Br \xrightarrow{NaOH, H_2O}$
$CH_3CH_2CH_2OH \xrightarrow{HCl} CH_3CH_2CH_2Cl$

(3) $CH_3CHClCH_3 \xrightarrow{NaOH, 乙醇} CH_3CH=CH_2 \xrightarrow{Cl_2} CH_3CHClCH_2Cl$
$\xrightarrow{NaNH_2} CH_3C\equiv CH \xrightarrow{HCl} CH_3CCl=CH_2 \xrightarrow{HCl} CH_3CCl_2CH_3$

或 $CH_3C\equiv CH \xrightarrow[HgSO_4, H_2SO_4]{H_2O} CH_3COCH_3 \xrightarrow{PCl_5} CH_3CCl_2CH_3$

(4) $CH_3CHBrCH_3 \xrightarrow{NaOH, 乙醇} CH_3CH=CH_2 \xrightarrow[500°C]{Cl_2} CH_2ClCH=CH_2$
$\xrightarrow{Cl_2} CH_2ClCHClCH_2Cl$

(5) $CH_3CH=CH_2 \xrightarrow{NBS} CH_2BrCH=CH_2 \xrightarrow{Br_2} CHBrCHBrCH_2Br$
$\xrightarrow{NaOH, H_2O} CH_2(OH)CH(OH)CH_2(OH)$

(6) $CH_3CH=CH_2 \xrightarrow{Cl_2} CH_3CHClCH_2Cl \xrightarrow{NaNH_2} CH_3C\equiv CH$
$\xrightarrow{NBS} CH_2BrC\equiv CH \xrightarrow{NaOH, OH} HOCH_2C\equiv CH$

(7) $CH_2BrCH_2Br \xrightarrow{NaNH_2} CH\equiv CH \xrightarrow{HCl} CH_2=CHCl \xrightarrow{HCl} CH_3CHCl_2$

(8) $\underset{\underset{Br}{|}\underset{Br}{|}}{CH_2CH_2} \xrightarrow{NaNH_2} CH\equiv CH \xrightarrow{HBr} CH_2=CH-Br \xrightarrow{Br_2} \underset{\underset{Br}{|}\underset{Br}{|}}{CH_2CH-Br}$

(9) $CH_2=CHCH=CH_2 \xrightarrow[1,4-加成]{Cl_2} \underset{\underset{Cl}{|}\underset{Cl}{|}}{CH_2CH=CHCH_2} \xrightarrow{NaOH, H_2O} \underset{\underset{OH}{|}\underset{OH}{|}}{CH_2CH=CH-CH_2}$

$\xrightarrow[Ni, \triangle]{H_2} \underset{\underset{OH}{|}\underset{OH}{|}}{CH_2CH_2CH_2CH_2} \xrightarrow{HCl} \underset{\underset{Cl}{|}\underset{Cl}{|}}{CH_2CH_2CH_2CH_2} \xrightarrow{NaCN} \underset{\underset{CN}{|}\underset{CN}{|}}{CH_2CH_2CH_2CH_2}$

(10) ① $HC\equiv CH \xrightarrow[HgCl_2]{HCl} CH_2=CHCl \xrightarrow{Cl_2} \underset{\underset{Cl}{|}\underset{Cl}{|}}{CH_2-CH-Cl} \xrightarrow[醇]{NaOH} CH_2=CHCl_2$

② $CH\equiv CH \xrightarrow{Cl_2} \underset{\underset{Cl}{|}\underset{Cl}{|}}{CH=CH} \xrightarrow{Cl_2} \underset{\underset{Cl}{|}\underset{Cl}{|}}{\overset{\overset{Cl}{|}\overset{Cl}{|}}{CH-CH}} \xrightarrow[醇]{NaOH} \underset{\underset{Cl}{|}}{CH=CCl_2}$

(11) $CH_3CH=CH_2 \xrightarrow{Cl_2} \underset{\underset{Cl}{|}\underset{Cl}{|}}{CH_3CHCH_2} \xrightarrow{NaNH_2} CH_3C\equiv CH \xrightarrow[(2)\ CH_3CH_2CH_2Cl]{(1)\ NaNH_2}$

$CH_3CH_2CH_2Cl \xrightarrow{NaOH, H_2O}$

$CH_3C\equiv CCH_2CH_2CH_3$

(12) [苯环-Cl] $+ NaOH \xrightarrow[\triangle, 压力]{Cu\ 催化剂}$ [苯环-OH]

(13) [间二甲苯] $+ HCHO + HCl \xrightarrow[\triangle]{ZnCl_2}$ [2,4-二甲基苄氯] $\xrightarrow{NaOH, H_2O}$ [2,4-二甲基苄醇]

17. 试从苯或甲苯和任何所需的无机试剂以实用的实验室合成法制备下列化合物。

(1) 间氯三氯甲苯
(2) 2,4-二硝基苯胺
(3) 2,5-二溴硝基苯

解：(1) [甲苯] $\xrightarrow[h\nu]{Cl_2(过量)}$ [苯-CCl_3] $\xrightarrow{Cl_2}_{Fe}$ [间-Cl-C_6H_4-CCl_3]

(2) [benzene] →(HNO₃, H₂SO₄) [nitrobenzene] →(Fe+HCl) [aniline] →(CH₃COCl) [acetanilide] →(HNO₃, H₂SO₄)

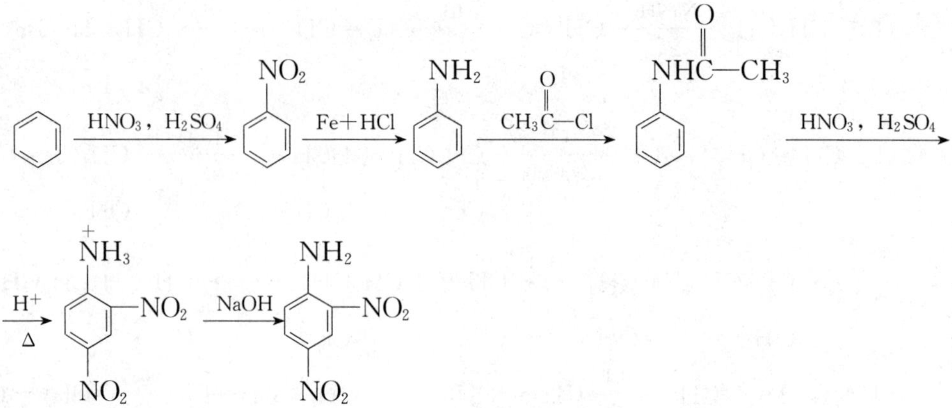

[2,4-dinitroacetanilide] →(H⁺, Δ) [2,4-dinitroanilinium] →(NaOH) [2,4-dinitroaniline]

(3) [benzene] →(Br₂/Fe) [1,4-dibromobenzene] →(HNO₃, H₂SO₄) [2,5-dibromonitrobenzene]

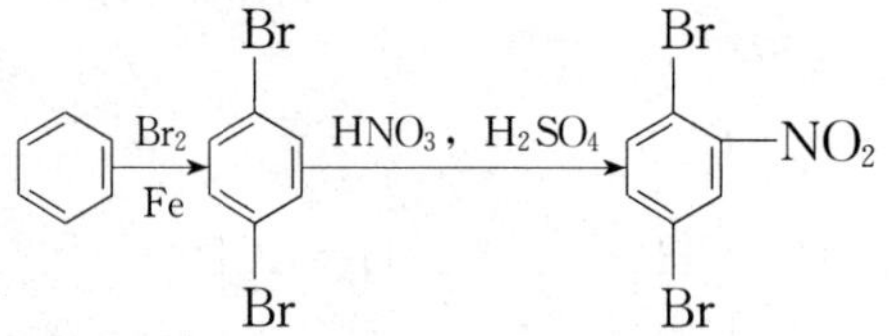

18. 2-甲基-2-溴丁烷，2-甲基-2-氯丁烷及 2-甲基-2-碘丁烷以不同的速度与纯甲醇作用得到相同的 2-甲基-2-甲氧基丁烷，2-甲基-1-丁烯及 2-甲基-2-丁烯的混合物，试以反应历程说明其结果。

解： 反应的第一步三种原料均生成同一中间体碳正离子，故得到相同的产物，由于不同卤原子离去难易不同（I＞Br＞Cl），故反应速度不同。

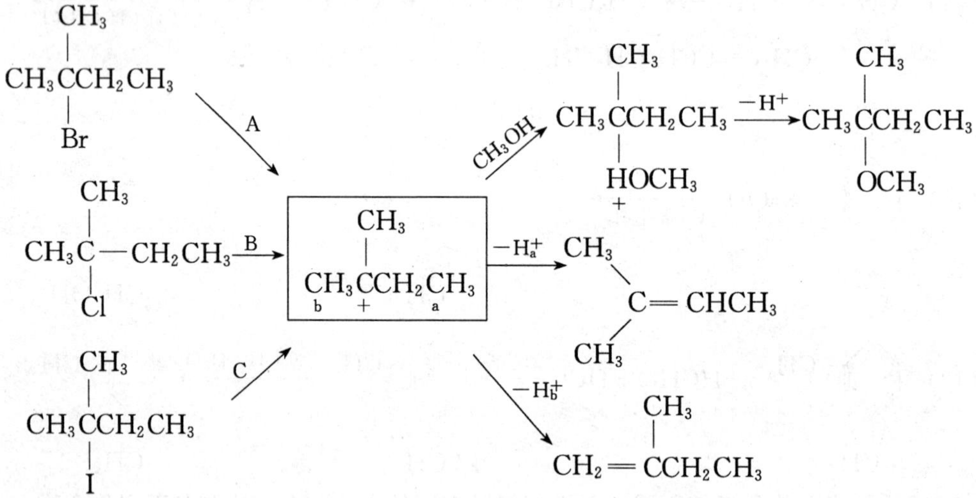

[机理图：三种卤代烷 A、B、C 分别离解生成同一叔碳正离子 (CH₃)₂C⁺CH₂CH₃，再与 CH₃OH 反应或失去 Hₐ⁺/H_b⁺ 生成醚及两种烯烃产物]

19. 某烃 A，分子式为 C₅H₁₀，它与溴水不发生反应，在紫外光照射下与溴作用只得到一种产物 B(C₅H₉Br)。将化合物 B 与 KOH 的醇溶液作用得到 C(C₅H₈)，化合物 C 经臭氧化并在锌粉存在下水解得到戊二醛。写出化合物 A，B，C 的构造式及各步反应式。

解： [环戊烷] →(Br₂/H₂O) 不反应

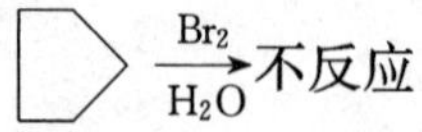

(A) 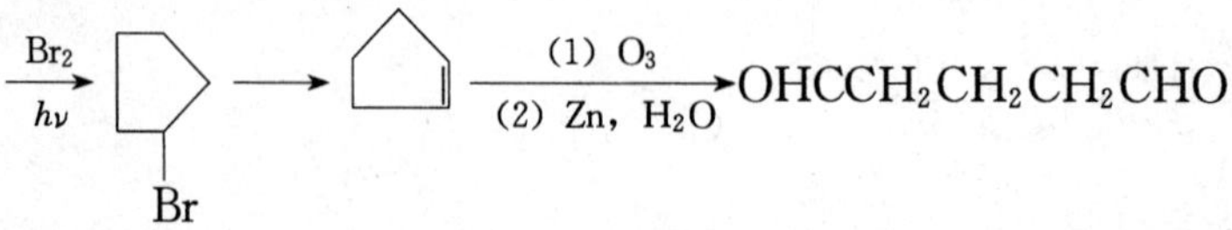 [环戊烷] →(Br₂, hν) [溴代环戊烷] (B) →(−HBr) [环戊烯] (C) →((1) O₃, (2) Zn, H₂O) OHCCH₂CH₂CH₂CHO

20. 某开链烃 A，分子式为 C_6H_{12}，具有旋光性，加氢后生成饱和烃 B，A 与 HBr 反应生成 C($C_6H_{13}Br$)。写出化合物 A，B，C 可能的构造式及各步反应式，并指出 B 有无旋光性。

解：

$$CH_3CH_2-\underset{\underset{CH=CH_2}{\overset{CH_2}{|}}}{\overset{CH_2}{\underset{|}{C}}}-H \xrightarrow{H_2} CH_3CH_2-\underset{\underset{CH_2CH_3}{|}}{\overset{CH_3}{\underset{|}{C}}}-H \xrightarrow{HBr} CH_3CH_2-\underset{\underset{CHCH_3}{\underset{\underset{Br}{|}}{|}}}{\overset{CH_3}{\underset{|}{C}}}-H$$

　　　(A)　　　　　　　　　(B)　　　　　　　　　(C)

其中 B 无旋光性。

21. 某化合物 A 与溴作用生成含有三个卤原子的化合物 B，A 能使冷的稀 $KMnO_4$ 溶液褪色，生成含有一个溴原子的 1，2-二醇。A 很容易与 NaOH 作用，生成 C 和 D；C 和 D 氢化后分别得到两种互为异构体的饱和一元醇 E 和 F；E 比 F 更容易脱水，E 脱水后产生两个异构化合物；F 脱水后仅产生一个化合物，这些脱水产物都能被还原为正丁烷。写出化合物 A～F 的构造式及各步反应式。

解：

$$CH_2=CH-\underset{\underset{Br}{|}}{CH}CH_3 \xrightarrow{Br_2} \underset{\underset{Br}{|}}{CH_2}-\underset{\underset{Br}{|}}{CH}-\underset{\underset{Br}{|}}{CH}CH_3 \xrightarrow{冷、稀 KMnO_4} \underset{\underset{OH}{|}}{CH_2}\underset{\underset{OH}{|}}{CH}\underset{\underset{Br}{|}}{CH}CH_3$$

　　　(A)　　　　　　　　　(B)

(A) →
$$\begin{cases} CH_2=CH-\underset{\underset{OH}{|}}{CH}CH_3 \longrightarrow CH_3-CH_2-\underset{\underset{OH}{|}}{CH}CH_3 \\ \quad\quad (C) \quad\quad\quad\quad\quad\quad\quad (E) \\ \underset{\underset{OH}{|}}{CH_2}CH=CHCH_3 \longrightarrow \underset{\underset{OH}{|}}{CH_2}CH_2CH_2CH_3 \\ \quad\quad (D) \quad\quad\quad\quad\quad\quad\quad (F) \end{cases}$$

22. 1-氯环戊烷在含水乙醇中与氰化钠反应，如加入少量碘化钠，反应速度加快，为什么？

解：I^- 无论是作为亲核试剂还是作为离去基团，都表现出很高的活性，因此在 S_N 反应中，常加入少量 I^-，使反应速度加快，显然，反应过程中 I^- 未消耗，但是促进了反应。

环戊基-Cl + CN^- ⟶ 环戊基-CN （慢）

$$\begin{cases} 环戊基\text{-}Cl + I^- \longrightarrow 环戊基\text{-}I + Cl^- \text{（快）} \\ 环戊基\text{-}I + CN^- \longrightarrow 环戊基\text{-}CN + I^- \text{（快）} \end{cases}$$

23. 一名学生由苯为起始原料按下面的合成路线合成化合物 A(C_9H_{10})。

$$\text{benzene} + Cl-CH_2CH_2CH_3 \xrightarrow{AlCl_3} \text{Ph-}CH_2CH_2CH_3 \xrightarrow[hv]{Br_2} \text{Ph-}\underset{Br}{CH}CH_2CH_3$$

$$\xrightarrow[C_2H_5OH,\Delta]{KOH} \text{Ph-}CH=CHCH_3$$

当他将制得的最终产物进行 O_3 氧化,还原水解后却得到了四个羰基化合物;经波谱分析,得知它们分别是苯甲醛、乙醛、甲醛和苯乙酮。

问:(1) 该学生是否得到了化合物?
(2) 该学生所设计的路线是否合理?为什么?
(3) 你认为较好的合成路线是什么?

解:(1) 该同学得到了 A,同时也得到了 B,反应如下:

$$\text{Ph-H} + ClCH_2CH_2CH_3 \rightarrow \begin{cases} \text{Ph-}CH_2CH_2CH_3 \rightarrow \text{Ph-}\underset{Cl}{CH}CH_2CH_3 \rightarrow \text{Ph-}CH=CHCH_3 \quad (A) \\ \text{Ph-}CH(CH_3)_2 \rightarrow \text{Ph-}C(Cl)(CH_3)_2 \rightarrow \text{Ph-}C(CH_3)=CH_2 \quad (B) \end{cases}$$

(2) 该同学设计的第一步(烷基化)不合理,选用的 $CH_3CH_2CH_2Cl$ 容易产生重排的碳正离子。

$$\text{A 和 B 的混合} \xrightarrow{O_3} \begin{cases} \text{Ph-}CHO + CH_3CHO \text{(来自 A)} \\ \text{Ph-}\underset{CH_3}{C}=O + HCHO \text{(来自 B)} \end{cases}$$

(3) 建议通过以下路线来合成丙苯:

$$\text{Ph-H} \rightarrow \text{Ph-}\underset{O}{\overset{\|}{C}}CH_2CH_3 \rightarrow \text{Ph-}CH_2CH_2CH_3$$

24. 在不饱和卤代烃中,根据卤原子与不饱和键的相对位置,可以分为哪几类?请举例说明。

解:可分为三类:(1) 丙烯基卤代烃,如 $CH_3CH=CHX$。
(2) 烯丙基卤代烃,如 $CH_2=CH-CH_2X$。
(3) 孤立式卤代烃,如 $CH_2=CHCH_2CH_2X$。

25. 什么叫溶剂化效应?

解:在溶剂中,分子或离子都可以通过静电力与溶剂分子相互作用,称为溶剂化效应。

26. 说明温度对消除反应有何影响?

解:增加温度可提高消除反应的比例。

27. 卤代芳烃在结构上有何特点?

解：在卤代芳烃分子中，卤素连在 sp² 杂化的碳原子上。卤原子中具有孤电子对的 p 轨道与苯环的 π 轨道形成 p-π 共轭体系。由于这种共轭作用，使得卤代芳烃的碳卤键与卤代脂环烃比较，明显缩短。

28. 为什么对二卤代苯比相应的邻或间二卤代苯具有较高的熔点和较低的溶解度？

解：对二卤代苯的对称性好，分子排列紧密，分子间作用力较大；故熔点较大；由于对二卤代苯的偶极矩为零，为非极性分子，在极性分子水中的溶解度更低。

第7章

醇、酚、醚

7.1 本章重点和难点

本章重点

1. 重要的概念

醇、酚、醚、醇的酸性反应。

2. 结构

醇、酚、醚的结构，冠醚的结构。

3. 醇、酚、醚的性质和反应

醇的酸性反应，醇转变为卤代烃的反应，醇转变为无机酸酯的反应，醇的 β-氢原子消除反应，频哪醇重排反应，醇的氧化；酚的酸性，酚的芳环上的亲电取代反应（卤代反应、硝化、磺化、烷基化和酰基化）；醚的自动氧化，镁盐的形成，醚的碳氧键的断裂反应，1,2-环氧化合物的开环反应。

本章难点

醇和酚的结构，醇的制备，醇和酚在化学性质上的异同点，醇与氢卤酸反应的机理，醇分子间与分子内脱水反应的反应机理；酸、碱催化条件下环氧化合物中醚键的断裂，醚的镁盐的形成。

7.2 本章知识要点

7.2.1 醇的制备

1. 由烯烃制备醇

（1）烯烃水合法：可分为直接水合法和间接水合法。

$$CH_2=CH_2 + HOH \xrightarrow[280\sim300℃,7\sim8MPa]{H_3PO_4} CH_3-CH_2-OH \text{（乙醇）}$$

$$CH_3-CH=CH_2 + HOH \xrightarrow[195℃,2MPa]{H_3PO_4} CH_3-\underset{\underset{\text{异丙醇}}{OH}}{CH}-CH_3$$

$$CH_3-C(CH_3)=CH_2 \xrightarrow{98\% H_2SO_4} CH_3-\underset{OSO_3H}{\underset{|}{C}}(CH_3)-CH_3 \xrightarrow{H_2O} CH_3-\underset{OH}{\underset{|}{C}}(CH_3)-CH_3$$

（2）硼氢化氧化反应

$$R-CH=CH_2 + HBH_2 \longrightarrow \underset{\text{一烷基硼}}{RCH_2CH_2BH_2} \longrightarrow \longrightarrow \underset{\text{三烷基硼}}{(RCH_2CH_2)_3B}$$

$$(RCH_2CH_2)_3B \xrightarrow{H_2O_2/OH^-} RCH_2CH_2OH$$

（3）羟汞化-脱汞反应

$$CH_3(CH_2)_2CH=CH_2 \xrightarrow[-AcOH]{(AcO)_2Hg, THF-H_2O} CH_3(CH_2)_2\underset{OH}{\underset{|}{C}}H-\underset{HgOAc}{\underset{|}{C}}H_2 \xrightarrow{NaBH_4}{NaOH, H_2O}$$

$$CH_3(CH_2)_2\underset{OH}{\underset{|}{C}}HCH_3 + Hg + AcOH$$

（4）KMnO₄ 氧化

$$CH_3CH_2CH=CH_2 \xrightarrow[H^+]{KMnO_4} CH_3CH_2COOH + CO_2 + H_2O$$

2. 由格氏试剂制备醇

$$\overset{\delta^-}{R}-\overset{\delta^+}{MgX} + \overset{\delta^+}{C}=\overset{\delta^-}{O} \xrightarrow[\text{或四氢呋喃}]{\text{无水乙醚}} R-\underset{|}{\overset{|}{C}}-OMgX \xrightarrow{H_2O}{H^+} R-\underset{|}{\overset{|}{C}}-OH + Mg\underset{X}{\overset{OH}{<}}$$

$$RMgX \begin{cases} R'CHO \xrightarrow{H_3O^+} R\underset{R'}{\overset{|}{C}}HOH \\ \overset{R'}{\underset{O}{\triangle}} \xrightarrow{H_3O^+} RCH_2\underset{R'}{\overset{|}{C}}HOH \\ HCOOCH_3 \xrightarrow{H_3O^+} R_2CHOH \end{cases}$$

$$RMgX \begin{cases} R'COR'' \xrightarrow{H_3O^+} R'-\underset{R}{\overset{R''}{\underset{|}{C}}}OH \\ R'COOCH_3 \xrightarrow{H_3O^+} R'-\underset{R}{\overset{R}{\underset{|}{C}}}OH \end{cases}$$

3. 由卤代烃制备醇

$$CH_2=CHCH_2Cl \xrightarrow[H_2O]{Na_2CO_3} CH_2=CHCH_2OH$$

$$C_6H_5CH_2Cl \xrightarrow[\text{加热}]{NaOH \text{ 水溶液}} C_6H_5CH_2OH$$

4. 由羰基化合物制备醇

$$CH_3CH_2CH_2CHO \xrightarrow[(2) H_2O]{(1) NaBH_4} CH_3CH_2CH_2CH_2OH$$
丁醛　　　　　　　　　　丁醇（85%）

$$CH_3CH_2COCH_3 \xrightarrow[(2) H_2O]{(1) NaBH_4} CH_3CH_2CHCH_3$$
　　　　　　　　　　　　　　　　　　$|$
　　　　　　　　　　　　　　　　　OH
2-丁酮　　　　　　　　　　2-丁醇（87%）

$$RCOOC_2H_5 \xrightarrow[C_2H_5OH]{Na} RCH_2OH + C_2H_5OH$$

7.2.2 醇的酸性反应

醇能够和活泼金属（Na，K，Mg，Al）发生置换反应生成醇钠、醇钾等，如：

$$CH_3CH_2OH + Na \longrightarrow CH_3CH_2ONa + H_2\uparrow$$

不同的醇和金属反应的活泼性取决于醇的性质，酸性越强，反应速率越快。

	$(CH_3)_3COH$	CH_3CH_2OH	H_2O	CH_3OH	CF_3CH_2OH	$(CF_3)_3COH$	HCl
pK_a	18.00	16.00	15.74	15.54	12.43	5.4	−7.0

取代烷基越多，醇的酸性越弱，故醇的反应速率是：$CH_3OH>$伯醇$>$仲醇$>$叔醇。

7.2.3 醇转变为卤代烃的反应

醇与氢卤酸的反应通式如下：

$$R\text{—}OH + HX \rightleftharpoons R\text{—}X + H_2O$$

不同类型的氢卤酸反应活性顺序为：$HI>HBr>HC$。不同结构的醇的反应活性顺序为：烯丙醇$>$苄醇$>$叔醇$>$仲醇$>$伯醇。

7.2.4 醇转变为无机酸酯的反应

醇可以和硫酸、硝酸和磷酸等含氧无机酸作用生成相应的酯，得到的产物称为无机酸酯。

1. 硫酸酯的生成

$$CH_3O\text{--}H + HO\text{--}SO_2H \rightleftharpoons CH_3OSO_2OH + H_2O$$
　　　　　　　　　　　　　　　硫酸氢甲酯

$$CH_3OSO_2OH + HOSO_2OCH_3 \xrightleftharpoons[]{加热、减压蒸馏} CH_3OSO_2OCH_3 + H_2SO_4$$
　　　　　　　　　　　　　　　　　　　　硫酸二甲酯

此外，醇和磺酰氯可生成磺酸酯。

$$CH_3SO_2Cl + HO\text{-}\!\!\bigcirc \xrightarrow{Et_3N} CH_3SO_2O\text{-}\!\!\bigcirc$$
甲基磺酰氯　　　　　　　　　　甲基磺酸环戊酯

$$H_3C\text{-}\!\!\bigcirc\!\!\text{-}SO_2Cl + HOCH_2CH_3 \xrightarrow{C_5H_5N} H_3C\text{-}\!\!\bigcirc\!\!\text{-}SO_2OCH_2CH_3$$
对甲基苯磺酰氯　　　　　　　　　　対甲基苯磺酸乙酯

2. 硝酸酯和亚硝酸酯的生成

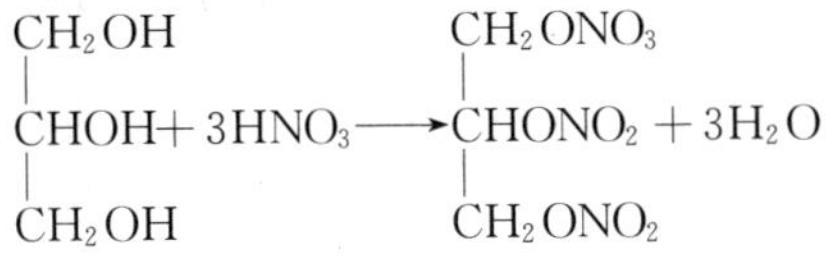

$$\begin{array}{c}CH_2OH\\|\\CHOH\\|\\CH_2OH\end{array} + 3HNO_3 \longrightarrow \begin{array}{c}CH_2ONO_2\\|\\CHONO_2\\|\\CH_2ONO_2\end{array} + 3H_2O$$

甘油三硝酸酯

$$(CH_3)_3CHCH_2CH_2OH + HNO_2 \longrightarrow (CH_3)_2CHCH_2CH_2ONO$$

亚硝酸异戊酯

3. 磷酸酯的生成

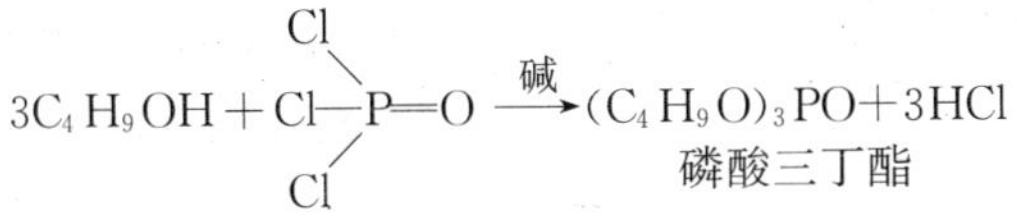

$$3C_4H_9OH + Cl_3P=O \xrightarrow{\text{碱}} (C_4H_9O)_3PO + 3HCl$$

磷酸三丁酯

7.2.5 醇的 β-氢原子消除反应

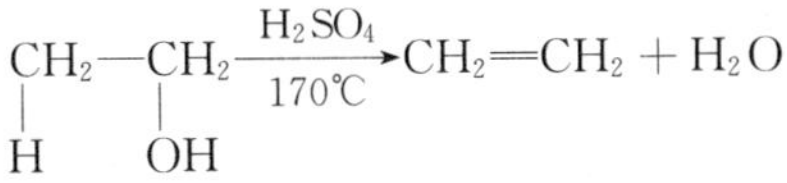

$$\begin{array}{c}CH_2-CH_2\\|\quad\;\;|\\H\quad OH\end{array} \xrightarrow[170℃]{H_2SO_4} CH_2=CH_2 + H_2O$$

该反应经过碳正离子中间体，可能有重排产物生成。但在三氧化二铝催化下，很少发生重排，且三氧化二铝经再生后可重复使用，但反应温度较高。

不同的醇按 E1 历程脱水的反应活性主要决定于碳正离子的稳定性，碳正离子越稳定，脱水反应的活性就越高，其反应活性顺序为：烯丙基型（苄基型）醇＞叔醇＞仲醇＞伯醇。

与卤代烷脱卤化氢类似，醇脱水的去向也遵循 Saytzeff 规则，主要生成双键碳原子上连接烷基较多的烯烃。

7.2.6 频哪醇重排反应

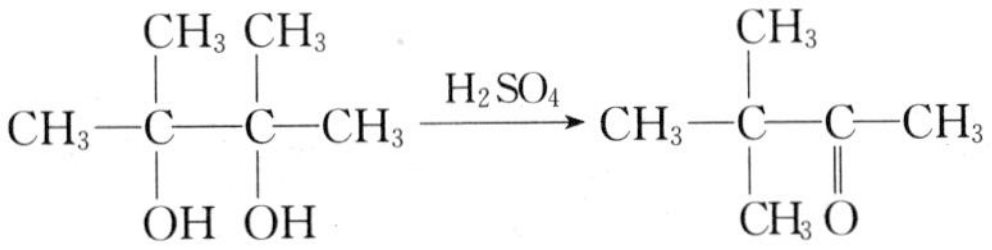

$$\begin{array}{c}CH_3\;CH_3\\|\quad\;|\\CH_3-C-C-CH_3\\|\quad\;|\\OH\;\;OH\end{array} \xrightarrow{H_2SO_4} \begin{array}{c}CH_3\\|\\CH_3-C-C-CH_3\\|\quad\;\|\\CH_3\;O\end{array}$$

2,3-二甲基-2,3-丁醇　　3,3-二甲基-2-丁酮
（频哪醇）　　　　　　（频哪酮）

7.2.7 醇的氧化

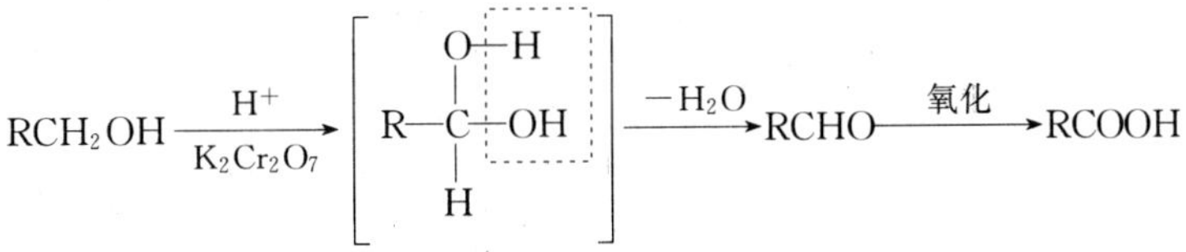

$$RCH_2OH \xrightarrow[K_2Cr_2O_7]{H^+} \left[\begin{array}{c}O-H\\|\\R-C-OH\\|\\H\end{array}\right] \xrightarrow{-H_2O} RCHO \xrightarrow{\text{氧化}} RCOOH$$

胞二醇

7.2.8 酚的酸性

酚有较弱的酸性，从其 pKa 值可以看出，苯酚的酸性比水、醇强，比羧酸、碳酸弱。

$$CH_3COOH > H_2CO_3 > \text{C}_6\text{H}_5\text{—OH} > H_2O > C_2H_5OH$$

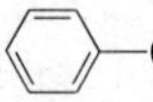

$pK_a^\ominus$　　4.74　　　6.38　　　9.9　　　14　　　16

7.2.9　酚醚的生成

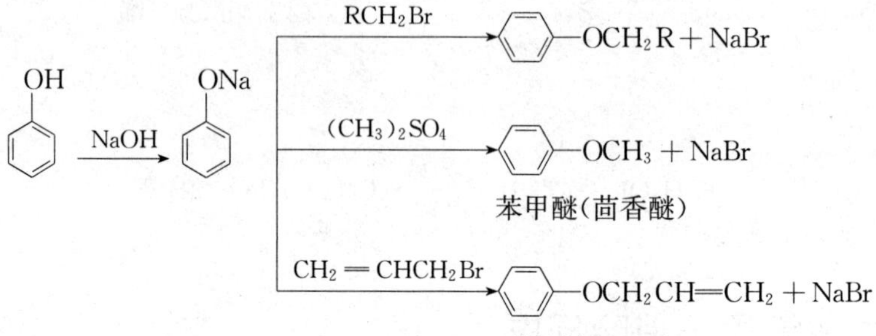

$$C_6H_5OH \xrightarrow{NaOH} C_6H_5ONa \begin{cases} \xrightarrow{RCH_2Br} C_6H_5\text{—}OCH_2R + NaBr \\ \xrightarrow{(CH_3)_2SO_4} C_6H_5\text{—}OCH_3 + NaBr \quad \text{苯甲醚（茴香醚）} \\ \xrightarrow{CH_2=CHCH_2Br} C_6H_5\text{—}OCH_2CH=CH_2 + NaBr \quad \text{苯基烯丙基醚} \end{cases}$$

7.2.10　酯的生成

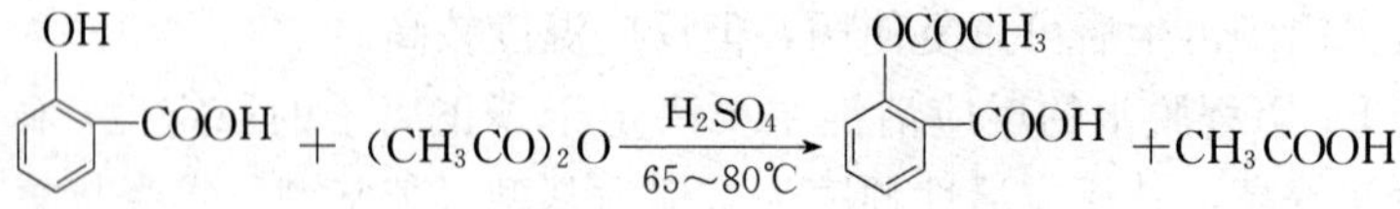

水杨酸 + $(CH_3CO)_2O \xrightarrow[65\sim80℃]{H_2SO_4}$ 乙酰水杨酸（阿司匹林） + CH_3COOH

7.2.11　芳环上的亲电取代反应

1. 卤代反应

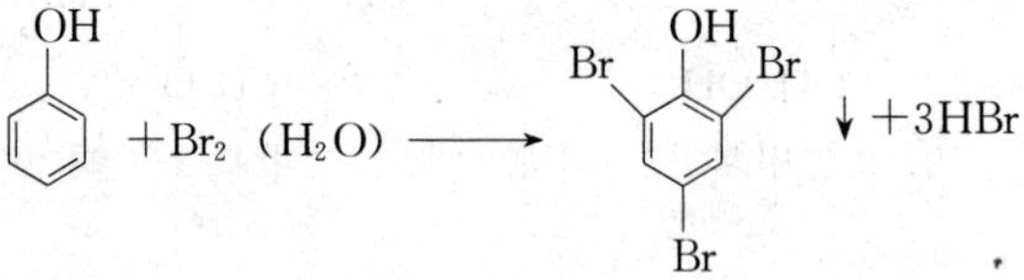

$$C_6H_5OH + Br_2\ (H_2O) \longrightarrow \text{2,4,6-三溴苯酚} \downarrow + 3HBr$$

2. 硝化

$$C_6H_5OH + \text{稀}HNO_3 \xrightarrow{20℃} \text{邻硝基苯酚} + \text{对硝基苯酚}$$

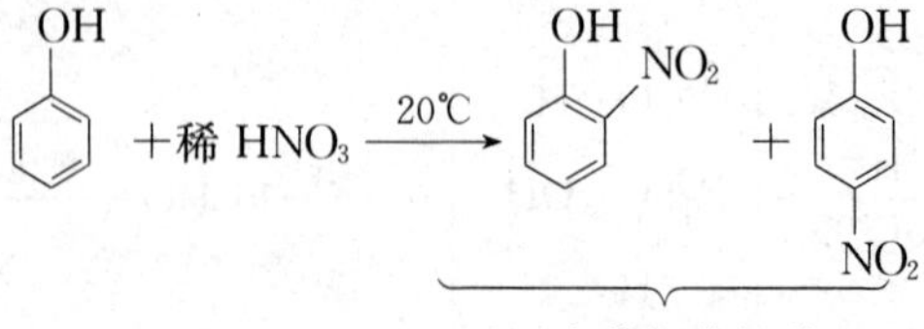

可用水蒸气蒸馏分开

3. 磺化反应

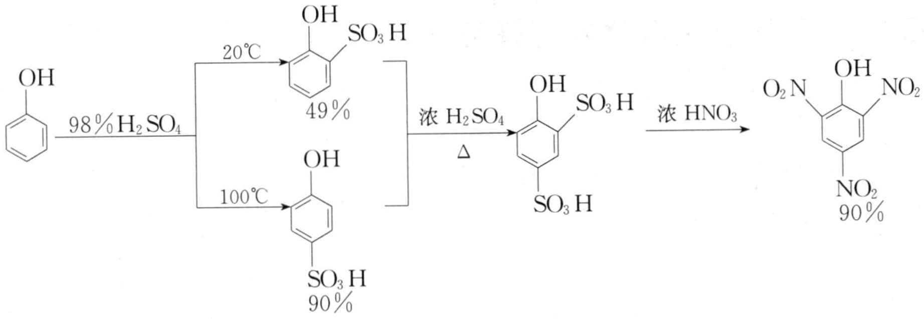

$$\text{PhOH} \xrightarrow{98\% \text{H}_2\text{SO}_4} \begin{matrix} \text{邻-羟基苯磺酸 (20℃, 49\%)} \\ \text{对-羟基苯磺酸 (100℃, 90\%)} \end{matrix} \xrightarrow[\Delta]{\text{浓 H}_2\text{SO}_4} \text{2,4-二磺酸基苯酚} \xrightarrow{\text{浓 HNO}_3} \text{2,4,6-三硝基苯酚 (90\%)}$$

4. 烷基化和酰基化反应

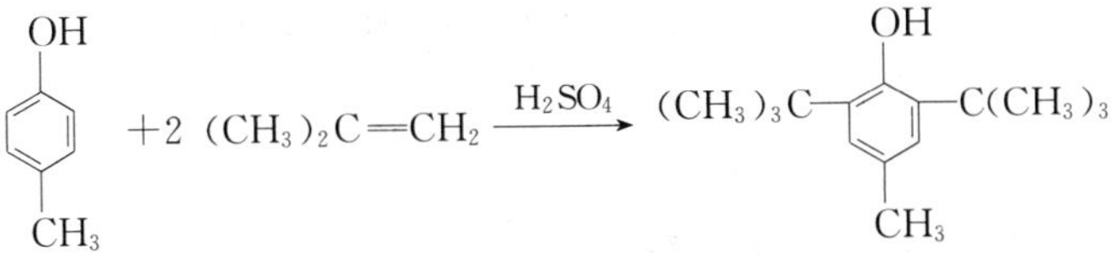

$$\text{对甲基苯酚} + 2\,(CH_3)_2C{=}CH_2 \xrightarrow{\text{H}_2\text{SO}_4} \text{4-甲基-2,6-二叔丁基苯酚}$$

4-甲基-2,6-二叔丁基苯酚
（简称：二六四抗氧剂）

7.2.12 醚的自动氧化

$$CH_3CH_2OCH_2CH_3 \xrightarrow{O_2} \underset{\underset{O-OH}{|}}{CH_3\overset{}{C}HOCH_2CH_3}$$

氢过氧化物

$$n\,CH_3\underset{\underset{O-OH}{|}}{\overset{}{C}H}OCH_2CH_3 \longrightarrow CH_3CH_2O{-}\underset{\underset{CH_3}{|}}{[\overset{}{C}H}{-}O{-}O]_n{-}H + (n-1)CH_3CH_2OH$$

过氧过醚

7.2.13 锌盐的形成

锌盐或络合物的形成，使得醚的 C—O 键变弱。尤其是三级锌盐极易分解出烷基正离子 R^+，并与亲核试剂反应，因此是一种很有用的烷基化试剂。

$$C_2H_5{-}\overset{..}{\underset{..}{O}}{-}C_2H_5 \underset{\text{H}_2\text{O}}{\overset{\text{浓 H}_2\text{SO}_4}{\rightleftharpoons}} \left[C_2H_5{-}\overset{+}{\underset{\underset{H}{|}}{O}}{-}C_2H_5\right]HSO_4^-$$

锌盐

7.2.14 醚的碳氧键的断裂反应

$$R{-}\overset{..}{O}{-}R + HI \longrightarrow R{-}\overset{+}{\underset{\underset{H}{|}}{O}}{-}R\;\;I^- \xrightarrow{\Delta} ROH + RI \xrightarrow{\text{过量 HI}} RI + H_2O$$

7.2.15　1,2-环氧化合物的开环反应

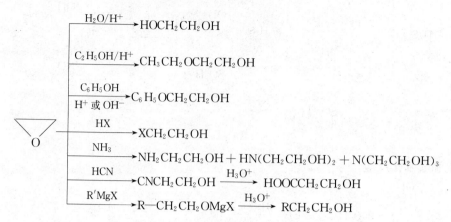

7.3　典型习题讲解及参考答案

1. 比较下列两组酚类化合物的酸性大小，并说明理由。
(1) p-$O_2NC_6H_5OH$，m-$O_2NC_6H_5OH$，$CH_3C_6H_5OH$
(2) m-ClC_6H_5OH，p-ClC_6H_5OH，$CH_3C_6H_5OH$

解：酸性由强到弱的次序为：
(1) p-$O_2NC_6H_5OH$ > m-$O_2NC_6H_5OH$ > $CH_3C_6H_5OH$
(2) m-ClC_6H_5OH > p-ClC_6H_5OH > $CH_3C_6H_5OH$

硝基—NO_2 的诱导效应和共轭效应都是吸电子的（—I、—C），两种作用都使酚的酸性增强；但—NO_2 的—C 效应只是对与它相邻或相关位置的酚羟基产生作用，间位硝基对—OH 的吸电子影响只是—I 而无—C。Cl 连接在酚环上时对环上的 π 电子的影响为—I 和 +C，但诱导效应超过共轭效应，故 Cl 从整体上是吸电子的，而且吸电子的诱导作用随着 Cl 与 OH 距离的增大而减弱；另外，Cl 的 +C 效应也是邻、对位的，间位氯酚中酚羟基不受 Cl 的 +C 效应的影响，—CH_3 是给电子基，对酚氧负离子氧上的负电荷的分散不利；使酚的酸性下降。

2. 用 IUPAC 命名法命名下列化合物。
(1) $(CH_3)_3CCH_2CH_2OH$
(2) $CH_3CH=\underset{\underset{CH_2CH_3}{|}}{C}CH_2OH$
(3) $HC\equiv CCH_2CH_2OH$
(4) $H_2C=CH\underset{\underset{HO}{|}}{C}H\underset{\underset{OH}{|}}{C}HCH=CH_2$
(5) $HOCH_2C\equiv C-C\equiv CCH_2OH$
(6)

解：(1) 3,3-二甲基-1-丁醇；(2) 2-乙基-2-丁烯-1-醇；(3) 3-丁炔-1-醇；(4) 1,5-己二烯-3,4-二醇；(5) 2,4-己二炔-1,6-二醇；(6) 反-4-乙基-1-环己醇

3. 写出分子式为 $C_5H_{12}O$ 的醚的各种异构体，并列出普通名称和IUPAC的名称。

解：(1) $CH_3O(CH_2)_3CH_3$

IUPAC名称：1-甲氧基丁烷；普通名称：甲基正丁基醚

(2) $CH_3CHCH_2CH_3$
      $|$
      OCH_3

IUPAC名称：2-甲氧基丁烷；普通名称：甲基仲丁基醚

(3) $C_2H_5O(CH_2)_2CH_3$

IUPAC名称：1-乙氧基丙烷；普通名称：乙基异丙基醚

(4) $C_2H_5OCH(CH_3)_2$

IUPAC名称：2-乙氧基丙烷；普通名称：乙基异丙基醚

(5) $CH_3OCH_2CH(CH_3)_2$

IUPAC名称：2-甲基-3-甲氧基丙烷；普通名称：甲基异丁基醚

(6) $CH_3OC(CH_3)_3$

IUPAC名称：2-甲基-2-甲氧基丙烷；普通名称：甲基叔丁基醚

4. 比较正己烷、正丙基氯、正丁醇的沸点，请加以解释。

解：正戊烷的分子量为72，沸点为38℃；正丙基氯分子量为74，沸点为47℃；正丁醇的分子量为74，沸点为118℃。

相对分子质量比较接近的分子，它们之间的沸点高低，往往与分子间的作用力有关，其中作用力以氢键最大，偶极偶极相互作用力次之，范德华力最小。作用力越大，沸点越高。正戊烷中分子间作用力是范德华力，正丙基氯中分子间作用力是偶极偶极相互作用力，正丁醇中分子间作用力是氢键。由以上可知，正丁醇的沸点＞正丙基氯的沸点＞正戊烷的沸点。

5. $CH_3CH_2CH=CHCH_2OH$ 与氢溴酸反应，得到 $CH_3CH_2\overset{Br}{\underset{|}{C}}HCH=CH_2$ 和 $CH_3CH_2CH=CHCH_2Br$ 的混合物，请提出一个合理的解释。

解：$CH_3CH_2CH=CHCH_2OH \xrightarrow{H^+} \xrightarrow{-H_2O} CH_3CH_2CH=CH\overset{+}{C}H_2 \leftrightarrow CH_3CH_2\overset{+}{C}HCH=CH_2$

$\xrightarrow{Br^-}$

$\longrightarrow CH_3CH_2CH=CH_2CH_2Br + CH_3CH_2\underset{|}{\overset{}{C}}HCH=CH_2$
                                                              Br

6. 写出下列反应机理。

(1) $(CH_3)_3CCH_2OH \xrightarrow[\text{加热}]{\text{浓 HBr}} (CH_3)_2CBrCH_2CH_3$

(2) $CH_3\underset{|}{\overset{}{C}}HCH=CH_2 \xrightarrow{\text{浓 HBr}} CH_3\underset{|}{\overset{}{C}}HCH=CH_2 + CH_3CH=CHCH_2$
      OH Br Br

解：(1) 新戊醇虽然是伯醇，但由于β碳原子上的支链较多，阻碍了 Br^- 从 $^+OH_2$ 背面进攻中心碳原子，因此在加热的条件下形成了碳正离子，故得到重排产物。

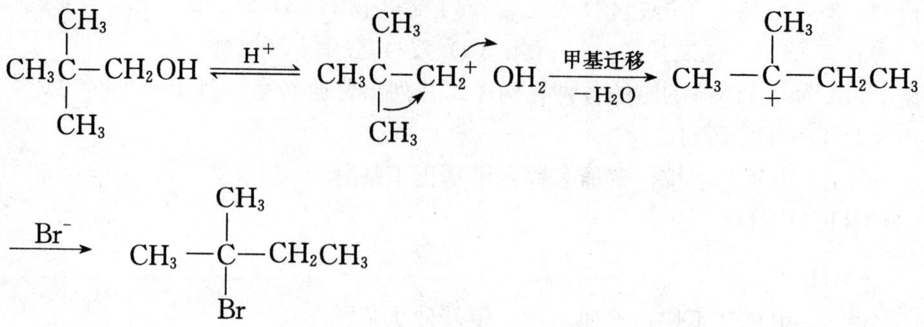

$$CH_3-\underset{\underset{CH_3}{|}}{\overset{\overset{CH_3}{|}}{C}}-CH_2OH \xrightleftharpoons{H^+} CH_3-\underset{\underset{CH_3}{|}}{\overset{\overset{CH_3}{|}}{C}}-CH_2^+-OH_2 \xrightarrow[-H_2O]{甲基迁移} CH_3-\underset{+}{\overset{\overset{CH_3}{|}}{C}}-CH_2CH_3$$

$$\xrightarrow{Br^-} CH_3-\underset{\underset{Br}{|}}{\overset{\overset{CH_3}{|}}{C}}-CH_2CH_3$$

(2) $CH_3\underset{OH}{\overset{|}{C}}HCH=CH_2 \xrightarrow{H^+} CH_3\underset{+OH_2}{\overset{|}{C}}HCH=CH_2 \xrightarrow{-H_2O}$

$$[\overset{+}{C}H_3CHCH=CH_2 \longleftrightarrow CH_3CH=CH\overset{+}{C}H_2]$$

$$\downarrow Br^- \qquad\qquad \downarrow Br^-$$

$$CH_3\underset{Br}{\overset{|}{C}}HCH=CH_2 \qquad CH_3CH=CHCH_2Br$$

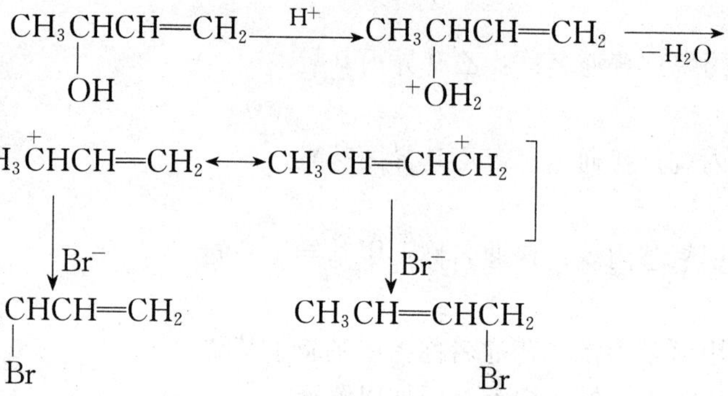

7. 写出间甲酚与下列物质反应的主要产物。

(1) HNO_3/H_2SO_4

(2) Br_2/CS_2

(3) Br_2/H_2O

(4) $(CH_3O)_2SO_2/NaOH$

(5) $(CH_3O)_2O$

(6) $CH_3COCl/AlCl_3$ 室温

(7) $CH_3COCl/AlCl_3$ 150～160℃

(8) Na；CO_2 140℃左右

解：(1) 间甲酚 + HNO_3 $\xrightarrow{H_2SO_4}$ 2-甲基-6-硝基苯酚 + 2-甲基-4-硝基苯酚 + H_2O

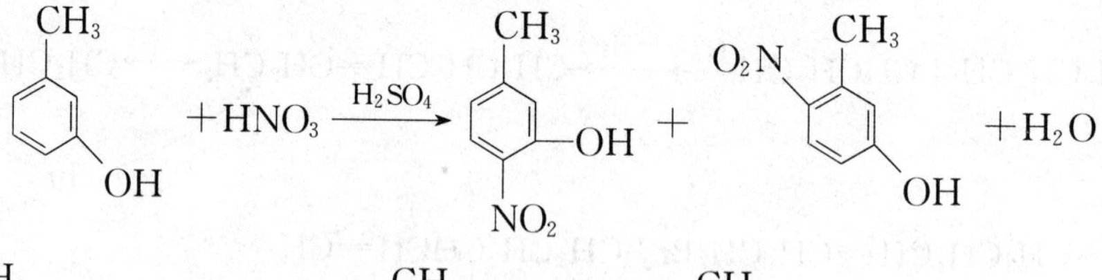

(2) 间甲酚 + Br_2 $\xrightarrow{Br_2/CS_2}$ 4-甲基-2-溴苯酚 + 2-溴-3-甲基苯酚 + HBr

(3) 间甲酚 + Br_2 $\xrightarrow{H_2O}$ 2,4,6-三溴-3-甲基苯酚 + HBr

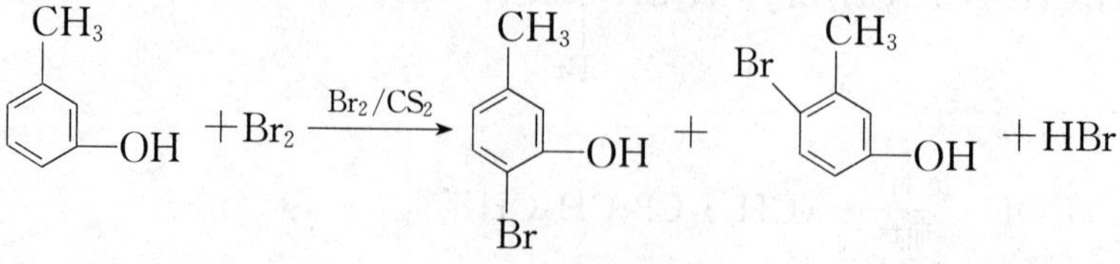

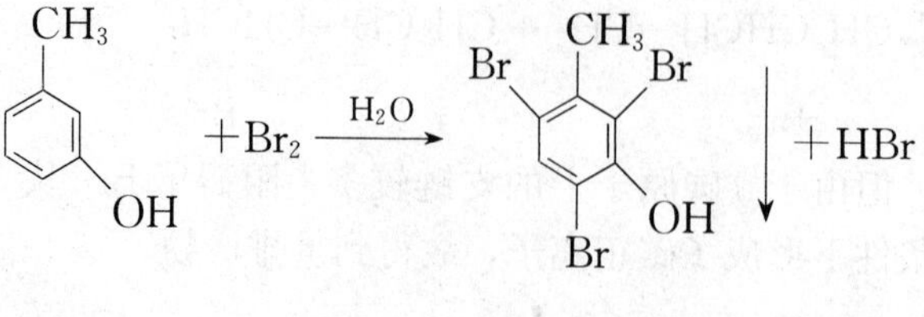

(4) 3-甲苯酚 + $(CH_3O)_2SO_2$ $\xrightarrow{NaOH}$ 3-甲基苯甲醚 + CH_3HSO_4

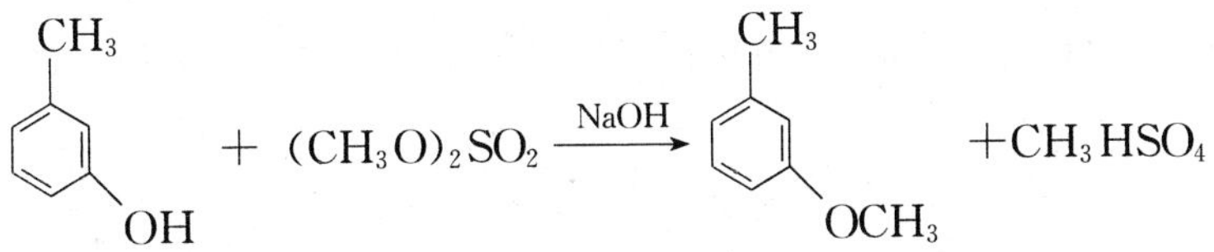

(5) 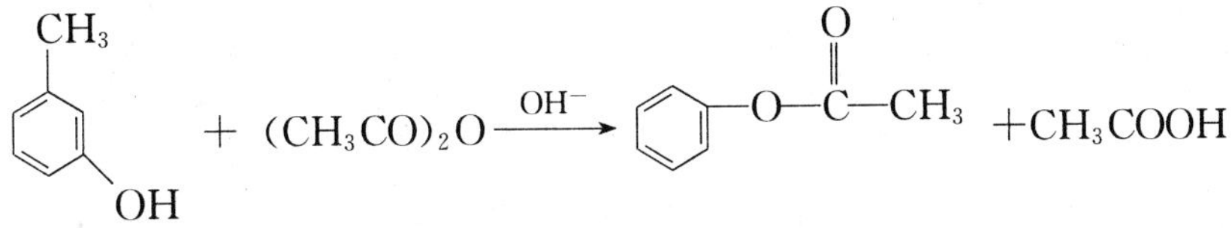 3-甲苯酚 + $(CH_3CO)_2O$ $\xrightarrow{OH^-}$ 乙酸苯酯 + CH_3COOH

(6) 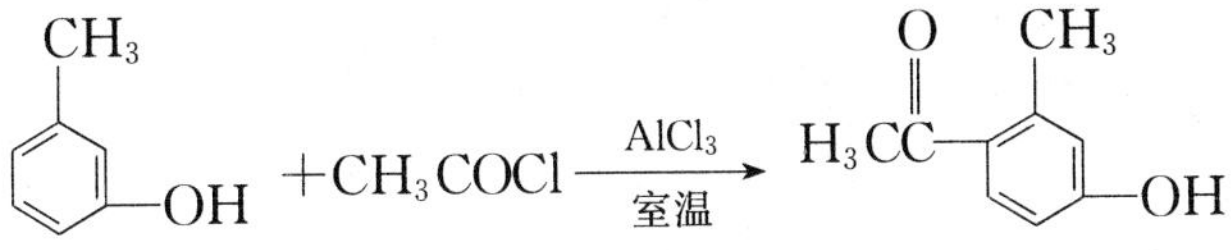 3-甲苯酚 + CH_3COCl $\xrightarrow[\text{室温}]{AlCl_3}$ 2-甲基-4-羟基苯乙酮

(7) 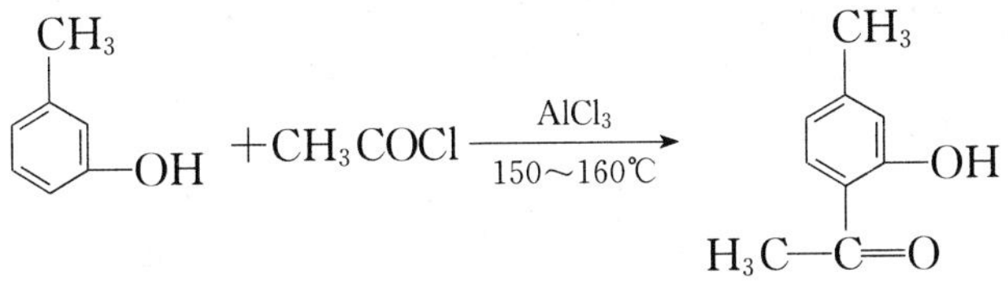 3-甲苯酚 + CH_3COCl $\xrightarrow[150\sim160℃]{AlCl_3}$ 4-甲基-2-羟基苯乙酮

(8) 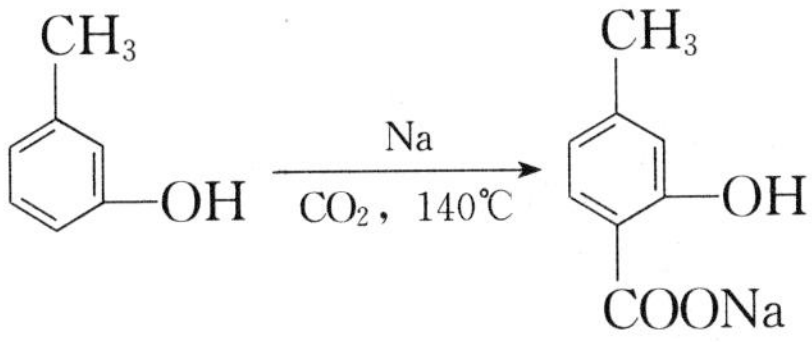 3-甲苯酚 $\xrightarrow[CO_2,140℃]{Na}$ 4-甲基-2-羟基苯甲酸钠

8. 完成下列反应。

(1) $HOCH_2CH_2CH_2CH_2COCH_3 + CH_3CH_2MgBr \longrightarrow$

(2) 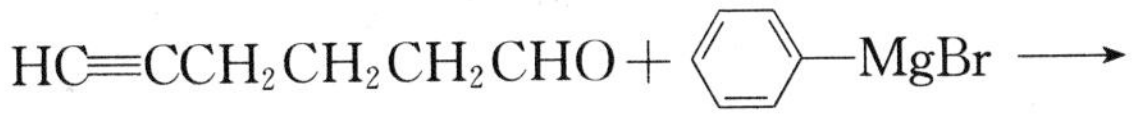 $HC\equiv CCH_2CH_2CH_2CHO +$ C₆H₅—$MgBr \longrightarrow$

(3) $CH_3COCH_2CH_2CH_2COOH + CH_3MgBr \longrightarrow$

解：(1) $BrMgOCH_2CH_2CH_2CH_2COCH_3 + CH_3CH_3$

(2)  $BrMgC\equiv CCH_2CH_2CH_2CHO +$ C₆H₆

(3) $CH_3COCH_2CH_2CH_2COMgBr + CH_4$

9. 异丁醇与HBr和H_2SO_4反应得到溴代异丁烷，而3-甲基-2-丁醇和浓HBr一起加热反应得到2-甲基-2-溴丁烷。用反应机理解释其差别。

解：重排需要形成中间体碳正离子，而较高能量的伯碳正离子的生成不能和取代反应相竞争：

$$(CH_3)_2CHCH_2OH + H^+ \rightleftharpoons (CH_3)_2CHCH_2\overset{+}{O}H_2 \xrightarrow{Br^-} (CH_3)_2CHCH_2Br + H_2O$$

$$(CH_3)_2\overset{+}{C}HCH_2 \longrightarrow (CH_3)_3\overset{+}{C}$$

仲碳正离子则较容易形成：

$$(CH_3)_3CH\underset{\overset{|}{\overset{+}{O}H_2}}{C}HCH_3 \longrightarrow (CH_3)_2\underset{(2°)}{\overset{+}{C}H}CH_3 \xrightarrow{H^- \text{转移}} (CH_3)_2\underset{(3°)}{\overset{+}{C}}CH_2CH_3$$

$$\xrightarrow{Br^-} (CH_3)_2\underset{\overset{|}{Br}}{C}CH_2CH_3$$

10. 不对称的醚通常不能用硫酸催化下加热使得两种醇脱水来制备，而叔丁醇在含硫酸的甲醇中加热，能生成高产率的甲基叔丁基醚，用反应机理来解释。

解： 通常生成醚的混合物，如下通式所示：

$$R'CH_2OH + RCH_2OH \xrightarrow{H_2SO_4} (R'CH_2)_2O + R'CH_2OCH_2R + (RCH_2)_2O$$

因为无论哪一种醇生成 $RCH_2\overset{+}{O}H_2$ 都能被任一个醇取代。但是，叔丁醇则容易形成碳正离子：

$$(CH_3)_3COH + H^+ \rightleftharpoons (CH_3)_3C\overset{+}{O}H_2 \longrightarrow (CH_3)_3\overset{+}{C}$$

它容易和甲醇反应：

$$(CH_3)_3\overset{+}{C} + CH_3OH \longrightarrow (CH_3)_3C\underset{\overset{|}{H}}{\overset{+}{O}}CH_3 \rightleftharpoons (CH_3)_3COCH_3 + H^+$$

11. 乙醚与 HI 反应得到碘乙烷，写出反应历程。

解： $C_2H_5OC_2H_5 + HI \rightleftharpoons C_2H_5\overset{+}{O}C_2H_5 + I^-$

$$I^- \quad CH_2\underset{\overset{|}{CH_3}}{\overset{\overset{H}{|}}{\overset{+}{O}}}C_2H_2 \longrightarrow CH_3CH_2I + C_2H_5OH$$

$$C_2H_5OH + HI \rightleftharpoons CH_3CH_2\overset{+}{O}H_2 + I^- \longrightarrow C_2H_5I + H_2O$$

12. 鉴别下列各种化合物。

(1) 苯甲酸，对甲苯酚，苯甲醚

(2) 苯甲醚，甲基环己基醚

(3) 1-戊醇，2-戊醇，2-甲基-2-丁醇

解： (1)

苯甲酸 / 苯甲醚 / 对甲苯酚 $\xrightarrow{FeCl_3}$ (苯甲酸 ×, 苯甲醚 ×, 对甲苯酚 显色反应) $\xrightarrow{Na}$ $H_2 \uparrow$

(2)

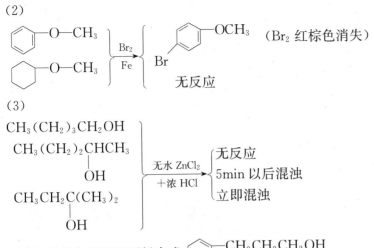

(3)

$$\left.\begin{array}{l}CH_3(CH_2)_3CH_2OH\\ CH_3(CH_2)_2CHCH_3\\ \quad\quad\quad\quad OH\\ CH_3CH_2C(CH_3)_2\\ \quad\quad\quad OH\end{array}\right\}\xrightarrow[+浓\ HCl]{无水\ ZnCl_2}\left\{\begin{array}{l}无反应\\ 5min\ 以后混浊\\ 立即混浊\end{array}\right.$$

13. 由甲苯和必要的原料合成 $\underset{}{\bigcirc}\!\!-\!CH_2CH_2CH_2OH$ 。

解：首先将原料和产物的构造式进行对比：

原料：$\underset{}{\bigcirc}\!\!-\!CH_3$；产物：$\underset{}{\bigcirc}\!\!-\!CH_2CH_2CH_2OH$

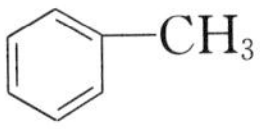

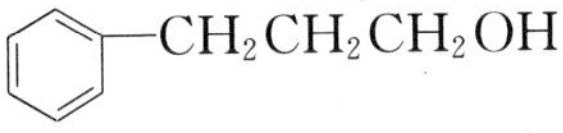

通过对比可知，两者的差异是：产物的碳骨架比原料多两个碳原子；产物比原料多一个羟基官能团，且产物是伯醇。因此，由原料合成产物，需进行增碳反应，且要引入羟基。已知 Grignard 试剂与环氧乙烷反应，不仅一次可以增加两个碳原子，且同时可以形成伯醇。

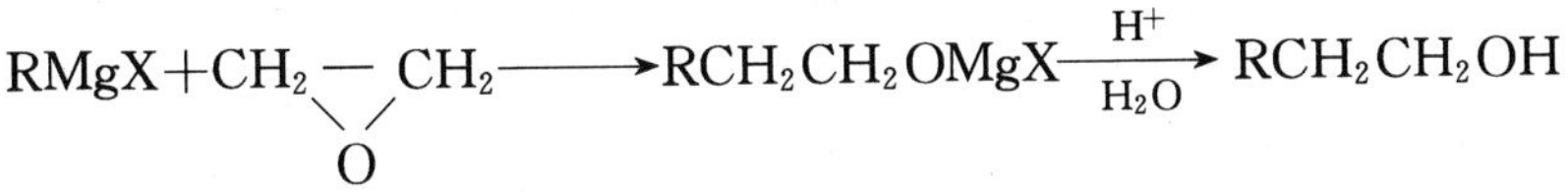

$$RMgX+CH_2\!-\!CH_2\xrightarrow{\quad}RCH_2CH_2OMgX\xrightarrow[H_2O]{H^+}RCH_2CH_2OH$$
$$\underset{O}{\diagdown\diagup}$$

下一步是如何将 $\underset{}{\bigcirc}\!\!-\!CH_3$ 转变为 RMgX。已知 RMgX 是由卤烃与镁反应得到，因此需将 $\underset{}{\bigcirc}\!\!-\!CH_3$ 转变为 $\underset{}{\bigcirc}\!\!-\!CH_2X$，然后再与镁反应，即可得到需要的 $\underset{}{\bigcirc}\!\!-\!CH_2MgX$。

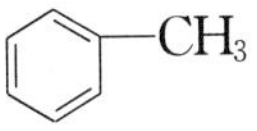

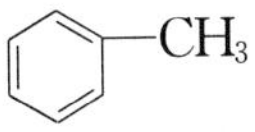

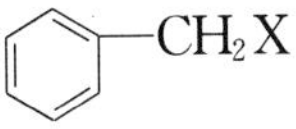

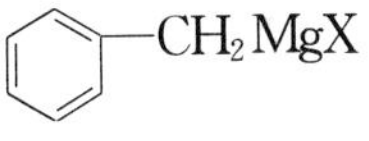

综上所述，由甲苯合成 γ-苯基丙醇的反应式如下：

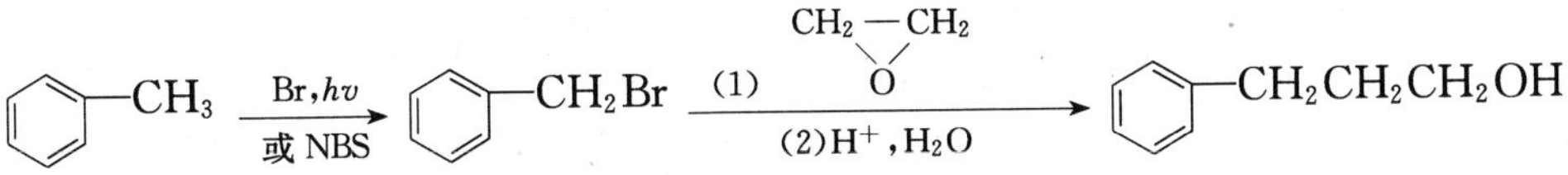

$$\underset{}{\bigcirc}\!\!-\!CH_3\xrightarrow[或\ NBS]{Br,h\nu}\underset{}{\bigcirc}\!\!-\!CH_2Br\xrightarrow[(2)H^+,H_2O]{(1)\ CH_2\!-\!CH_2\ (O)}\underset{}{\bigcirc}\!\!-\!CH_2CH_2CH_2OH$$

7.4 课后习题及参考答案

1. 命名下列各化合物。

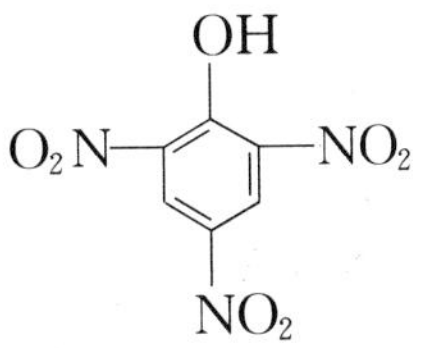

(1) 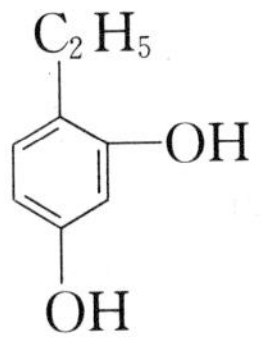 2-乙基-4-羟基苯酚结构式；(2) 邻甲氧基苯酚结构式；(3) 2,4,6-三硝基苯酚结构式；(4) 1,5-萘二酚结构式

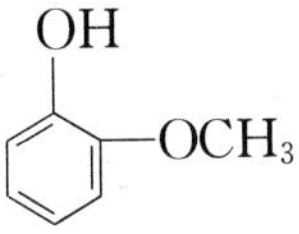

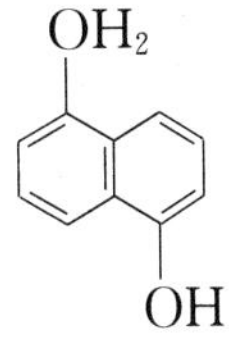

解：（1）4-乙基-1，3-苯二酚；（2）邻甲氧基苯酚；（3）2，4，6-三硝基苯酚（俗名：苦味酸）；（4）5-硝基-1-萘酚

2. 将下列化合物按酸性强弱顺序排列。

(A) 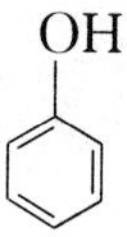 苯酚(OH); (B) 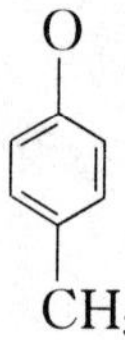 对甲苯酚(OH, CH₃); (C) 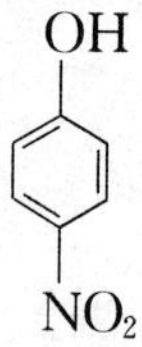 对硝基苯酚(OH, NO₂); (D) 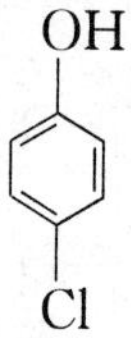 对氯苯酚(OH, Cl);

(E) 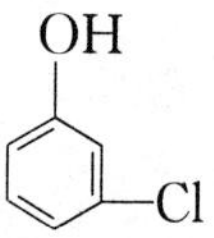 间氯苯酚(OH, Cl); (F) 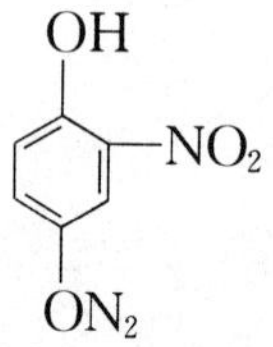 2,4-二硝基苯酚(OH, NO₂, NO₂)

解： 当酚羟基的邻或对位有强吸电子基时，会使羟基氧原子上的电子云密度降低，氢原子易于解离，即酸性增大。相反有供电子基时，则由于羟基氧原子上的电子云密度的增大，氧氢键结合牢固，酸性降低。所带吸电子基或供电子基越多，影响就越大。处于间位的吸或供电基对酚酸性的影响较邻、对位的小。因此各化合物的酸性强弱顺序为：

(F) > (C) > (D) > (E) > (A) > (B)

3. 写出邻甲苯酚与下列各物质反应的主要产物。

(1) NaOH 水溶液；(2) PhCH₂Br，NaOH；(3) O_2N—C₆H₄—COCl, 吡啶；

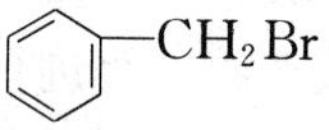

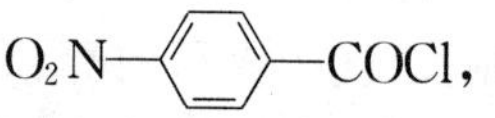

(4) Br_2, CS_2；(5) $(CH_3O)_2SO_2$；(6) 冷、稀 HNO_3

解：

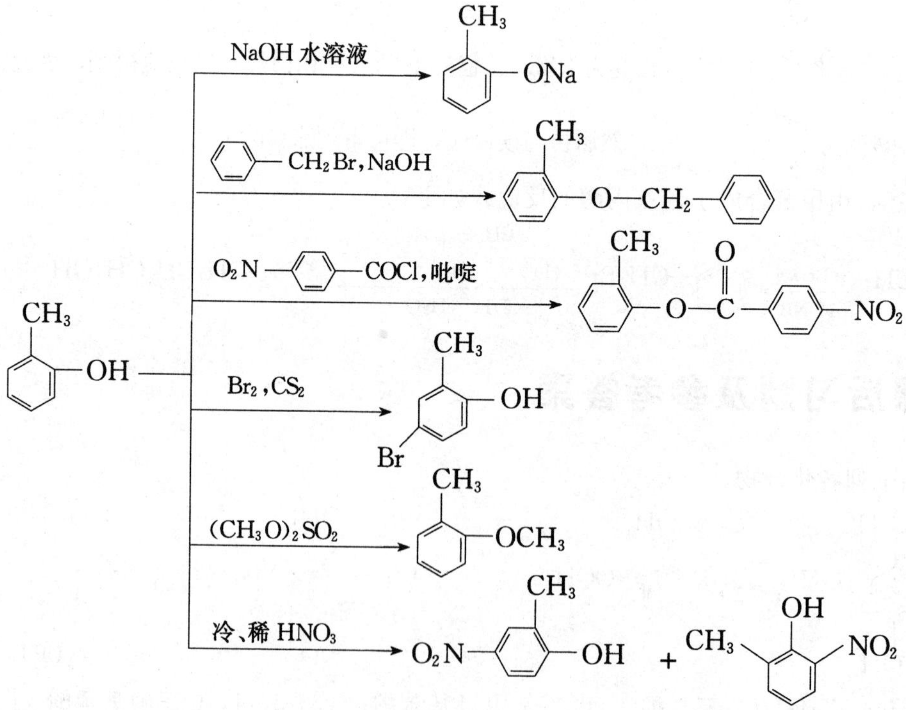

邻甲苯酚 (o-CH₃-C₆H₄-OH) 与各试剂反应：

- NaOH 水溶液 → 2-甲基苯酚钠 (CH₃-C₆H₄-ONa)
- PhCH₂Br, NaOH → 2-甲基-1-(苄氧基)苯 (CH₃-C₆H₄-O-CH₂-Ph)
- O_2N-C₆H₄-COCl, 吡啶 → 2-甲基苯基 4-硝基苯甲酸酯 (CH₃-C₆H₄-O-CO-C₆H₄-NO₂)
- Br_2, CS_2 → 4-溴-2-甲基苯酚 (CH₃, OH, Br取代苯)
- $(CH_3O)_2SO_2$ → 2-甲基苯甲醚 (CH₃-C₆H₄-OCH₃)
- 冷、稀 HNO_3 → 4-硝基-2-甲基苯酚 (O_2N-C₆H₃(CH₃)-OH) + 6-硝基-2-甲基苯酚 (CH₃, OH, NO_2)

4. 区别下列化合物。

$CH_2=CHCH_2OH$、$CH_3CH_2CH_2OH$ 和 $CH_3CH_2CH_2Cl$

解：
$$\left.\begin{array}{l} CH_2=CHCH_2OH \\ CH_3CH_2CH_2OH \\ CH_3CH_2CH_2Cl \end{array}\right\} \xrightarrow{Br_2/H_2O} \begin{array}{l} 褪色 \\ 不褪色 \\ 不褪色 \end{array} \left.\begin{array}{l} \\ \end{array}\right\} \xrightarrow[醇]{AgNO_3} \begin{array}{l} 无沉淀 \\ 有白色沉淀 \end{array}$$

5. 写出下列化合物的脱水产物。

(1) $(CH_3)_2\underset{OH}{C}CH_2CH_2OH \xrightarrow[脱一分子水]{H_2SO_4,\triangle}$

(2) $\langle\!\!\!\bigcirc\!\!\!\rangle-CH_2\underset{OH}{C}HCH(CH_3)_2 \xrightarrow{H^+,\triangle}$

解：(1) $(CH_3)_2\underset{OH}{C}CH_2CH_2OH \xrightarrow[脱一分子水]{H_2SO_4,\triangle} (CH_3)_2C=CHCH_2OH$

(2) $\langle\!\!\!\bigcirc\!\!\!\rangle-CH_2\underset{OH}{C}HCH(CH_3)_2 \xrightarrow{H^+,\triangle} \langle\!\!\!\bigcirc\!\!\!\rangle-CH=CHCH(CH_3)_2$

6. 用反应历程解释下列反应事实。

$(CH_3)_3C\underset{OH}{C}HCH_3 \xrightarrow{85\% H_3PO_4} (CH_3)_3CCH=CH_2 + (CH_3)_2CHC(CH_3)=CH_2 + (CH_3)_2C=C(CH_3)_2$

解：$(CH_3)_3C\underset{OH}{C}HCH_3 \xrightarrow{H^+} (CH_3)_3C\underset{^+OH_2}{C}HCH_3 \xrightarrow{-H_2O} (CH_3)_3C\overset{+}{C}HCH_3 \xrightarrow{-H^+} (CH_3)_3CCH=CH_2$

$CH_3-\underset{CH_3}{\overset{CH_3}{C}}-\overset{+}{C}H-CH_3 \longrightarrow CH_3-\underset{CH_3}{\overset{CH_3}{\overset{+}{C}}}-CH-CH_3 \xrightarrow{-H^+} (CH_3)_2CHC(CH_3)=CH_2 + (CH_3)_2C=C(CH_3)_2$

7. 完成下列反应。

$(CH_3)_3COH \xrightarrow{?\ (A)} (CH_3)_3CBr \xrightarrow[干醚]{Mg} (CH_3)_3CMgBr \xrightarrow[②\ H_3O^+]{①\ \triangle O\ /干醚} ?\ (B)$

解：(A) PBr_3；(B) $(CH_3)_3CCH_2CH_2OH$

8. 用化学方法区别下列各化合物。

$\langle\!\!\!\bigcirc\!\!\!\rangle-OCH_2CH_3$ 、 $\underset{OH}{\langle\!\!\!\bigcirc\!\!\!\rangle}-CH_2CH_3$ 和 $\langle\!\!\!\bigcirc\!\!\!\rangle-CH_2CH_2OH$

解：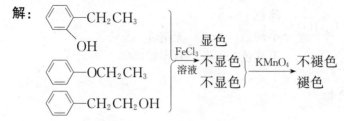

9. 比较下列化合物与 HBr 反应的活性。

(1) (A) CH₃CH(OH)CH₂CH₃；(B) CH₃CH₂CH₂CH₂OH；(C) CH₂=CHCH₂OH

(2) (A) 1-苯基-1-丙醇；(B) 1-苯基-2-丙醇；(C) 3-苯基-1-丙醇

解：醇与 HBr 反应，一般活性次序是：烯丙型醇或苄型醇＞叔醇＞仲醇＞伯醇。
上述醇的反应活性大小如下：

(1) (C) ＞ (A) ＞ (B)　　(2) (A) ＞ (B) ＞ (C)

10. 比较下列各组化合物与 Lucas 试剂反应的相对速度。

(1) 正戊醇，2-甲基-2-戊醇，二乙基甲醇

(2) 苄醇，对甲基苄醇，对硝基苄醇

(3) 苄醇，α-苯基乙醇，β-苯基乙醇

解：

(1) 2-甲基-2-戊醇＞二乙基甲醇＞正戊醇

(2) 对甲基苄醇＞苄醇＞对硝基苄醇

(3) α-苯基乙醇＞苄醇＞β-苯基乙醇

11. 区别下列各组化合物。

(1) CH₂=CHCH₂OH，CH₃CH₂CH₂OH，CH₃CH₂CH₂Br，(CH₃)₂CHI

(2) CH₃CH(OH)CH₃，CH₃CH₂CH₂OH，C₆H₅OH，(CH₃)₃COH，C₆H₅OCH₃

(3) α-苯基乙醇，β-苯基乙醇，对乙基苯酚，对甲氧基甲苯

解：(1) 可按以下顺序进行鉴定：

① 与金属 Na 作用无 H_2 放出者为 $C_6H_5OCH_3$。

② 与 $FeCl_3$ 溶液作用有颜色产生的为 C₆H₅OH（或与溴水作用生成白色沉淀者）。

③ 剩下的三种醇分别为伯、仲、叔醇，可用 Lucas 试剂进行区分：

室温下很快（约 1min）出现浑浊或分层现象者是 $(CH_3)_3COH$；

室温下较快（约 10min）出现浑浊或分层现象者是 $(CH_3)_3COH$；

室温上述现象不明显（或很慢），经加热有明显现象者是 $CH_3CH_2CH_2OH$。

(2) 可按以下顺序进行鉴定：

① 与金属 Na 作用无 H_2 产生者为对甲氧基苯。

② 与 $FeCl_3$ 作用显色者为对乙基苯酚。

③ 室温下与 Lucas 试剂作用出现混浊或分层现象者为 α-苯基乙醇，剩下的为 β-苯基乙醇。

12. 写出下列各反应主要产物。

(1) $CH_3CH_2C(CH_3)_2$ —$\xrightarrow[\Delta]{Al_2O_3}$
        |
        OH

(2) 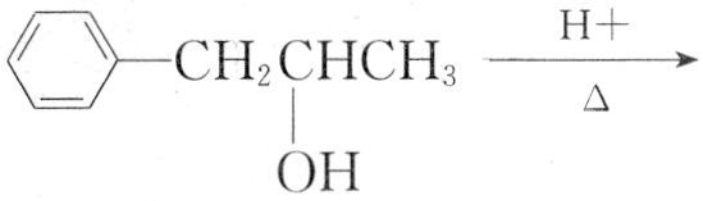 Ph-CH_2CHCH_3 —$\xrightarrow[\Delta]{H^+}$
              |
              OH

(3) Ph-$CH_2CHCH(CH_3)_2$ —$\xrightarrow[\Delta]{H^+}$
            |
            OH

(4) $CH_3CHCHCH_3$ —$\xrightarrow[\Delta]{Al_2O_3}$
       | |
       OH OH

(5) $CH_3I + CH_3CH_2ONa \longrightarrow$

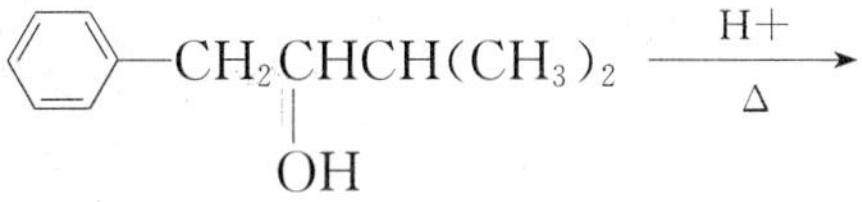

(6) 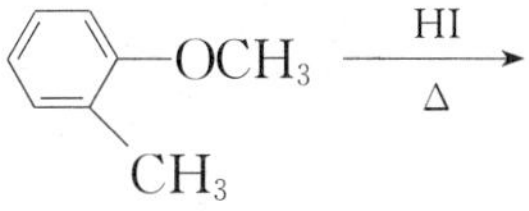 Ph(OCH$_3$)(CH$_3$) —$\xrightarrow[\Delta]{HI}$

(7) 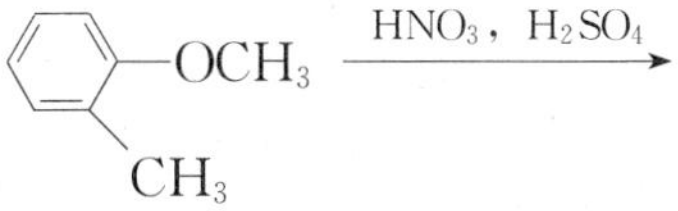 Ph(OCH$_3$)(CH$_3$) —$\xrightarrow{HNO_3, H_2SO_4}$

(8) 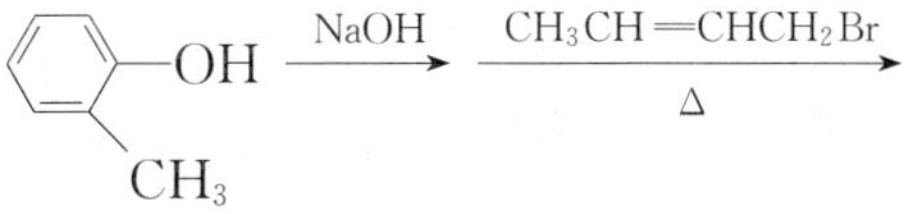 Ph(OH)(CH$_3$) —$\xrightarrow{NaOH}$ —$\xrightarrow[\Delta]{CH_3CH=CHCH_2Br}$

(9) 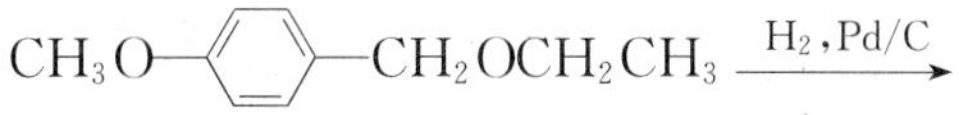 CH_3O-C$_6$H$_4$-$CH_2OCH_2CH_3$ —$\xrightarrow{H_2, Pd/C}$

(10) $CH_2\overset{O}{-\!\!-}CH_2$
  - H_2O, H^+
  - CH_3ONa
  - $NaCN, H_2O$
  - $CH_3C\equiv CMgBr, Et_2O$ —$\xrightarrow{H_3O^+}$
  - $(CH_3)CuLi$ —$\xrightarrow{H_3O^+}$

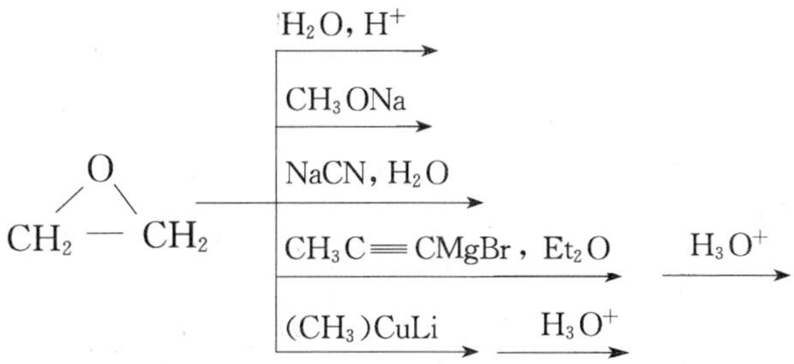

解：

(1) $CH_3CH=C(CH_3)_2$

(2) 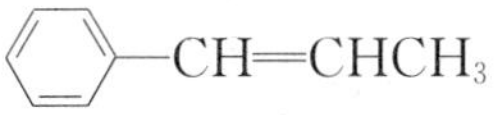 Ph-$CH=CHCH_3$

(3) Ph-$CH=CHCH(CH_3)_2$

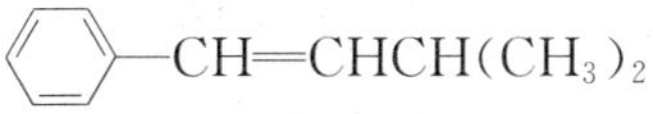

(4) $CH_2=CHCH=CH_2$

(5) $CH_3OC_2H_5$

(6) 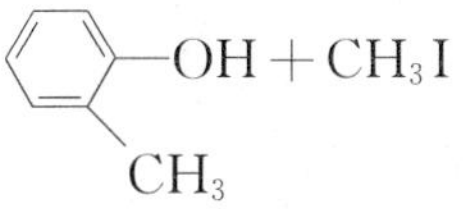 Ph(OH)(CH$_3$) + CH_3I

(7) NO$_2$—〈benzene ring〉—OCH$_3$ with CH$_3$

(8) 〈benzene ring with CH$_3$〉—OCH$_2$CH=CHCH$_3$

(9) CH$_3$O—〈benzene ring〉—CH$_2$OH + CH$_3$CH$_3$

$$\text{环氧乙烷} \xrightarrow{\begin{array}{l} \text{H}_2\text{O, H}^+ \\ \text{CH}_3\text{ONa} \\ \text{NaCN, H}_2\text{O} \\ \text{CH}_3\text{C}\equiv\text{CMgBr, Et}_2\text{O; H}_3\text{O}^+ \\ (\text{CH}_3)_2\text{CuLi; H}^+ \end{array}} \begin{array}{l} \text{HOCH}_2\text{CH}_2\text{OH} \\ \text{CH}_3\text{OCH}_2\text{CH}_2\text{OH} \\ \text{CNCH}_2\text{CH}_2\text{OH} \\ \text{CH}_3\text{C}\equiv\text{CCH}_2\text{CH}_2\text{OH} \\ \text{CH}_3\text{CH}_2\text{CH}_2\text{OH} \end{array}$$

13. 由指定原料合成下列化合物。

(1) 甲醇，2-丁醇 → 2-甲基丁醇

(2) 正丙醇，异丙醇 → 2-甲基-2-戊醇

(3) 甲醇，乙醇 → 正丙醇，异丙醇

(4) 2-甲基丙醇，异丙醇 → 2,4-二甲基-2-戊烯

(5) 丙烯 → 甘油 → 三硝酸甘油酯

(6) 苯，乙烯，丙烯 → 3-甲基-1-苯基-2-丁烯

(7) 乙醇 → 2-丁醇

(8) 叔丁醇 → 3,3-二甲基-1-丁醇

(9) 乙烯 → 三乙醇胺

(10) 丙烯 → 异丙醚

(11) 苯，甲醇 → 2,4-二硝基苯甲醚

(12) 乙烯 → 正丁醚

(13) 苯 → 间苯三酚

(14) 苯 → 对亚硝基苯酚

(15) 苯 → 2,6-二氯苯酚

(16) 苯 → 对苯醌二肟

解：

(1) $\text{H}_3\text{C}-\underset{\text{OH}}{\text{CH}}\text{CH}_2\text{CH}_3 \xrightarrow{\text{SOCl}_2} \text{CH}_3\underset{\text{Cl}}{\text{CH}}\text{CH}_2\text{CH}_3 \xrightarrow{\text{Mg}} \text{CH}_3\underset{\text{MgCl}}{\text{CH}}\text{CH}_2\text{CH}_3$

$\text{CH}_3\text{OH} \xrightarrow[\Delta]{\text{Ag}} \text{HCHO}$

$\underset{\text{CH}_2\text{OMgCl}}{\text{CH}_3\text{CHCH}_2\text{CH}_3} \xrightarrow{\text{H}_2\text{O}} \underset{\text{CH}_2\text{OH}}{\text{CH}_3\text{CHCH}_2\text{CH}_3}$

(2)
$$CH_3\underset{OH}{\underset{|}{CH}}CH_3 \longrightarrow CH_3\overset{O}{\overset{\|}{C}}CH_3$$

$$CH_3CH_2CH_2OH \xrightarrow{SOCl_2} CH_3CH_2CH_2Cl \xrightarrow{Mg} CH_3CH_2CH_2MgCl$$

$$CH_3CH_2CH_2-\underset{CH_3}{\overset{CH_3}{\underset{|}{\overset{|}{C}}}}-OMgCl \xrightarrow{H_2O} CH_3CH_2CH_2-\underset{CH_3}{\overset{CH_3}{\underset{|}{\overset{|}{C}}}}-OH$$

(3) 制正丙醇：

$$CH_3CH_2OH \xrightarrow{SOCl_2} CH_3CH_2Cl \xrightarrow{Mg} CH_3CH_2MgCl$$

$$CH_3OH \xrightarrow[\Delta]{Ag} HCHO$$

$$\longrightarrow CH_3CH_2CH_2OMgCl$$

$$\xrightarrow{H_2O} CH_3CH_2CH_2OH$$

制异丙醇：

$$CH_3CH_2OH \xrightarrow[\Delta]{Ag} CH_3CHO$$

$$CH_3OH \xrightarrow{HCl} CH_3Cl \xrightarrow{Mg} CH_3MgCl$$

$$\longrightarrow CH_3\underset{OMgCl}{\underset{|}{CH}}CH_3 \xrightarrow{H_2O} CH_3\underset{OH}{\underset{|}{CH}}CH_3$$

(4)
$$CH_3\underset{CH_3}{\underset{|}{CH}}CH_2OH \xrightarrow[\Delta]{Ag} CH_3\underset{CH_3}{\underset{|}{CH}}CHO$$

$$CH_3\underset{OH}{\underset{|}{CH}}CH_3 \xrightarrow{HCl} CH_3\underset{Cl}{\underset{|}{CH}}CH_3 \xrightarrow{Mg} CH_3\underset{MgCl}{\underset{|}{CH}}CH_3$$

$$CH_3\underset{OMgCl}{\underset{|}{CH}}-\underset{CH_3}{\underset{|}{CH}}CHCH_3 \xrightarrow{H_2O} \xrightarrow[\Delta]{H^+} CH_3\underset{}{\underset{}{CH}}CH=\underset{CH_3}{\underset{|}{C}}-CH_3$$ (with CH₃ on left CH)

(5) $CH_3CH=CH_2 \xrightarrow[h\nu]{Cl_2} ClCH_2CH=CH_2 \xrightarrow{Cl_2} ClCH_2\underset{Cl}{\underset{|}{C}}CH_2Cl \xrightarrow{NaOH,H_2O}$

$$\underset{OH\ OH\ OH}{\underset{|\ \ \ |\ \ \ |}{CH_2CHCH_2}} \xrightarrow{HNO_3} \underset{}{\underset{}{CH_2-ONO_2}} \\ \underset{}{\underset{}{CH-ONO_2}} \\ \underset{}{\underset{}{CH_2-ONO_2}}$$

(6) $CH_2=CH_2 \xrightarrow[\Delta]{Ag} \underset{O}{\underset{\diagdown\diagup}{CH_2-CH_2}}$

$$\underset{}{\bigcirc} \xrightarrow{Br_2/Fe} \underset{}{\bigcirc}-Br \xrightarrow{Mg} \underset{}{\bigcirc}-MgBr$$

$$\longrightarrow \underset{}{\bigcirc}-CH_2CH_2OH \xrightarrow{SOCl_2}$$

$$\underset{}{\bigcirc}-CH_2CH_2Cl \xrightarrow{Mg} \underset{}{\bigcirc}-CH_2CH_2MgCl$$

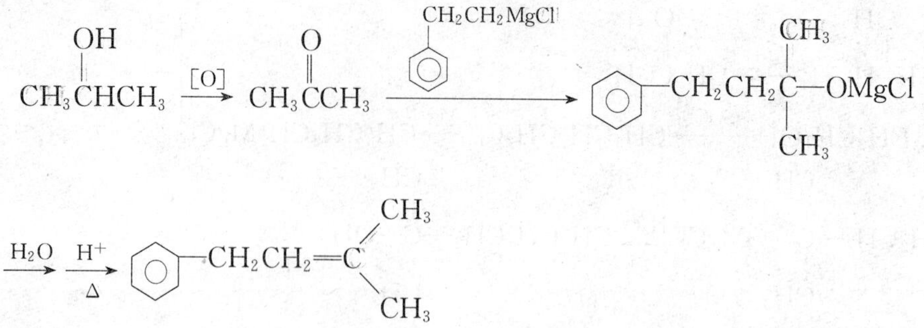

$$CH_3CHCH_3\text{(OH)} \xrightarrow{[O]} CH_3CCH_3\text{(=O)} \xrightarrow{PhCH_2CH_2MgCl} Ph-CH_2CH_2-C(CH_3)_2-OMgCl$$

$$\xrightarrow{H_2O,\ H^+,\ \Delta} Ph-CH_2CH_2-C(CH_3)=CH_2 \text{ (with } CH_3 \text{ groups)}$$

(7) 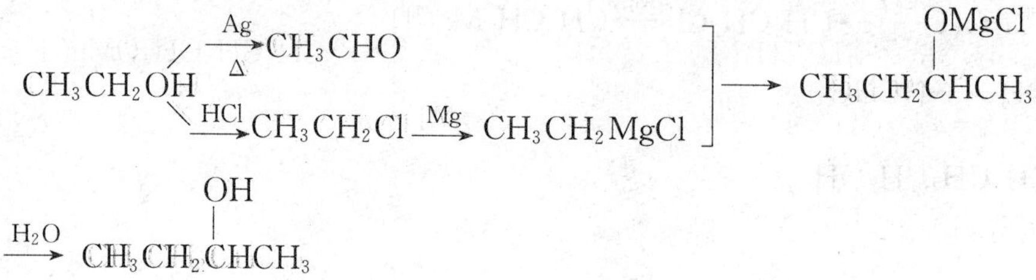 $CH_3CH_2OH \xrightarrow{Ag,\ \Delta} CH_3CHO$; $CH_3CH_2OH \xrightarrow{HCl} CH_3CH_2Cl \xrightarrow{Mg} CH_3CH_2MgCl$

$$[CH_3CHO + CH_3CH_2MgCl] \rightarrow CH_3CH_2CH(OMgCl)CH_3 \xrightarrow{H_2O} CH_3CH_2CH(OH)CH_3$$

(8) 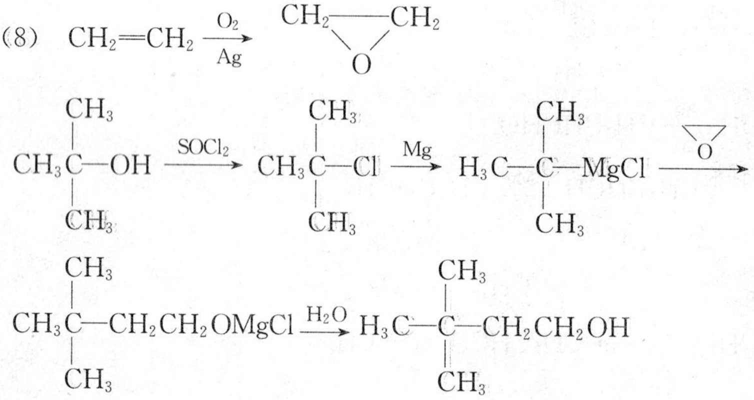 $CH_2=CH_2 \xrightarrow{O_2/Ag} \underset{O}{CH_2-CH_2}$ (环氧乙烷)

$$(CH_3)_3C-OH \xrightarrow{SOCl_2} (CH_3)_3C-Cl \xrightarrow{Mg} (CH_3)_3C-MgCl \xrightarrow{\text{环氧}}$$

$$(CH_3)_3C-CH_2CH_2OMgCl \xrightarrow{H_2O} (CH_3)_3C-CH_2CH_2OH$$

(9) $CH_2=CH_2 \xrightarrow{HCl} CH_3CH_2Cl \xrightarrow{NH_3} (CH_3CH_2)_3N$

(10) 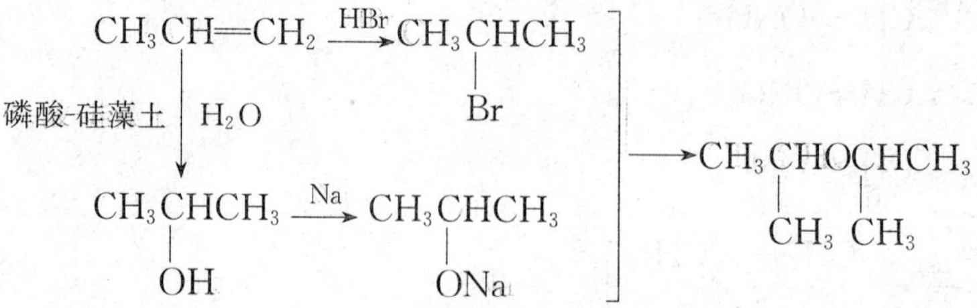 $CH_3CH=CH_2 \xrightarrow{HBr} CH_3CHBrCH_3$

$\xrightarrow{\text{磷酸-硅藻土},\ H_2O} CH_3CH(OH)CH_3 \xrightarrow{Na} CH_3CH(ONa)CH_3$

$\rightarrow CH_3CH(CH_3)OCH(CH_3)CH_3$

(11) 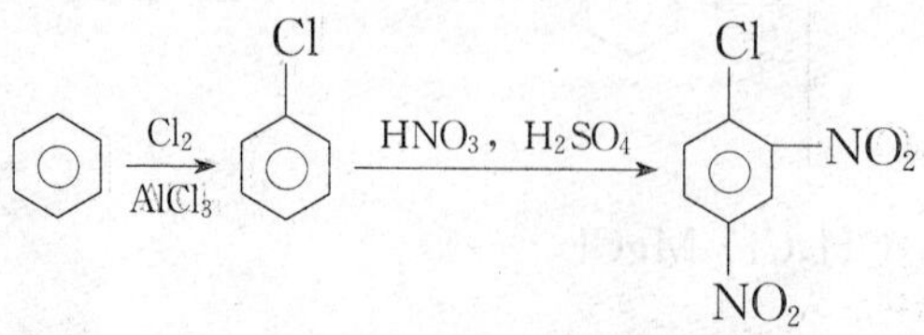 $C_6H_6 \xrightarrow{Cl_2/AlCl_3} C_6H_5Cl \xrightarrow{HNO_3,\ H_2SO_4}$ 2,4-二硝基氯苯 (Cl, 2-NO$_2$, 4-NO$_2$)

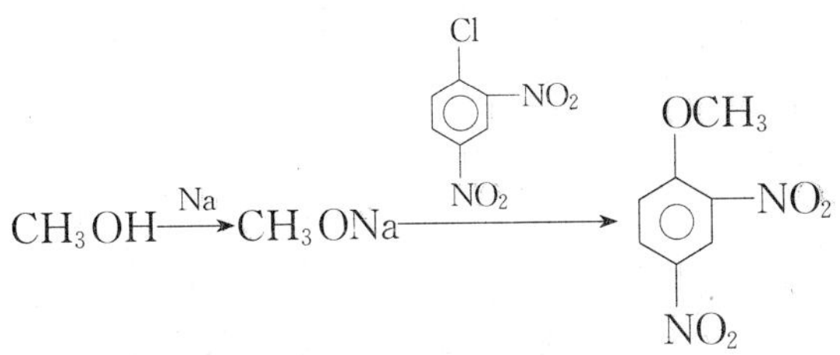

$$CH_3OH \xrightarrow{Na} CH_3ONa \xrightarrow{\text{Cl-C}_6H_3(NO_2)_2} \text{C}_6H_2(OCH_3)(NO_2)_3$$

(12) 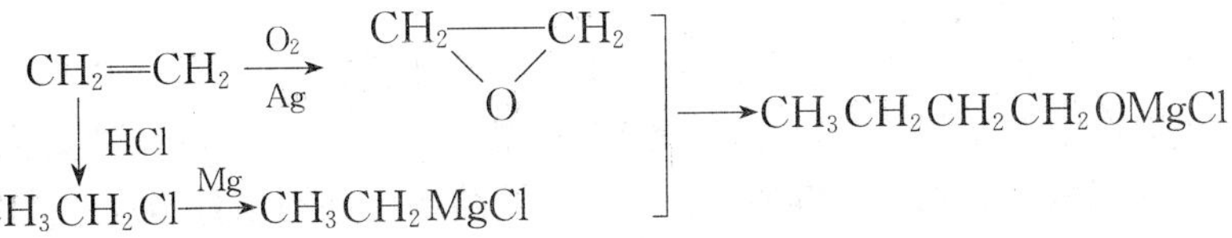 $CH_2=CH_2 \xrightarrow[Ag]{O_2}$ 环氧乙烷 $\longrightarrow CH_3CH_2CH_2CH_2OMgCl$

$CH_2=CH_2 \xrightarrow{HCl} CH_3CH_2Cl \xrightarrow{Mg} CH_3CH_2MgCl$

$\xrightarrow{H_2O} CH_3CH_2CH_2CH_2OH \xrightarrow{PCl_3} CH_3CH_2CH_2CH_2Cl$

$CH_3CH_2CH_2CH_2OH \xrightarrow{Na} CH_3CH_2CH_2CH_2ONa \xrightarrow{CH_3CH_2CH_2CH_2Cl} (CH_3CH_2CH_2CH_2)_2O$

(13) 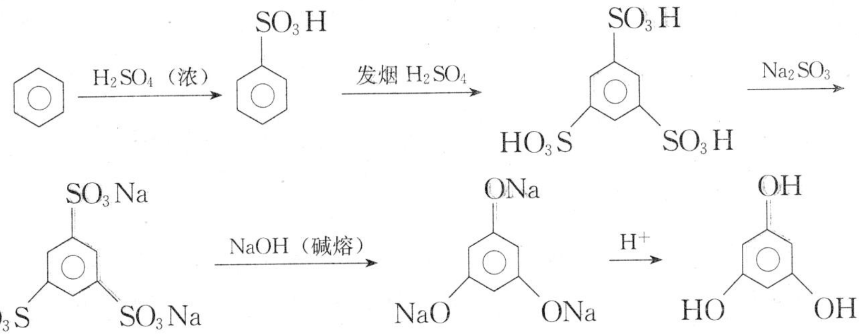 苯 $\xrightarrow{H_2SO_4(浓)}$ 苯磺酸 $\xrightarrow{\text{发烟 } H_2SO_4}$ 苯-1,3,5-三磺酸 $\xrightarrow{Na_2SO_3}$ 苯-1,3,5-三磺酸钠 $\xrightarrow{NaOH(碱熔)}$ 1,3,5-三钠氧基苯 $\xrightarrow{H^+}$ 间苯三酚

(14) 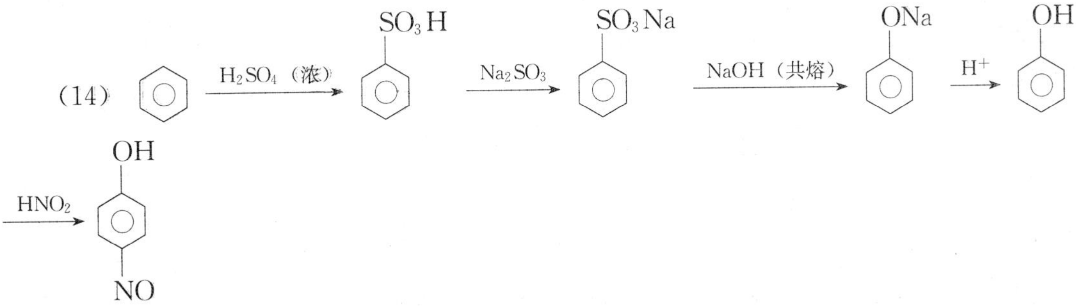 苯 $\xrightarrow{H_2SO_4(浓)}$ 苯磺酸 $\xrightarrow{Na_2SO_3}$ 苯磺酸钠 $\xrightarrow{NaOH(共熔)}$ 苯酚钠 $\xrightarrow{H^+}$ 苯酚 $\xrightarrow{HNO_2}$ 对亚硝基苯酚

(15) 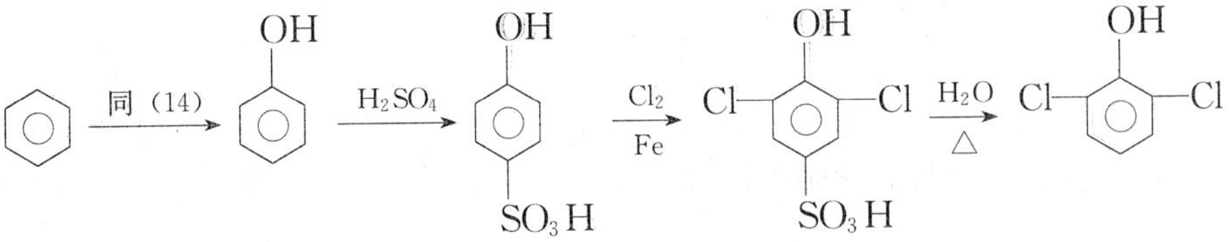 苯 $\xrightarrow{\text{同 (14)}}$ 苯酚 $\xrightarrow{H_2SO_4}$ 对羟基苯磺酸 $\xrightarrow{Cl_2/Fe}$ 2,6-二氯-4-羟基苯磺酸 $\xrightarrow{H_2O, \Delta}$ 2,6-二氯苯酚

(16) 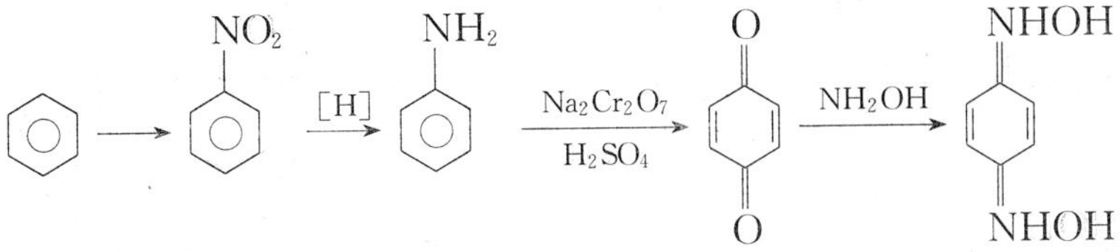 苯 $\longrightarrow$ 硝基苯 $\xrightarrow{[H]}$ 苯胺 $\xrightarrow[H_2SO_4]{Na_2Cr_2O_7}$ 对苯醌 $\xrightarrow{NH_2OH}$ 对苯醌二肟

14. 某醇 $C_5H_{12}O$ 氧化后生成酮，脱水则生成一种不饱和烃，将此烃氧化可生成酮和羧酸两种产物的混合物，试推测该醇的结构。

解：
$$CH_3\underset{\underset{CH_3}{|}}{\overset{\overset{OH}{|}}{C}H}CH_3 \xrightarrow{[O]} CH_3\underset{\underset{CH_3}{|}}{\overset{\overset{O}{\|}}{C}}CH_3$$

$$CH_3\underset{\underset{CH_3}{|}}{\overset{\overset{OH}{|}}{C}H}CH_3 \xrightarrow{-H_2O} CH_3CH=\underset{\underset{CH_3}{|}}{C}CH_3 \xrightarrow{[O]} CH_3\overset{\overset{O}{\|}}{C}CH_3 + CH_3COOH$$

15. 有一化合物（A）的分子式为 $C_5H_{11}Br$，和 NaOH 水溶液共热后生成 $C_5H_{12}O$（B）。B 具有旋光性，能和钠作用放出氢气，和浓硫酸共热生成 C_5H_{10}（C）。C 经臭氧化和在还原剂存在下水解，则生成丙酮和乙醛。试推测 A，B，C 的结构，并写出各步反应式。

解：
$$CH_3\underset{\underset{CH_3}{|}}{\overset{\overset{Br}{|}}{C}H}CH_3 \xrightarrow{NaOH, H_2O} CH_3-\underset{\underset{CH_3}{|}}{\overset{\overset{OH}{|}}{C}}-CH_3 \xrightarrow{Na} CH_3-\underset{\underset{CH_3}{|}}{\overset{\overset{ONa}{|}}{C}H}-CH_3 + H_2$$
(A)   (B) 有旋光性

$$(B) \xrightarrow[\triangle]{H_2SO_4} H_3C-\underset{\underset{CH_3}{|}}{C}=CHCH_3 \xrightarrow[(2)\ Zn,\ H_2O]{(1)\ O_3} CH_3\overset{\overset{O}{\|}}{C}CH_3 + CH_3CHO$$
(C)

16. 新戊醇在浓硫酸存在下加热可生成不饱和烃。将这不饱和烃经臭氧化后，在锌粉存在下水解，可得到一种醛和一种酮。试写出反应历程及各步反应产物的构造式。

解：
$$H_3C-\underset{\underset{CH_3}{|}}{\overset{\overset{CH_3}{|}}{C}}-CH_2OH \xrightarrow[-H_2O]{H^+} CH_3-\underset{\underset{CH_3}{|}}{\overset{\overset{CH_3}{|}}{C}}-CH_2^+ \xrightarrow{甲基重排} H_3C-\underset{\underset{CH_3}{|}}{\overset{+}{C}}-CH_2CH_3$$

$$\xrightarrow{-H^+} H_3C-\underset{\underset{CH_3}{|}}{C}=CHCH_3$$

$$H_3C-\underset{\underset{CH_3}{|}}{C}=CHCH_3 \xrightarrow[(2)\ Zn,\ H_2O]{(1)\ O_3} CH_3\overset{\overset{O}{\|}}{C}CH_3 + CH_3CHO$$

17. 有一化合物的分子式为 $C_6H_{14}O$，常温下不与金属钠反应，和过量的浓氢碘酸共热时生成碘烷，此碘烷与氢氧化银作用则生成丙醇。试推测此化合物的结构，并写出反应式。

解：
$$C_6H_{14}O \xrightarrow{Na} 不反应$$

$$CH_3\underset{\underset{CH_3}{|}}{C}HO\underset{\underset{CH_3}{|}}{C}HCH_3 \xrightarrow{HI（过量）} CH_3\underset{\underset{CH_3}{|}}{C}H-I \xrightarrow{AgOH} CH_3-\underset{\underset{CH_3}{|}}{C}H-OH$$
$(C_6H_{14}O)$

18. 有一化合物的分子式为 $C_7H_{16}O$，并且：
(1) 在常温下它不和金属钠反应；

(2) 它和过量浓氢碘酸共热时生成 C_2H_5I 和 $C_5H_{11}I$，后者与氢氧化银反应生成的化合物的沸点为 138℃。

试推测原化合物的结构，并写出各步反应式。

解：

$$C_7H_{16}O \xrightarrow{Na} 不反应$$

$$CH_3CH_2OCH_2CH_2CH_2CH_2CH_3 \xrightarrow{HI(过量)} CH_3CH_2I + CH_3CH_2CH_2CH_2CH_2I$$
$$A(C_7H_{16}O)$$

$$CH_3CH_2CH_2CH_2CH_2I + AgOH \longrightarrow CH_3CH_2CH_2CH_2CH_2OH$$

19. 写出环氧乙烷与下列试剂反应的方程式：
(1) 有少量硫酸存在下的甲醇。
(2) 有少量甲醇钠存在下的甲醇。

解：(1) 环氧乙烷 $\xrightarrow[H^+]{CH_3OH}$ $CH_3OCH_2CH_2OH$

(2) 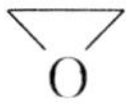 环氧乙烷 $\xrightarrow{CH_3ONa, CH_3OH}$ $CH_3OCH_2CH_2OH$

20. 有一未知物 A，经钠熔试验证明此化合物不含有卤素、硫、氮。未知物不溶于水、10%HCl 和碳酸氢钠中，但溶于 10%NaOH。用苯甲酰氯处理，放出 HCl 并产生一个新的化合物 B。A 不能使溴水褪色。用质谱仪测出 A 的分子式是 $C_9H_{12}O$。A 的结构是什么？苯甲酰氯与 A 的反应产物是什么？为什么不与溴水反应？

解：不反应，因为三个甲基已占领邻位、对位。

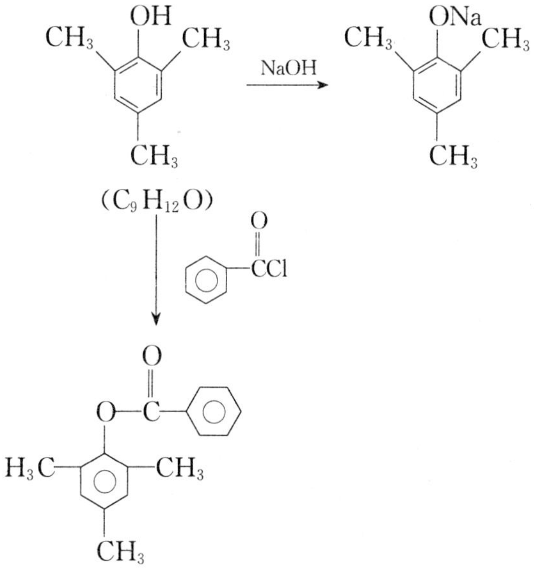

2,4,6-三甲基苯酚 $\xrightarrow{NaOH}$ 2,4,6-三甲基苯酚钠

$(C_9H_{12}O)$

↓ 苯甲酰氯

2,4,6-三甲基苯基苯甲酸酯

21. 试解释实验中所遇到的下列问题：
(1) 金属钠可用于除去苯中所含的痕量 H_2O，但不宜用于除去乙醇中所含的水。
(2) 为什么制备 Grignard 试剂时用作溶剂的乙醚不但需要除去水分，并且也必须除净乙醇（乙醇是制取乙醚的原料，常掺杂于产物乙醚中）。
(3) 在使用 $LiAlH_4$ 的反应中，为什么不能用乙醇或甲醇作溶剂？

解：(1) 乙醇的活泼氢能与 Na 发生反应，苯与 Na 不反应。

$$2C_2H_5OH + Na \longrightarrow 2C_2H_5OH + H_2\uparrow$$

(2) RMgX 不仅是一种强的亲核试剂，同时又是一种强碱，可与醇羟基中的 H 结合，即 RMgX 可被具活性氢的物质所分解，如

$$C_2H_5OH + C_2H_5MgBr \longrightarrow C_2H_6 + Mg(Br)(OC_2H_5)$$

(3) LiAlH$_4$ 既是一种强还原剂，又是一种强碱，它所提供 H$^-$ 与醇发生反应，如

$$4C_2H_5OH + LiAlH_4 \longrightarrow 4H_2\uparrow + LiAl(OC_2H_5)_4$$

22. 苯酚与甲苯相比有以下两点不同的物理性质：(a) 苯酚沸点比甲苯高；(b) 苯酚在水中的溶解度较甲苯大。你能解释其原因吗？

解：甲苯和苯酚的相对分子质量相近，但是甲苯的沸点是 110.6℃，而苯酚的沸点是 181.8℃，这是由于苯酚可以形成分子间氢键；甲苯不溶于水，而苯酚易溶于水，是由于苯酚与水分子之间会形成氢键：

$$\text{Ph–O–H}\cdots\text{O(Ph)–H} \qquad \text{Ph–O–H}\cdots\text{O(H)–H}$$

23. 解释下列现象。

(1) 从 2-戊醇所制得的 2-溴戊烷中总含有 3-溴戊烷。

(2) 用 HBr 处理新戊醇 $(CH_3)_3C-CH_2OH$ 时只得到 $(CH_3)_2CBrCH_2CH_3$。

解：(1) $CH_3CH_2CH_2CHCH_3 + HBr \longrightarrow CH_3CH_2CH_2CHCH_3 + Br^-$
　　　　　　　　　|　　　　　　　　　　　　　　　　　　　　　　|
　　　　　　　　　OH　　　　　　　　　　　　　　　　　　　　　OH$_2^+$

$$CH_3CH_2CH_2\overset{+}{C}HCH_3 \xrightarrow{-H_2O} CH_3CH_2CH_2\overset{+}{C}HCH_3 \xrightarrow{Br^-} CH_3CH_2CH_2\underset{Br}{\overset{|}{C}}HCH_3$$

$$\downarrow \text{H 迁移}$$

$$CH_3CH_2\overset{+}{C}HCH_2CH_3 \xrightarrow{Br^-} CH_3CH_2\underset{Br}{\overset{|}{C}}HCH_2CH_3$$

(2) $(CH_3)_3CCH_2OH \xrightarrow{H^+} (CH_3)_3CCH_2\overset{+}{O}H_2 \xrightarrow{-H_2O}$

$$(CH_3)_2\overset{CH_3}{\underset{}{\overset{|}{C}}}-\overset{+}{C}H_2 \longrightarrow (CH_3)_2\overset{+}{C}-CH_2CH_3 \xrightarrow{Br^-} (CH_3)_2\underset{Br}{\overset{|}{C}}CH_2CH_3$$

第8章

醛、酮、醌

8.1 本章重点和难点

本章重点

1. 重要的概念

羰基、醛和酮的物质性质，醛与酮的亲核加成反应，锅盐。

2. 结构

羰基化合物的结构

3. 醛、酮和醌的性质

醛、酮的亲核加成反应及其活性次序，羰基化合物与 $NaHSO_4$、醇、HCN、金属有机试剂及 Witting 试剂的加成反应，与氨及其衍生物的加成缩合反应；醛、酮的 α-氢原子反应，Claisen-Schmidt 缩合反应，Perkin 反应，Mannich 反应；醛、酮的氧化、还原反应，醛、酮的鉴别方法，费林试剂，Tollens 试剂等。

本章难点

羰基进行亲核加成反应的活性顺序及理论解释，醛、酮和金属有机试剂的加成反应，Witting 试剂的制备及 Witting 反应、卤代反应的机理等。

8.2 本章知识要点

8.2.1 醛、酮的制备

1. 醇的脱氢

$$CH_2CH_2OH \xrightleftharpoons[260\sim300℃]{Cu} CH_2\overset{O}{\overset{\|}{C}}H + H_2 \uparrow$$

$$CH_3\underset{OH}{\overset{|}{C}H}CH_3 \xrightleftharpoons[300℃]{ZnO,O_2} CH_3\overset{O}{\overset{\|}{C}}CH_3 + H_2O$$

2. 伯醇和仲醇的氧化

$$(CH_3)_3CCH_2OH \xrightarrow[\triangle,80\%]{K_2Cr_2O_3\text{-稀 }H_2SO_4} (CH_3)_3CCHO$$

$$CH_3-\underset{OH}{\underset{|}{C}}H-CH=CHCH_2-\underset{CH_3}{\underset{|}{C}}H-CH=CH_2 \xrightarrow[\text{苯,回流,80\%}]{\text{异丙醇铝,丙酮}} CH_3-\underset{O}{\underset{\|}{C}}CH=CHCH_2-\underset{CH_3}{\underset{|}{C}}H-CH=CH_2$$

3. 芳环的酰基化

$$C_6H_6 + C_6H_5COCl \xrightarrow[82\%]{AlCl_3} C_6H_5-\underset{O}{\underset{\|}{C}}-C_6H_5 + HCl$$

$$2\ C_6H_6 + Cl-\underset{O}{\underset{\|}{C}}-Cl \xrightarrow{AlCl_3} C_6H_5-\underset{O}{\underset{\|}{C}}-C_6H_5 + 2HCl$$

4. 羧酸衍生物的还原

$$C_6H_5-CN + RMgX \longrightarrow C_6H_5-\underset{R}{\underset{|}{C}}=NMgX \xrightarrow[H_2O]{H^+} C_6H_5-\underset{O}{\underset{\|}{C}}-R$$

$$R'-\underset{O}{\underset{\|}{C}}-Cl + R_2CuLi \longrightarrow R'-\underset{O}{\underset{\|}{C}}-R$$

8.2.2 醛、酮的物理性质

分子间不能形成氢键，所以沸点比同碳数的醇低得多，但比烃和醚要高，HCHO 是唯一的气体。

醛酮和水能形成氢键，低级的醛酮可以与水混溶。

8.2.3 醛、酮的化学性质

醛、酮的化学性质主要表现在以下三方面：

1. 由极性基团羰基中的 π 键断裂而引起的加成反应；
2. 受羰基的极性影响而比较活泼的 α-H 的反应；
3. 醛的特性反应。

(1) 羰基的亲核加成和还原反应
(2) α-H 的反应
(3) 醛氢的氧化反应

8.2.4 亲核加成

$$\overset{\delta^+}{\underset{}{>}}C\overset{\delta^-}{=}O + \overset{\delta^+}{A}-\overset{\delta^-}{Nu} \longrightarrow \underset{Nu}{\underset{|}{>}}C-OA$$

亲核试剂

亲核试剂：CN^-、$NaSO_3^-$、RO^-、R^-、$:NH_2$ 等。

1. 与水加成

$$>C=O + H_2O \rightleftharpoons \underset{OH}{\underset{|}{>}}C-OH$$

双二醇

2. 与醇加成

$$R'R(H)C=O \xrightleftharpoons[A]{ROH, HCl} \underset{\text{半缩醛（酮）}}{R'R(H)C(OH)(OR)} \xrightleftharpoons[B]{ROH, HCl} \underset{\text{缩醛（酮）}}{R'R(H)C(OR)(OR)}$$

3. 与 HCN 加成

$$R_2(H)\overset{\delta+}{C}=\overset{\delta-}{O} + \overset{+}{H}\overset{-}{CN} \longrightarrow R_1R_2(H)C(OH)(CN)$$

4. 与 NaHSO₃ 加成

$$\underset{(CH_3)H}{R}C=O + \underset{\text{亚硫酸氢钠}}{HO-\overset{O^-Na^+}{\underset{O}{S}}} \rightleftharpoons \underset{(CH_3)H}{R}C(ONa)(SO_3H) \rightleftharpoons \underset{(CH_3)H}{R}C(OH)(SO_3Na)$$

5. 与格氏试剂加成

$$\overset{\delta-}{C}=\overset{\delta-}{O} + \overset{\delta-}{R}-\overset{\delta+}{Mg}-X \xrightarrow{\text{纯醚}} \underset{R}{C}(OMgX) \xrightarrow{HOH} R-C-OH + Mg(X)(OH)$$

6. 与氨及其衍生物的加成缩合

$$\underset{(H)R_2}{R_1}C=OH + H_2\ddot{N}Y \rightleftharpoons (H)R_2\underset{R_1}{\overset{}{C}}-N-Y \; (\text{OH H}) \longrightarrow (H)R_2\underset{R_1}{\overset{}{C}}=N-Y$$

—Y：—OH、—NH₂、—NHC₆H₅、—NHCONH₂ 等。
产物一般均为棕黄色固体，易结晶，常用于鉴别。

7. 与 Wittig 试剂加成

$$[\phi]_3P: + \underset{R_2}{\overset{R_1}{HC}}-X \longrightarrow [\phi]_3P^+CH\underset{R_2}{\overset{R_1}{\diagup}}X^- \xrightarrow{\phi Li} [\phi]_3P=CHCH_3$$

$$C=O + [\phi]_3P=C\underset{R_2}{\overset{R_1}{\diagup}} \longrightarrow C=C\underset{R_2}{\overset{R_1}{\diagup}} + [\phi]_3P=O$$

8.2.5 α-活泼氢的反应

1. 卤化反应

$$-\underset{}{\overset{H}{C}}-\overset{O}{C}- \xrightarrow{H^+, X_2} -\underset{}{\overset{X}{C}}-\overset{O}{C}-$$

2. 缩合反应

$$CH_3-\underset{H}{\overset{H}{C}}=O + CH_2-CHO \xrightarrow[5℃]{10\% NaOH} CH_3-\underset{OH}{CH}-CH_2-CHO$$

3-羟基丁醛（β-羟基丁醛）

8.2.6 氧化与还原反应

1. 还原反应

（1）催化加氢

$$\underset{(R')H}{\overset{R}{C}}=O + H-H \xrightarrow[\triangle]{Pt, Pd\ 或\ Ni} R-\underset{H(R')}{\overset{OH}{C}}-H$$

（2）用金属氢化物还原

$$\underset{}{\overset{O_2N}{\bigcirc}}-CHO + NaBH_4 \xrightarrow[82\%]{C_2H_5OH} \underset{}{\overset{O_2N}{\bigcirc}}-CH_2OH$$

2. 氧化反应

（1）Tollens 试剂

$$RCHO + 2Ag(NH_3)_2OH \xrightarrow{\triangle} RCOONH_4 + 2Ag\downarrow + H_2O + 3NH_3$$

（2）Fehling 试剂

$$RCHO + 2Cu^{2+} + NaOH + H_2O \xrightarrow{\triangle} RCOONa + Cu_2O\downarrow + 4H^+$$

Tollens 试剂和 Fehling 试剂不能氧化成酮，可以用来鉴别。

3. α，β-不饱和醛酮的加成反应

$$-C=C-C- \overset{O}{\underset{Nu^-}{\parallel}} \begin{array}{l} \xrightarrow{1,2-加成} -\underset{}{C}-\underset{Nu}{\overset{O}{C}}-\underset{}{C}- \xrightarrow{H^+} -\underset{}{C}-\underset{Nu}{\overset{OH}{C}}-\underset{}{C}- \\ \xrightarrow{1,4-加成} -\underset{Nu}{C}-\underset{}{C}-\underset{}{\overset{O}{C}}- \xrightarrow{H^+} -\underset{Nu}{C}-\underset{}{C}=\underset{}{\overset{OH}{C}}- \rightleftharpoons -\underset{Nu}{C}-\underset{H}{C}-\underset{}{\overset{O}{C}}- \end{array}$$

8.3 典型习题讲解及参考答案

1. 单选题

（1）下列化合物不发生碘仿反应的是（　　）。

A. CH_3CH_2CHO　　B. CH_3CH_2OH　　C. $CH_3COCH_2CH_3$　　D. CH_3CHO

答案：A

（2）能与斐林试剂反应析出砖红色沉淀的化合物是（　　）。

A. CH_3COCH_3　　B. C_6H_5CHO　　C. CH_3CHO　　D. CH_3CH_2OH

答案：C

（3）下列化合物不能发生银镜反应的是（　　）。

A. 福尔马林　　　　B. 丙酮　　　　　C. 苯甲醛　　　　　D. 乙醛

答案：B

(4) 下列用于区分脂肪醛和芳香醛的试剂是（　　）。

A. 希夫试剂　　　　B. 斐林试剂　　　C. 托伦试剂　　　　D. 次碘酸钠

答案：B

(5) 丙酮与 2,4-二硝基苯肼反应生成（　　）。

A. 白色沉淀　　　　B. 黄色沉淀　　　C. 紫红色溶液　　　D. 砖红色沉淀

答案：B

(6) 乙酰乙酸乙酯能与亚硫酸氢钠反应，能使溴水褪色，能与三氯化铁显色，原因是（　　）。

A. 互变异构　　　　B. 位置异构　　　C. 差向异构　　　　D. 对映异构

答案：A

2. 完成下列化合物的命名。

(1) HOCH$_2$CH$_2$CHO

(2) H$_3$CO—C$_6$H$_4$—CO—CH$_3$

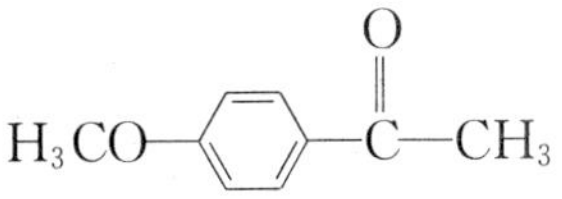

(3) CH$_3$COCH=CHCOCH$_3$

(4) 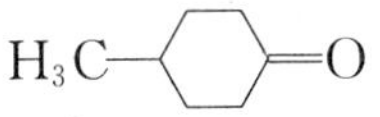 H$_3$C—环己基=O

(5) Br—C$_6$H$_4$—CHO

(6) 环己基—CO—苯基

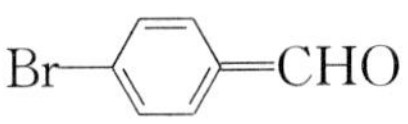

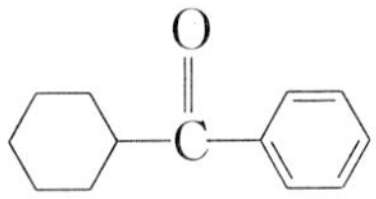

(7) Cl$_3$C—CHO

(8) 1,3-环辛二酮

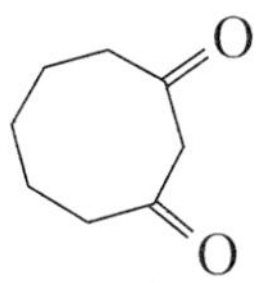

解：(1) 3-羟基丙醇　　　　　　(2) 对甲氧基苯乙酮

(3) 3-己烯-2,5-二酮　　　　　　(4) 4-甲基环己酮

(5) 对溴苯甲醛　　　　　　　　(6) 环己基苯基甲酮

(7) 三氯乙醛　　　　　　　　　(8) 1,3-环辛二酮肟

3. 写出下列化合物的结构式。

(1) 水合三氯乙醛；(2) 苯乙醛；(3) 2-三氯甲基-4-异丁基苯甲醛；(4) 丙基苯基酮；(5) 正丙基苯基酮

解：(1) Cl$_3$CC(OH)$_2$H

(2) C$_6$H$_5$—CH$_2$CHO

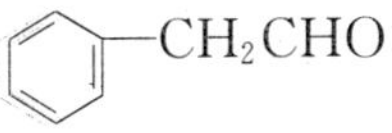

(3) 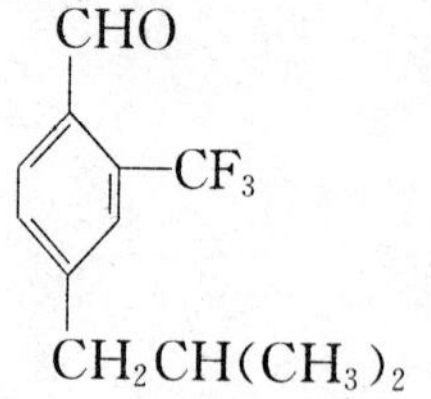 结构式: 苯环上CHO(邻位CF₃, 对位CH₂CH(CH₃)₂)

(4) 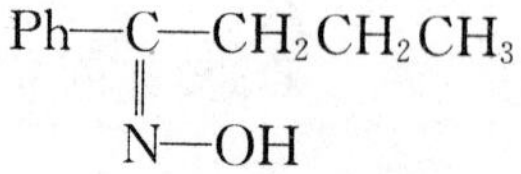 Ph—C(=N—OH)—CH₂CH₂CH₃

(5) 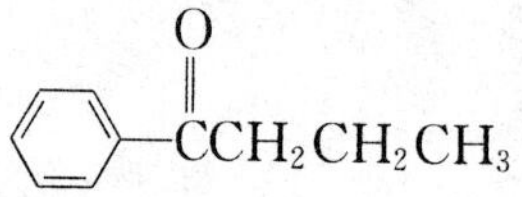 Ph—C(=O)—CH₂CH₂CH₃

4. 用化学方法鉴别下列各组化合物。
(1) 甲醛、乙醛和丙酮；
(2) 丙醛、苯甲醛和苯乙酮；
(3) 乙醇、丙酮和正丙醇；
(4) 2-戊酮、3-戊酮和环己酮

解：(1) 甲醛、乙醛、丙酮 →(托伦试剂, △) 银镜反应/银镜反应/(—) →(I₂+NaOH) (—)/黄色↓

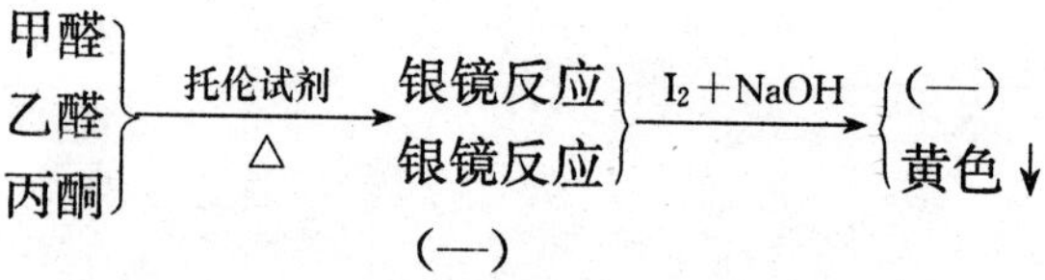

(2) 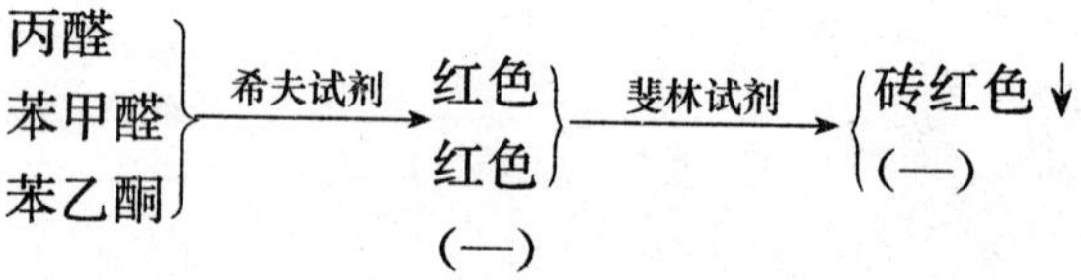 丙醛、苯甲醛、苯乙酮 →(希夫试剂) 红色/红色/(—) →(斐林试剂) 砖红色↓/(—)

(3) 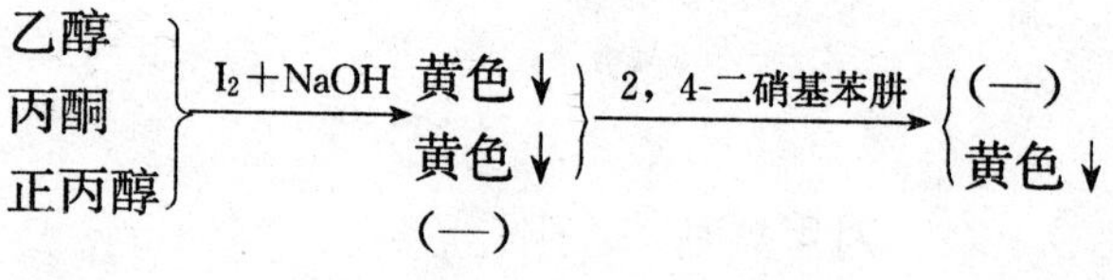 乙醇、丙酮、正丙醇 →(I₂+NaOH) 黄色↓/黄色↓/(—) →(2,4-二硝基苯肼) (—)/黄色↓

(4) 2-戊酮、3-戊酮、环己酮 →(I₂+NaOH) 黄色↓/(—)/(—) →(饱和亚硫酸氢钠溶液) (—)/白色结晶

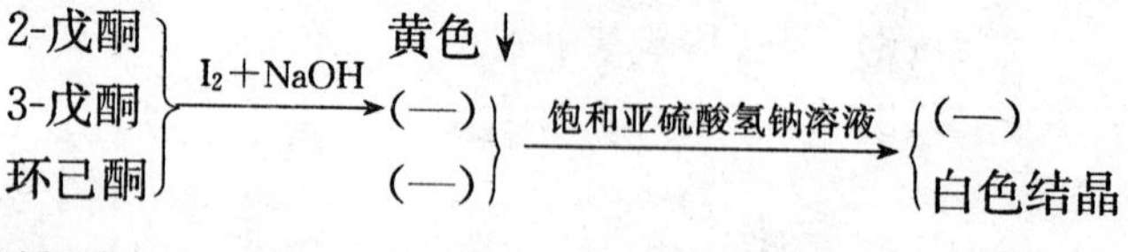

5. 推导题。

化合物1和化合物2分子式均为C_3H_6O，1和2都能与饱和的$NaHSO_3$反应生成白色结晶。1可发生银镜反应，2则不能；2可发生碘仿反应，1则不能。试试能否推测出1、2的结构式。

解：化合物1为CH_3CH_2CHO，化合物2为CH_3COCH_3。

6. 从电子效应和空间效应，解释下列醛、酮进行亲核加成反应的难易次序。

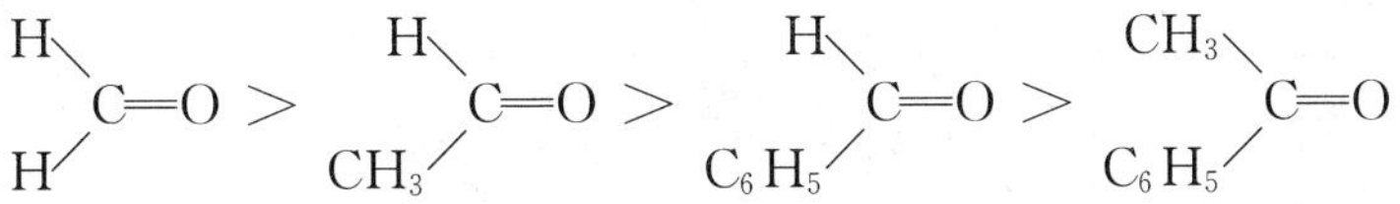

$$\underset{H}{\overset{H}{}}C=O > \underset{CH_3}{\overset{H}{}}C=O > \underset{C_6H_5}{\overset{H}{}}C=O > \underset{C_6H_5}{\overset{CH_3}{}}C=O$$

解： 甲醛中氢原子被甲基、苯基取代后，由于甲基的供电子诱导效应和σ-π超共轭效应以及苯基的π-π共轭效应都使得羰基碳正电性下降，而π-π共轭效应苯环向羰基转移的电子云比甲基的供电子诱导效应和σ-π超共轭效应向羰基转移的电子云强，因此芳香醛酮亲核加成较难。

从空间效应羰基上的氢原子、甲基、苯基来看，其空间体积逐渐增大，逐渐不利于亲核试剂的进攻，不利于亲核加成。

7. 写出苯醌与试剂反应的主要产物。

(1) H_2/Ni 低压

(2) H_2O/Fe

(3) $C_6H_5NH_2$

(4) 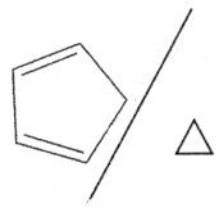 环戊二烯 / Δ

(5) Br_2

(6) NH_2OH/H^+

(7) HCN

(8) CH_3OH

解：

(1) 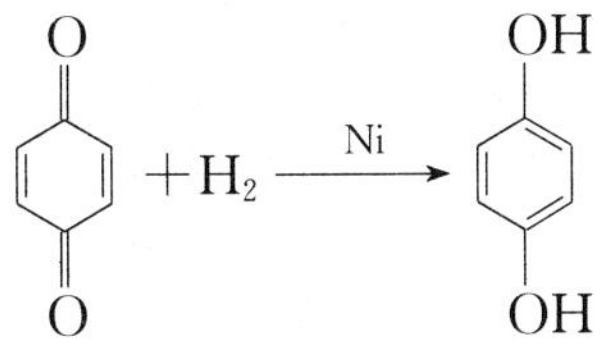 对苯醌 + H_2 $\xrightarrow{Ni}$ 对苯二酚

(2) 对苯醌 $\xrightarrow[Fe]{H_2O}$ 对苯二酚

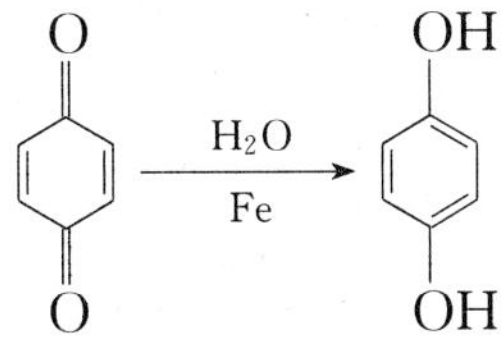

(3) 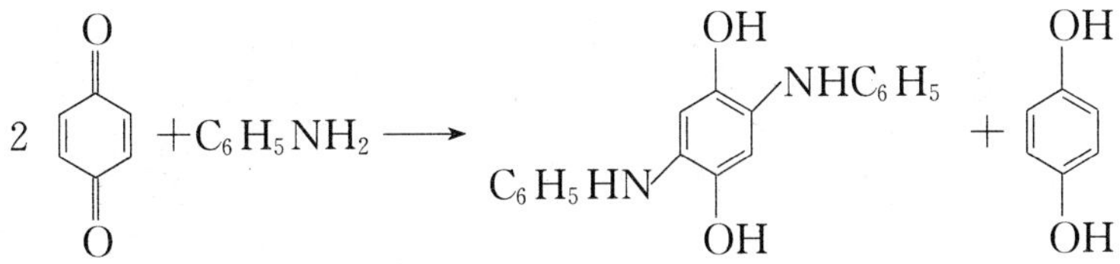 2 对苯醌 + $C_6H_5NH_2$ ⟶ 2,5-二(苯氨基)对苯二酚 + 对苯二酚

(4) 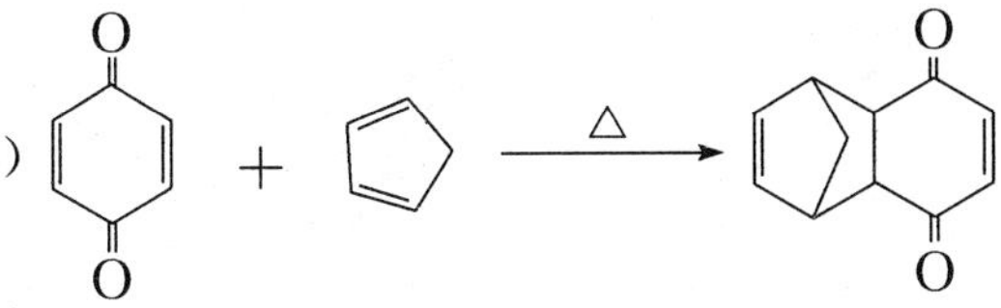 对苯醌 + 环戊二烯 $\xrightarrow{\Delta}$ Diels-Alder 加成产物

(5) 醌 + Br₂ → 2,3-二溴代酮 → 2,3,5,6-四溴代酮

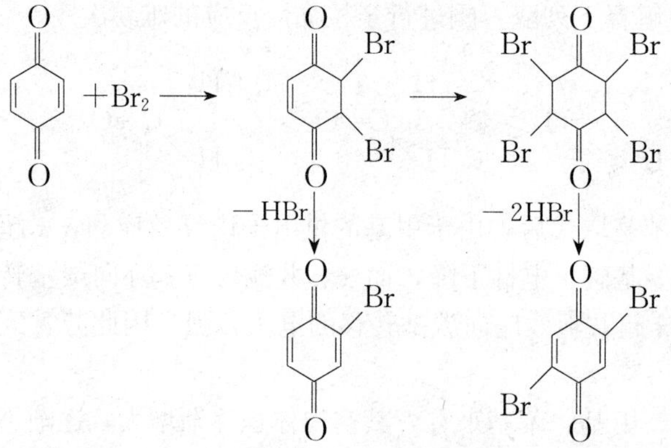

(经 −HBr 得到 2-溴-1,4-苯醌；经 −2HBr 得到 2,5-二溴-1,4-苯醌)

(6) 对苯醌 + NH₂OH —H⁺→ 单肟 —NH₂OH/H⁺→ 双肟

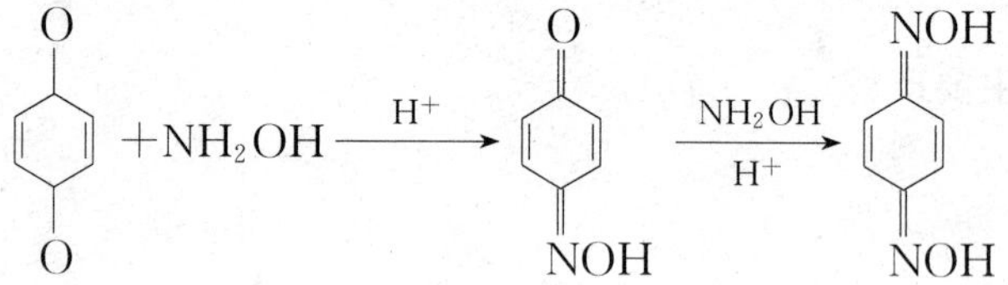

(7) 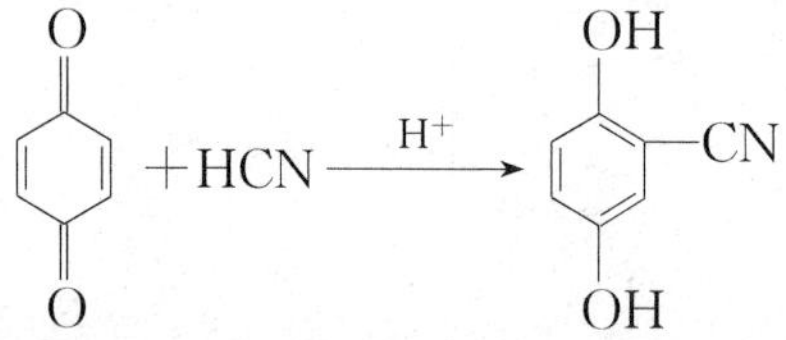 对苯醌 + HCN —H⁺→ 2-氰基对苯二酚

(8) 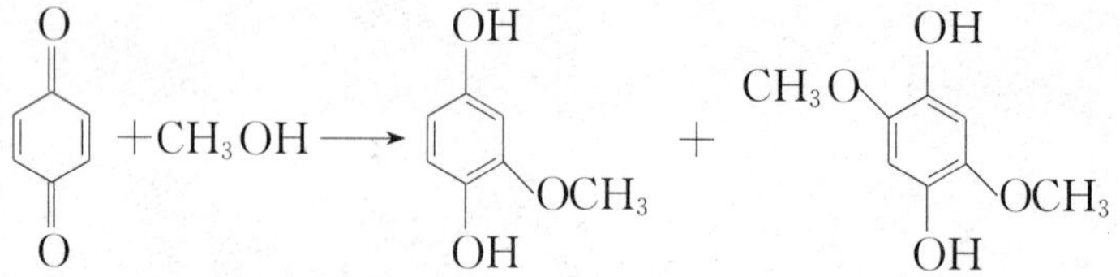 对苯醌 + CH₃OH → 2-甲氧基对苯二酚 + 2,5-二甲氧基对苯二酚

8. 从指定原料及必要的其他无机和有机试剂合成下列化合物。

(1) 由苯合成 OHC（CH₂）₄CHO

(2) 从甲苯合成 O₂N—C₆H₄—CH₂OH

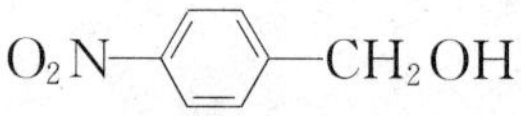

解： (1) 苯 —H₂/Pt→ 环己烷 —Br₂/hv→ 溴代环己烷 —NaOH/CH₃CH₂OH→ 环己烯 —O₃→ —Zn, H₂O→ OHC（CH₂）₄CHO

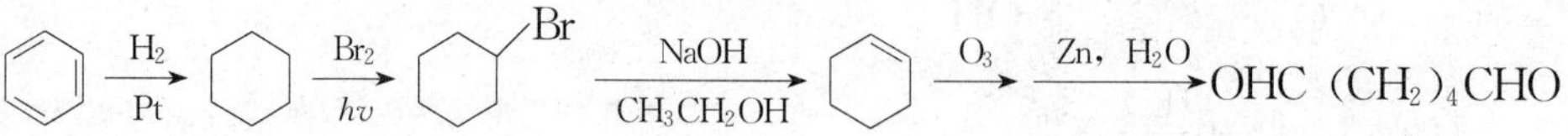

(2) 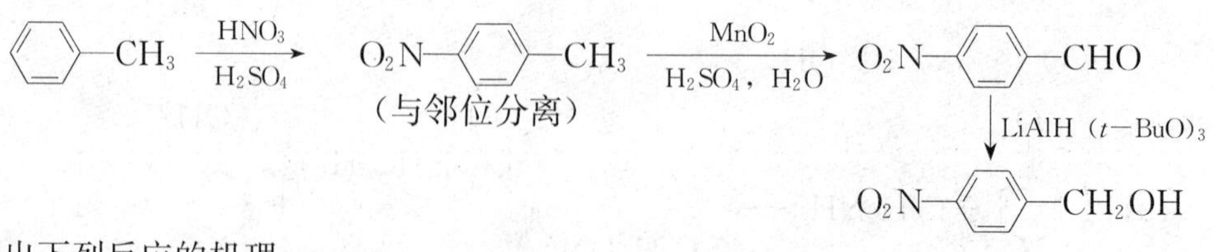 甲苯 —HNO₃/H₂SO₄→ O₂N—C₆H₄—CH₃（与邻位分离）—MnO₂/H₂SO₄, H₂O→ O₂N—C₆H₄—CHO —LiAlH(t-BuO)₃→ O₂N—C₆H₄—CH₂OH

9. 写出下列反应的机理。

(1) 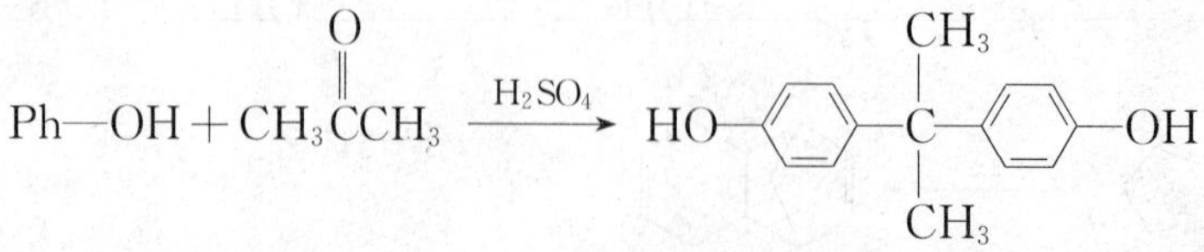 Ph—OH + CH₃COCH₃ —H₂SO₄→ HO—C₆H₄—C(CH₃)₂—C₆H₄—OH

双酚 A

(2) 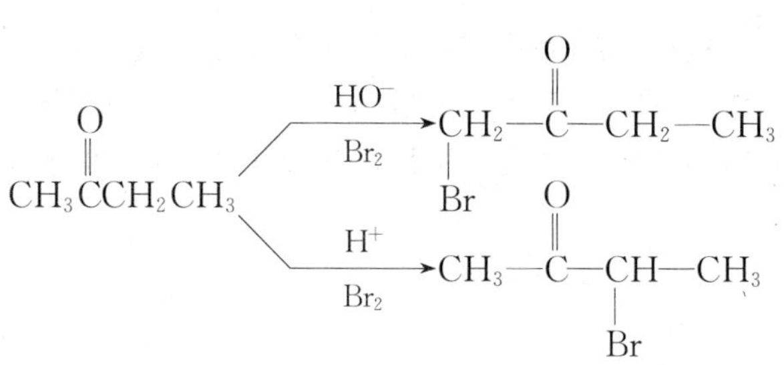 $CH_3COCH_2CH_3 \xrightarrow[Br_2]{HO^-}$ $CH_2(Br)COCH_2CH_3$

$\xrightarrow[Br_2]{H^+}$ $CH_3COCH(Br)CH_3$

解：(1)

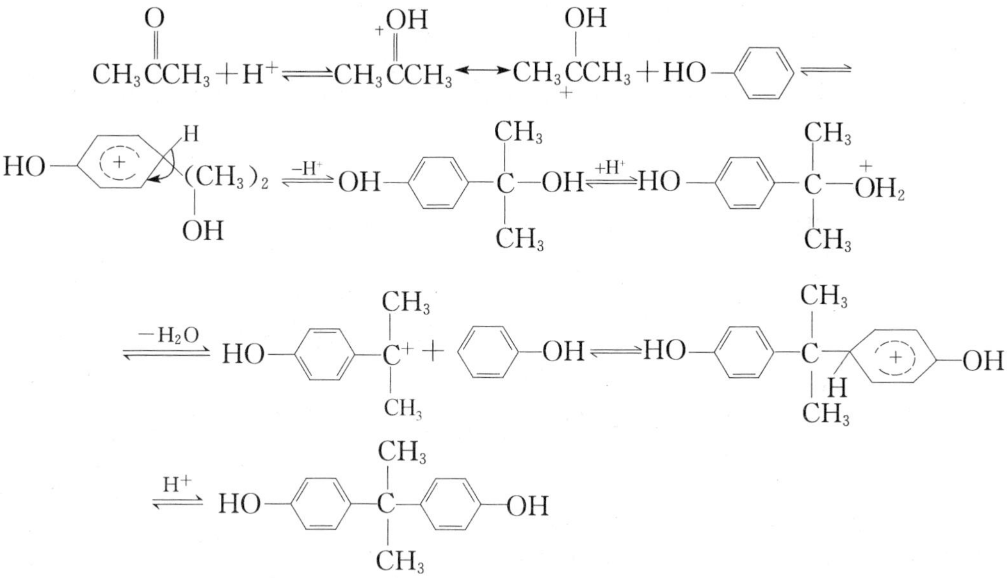

$CH_3COCH_3 + H^+ \rightleftharpoons CH_3\overset{+}{C}(OH)CH_3 \leftrightarrow CH_3C(OH)CH_3^+ + HO-C_6H_5 \rightleftharpoons$

$HO-C_6H_4^+(H)-C(CH_3)_2OH \rightleftharpoons HO-C_6H_4-C(CH_3)_2-OH \overset{+H^+}{\rightleftharpoons} HO-C_6H_4-C(CH_3)_2-\overset{+}{O}H_2$

$\overset{-H_2O}{\rightleftharpoons} HO-C_6H_4-\overset{+}{C}(CH_3)_2 + C_6H_5OH \rightleftharpoons HO-C_6H_4-C(CH_3)(H)-C_6H_4^+-OH$

$\overset{H^+}{\rightleftharpoons} HO-C_6H_4-C(CH_3)_2-C_6H_4-OH$

(2) $CH_3COCH_2CH_3 \overset{OH^-}{\rightleftharpoons} \overline{C}H_2COCH_2CH_3 \leftrightarrow CH_2=C(O^-)CH_2CH_3 \xrightarrow{Br-Br}$

$\rightarrow BrCH_2COCH_2CH_3$

$CH_3COCH_2CH_3 \overset{H^+}{\rightleftharpoons} CH_3C(\overset{+}{O}H)=CH-CH_3 \overset{H^+}{\rightleftharpoons} CH_3-C(OH)=CHCH_3 \xrightarrow{Br-Br}$
（热力学更稳定的烯醇式）

$\xrightarrow{Br^-} CH_3C(\overset{+}{O}H)CH(Br)CH_3 \overset{H^+}{\rightleftharpoons} CH_3COCH(Br)CH_3$

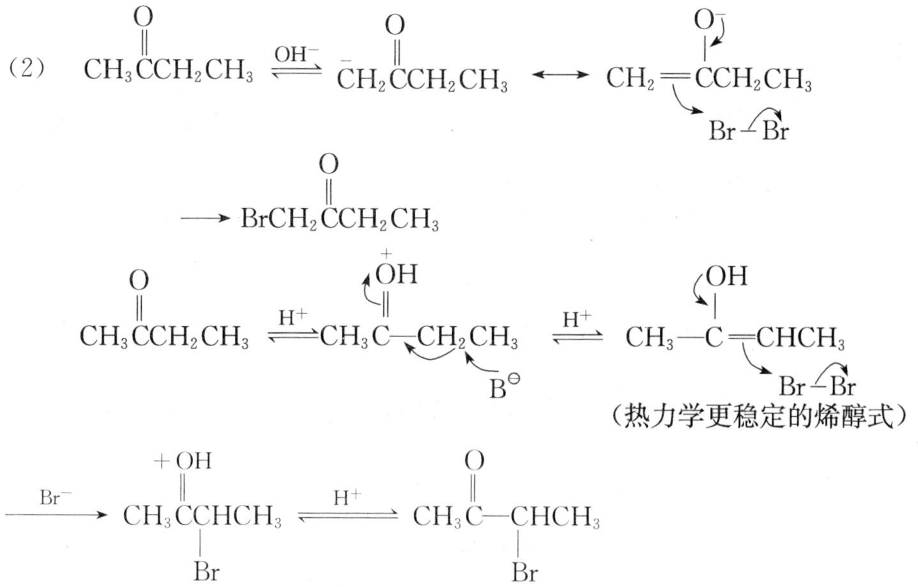

10. 用化学方法分离正丁醚、正溴丁烷和正丁醛。

解： 该题是实验室中经常遇到的分离问题。分离与提纯的含义不同，提纯出去的杂质是不要的，而分离指的是把混合物中的各个组分一一分离开来，在分离时，如果是使用了先把这些化合物中的一个或几个转变成其他化合物的方法，在分离之后还必须把它们一一复原。

分离或提纯的方法可以用物理方法，也可以用化学方法。物理方法是根据其物理性质，如溶解性、熔点、沸点等差异，采取洗涤、萃取、蒸馏、重结晶等手段使其相互分开；化学方法是通过化学反应使得其中某一物质转化为另一物质以使其相互分开。分离和提纯有以下几个基本要求：

（1）方法简便易行（如首先考虑这些化合物在 H_2O、稀 HCl、稀 $NaHCO_3$、稀 $NaOH$、浓 H_2SO_4 中是否溶解，然后才考虑使用其他溶剂。）

（2）损失应尽量少。

（3）耗费的药品少，价格低，回收容易。

（4）经过提纯或分离出的物质要达到纯度的要求。

在实际操作过程中，经常相继使用多种物理和化学方法，其表示方法有图解式（即实验流程）和叙述式两种。

本题的分离流程图如下：

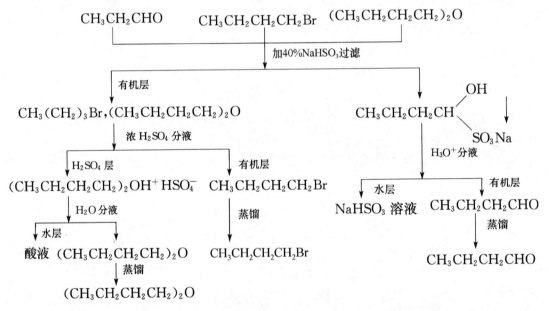

11. 完成下列转化

（1）

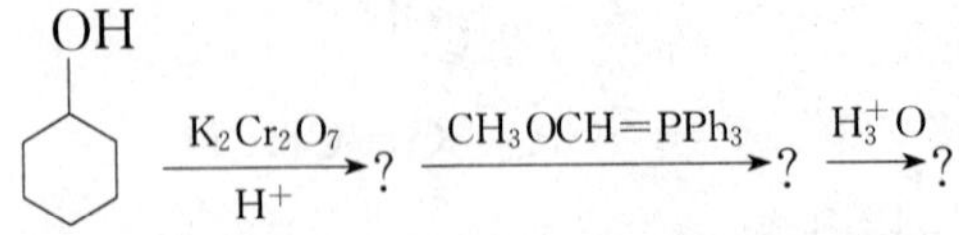

解：仲醇氧化得到酮，再与 Wittig 试剂作用得到烯烃，烯基醚水解得到醛。产物依次是：

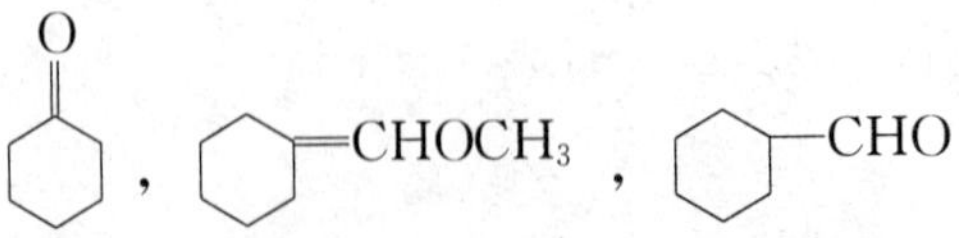

（2）C₆H₅—CHO + CH₃CHO —OH→ ? CH₃CHO/—OH→ ? Ag(NH₃)₂⁺/—OH→ ?

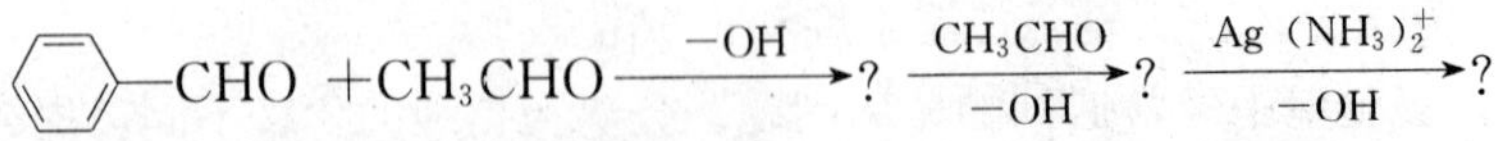

解：苯甲醛和乙醛发生交叉的羟醛缩合，所得的主要产物月桂醇与一分子乙醛进一步缩合得到更大的共轭体系的醛，然后是醛基的选择性氧化。产物分别为：

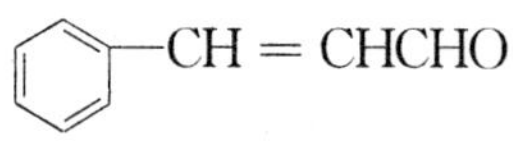

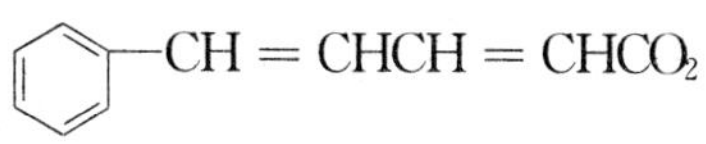

$C_6H_5-CH=CHCHO$, $C_6H_5-CH=CHCH=CHCHO$, $C_6H_5-CH=CHCH=CHCO_2$

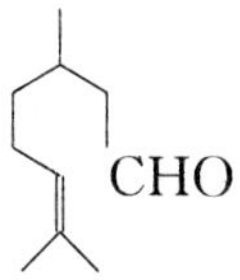

8.4 课后习题及参考答案

1. 命名下列化合物。

(1) 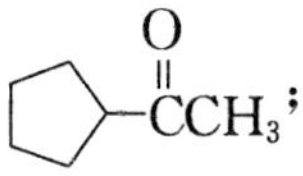 环戊基-CO-CH₃ ; (2) (3,7-二甲基辛烯醛结构) CHO ; (3) $CH_3CH_2-\underset{OC_2H_5}{\overset{OC_2H_5}{C}}-H$;

(4) 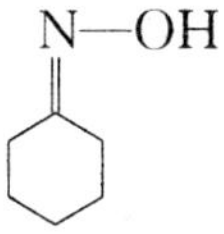 环己酮肟 N-OH ; (5) $(CH_3)_2C=N-NH-$ (2,4-二硝基苯基)

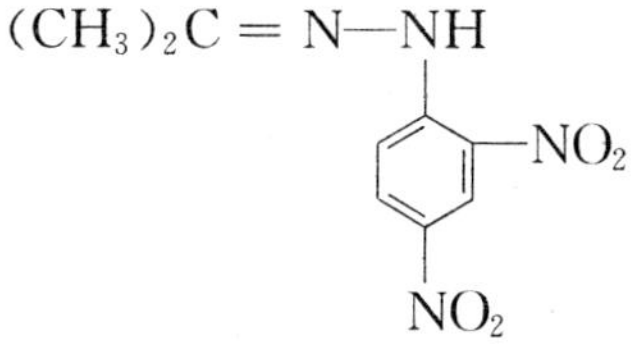

解：(1) 甲基环戊基甲酮；(2) 3,7-二甲基-6-辛烯醛；(3) 丙醛缩二乙醇；(4) 环己酮肟；(5) 丙酮-2,4-二硝基苯腙

2. 写出下列化合物的构造式。

(1) 2-丁烯醛 (2) 二苯甲酮
(3) 2,2-二甲基环己酮 (4) 3-(间羟基苯基)丁醛
(5) 甲醛苯腙 (6) 丁酮缩氨脲
(7) 苄基丙酮 (8) α-氯代丙醛
(9) 三聚甲醛 (10) 对羟基苯甲醛

解：(1) $CH_3CH=CHCHO$ (2) $C_6H_5\overset{O}{\underset{\|}{C}}C_6H_5$

(3) 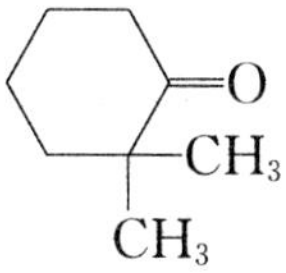 2,2-二甲基环己酮结构 (4) 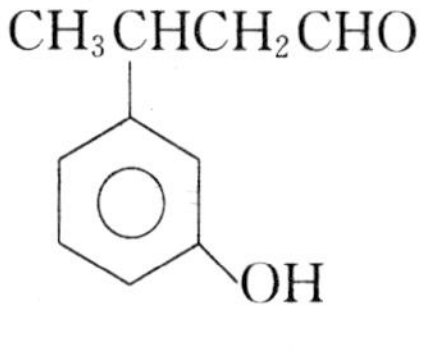 3-(间羟基苯基)丁醛 CH_3CHCH_2CHO 连接间位-OH苯环

(5) $H\underset{H}{\overset{}{C}}=N-NH-C_6H_5$ 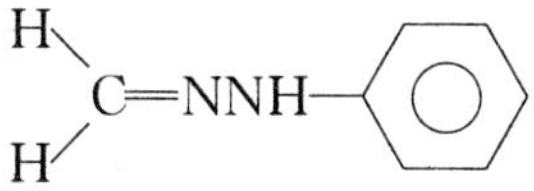 (6) 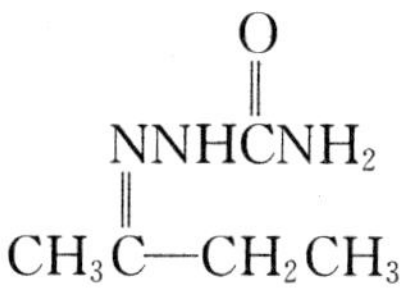 $CH_3\overset{}{C}=N-NHCNH_2$ 中间 CH_2CH_3 羰基 O

(7) $C_6H_5CH_2CH_2\overset{O}{\underset{\|}{C}}CH_3$ (8) $CH_3\overset{Cl}{\underset{}{CH}}CHO$

(9) 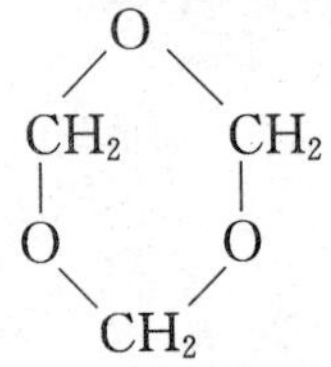 [1,3,5-三氧六环结构图: 由CH₂和O交替组成的六元环]

(10) 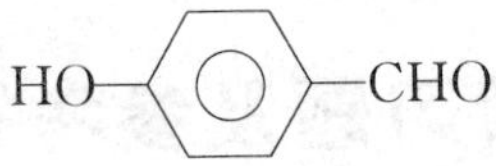 HO—⟨benzene⟩—CHO

3. 写出分子式为 $C_6H_{12}O$ 的醛和酮的同分异构体，并命名。

解： 己醛　　$CH_3CH_2CH_2CH_2CH_2CHO$

4-甲基戊醛　$CH_3CHCH_2CH_2CHO$
　　　　　　　　　|
　　　　　　　　CH_3

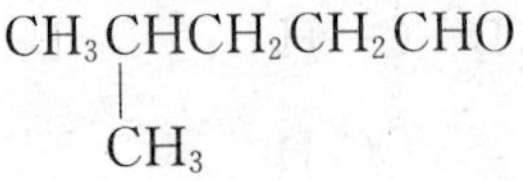

3-甲基戊醛　$CH_3CH_2CHCH_2CHO$
　　　　　　　　　　|
　　　　　　　　　CH_3

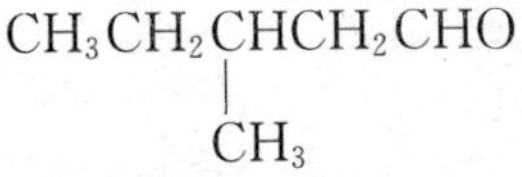

2-甲基戊醛　$CH_3CH_2CH_2CHCHO$
　　　　　　　　　　　|
　　　　　　　　　　CH_3

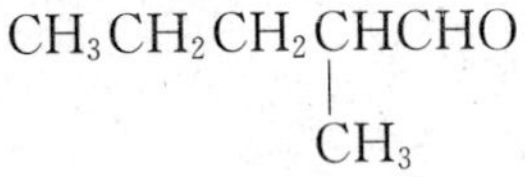

2,3-二甲基丁醛　$CH_3CH\text{—}CH\text{—}CHO$
　　　　　　　　　　|　　|
　　　　　　　　　CH_3 CH_3

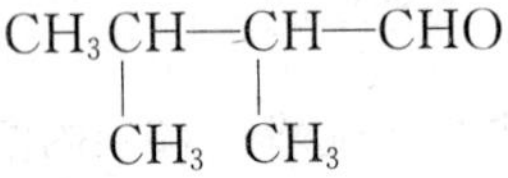

2,2-二甲基丁醛　$CH_3CH_2\underset{\underset{CH_3}{|}}{\overset{\overset{CH_3}{|}}{C}}CHO$

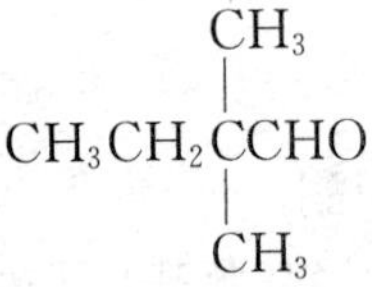

3,3-二甲基丁醛　$CH_3\underset{\underset{CH_3}{|}}{\overset{\overset{CH_3}{|}}{C}}CH_2CHO$

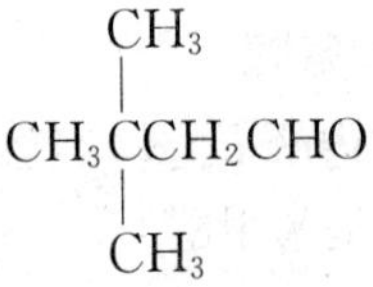

2-己酮　$CH_3\overset{O}{\overset{\|}{C}}CH_2CH_2CH_2CH_3$

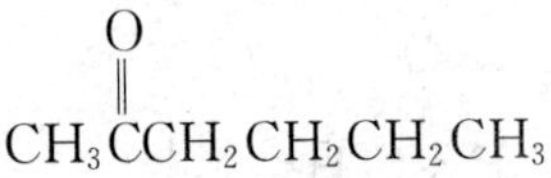

3-甲基-2-戊酮　$H_3C\text{—}\overset{O}{\overset{\|}{C}}\text{—}CHCH_2CH_3$
　　　　　　　　　　　　　|
　　　　　　　　　　　　CH_3

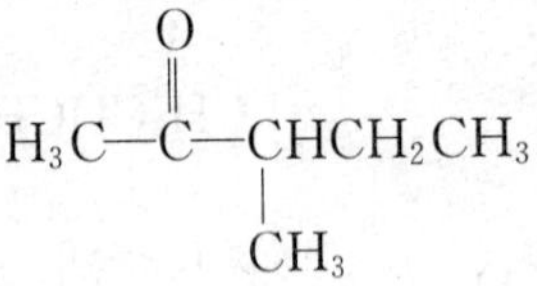

4-甲基-2-戊酮　$CH_3\overset{O}{\overset{\|}{C}}CH_2CHCH_3$
　　　　　　　　　　　　|
　　　　　　　　　　　CH_3

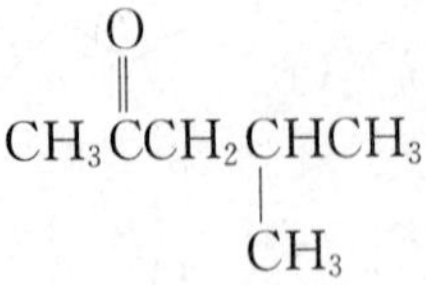

3,3-二甲基-2-丁酮　$CH_3\overset{O}{\overset{\|}{C}}\underset{\underset{CH_3}{|}}{\overset{\overset{CH_3}{|}}{C}}CH_3$

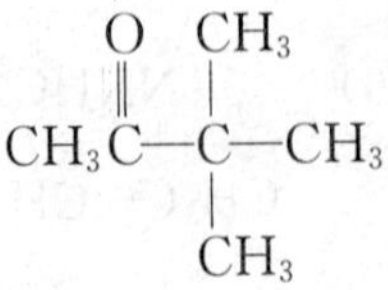

3-己酮　$CH_3CH_2\overset{O}{\overset{\|}{C}}CH_2CH_2CH_3$

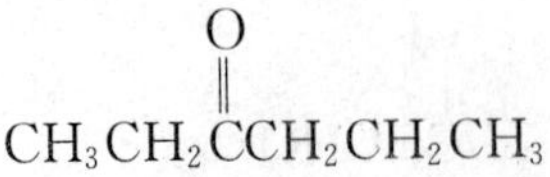

2-甲基-3-戊酮 CH$_3$CH$_2$CCH(CH$_3$)$_2$

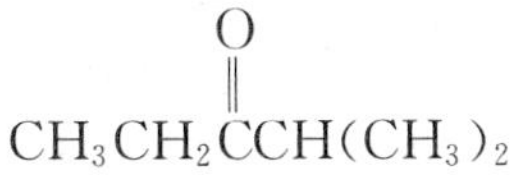

4. 写出乙醛与下列各试剂反应所生成的主要产物。

(1) NaBH$_4$，在 NaOH 水溶液中 (2) C$_6$H$_5$MgBr，然后加 H$_3$O$^+$
(3) LiAlH$_4$，然后加 H$_2$O (4) NaHSO$_3$
(5) NaHSO$_3$，然后加 NaCN (6) 稀 OH$^-$
(7) 稀 OH$^-$，然后加热 (8) H$_2$，Pt
(9) 乙二醇，H$^+$ (10) Br$_2$ 在乙酸中
(11) Ag(NH$_3$)$_2$OH (12) NH$_4$OH
(13) PhNHNH$_2$

解：（1） CH$_3$CH$_2$OH

(2) CH$_3$C(OH)C$_6$H$_5$

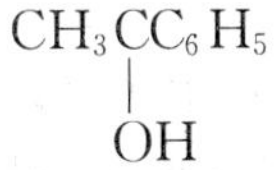

(3) CH$_3$CH$_2$OH

(4) CH$_3$CH(OH)SO$_3$Na

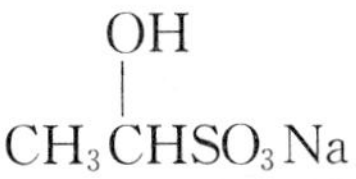

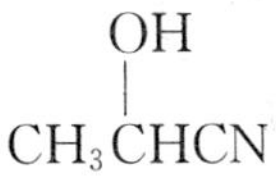

(5) CH$_3$CH(OH)CN

(6) CH$_3$CH(OH)CH$_2$CHO

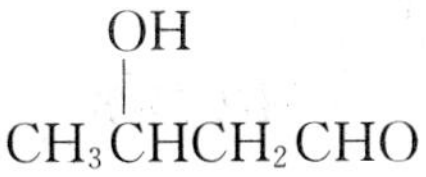

(7) CH$_3$CH=CHCHO

(8) CH$_3$CH$_2$OH

(9) 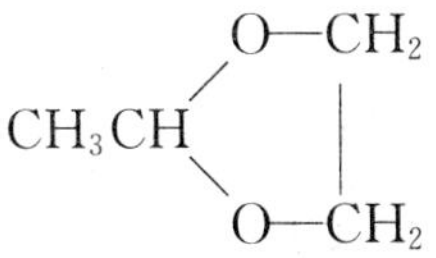 CH$_3$CH（以 O—CH$_2$—CH$_2$—O 成环）

(10) BrCH$_2$CHO

(11) CH$_3$COONH$_4$

(12) CH$_3$CH=N—OH

(13) CH$_3$CH=NNHPh

5. 下列化合物中哪些在碱性溶液中会发生外消旋化？
(1) (R)-2-甲基丁醛；(2) (S)-3-甲基-2-庚酮；(3) (S)-3-甲基环己酮

解：（1）会；（2）会；（3）不会

6. 将下列羰基化合物按其亲核加成的活性顺序排列。
(1) CH$_3$COCH$_2$CH$_3$，CH$_3$CHO，CF$_3$CHO，CH$_3$COCH=CH$_2$
(2) ClCH$_2$CHO，BrCH$_2$CHO，FCH$_2$CHO，F$_2$CHCHO，CH$_3$CH$_2$CHO，PhCHO，PhCOCH$_3$

解：（1）CF$_3$CHO＞CH$_3$CHO＞CH$_3$COCH=CH$_2$＞CH$_3$COCH$_2$CH$_3$

（2）F$_2$CHCHO＞FCH$_2$CHO＞ClCH$_2$CHO＞BrCH$_2$CHO＞CH$_3$CH$_2$CHO＞PhCHO

>PhCOCH₃

7. 用化学方法区别下列各组化合物。
(1) 苯甲醇与苯甲醛；
(2) 丁醛与2-丁酮；
(3) 2-戊酮与3-戊酮；
(4) 丙酮与苯乙酮；
(5) 2-丙醇与丙酮

解：(1) 与托伦试剂共热，试管壁上形成银镜的是苯甲醛；或与金属Na反应有气体放出为苯甲醇。

(2) 方法同(1)，也可用斐林试剂（$CuSO_4$/NaOH）加热，有砖红色沉淀的是丁醛。

(3) 能发生碘仿反应（I_2/NaOH）的是2-戊酮。

(4) 分别加入2,4-二硝基苯肼，生成黄色沉淀的是丙酮，红色沉淀的是苯乙酮；再者生成的结晶能溶解于丙酮的是丙酮。

(5) 与金属钠反应有气体放出的是2-丙醇。

8. 化合物 A($C_5H_{12}O$)有旋光性。它在碱性高锰酸钾溶液作用下生成 B($C_5H_{10}O$)，无旋光性。化合物 B 与正丙基溴化镁反应，水解后得到 C。C 为互为镜像关系的两个异构体。试推测化合物 A，B，C 的结构。

解：A. $CH_3\overset{OH}{\underset{|}{C}}HCH(CH_3)_2$ B. $CH_3\overset{O}{\underset{\|}{C}}CH(CH_3)_2$

C.
$$\underset{(CH_3)_2CH}{\overset{HO}{}} \overset{CH_3}{\underset{CH_2CH_3}{C}} \qquad \underset{CH_2CH_3}{\overset{CH_3}{}} \overset{OH}{\underset{CH(CH_3)_2}{C}}$$

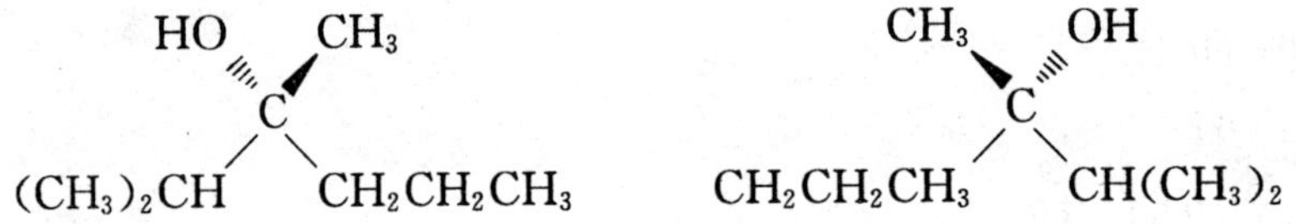

9. 有一化合物 A 的分子式为 $C_8H_{14}O$，A 可使溴水迅速褪色，也可以与苯肼反应。A 氧化生成一分子丙酮及另一化合物 B。B 具有酸性，与次氯酸钠反应生成一分子氯仿和一分子丁二酸。试写出 A，B 可能的构造式。

解：A. $H_3C-\underset{\underset{CH_3}{|}}{C}=CHCH_2CH_2CHO$ 或 $H_3C-\underset{\underset{CH_3}{|}}{C}=CHCH_2CH_2\overset{O}{\underset{\|}{C}}CH_3$

B. $CH_3\overset{O}{\underset{\|}{C}}CH_2CH_2COOH$

10. 某化合物的分子式为 $C_6H_{12}O$，能与羟胺作用生成肟，但不发生银镜反应，在铂催化下加氢得到醇，此醇经去水、臭氧化、水解反应后，得到两种液体，其中之一能发生银镜反应，但不发生碘仿反应；另一种能发生碘仿反应，但不能使斐林试剂还原。试写出该化合物的构造式。

解：$CH_3CH_2\overset{O}{\underset{\|}{C}}CH(CH_3)_2$

11. 由指定原料合成下列化合物。
(1) 乙炔，丙烯 → 4-辛酮

(2) 丙烯，2-戊酮 → 2,3-二甲基-2-己烯

(3) 乙烯，β-溴代丙醛 → 4-羟基戊醛

解：(1)
$$CH_2=CH-CH_3 \xrightarrow[H_2O_2]{HBr} CH_3CH_2CH_2Br$$
$$HC\equiv CH \xrightarrow{Na} NaC\equiv CNa$$
$$\longrightarrow CH_3CH_2CH_2C\equiv C-CH_2CH_2CH_3$$

$$\xrightarrow[H_2O]{H_2SO_4, HgSO_4} 4\text{-辛酮 (TM)}$$

(2)
$$CH_3CH=CH_2 \xrightarrow{HBr} \xrightarrow[\text{乙醚}]{Mg} (CH_3)_2CHMgBr$$
$$CH_3CH_2CH_2\overset{O}{\underset{\|}{C}}CH_3$$

$$\longrightarrow CH_3CH_2CH_2\underset{\underset{CH_3}{|}}{\overset{\overset{OH}{|}}{C}}-CH(CH_3)_2 \xrightarrow{\triangle} CH_3CH_2CH_2\underset{\underset{CH_3}{|}}{C}=C(CH_3)_2$$

(3)
$$BrCH_2CH_2CHO \xrightarrow{C_2H_5OH} \underset{\underset{Br}{|}}{CH_2CH_2CH(OC_2H_5)_2} \xrightarrow[\text{乙醚}]{Mg} \underset{\underset{MgBr}{|}}{CH_2CH_2CH(OC_2H_5)_2}$$

$$H_2C=CH_2 \xrightarrow{[O]} CH_3CHO$$

$$\xrightarrow{H_2O} CH_3\underset{\underset{}{|}}{\overset{\overset{OH}{|}}{CH}}-CH_2CH_2CH(OC_2H_5)_2 \xrightarrow[H_2O]{H^+} TM$$

12. 以甲醇、乙醇及无机试剂为原料，经乙酰乙酸乙酯合成下列化合物。

(1) 2,7-辛二酮； (2) 3-乙基-2-戊酮；

(3) 甲基环丁基甲酮

解：(1) $CH_3CH_2OH \xrightarrow[H^+]{KMnO_4} CH_3COOH \xrightarrow[H^+]{C_2H_5OH}$

$$CH_3\overset{O}{\underset{\|}{C}}-OC_2H_5 \xrightarrow[CH_3\overset{O}{\underset{\|}{C}}-OC_2H_5]{NaOC_2H_5} CH_3-\overset{O}{\underset{\|}{C}}-CH_2-\overset{O}{\underset{\|}{C}}-OC_2H_5$$

$$CH_3\overset{O}{\underset{\|}{C}}CH_2\overset{O}{\underset{\|}{C}}OC_2H_5 + BrCH_2CH_2Br + CH_3\overset{O}{\underset{\|}{C}}CH_2\overset{O}{\underset{\|}{C}}OC_2H_5 \xrightarrow[EtOH]{EtONa}$$

$$CH_3\overset{O}{\underset{\|}{C}}\underset{\underset{COOC_2H_5}{|}}{CH}CH_2CH_2\underset{\underset{COOC_2H_5}{|}}{CH}\overset{O}{\underset{\|}{C}}CH_3 \xrightarrow[(2)\triangle]{(1)\text{稀}OH^-} CH_3\overset{O}{\underset{\|}{C}}CH_2CH_2CH_2CH_2\overset{O}{\underset{\|}{C}}CH_3$$

(2) $CH_3\overset{O}{\underset{\|}{C}}CH_2\overset{O}{\underset{\|}{C}}OC_2H_5 \xrightarrow[(2)CH_3CH_2Br]{(1)EtONa, EtOH} \xrightarrow[(2)CH_3CH_2Br]{(1)EtONa, EtOH}$

$$CH_3\underset{\underset{CH_2CH_3}{|}}{\overset{\overset{O}{\|}}{C}-\underset{\underset{CH_2CH_3}{|}}{\overset{\overset{CH_2CH_3}{|}}{C}}-CO_2C_2H_5} \xrightarrow[\Delta]{\text{稀 } OH^-} H_3C-\overset{O}{\overset{\|}{C}}-\underset{\underset{CH_2CH_3}{|}}{\overset{\overset{H}{|}}{C}}-CH_2CH_3$$

(3) $CH_3CH_2OH \xrightarrow{Cu} CH_3CHO \xrightarrow[(2)\ H_2O]{(1)\ CH_3MgBr/\text{干乙醚}} CH_3\underset{\underset{H}{|}}{\overset{\overset{OH}{|}}{C}}CH_3 \longrightarrow H_2C=CHCH_3$

$\xrightarrow{NBS} H_2C=CHCH_2Br \xrightarrow{HBr,\ H_2O} \underset{\underset{Br}{|}}{CH_2}\underset{\underset{Br}{|}}{CH_2}CH_2$

$\underset{CH_2Br}{\overset{CH_2Br}{CH_2}} + CH_3\overset{O}{\overset{\|}{C}}CH_2COOC_2H_5 \longrightarrow H_3C-\overset{O}{\overset{\|}{C}}-\underset{\underset{COOC_2H_5}{|}}{C}\underset{CH_2}{\overset{CH_2}{\diagdown}}\underset{CH_2}{\overset{CH_2}{\diagup}}CH_2$

13. 对甲苯甲醛在下列反应中得到什么产物？

(1) CH_3-⟨⟩-CHO + $CH_3CHO \xrightarrow[\Delta]{\text{稀 } OH^-}$ (A)? + (B)?

(2) CH_3-⟨⟩-$CHO \xrightarrow[\Delta]{\text{浓 NaOH}}$ (A)? + (B)?

(2) CH_3-⟨⟩-CHO + $HCHO \xrightarrow[\Delta]{\text{浓 NaOH}}$ (A)? + (B)?

解：(1) (A) CH_3-⟨⟩-$CH=CHCHO$ (B) $CH_3CH=CHCHO$

(2) (A) CH_3-⟨⟩-$COONa$ (B) CH_3-⟨⟩-CH_2OH

(3) (A) CH_3-⟨⟩-CH_2OH (B) $HCOONa$

14. 苯乙酮在下列反应中得到什么产物？

(1) ⟨⟩-$COCH_3$ + $HNO_3 \xrightarrow{H_2SO_4}$?

(2) ⟨⟩-$COCH_3$ + ⟨⟩-$MgBr \xrightarrow{\text{干醚}}$? (A) $\xrightarrow{H_3O^+}$? (B)

解：(1) $\underset{O_2N}{}$⟨⟩-$COCH_3$ (2) (A) ⟨⟩-$\underset{\underset{CH_3}{|}}{\overset{\overset{OMgBr}{|}}{C}}$-⟨⟩   (B) ⟨⟩-$\underset{\underset{CH_3}{|}}{\overset{\overset{OH}{|}}{C}}$-⟨⟩

15. 完成下列反应。

(1) $CH_3CH_2CH_2CHO \xrightarrow[\Delta]{\text{稀 } OH^-}$? (A) $\xrightarrow[②H_2O]{①LiAlH_4}$? (B)

(2) ⟨⟩-$OH \xrightarrow{H_2,\ Ni}$? (A) $\xrightarrow{Na_2Cr_2O_7,\ H_2SO_4}$? (B) $\xrightarrow{\text{稀 } OH^-}$? (C)

(3) $(CH_3)_2CHCHO \xrightarrow[\text{乙醇}]{Br_2}$? (A) $\xrightarrow[\text{干 HCl}]{2C_2H_5OH}$? (B) $\xrightarrow[\text{干醚}]{Mg}$? (C)

$\xrightarrow{\text{①}(CH_3)_2CHCHO/干醚}{\text{②}H_3O^+}$? (D)

(4) 环己酮 $\xrightarrow[干醚]{CH_3MgBr}$?(A) $\xrightarrow{H_3O^+}{\triangle}$?(B) $\xrightarrow{\text{①}?(C)}{\text{②}?(D)}$ 产物(2-甲基环己醇结构)

(5) 二氢萘 $\xrightarrow{\text{①}O_3}{\text{②}Zn/H_2O}$?(A) $\xrightarrow{稀OH^-}{\triangle}$?(B)

解：(1) (A) $CH_3CH_2CH_2CH=C(CH_2CH_3)CHO$ (B) $CH_3CH_2CH_2CH=C(CH_2CH_3)CH_2OH$

(2) (A) 环己基-OH   (B) 环己酮   (C) 1-(1-羟基环己基)环己酮

(3) (A) $(CH_3)_2C(Br)CHO$ (B) $(CH_3)_2C(Br)CH(OC_2H_5)_2$

(C) $(CH_3)_2C(MgBr)CH(OC_2H_5)_2$ (D) $(CH_3)_2CHCH(OH)C(CH_3)(CHO)$

(4) (A) 1-甲基-1-(OMgBr)环己烷   (B) 1-甲基环己烯   (C) $1/2 B_2H_6$ (D) H_2O_2/OH^-

(5) (A) 邻-二(CHO甲基)苯结构   (B) 茚-CHO结构

16. 将下列羰基化合物按其亲核加成的活性次序排列。

(1) A. CH_3CHO B. CH_3COCH_3 C. CF_3CHO D. $CH_3COCH=CH_2$

(2) A. $ClCH_2CHO$ B. $BrCH_2CHO$ C. $H_2C=CHCHO$ D. CH_3CH_2CHO

解：(1) C＞A＞B＞D，   (2) A＞B＞D＞C。

17. 下列化合物，哪个可以和亚硫酸氢钠发生反应？如发生反应，哪一个反应快？
(A) 苯乙酮   (B) 环戊酮   (C) 丙醛   (D) 二苯酮

解：所有醛、脂肪族甲基酮和八个碳以下的环酮可以和 $NaHSO_3$ 发生亲核加成反应，反应活性依次为 $HCHO＞CH_3CHO＞CH_3COCH_3＞CH_3COR$，因此 A、D 不反应，C 反应最快，B 次之。

18. 下列化合物中哪些能发生自身的羟醛缩合、碘仿反应、歧化反应、与 Fehling 试剂的氧化反应。

(A) 苯-CHO   (B) $HCHO$ (C) $(CH_3CH_2)_2CHCHO$ (D) $(CH_3)_3CCHO$

(E) ICH_2CHO (F) CH_3CH_2CHO (G) $CH_3CH(OH)CH_3$ (H) 苯-$COCH_3$

解：能发生自身的羟醛缩合的有：(C) (E) (F) (H)

能发生碘仿反应的有：(E)(G)(H)
能发生歧化反应的有：(A)(B)(D)
与 Fehling 试剂发生氧化反应的有：(B)(C)(D)(E)(F)

19. 提出下列反应的机理。

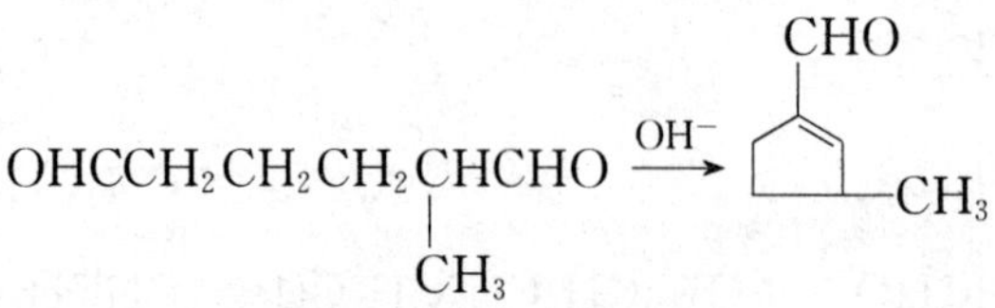

$$OHCCH_2CH_2CH_2CH(CH_3)CHO \xrightarrow{OH^-}$$ 3-甲基-1-环戊烯甲醛

解：机理如图所示，经烯醇化、分子内羟醛缩合、脱水得到产物。

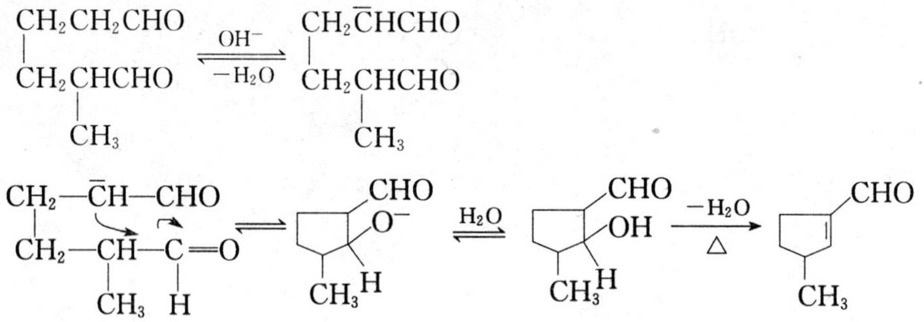

20. 用化学方法区别下列化合物。

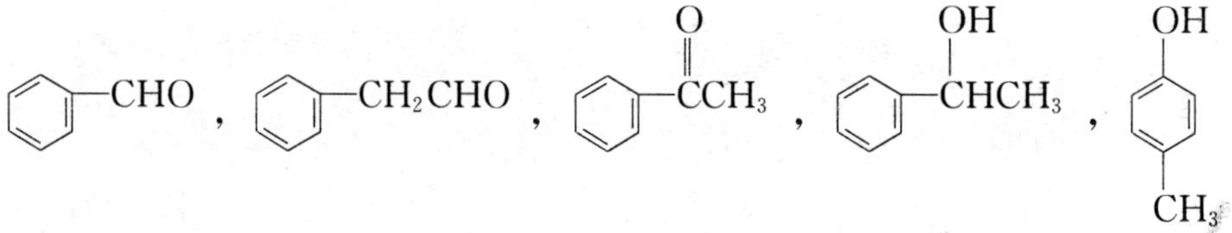

$$PhCHO,\ PhCH_2CHO,\ PhCOCH_3,\ PhCH(OH)CH_3,\ \text{对甲苯酚}$$

解：

- PhCHO：Ag(NH₃)₂OH 生成银镜；斐林试剂无沉淀
- PhCH₂CHO：生成银镜；斐林试剂 Cu₂O↓ 红色
- PhCOCH₃：无银镜；FeCl₃ 不显色；2,4-二硝基苯肼 黄色沉淀
- PhCH(OH)CH₃：无银镜；FeCl₃ 不显色；2,4-二硝基苯肼 无沉淀
- 对甲苯酚：无银镜；FeCl₃ 溶液显蓝色

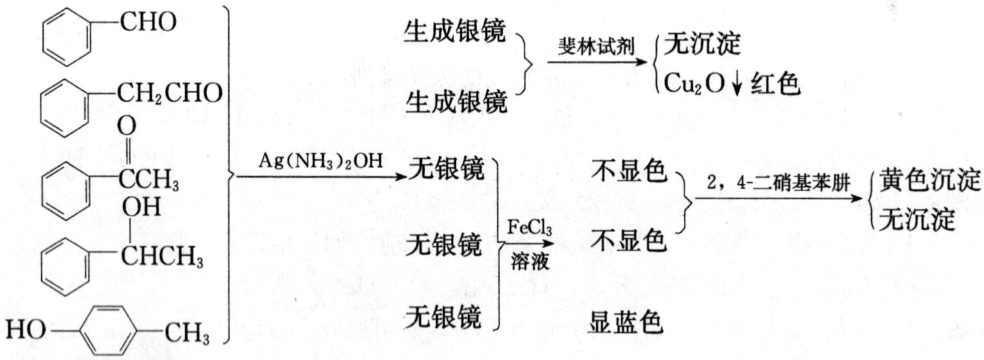

21. 以乙醇为原料合成下列化合物。

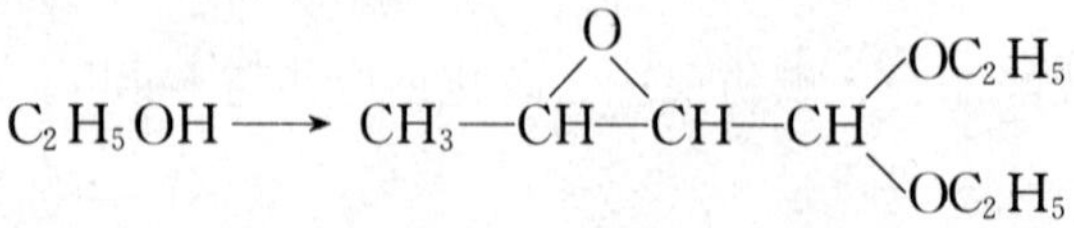

$$C_2H_5OH \longrightarrow CH_3-\underset{O}{CH-CH}-CH(OC_2H_5)_2$$

解：

$$C_2H_5OH \xrightleftharpoons[\triangle]{Cu} CH_3CHO \xrightarrow[\triangle]{\text{稀}OH^-} CH_3CH=CHCHO \xrightarrow[\mp HCl]{2C_2H_5OH}$$

$$CH_3CH=CHCH(OC_2H_5)_2 \xrightarrow{CH_3COOOH} CH_3-\underset{O}{CH-CH}-CH(OC_2H_5)_2$$

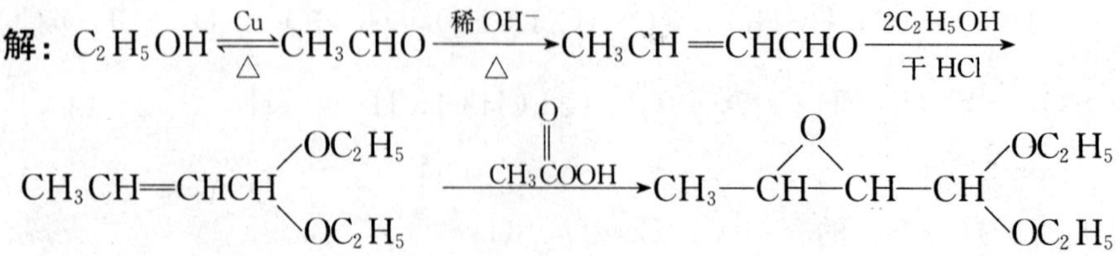

22. 选择合适的原料合成下列化合物。

(1) 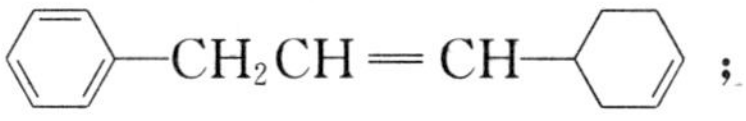 Ph—CH₂CH=CH—C₆H₉ ； (2) 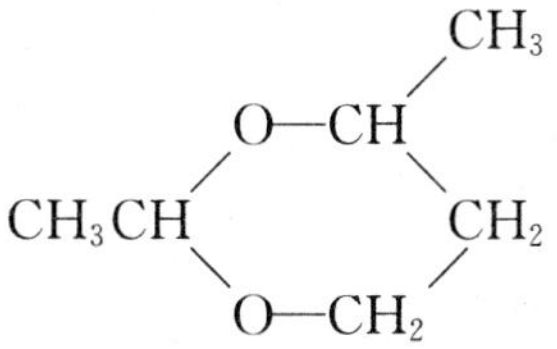 目标分子（缩醛结构，含CH₃CH、O—CH(CH₃)、O—CH₂、CH₂）

解：(1) 目标分子从结构上看是以碳碳双键为中心的两部分组成。双键可以通过醇脱水或卤代烃脱卤化氢的方法得到。但在这里这种方法不能得到目标分子，因为：

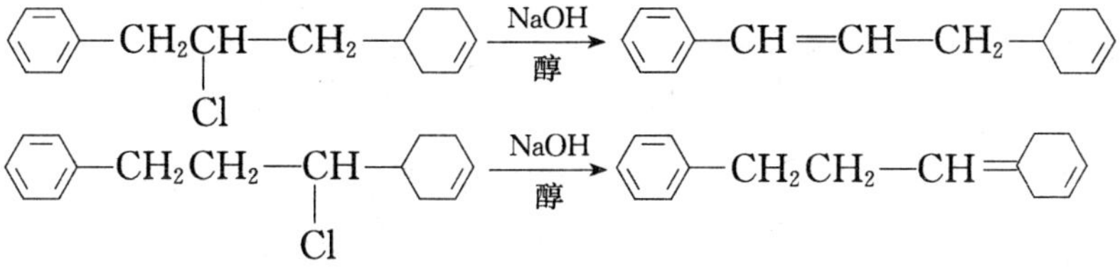

Ph—CH₂CH(Cl)—CH₂—C₆H₉ $\xrightarrow[\text{醇}]{\text{NaOH}}$ Ph—CH=CH—CH₂—C₆H₉

Ph—CH₂CH₂—CH(Cl)—C₆H₉ $\xrightarrow[\text{醇}]{\text{NaOH}}$ Ph—CH₂CH₂—CH=C₆H₈

在这种情况下可以采用 Witting 反应，使双键进入指定位置。利用 Witting 反应有两条路线组合：

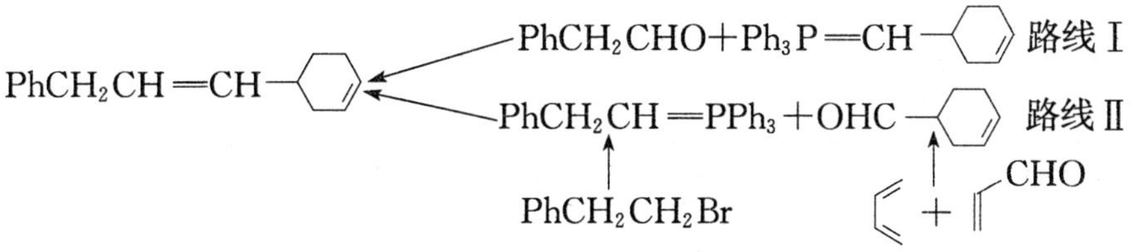

PhCH₂CH=CH—C₆H₉ ← PhCH₂CHO + Ph₃P=CH—C₆H₉   路线 Ⅰ

PhCH₂CH=CH—C₆H₉ ← PhCH₂CH=PPh₃ + OHC—C₆H₉   路线 Ⅱ

      ↑ PhCH₂CH₂Br   ↑ 丁二烯 + CH₂=CHCHO

这两条路线相比较，路线 Ⅱ 较优，所以合成路线如下：

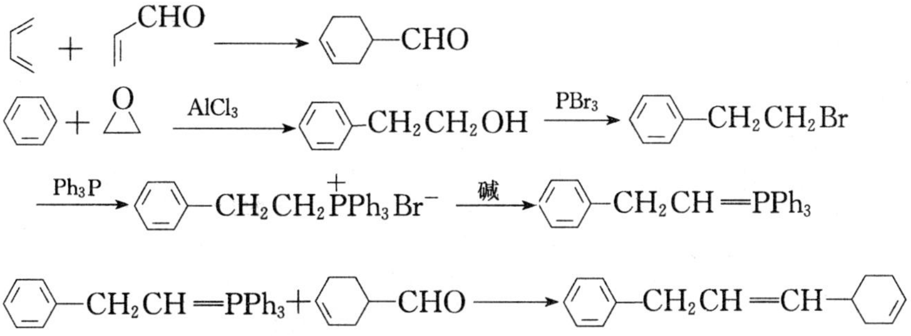

丁二烯 + CH₂=CHCHO ⟶ C₆H₉—CHO

C₆H₆ + 环氧乙烷 $\xrightarrow{\text{AlCl}_3}$ Ph—CH₂CH₂OH $\xrightarrow{\text{PBr}_3}$ Ph—CH₂CH₂Br

$\xrightarrow{\text{Ph}_3\text{P}}$ Ph—CH₂CH₂$\overset{+}{\text{P}}$Ph₃Br⁻ $\xrightarrow{\text{碱}}$ Ph—CH₂CH=PPh₃

Ph—CH₂CH=PPh₃ + C₆H₉—CHO ⟶ Ph—CH₂CH=CH—C₆H₉

利用 Witting 反应合成烯时，醛、酮中原有的 C=C，C≡C，OH，RO，X，NO₂，NR₂，CO₂R 等基团不受影响，它是合成复杂烯烃的有效方法。同时，还可用它将双键合成到指定位置，如烯类，因此也可用来合成亚甲基化合物。

(2) 目标分子 CH₃CH（缩醛结构）是缩醛，可由 CH₃CHO 与

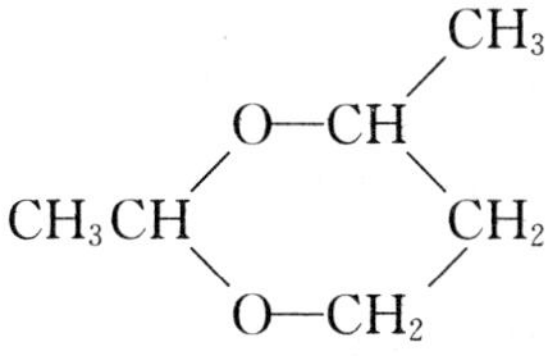

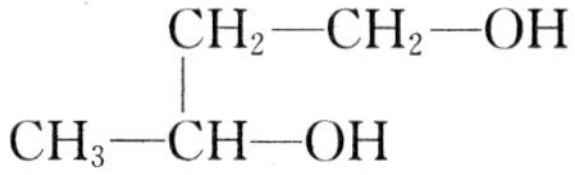

CH₃—CH(OH)—CH₂—CH₂—OH

制备。后者又可经 CH₃CH(OH)CH₂CHO 催化加氢得到。化合物

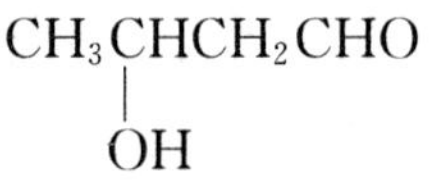

CH₃CHCH₂CHO 则是 CH₃CHO 羟醛缩合的产物。
    |
    OH

合成路线如下：

$$2CH_3CHO \xrightarrow{\text{稀 NaOH}} CH_3\underset{OH}{\underset{|}{CH}}CH_2CHO \xrightarrow{H_2, Pd} CH_3\underset{OH}{\underset{|}{CH}}CH_2CH_2OH$$

$$CH_3\underset{OH}{\underset{|}{CH}}CH_2CH_2OH + CH_3CHO \xrightarrow{\text{干 HCl}} \text{(环状缩醛产物)}$$

23. 某化合物的分子式为 $C_6H_{12}O$，能与羟胺作用生成肟，但不起银镜反应，在铂催化下进行加氢则得到醇，此醇经去水、臭氧化、水解等反应后，得到两种液体，其中之一能起银镜反应，但不起碘仿反应；另一种能起碘仿反应，而不能使斐林试剂还原。试写出该化合物的结构式。

解： 该化合物的结构为：
$$CH_3CH_2\underset{\underset{CH_3}{|}}{\overset{\overset{O}{\|}}{C}}CHCH_3$$

反应式：
$$CH_3CH_2\underset{\underset{CH_3}{|}}{\overset{\overset{O}{\|}}{C}}CHCH_3 \xrightarrow{Ag(NH_3)_2OH} \times$$

$$CH_3CH_2\underset{\underset{CH_3}{|}}{\overset{\overset{O}{\|}}{C}}CHCH_3 \xrightarrow{H_2NOH} \underset{(CH_3)_2CH}{\overset{CH_3CH_2}{}}C=NOH$$

$$CH_3CH_2\underset{\underset{CH_3}{|}}{\overset{\overset{O}{\|}}{C}}CHCH_3 \xrightarrow{H_2/Ni} CH_3CH_2\underset{\underset{CH_3}{|}}{\overset{\overset{OH}{|}}{CH}}CHCH_3 \xrightarrow[-H_2O]{H_2SO_4} CH_3CH_2CH=\underset{CH_3}{\overset{CH_3}{C}}$$

$$\xrightarrow[\text{②Zn/H}_2O]{\text{①}O_3} CH_3CH_2CHO + CH_3COCH_3$$

$$CH_3CH_2CHO \begin{cases} \xrightarrow{I_2/NaOH} \text{无碘仿生成} \\ \xrightarrow{Ag(NH_3)_2OH} CH_3CH_2COONH_4 + Ag\downarrow \end{cases}$$

$$CH_3COCH_3 \begin{cases} \xrightarrow{Cu^{2+}, OH^-} \times \\ \xrightarrow{I_2/NaOH} CH_3COO^- + CHI_3\downarrow \end{cases}$$

24. 有一化合物 A 分子式为 $C_8H_{14}O$，A 可使溴水迅速褪色，可以与苯肼反应，A 氧化生成一分子丙酮及化合物 B，B 具有酸性，与 NaOCl 反应生成一分子氯仿和一分子丁二酸。试写出 A、B 可能的构造式。

解： A. 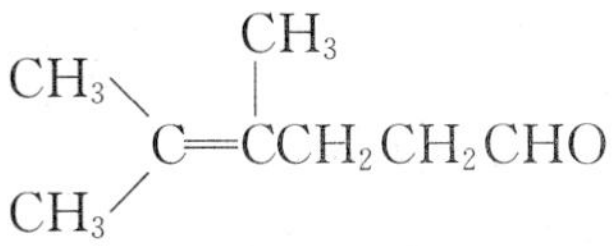 (CH₃)₂C=CHCH₂CH₂CHO 或 (CH₃)₂C—CHCH₂CH₂C=O

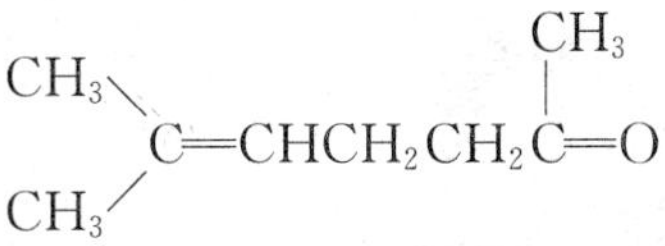

B. CH₃COCH₂CH₂COOH

25. 为什么醛、酮和氨的衍生物的反应要在微酸性（pH 约 3.5）条件下才有最大的速率？pH 值太大或太小有什么不好？

解： 醛酮和氨的衍生物的反应一般为加成、消去两步反应。pH 值太大，消除脱水步较慢；pH 值太小，加成步骤慢。

26. 醛容易氧化成酸，在用重铬酸氧化伯醇以制备醛时需要采取什么措施？

解： 利用醛的沸点比醇低这一特点，使反应生成的醛不断蒸发出来以免被进一步氧化。

27. 制备缩醛，反应后要加碱使反应混合物呈碱性，然后蒸馏，为什么？

解： 缩醛在碱性条件下稳定。

28. 乙酸中也含有乙酰基，但不发生碘仿反应，为什么？

解： 乙酸在 NaOH 条件下，形成 CH₃COO⁻，氧负离子与羰基共轭，电子离域化的结果，降低了羰基碳的正电性，因此 α-氢活泼性降低，不能发生碘仿反应。

第 9 章

羧酸及其衍生物

9.1 本章重点和难点

本章重点

1. 羧酸衍生物的生成及其反应机理；
2. 二元酸的脱羧和脱水反应；
3. α-氢的卤代反应；
4. 羧酸衍生物的水解、醇解、氨解和酸解反应及其反应机理；
5. 羧酸衍生物的还原反应。

本章难点

1. 羧酸衍生物的亲和取代反应及机理；
2. 羧酸衍生物的相对反应活性及其影响因素；
3. 羧酸衍生物的还原反应；
4. 酰胺的还原反应；
5. 羧酸衍生物与金属有机试剂的反应；
6. Hofmann 降解反应。

9.2 本章知识要点

9.2.1 羧酸的制法

1. 烃的氧化

$$CH_3CH_2CH_2CH_3 \xrightarrow[\substack{90\sim 100℃ \\ 1.01\sim 5.47MPa}]{O_2,醋酸钴}$$

$$\underset{57\%}{CH_3COOH} + \underset{1\%\sim 2\%}{HCOOH} + \underset{2\%\sim 3\%}{CH_3CH_2COOH} + \underset{17\%}{\underbrace{CO+CO_2}} + \underset{22\%}{酯和酮}$$

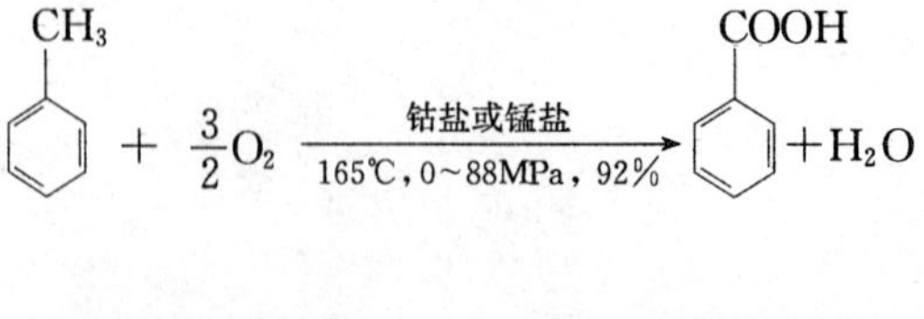

$$\text{C}_6\text{H}_5\text{CH}_3 + \frac{3}{2}O_2 \xrightarrow[165℃, 0\sim 88MPa, 92\%]{钴盐或锰盐} \text{C}_6\text{H}_5\text{COOH} + H_2O$$

2. 伯醇或醛的氧化

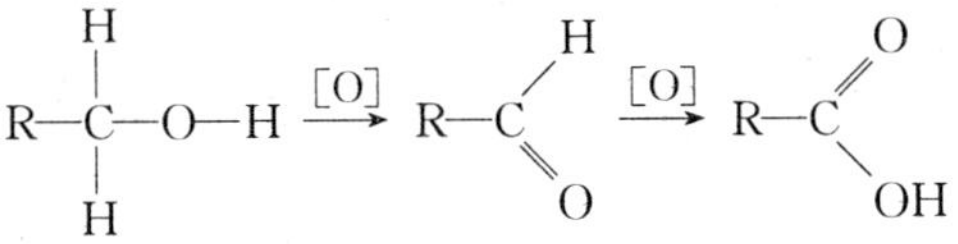

$$R-\underset{H}{\overset{H}{C}}-OH \xrightarrow{[O]} R-\underset{O}{\overset{H}{C}} \xrightarrow{[O]} R-\underset{OH}{\overset{O}{C}}$$

3. 腈水解

$$RCH_2CN \xrightarrow[\text{或 } OH^-, H_2O]{H_2SO_4, H_2O} RCH_2COOH$$

4. Grignarda 试剂与二氧化碳作用

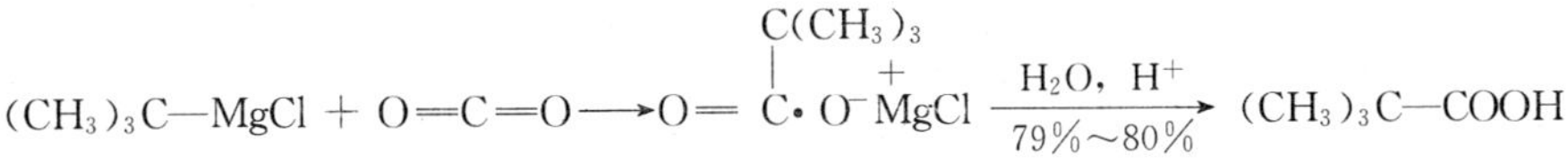

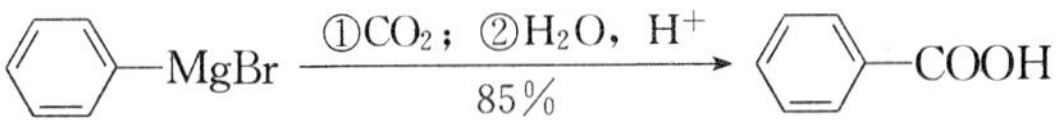

$$(CH_3)_3C-MgCl + O=C=O \longrightarrow O=\underset{O^-MgCl}{\overset{C(CH_3)_3}{\underset{|}{C}}} \xrightarrow[79\%\sim80\%]{H_2O, H^+} (CH_3)_3C-COOH$$

$$\text{C}_6\text{H}_5-MgBr \xrightarrow[85\%]{①CO_2; ②H_2O, H^+} \text{C}_6\text{H}_5-COOH$$

9.2.2 羧酸的化学性质

羧酸的化学反应，根据羧酸分子结构中键的断裂方式不同而发生不同的反应，可表示如下：

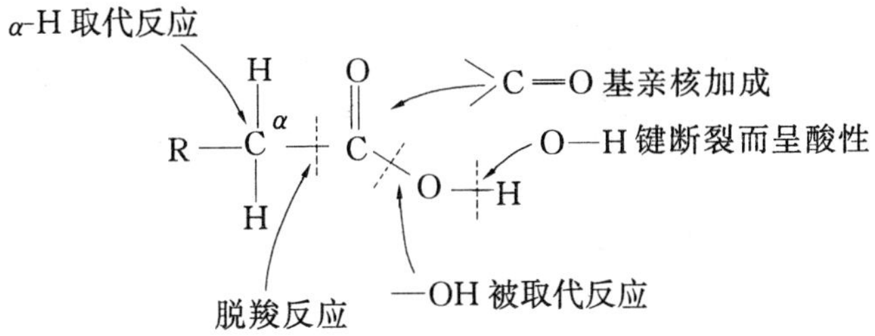

$$\begin{array}{c}
\alpha\text{-H 取代反应} \\
\searrow \\
R-\underset{H}{\overset{H}{\underset{|}{C}}}\underset{\alpha}{|}\overset{O}{\underset{|}{C}}\!\!-\!\!\underset{|}{O}\!-\!H \\
\nearrow \quad \uparrow \\
\text{脱羧反应} \quad -OH \text{ 被取代反应}
\end{array}$$

C=O 基亲核加成
O—H 键断裂而呈酸性

1. 酸性和成盐

羧酸呈明显的弱酸性。在水溶液中，羧基中的氢氧键断裂，解离出的氢离子能与水结合为水合氢离子。

$$RCOOH + H_2O \rightleftharpoons RCOO^- + H_3O^+$$

羧酸与碳酸氢钠（或碳酸钠、氢氧化钠）的成盐反应如下：

$$RCOOH + NaHCO_3 \longrightarrow RCOONa + CO_2 + H_2O$$

影响酸性的因素：

羧酸酸性的强弱与羧基所连基团的性质有关。羧酸烃基中的氢原子被其他原子或基团取代，可以改变羧酸的解离常数。凡能使羧基电子云密度降低的基团，都有利于分散羧基负离子的负电荷，使羧基负离子稳定性增强，羧基解离变得容易，酸性增强，反之则酸性减弱。

2. 羧基中的羟基被取代

（1）酰卤的生成

$$R-\underset{\|}{C}-OH + PCl_3 \longrightarrow R-\underset{\|}{C}-Cl + H_3PO_3$$
$$\text{酰氯}\text{亚磷酸}$$

$$R-\underset{\|}{\underset{O}{C}}-OH + PCl_5 \longrightarrow R-\underset{\|}{\underset{O}{C}}-Cl + POCl_3 + HCl$$
$$\text{磷酰氯}$$

$$R-\underset{\|}{\underset{O}{C}}-OH + SOCl_2 \longrightarrow R-\underset{\|}{\underset{O}{C}}-Cl + SO_2 + HCl$$
$$\text{亚硫酰氯}$$

（2）酸酐的生成

$$R-\underset{\|}{\underset{O}{C}}-OH + HO-\underset{\|}{\underset{O}{C}}-R' \xrightarrow[-H_2O]{P_2O_5} R-\underset{\|}{\underset{O}{C}}-O-\underset{\|}{\underset{O}{C}}-R'$$
$$\phantom{R-C-OH + HO-C-R' \xrightarrow{P_2O_5} R-C-O-C-R'}\text{酸酐}$$

（3）酯的生成

$$CH_3COOH + HOC_2H_5 \underset{}{\overset{H^+}{\rightleftharpoons}} CH_3COOC_2H_5 + H_2O$$

（4）酰胺的生成

$$R-\underset{OH}{\underset{\|}{\overset{O}{C}}} \xrightarrow{NH_3} R-\underset{ONH_4}{\underset{\|}{\overset{O}{C}}} \xrightarrow[\triangle]{-H_2O} R-\underset{NH_2}{\underset{\|}{\overset{O}{C}}}$$

3. α-氢原子的反应

$$RCH_2\underset{X}{C}HCOOH \begin{cases} \xrightarrow{OH^-} RCH_2\underset{OH}{C}HCOOH \\ \xrightarrow{NH_3} RCH_2\underset{NH_2}{C}HCOOH \\ \xrightarrow[\triangle]{NaOH} R-CH=CHCOONa \xrightarrow{H^+} R-CH=CHCOOH \\ \xrightarrow{CN^-} RCH_2\underset{CN}{C}HCOOH \xrightarrow{H_3O^+} RCH_2\underset{COOH}{C}HCOOH \end{cases}$$

4. 脱羧反应

$$H_3C-\underset{\|}{\underset{O}{C}}-ONa \xrightarrow[\text{共熔}]{NaOH+CaO} CH_4 + Na_2CO_3$$

5. 还原反应

$$(CH_3)_3CCOOH \xrightarrow[\text{②}H_2O,\ H^+,\ 92\%]{\text{①}LiAlH_4,\ \text{乙醚}} (CH_3)_3CCH_2OH$$

9.2.3 羧酸衍生物的分类

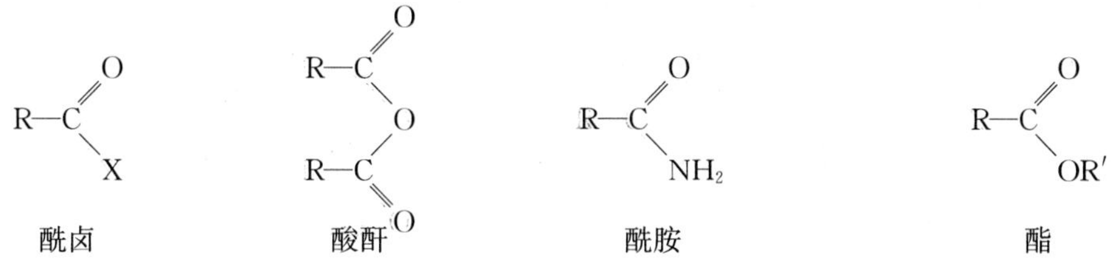

酰卤　　　　酸酐　　　　酰胺　　　　酯

（R可以是Ar或H）

9.2.4 羧酸衍生物的化学性质

羧酸衍生物的结构：相连的Cl、O、N上都有孤对电子，与羰基π电子发生共轭，同时与碳原子相比，Cl、O、N原子参与共轭及吸引电子能力的不同，造成酰氯、酸酐、酯和酰胺在性质上明显不同。

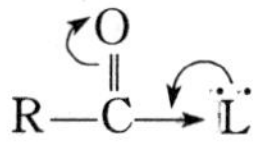

（L=Cl，OCOR，OR，NH_2 等）

羧酸衍生物分子中羰基碳上发生亲核加成反应活性由大到小的顺序如下：

酰卤＞酸酐＞酯＞酰胺

1. 亲核取代反应

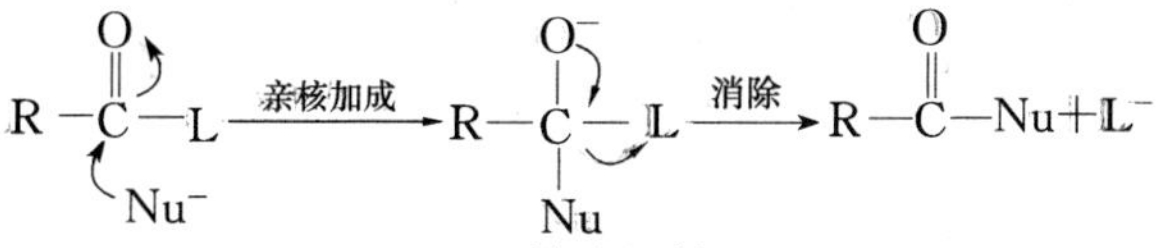

$$R-\underset{Nu^-}{\overset{O}{\underset{\|}{C}}}-L \xrightarrow{亲核加成} R-\underset{Nu}{\overset{O^-}{\underset{|}{C}}}-L \xrightarrow{消除} R-\overset{O}{\underset{\|}{C}}-Nu + L^-$$

四面体中间体

（1）水解

$$(C_6H_5)_2CHCH_2CCl \xrightarrow[0℃,95\%]{H_2O, Na_2CO_3} (C_6H_5)_2CHCH_2COOH$$

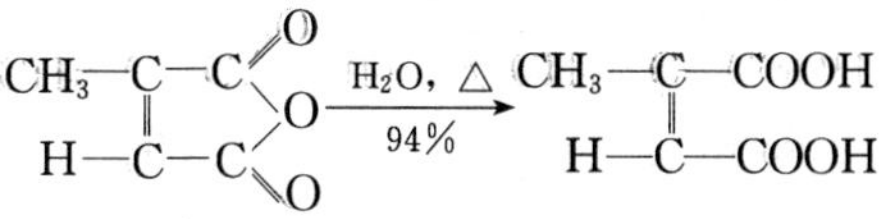

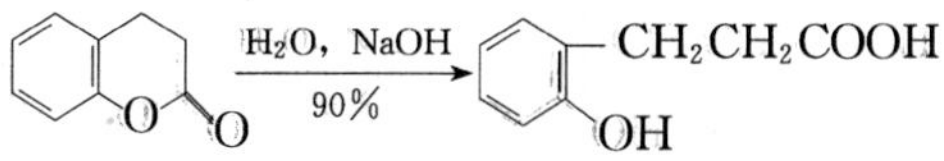

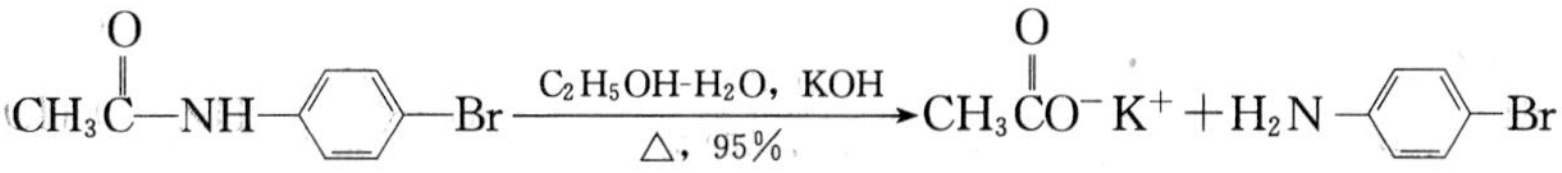

水解反应进行的难易次序为：酰卤＞酸酐＞酯＞酰胺

（2）醇解

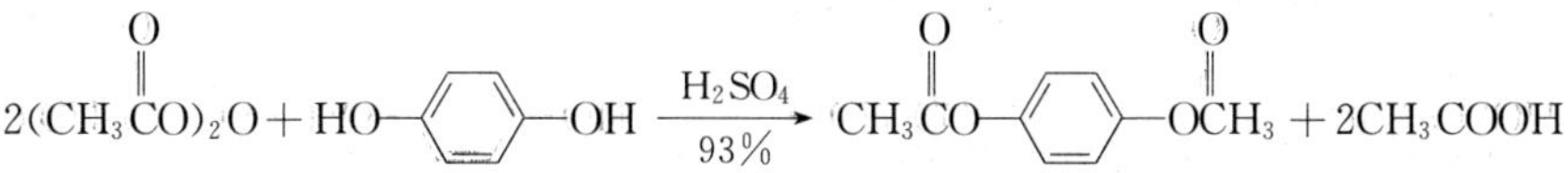

$$2(CH_3CO)_2O + HO-\bigcirc-OH \xrightarrow[93\%]{H_2SO_4} CH_3CO-\bigcirc-OCCH_3 + 2CH_3COOH$$

酯的醇解亦称酯交换反应。例如：

$$CH_2=CH-\underset{\underset{O}{\|}}{C}-OCH_3 + CH_3CH_2CH_2CH_2OH \underset{}{\overset{H^+, 94\%}{\rightleftharpoons}}$$

$$CH_2=CH-\underset{\underset{O}{\|}}{C}-OCH_2CH_2CH_3 + CH_3OH$$

(3) 氨解

$$R-\underset{\underset{O}{\|}}{C}-Cl + 2NH_3 \longrightarrow R-\underset{\underset{O}{\|}}{C}-NH_2 + NH_4Cl$$

$$R-\underset{\underset{O}{\|}}{C}-O-\underset{\underset{O}{\|}}{C}-R + NH_3 \longrightarrow R-\underset{\underset{O}{\|}}{C}-NH_2 + RCOOH$$

$$R-\underset{\underset{O}{\|}}{C}-OR' + NH_3 \longrightarrow R-\underset{\underset{O}{\|}}{C}-NH_2 + R'OH$$

2. 羧酸衍生物与有机金属化合物的反应

$$C_6H_5-\underset{\underset{O}{\|}}{C}-OC_2H_5 + C_6H_5MgBr \xrightarrow[回流]{乙醚，苯} C_6H_5-\underset{\underset{C_6H_5}{|}}{\overset{OMgBr}{\underset{|}{C}}}-OC_2H_5 \xrightarrow{-MgBr(OC_2H_5)}$$

$$C_6H_5-\underset{\underset{O}{\|}}{C}-C_2H_5 \xrightarrow[乙醚，苯，回流]{C_6H_5MgBr} C_6H_5-\underset{\underset{C_6H_5}{|}}{\overset{OMgBr}{\underset{|}{C}}}-C_6H_5 \xrightarrow[NH_4Cl]{H_2O} (C_6H_5)_3COH$$
$$89\%\sim93\%$$

$$CH_3-\underset{\underset{O}{\|}}{C}-Cl + CH_3CH_2CH_2MgCl \xrightarrow[-70℃, 72\%]{乙醚, FeCl_3} CH_3-\underset{\underset{O}{\|}}{C}-CH_2CH_2CH_3$$

3. 羧酸衍生物的还原

$$\left.\begin{array}{l} R-\underset{\underset{O}{\|}}{C}-X \\ R-\underset{\underset{O}{\|}}{C}-O-\underset{\underset{O}{\|}}{C}-R' \\ R-\underset{\underset{O}{\|}}{C}-O-R' \\ R-\underset{\underset{O}{\|}}{C}-NH_2(R) \end{array}\right\} \xrightarrow{[H]} \begin{array}{l} RCH_2OH \\ \\ RCH_2OH + R'CH_2OH \\ \\ RCH_2OH + R'OH \\ \\ RCH_2NH_2(R) \end{array}$$

羧酸衍生物被还原的反应活性为：

$$R-\underset{\underset{O}{\|}}{C}-X > R-\underset{\underset{O}{\|}}{C}-O-\underset{\underset{O}{\|}}{C}-R' > R-\underset{\underset{O}{\|}}{C}-O-R' > R-\underset{\underset{O}{\|}}{C}-NH_2(R)$$

9.3 典型习题讲解及参考答案

1. 试比较下面反应进行时的反应活性。

(1) $C_2H_5CO_2H \xrightarrow{LiAlH_4} C_2H_5CH_2OH$

(2) $C_2H_5COOC_2H_5 \xrightarrow{LiAlH_4} C_2H_5CH_2OH + C_2H_5OH$

(3) $C_2H_5COCl \xrightarrow{LiAlH_4} C_2H_5CH_2OH$

(4) $C_2H_5CONH_2 \xrightarrow{LiAlH_4} C_2H_5CH_2NH_2$

解：羧酸及其衍生物与 $LiAlH_4$ 的反应，是负氢 H^- 对羰基的亲核加成，羰基的反应活性是酰卤＞酸酐＞酯＞酰胺＞羧酸负离子，所以反应活性次序为（3）＞（2）＞（4）＞（1）。

2. 试解释下列醇和酸酯化反应的活性规律。

$CH_3OH > CH_3CH_2OH > (CH_3)_2CHOH > (CH_3)_3COH$

$HCOOH > CH_3COOH > CH_3CH_2COOH > (CH_3)_2CHCOOH > (CH_3)_3CCOOH$

解：羧酸 α-碳和醇中 α-碳上取代基越多，空间阻碍越大，无论采取哪种酯化反应机理，彼此都不易接近，因此反应速率和难易程度都有以上题目中所示的规律。

3. 为什么 α，β 不饱和酸的酸性比相应碳原子数的饱和酸的酸性强？

解：饱和酸羟基碳为 sp^3 杂化，不饱和酸的羟基不饱和碳为 sp^2 或者 sp 杂化。sp^3 杂化轨道中 s 电子成分少于 sp^2 和 sp，s 成分多的碳碳键吸电子能力强；其二是 α，β 不饱和酸和饱和酸的羧基氢解离后，前者共轭体系大于后者，因此前者稳定性大于后者，故 α，β 不饱和酸酸性强于相应碳数的饱和酸。

4. 按碱性强弱排列下列化合物。

(1) α-溴代苯乙酸、对溴苯乙酸、对甲基苯乙酸和苯乙酸

(2) 苯甲酸、对硝基苯甲酸、间硝基苯甲酸和对甲基苯甲酸

解：(1) Br—CH(C₆H₅)CO₂H ＞ 对溴苯乙酸（CH₂CO₂H，Br在对位）＞ 苯乙酸（CH₂CO₂H）＞ 对甲基苯乙酸（CH₂CO₂H，CH₃在对位）

(2) 对硝基苯甲酸（COOH，NO₂在对位）＞ 间硝基苯甲酸（COOH，NO₂在间位）＞ 苯甲酸（COOH）＞ 对甲基苯甲酸（COOH，CH₃在对位）

5. 比较下列化合物的酸性的强弱。

(1) $CH_3\underset{F}{\overset{|}{C}H}COOH$； $CH_3\underset{Br}{\overset{|}{C}H}COOH$； $\underset{Br}{\overset{|}{C}H_2}CH_2COOH$

(2) $CH_3CH_2CH_2COOH$； $HOOCCH_2CH_2COOH$； $HOOCCH=CHCOOH$

(3) CH_3CH_2COOH； $HC\equiv CCOOH$； $CH_2=CHCOOH$； $N\equiv CCOOH$

(4) 3,5-二硝基苯甲酸（COOH，两个NO₂）； 苯甲酸（COOH）； 间硝基苯甲酸（COOH，NO₂在间位）； 对甲基苯甲酸（COOH，CH₃在对位）

(5) $H_3\overset{+}{N}CH_2COOH$;　　$HOCH_2COOH$;　　$HSCH_2COOH$

解：(1) $\underset{F}{CH_3\overset{|}{C}HCOOH} > \underset{Br}{CH_3\overset{|}{C}HCOOH} > \underset{Br}{CH_2\overset{|}{C}H_2COOH}$

(2) $HO\overset{O}{\overset{\|}{C}}CH=CH\overset{O}{\overset{\|}{C}}OH > HO\overset{O}{\overset{\|}{C}}CH_2\overset{O}{\overset{\|}{C}}OH > CH_3CH_2CH_2COOH$

(3) $NCCOOH > HC\equiv CCO_2H > CH_2=CHCO_2H > CH_3CH_2CO_2H$

(4)

3,5-二硝基苯甲酸 > 3-硝基苯甲酸 > 苯甲酸 > 对甲基苯甲酸

(5) $H_3\overset{+}{N}CH_2CO_2H > HOCH_2CO_2H > HSCH_2CO_2H$

6. 卤代烷可通过氰基取代水解法及相应的格式试剂羧基化两种方法转化为羧酸，下列各种转化中，两方法哪一种好些，为什么？

(1) $(CH_3)_3CCl \longrightarrow (CH_3)_3CCOOH$

(2) $Br-CH_2CH_2-Br \longrightarrow HOOCCH_2CH_2COOH$

(3) $CH_3COCH_2CH_2CH_2Br \longrightarrow CH_3COCH_2CH_2CH_2COOH$

(4) $(CH_3)_3CCH_2Br \longrightarrow (CH_3)_3CCH_2COOH$

(5) $CH_3CH_2CH_2CH_2Br \longrightarrow CH_3CH_2CH_2CH_2COOH$

(6) $HOCH_2CH_2CH_2CH_2Br \longrightarrow HOCH_2CH_2CH_2CH_2COOH$

解：(1) $(CH_3)_3CCl \xrightarrow[(2)\ CO_2]{(1)\ Mg/乙醚} (CH_3)_3CCO_2H$

格氏试剂法比较好，$(CH_3)_3CCl$ 与 NaCN 反应时主要发生消去反应，很难发生 S_N2 反应。

(2) $BrCH_2CH_2Br \xrightarrow{2NaCN} \xrightarrow[H^+ 或 OH^-]{H_2O} HOOC-CH_2CH_2-COOH$

格氏试剂则容易发生分子内的消去，如下所示：

$BrMg-CH_2-CH_2-Br \longrightarrow CH_2=CH_2 + MgBr_2$

(3) $CH_3-\overset{O}{\overset{\|}{C}}(CH_2)_3Br \xrightarrow{CN^-} CH_3\overset{O}{\overset{\|}{C}}(CH_2)_3CN \xrightarrow{水解} CH_3\overset{O}{\overset{\|}{C}}(CH_2)_3COOH$

格氏试剂容易发生分子内羰基的亲核加成。

(4) $(CH_3)_3CCH_2Br \xrightarrow[乙醚]{Mg} \xrightarrow{CO_2} (CH_3)_3CCH_2CO_2H$

β-位阻特别大，CN^- 不易发生 S_N2 取代。

(5) $CH_3(CH_2)_3Br \longrightarrow CH_3(CH_2)_3CO_2H$

两种方法都可以。

(6) $HO(CH_2)_4Br \xrightarrow{CN^-} \xrightarrow{水解} HO(CH_2)_4CO_2H$

格氏试剂容易被—OH 的活泼 H 所分解。

7. 试总结出酸、酰卤、酸酐、酯、酰胺之间的相互转变关系。

解：

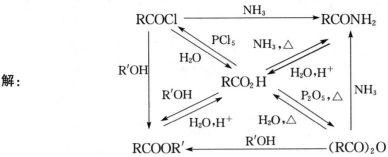

8. 分别用两种方法完成下列转化。

(1) ⌬—OH ⟶ ⌬—CHO

(2) ⌬—OH ⟶ ⌬—CH₂NH₂

解：(1) ⌬—OH $\xrightarrow{\text{HBr}}$ ⌬—Br $\begin{cases} \xrightarrow{\text{NaCN}} \text{⌬—CN} \xrightarrow[\text{(2) H}_2\text{O}/\triangle]{\text{(1) SnCl}_2/\text{HCl}} \text{⌬—CHO} \\ \xrightarrow{\text{Mg}} \xrightarrow[\text{(2) H}_2\text{O}]{\text{(1) CO}_2} \text{⌬—COOH} \xrightarrow{\text{PCl}_3} \text{⌬—COCl} \xrightarrow[\text{Pd-BaSO}_4]{\text{H}_2} \text{⌬—CHO} \end{cases}$

(2) ⌬—OH $\xrightarrow{\text{HBr}}$ ⌬—Br $\begin{cases} \xrightarrow{\text{NaCN}} \text{⌬—CN} \xrightarrow{\text{LiAlH}_4} \text{⌬—CH}_2\text{NH}_2 \\ \xrightarrow{\text{Mg}} \xrightarrow[\text{(2) H}_2\text{O}]{\text{(1) CO}_2} \text{⌬—COOH} \xrightarrow[\triangle, -\text{H}_2\text{O}]{\text{NH}_3} \text{⌬—CONH}_2 \xrightarrow{\text{LiAlH}_4} \text{⌬—CH}_2\text{NH}_2 \end{cases}$

9. (1) 不溶于水的化合物是（　　）。

A. 乙醇　　　　B. 乙酸乙酯　　　　C. 乙酸　　　　D. 乙酰胺

答案：B

(2) 反应式 邻-COOH,OH-苯 $\xrightarrow{(\text{CH}_3\text{CO})_2\text{O}}$? 该反应的主要产物是（　　）。

A. 邻-COOH, OCOCH₃-苯　　B. 邻-COOCH₃, OH-苯　　C. 苯甲酸　　D. 苯酚

答案：A

(3) 下列化合物中水解活性最强的是（　　）。
　　A. CH_3COCl　　　B. CH_3CONH_2　　　C. $(CH_3CO)_2O$　　　D. $CH_3COOC_2H_5$

答案：A

(4) 乙酰氯的乙醇醇解产物是（　　）。
　　A. 乙酸酐　　　B. 乙酸乙酯　　　C. 乙酰胺　　　D. 乙酸

答案：B

(5) 下列有机物沸点最高的是（　　）。
　　A. 1,2-丙二醇　　　B. 乙酸　　　C. 乙酰胺　　　D. N,N-二甲基甲酰胺

答案：C

10. (1) 下列化合物中酸性最强的是（　　）。
　　A. $CH_2BrCOOH$　　　B. $CH_2ClCOOH$　　　C. CCl_3COOH　　　D. $CHCl_2COOH$

答案：C

(2)《中国药典》鉴别阿司匹林的方法之一"取本品适量加水煮沸，放冷后加入 $FeCl_3$ 试液1滴，即显紫色。"该法利用了下述哪种反应（　　）。
　　A. 阿司匹林羧基与 Fe^{3+} 生成紫色配合物；
　　B. 阿司匹林水解生成的酚羟基与 Fe^{3+} 生成紫色配合物；
　　C. 阿司匹林水解后生成的乙酸与 Fe^{3+} 生成紫色配合物；
　　D. 都不是。

答案：B

(3) 不能发生银镜反应的化合物是（　　）。
　　A. HCOOH　　　B. CH_3CHO　　　C. $H-\overset{\overset{O}{\|}}{C}-COOH$　　　D. C_2H_5OH

答案：D

(4) 下列有机物中酸性最强的是（　　）。
　　A. 苯酚　　　B. 草酸　　　C. 水杨酸　　　D. 苯甲酸

答案：B

(5) 下列化合物中，不能使酸性高锰酸钾溶液褪色的是（　　）。
　　A. 叔丁醇　　　B. 2-丁烯　　　C. 乳酸　　　D. 苯甲醛

答案：A

11. 乙酰乙酸乙酯能使溴水褪色，能与三氯化铁反应显紫色，能发生碘仿反应。为什么？

解： 乙酰乙酸乙酯酮基和酯基中间的亚甲基，因为受酮基和酯基中羰基吸电子效应的影响，变得非常活泼，亚甲基上一个氢转移到酮基氧上，形成酮与烯醇的互变异构，反应式如下：

$$CH_3COCH_2COOCH_2CH_3 \underset{互变异构}{\rightleftharpoons} CH_3\underset{HO}{C}=CH-\overset{\overset{O}{\|}}{C}-OCH_2CH_3$$

　　　　　　酮式　　　　　　　　　　　　　　　　烯醇式

第9章 羧酸及其衍生物

由于烯醇式存在碳碳双键，与溴水发生加成反应，使溴水褪色；烯醇式上的羟基电离后氧负离子与三氯化铁中的铁形成配合物而显紫色；酮式因酮基有 3 个 α-H，可发生碘仿反应。

12. 完成下列转变。

(1) $\underset{}{C_6H_5}-CH(CH_3)_2$ + 丁二酸酐 $\xrightarrow[\text{②Zn-Hg/HCl}]{\text{①AlCl}_3}$? $\xrightarrow[\text{③PCl}_3]{}$? $\xrightarrow[\text{S-喹啉}]{H_2 \atop Pd-BaSO_4}$?

(2) 邻苯二甲酸酐 + $C_2H_5OH \longrightarrow$? $\xrightarrow{SOCl_2}$? $\xrightarrow{H_2NCONHNH_2}$?

(3) $CH_3CO_2H \xrightarrow[P]{Cl_2}$? $\xrightarrow{Na_2CO_3}$? $\xrightarrow{NaCN}$? $\xrightarrow[H_2SO_4]{2C_2H_5OH}$?

(4) $2CH_3CHO \xrightarrow[\text{加热}]{-OH}$? $\xrightarrow{NaBH_4}$? $\xrightarrow{PBr_3}$? $\xrightarrow[\text{乙醚}]{Mg} \xrightarrow[\text{②}H_3^+O]{\text{①}CO_2}$?

解：(1) $(H_3C)_2HC-\text{C}_6H_4-\overset{O}{\overset{\|}{C}}-(CH_2)_2COOH$ + $(H_3C)_2HC-\text{C}_6H_4-(CH_2)_3COOH$

$(H_3C)_2HC-\text{C}_6H_4-(CH_2)_3COCl$ + $(H_3C)_2HC-\text{C}_6H_4-(CH_2)_3CHO$

异丙基的存在使酰化产物主要在对位；Zn-Hg/HCl 只还原酮，用 PCl_5 可得到较高收率的酰氯。

(2) 邻-$C_6H_4(COOC_2H_5)(CO_2H)$, 邻-$C_6H_4(COOC_2H_5)(CO_2Cl)$, 邻-$C_6H_4(COOC_2H_5)(CO_2NHNHCONH_2)$

酸酐乙醇醇解后用 $SOCl_2$ 制备单酰氯，可得到高纯度产物，氨基脲活泼的氨基进行酰氯氨解。

(3) $ClCH_2COOH$，$ClCH_2COONa$，$CNCH_2COONa$，$(C_2H_5OCO)_2CH_2$

氯乙酸中和之后方能与 NaCN 反应，生成腈，否则放出 HCN。

(4) $CH_3CH=CHCHO$，$CH_3CH=CHCH_2OH$，$CH_3CH=CHCH_2Br$，$CH_3CH=CHCOOH$

α，β-不饱和醛与 $NaBH_4$ 作用选择性还原羰基，PBr_3 与烯丙醇作用得伯溴代烃。

13. 用简单化学方法鉴别下列各组化合物。
(1) 肉桂酸、苯酚、苯甲酸和水杨酸
(2) 甲酸、乙酸和乙醛

解：(1)

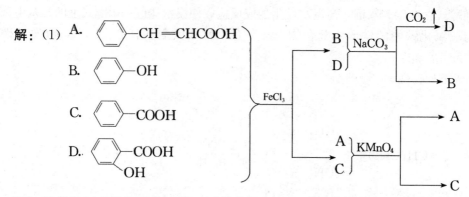

(2) 三者与 $NaHCO_3$ 反应，前面两者有气泡产生，继续与 $Ag^+(NH_3)_2$ 反应，甲酸和乙醛均有沉淀产生。

化合物	$NaHCO_3$	$Ag^+(NH_3)_2$
甲酸	$CO_2\uparrow$	$Ag\downarrow$
乙酸	$CO_2\uparrow$	—
乙醛	—	$Ag\downarrow$

9.4 课后习题及参考答案

1. 命名下列各化合物。

(1)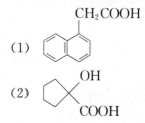

(2)

解：(1) 1-萘乙酸；(2) α-羟基环戊基甲酸

2. 比较下列化合物的酸性强弱，并按由强到弱排列成序。

(1) (A) C_2H_5OH (B) CH_3COOH (C) $HOOCCH_2COOH$ (D) $HOOCCOOH$

(2) (A) Cl_3CCOOH (B) $ClCH_2COOH$ (C) CH_3COOH (D) $HOCH_2COOH$

(3) (A) CH_3CH_2COOH (B) $CH_2=CHCOOH$ (C) $CH\equiv CCOOH$

(4) (A) C_6H_5OH (B) CH_3COOH (C) F_3CCOOH (D) $ClCH_2COOH$
(E) C_2H_5OH

(5) (A) 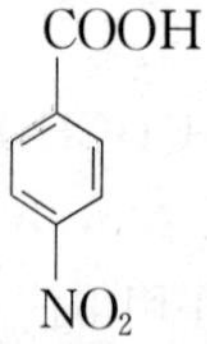 对硝基苯甲酸 (B) 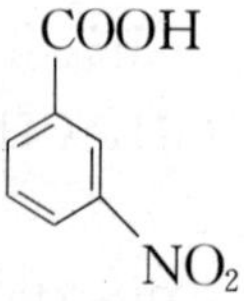 间硝基苯甲酸 (C)  苯甲酸 (D) 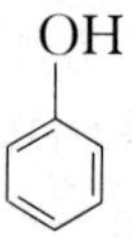 苯酚 (E) 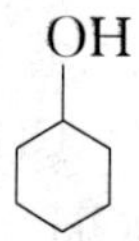 环己醇

解：(1) 这几个化合物既有醇又有酸，是属于两种不同类型的化合物。首先比较不同类型的化合物的酸性，然后比较同类型化合物中不同化合物相应的酸性。羧酸的酸性强于醇，因此 (A) 酸性最小。(B) (C) (D) 中与羧基直接相连的基团分别是：—CH_3，—CH_2

COOH，—COOH。甲基是供电子基团，降低酸性；羧基是吸电子基团，增强酸性。（D）羧基直接与羧基相连，酸性最强。（C）α-C 上连有羧基，酸性强于（B）。所以，上述化合物的酸性由强到弱的顺序为：（D）＞（C）＞（B）＞（A）。

（2）羧酸的酸性与羧酸所带取代基的种类、电负性、位置及数目有关。羧基与吸电子基团相连，酸性增强，吸电子作用越强酸性越强，吸电子基团越多酸性越强，吸电子基团离羧基越近酸性越强。—Cl 吸电子诱导效应强于—OH。所以酸性由强到弱顺序为：（A）＞（B）＞（D）＞（C）。

（3）单键碳、双键碳和三键碳杂化状态分别为：sp^3、sp^2、sp，电负性由强到弱顺序为：$sp>sp^2>sp^3$，所以酸性由强到弱顺序为：（C）＞（B）＞（A）。

（4）（C）＞（D）＞（B）＞（A）＞（E）

（5）（A）＞（B）＞（C）＞（D）＞（E）

3. 把卤代烷转化成增长 1 个碳原子的羧酸，最常见的方法有 2 种：一种是将卤代烷转化为腈，进而水解成酸；另一种是把卤代烷转变成 Grignard 试剂，然后羧基化。对于下列转化过程，哪种方法合理？还是两种都可以？说明理由。

(1) $CH_2CH_2CH_2CH_2Br \longrightarrow CH_3CH_2CH_2CH_2COOH$

(2) $(CH_3)_3CCl \longrightarrow (CH_3)_3CCOOH$

(3) $CH_3COCH_2CH_2CH_2Br \longrightarrow CH_3COCH_2CH_2CH_2COOH$

解：（1）两种方法均可。

（2）Grignard 反应。用 NaCN 会发生消除反应。

（3）NaCN 法。Grignard 试剂将与羰基反应。

4. 用化学方法区别下列各组化合物。

(1) CH_3CH_2OH，CH_3CHO，CH_3COOH，CH_3COCH_3

(2) 甲酸，乙酸，丙二酸，苯甲醛

解：（1）

CH_3CH_2OH，CH_3CHO，CH_3CCH_3（O），CH_3COOH →[$I_2/NaOH$, △] 黄↓/黄↓/黄↓/无 →[2,4-二硝基苯肼] 无/黄↓/黄↓ →[$Ag(NH_3)_2OH$] 银镜/无

（2）

苯甲醛-CHO，HCOOH，CH_3COOH，$HOOCCH_2COOH$ →[$Ag(NH_3)_2OH$] 生成银镜/生成银镜/无银镜/无银镜 →[$NaHCO_3$ 或 △] 无气体放出/放出 CO_2 气体/无气体放出/放出 CO_2 气体

5. 完成下列各反应式。

(1) 环己酮=O →[①? (A) / ②? (B)] 环己基-OH,C_2H_5 →[? (C)] 环己基-Br,C_2H_5 →[①Mg/干醚 ②CO_2 ③H_3O^+] ? (D)

(2) 环戊酮=O →[NaCN, H_2SO_4] ? (A) →[H_3O^+] ? (B) →[△] ? (C)

解：(1) (A) C_2H_5MgBr/干醚 (B) H_3O^+ (C) PBr_3 (D) 1-乙基环己基甲酸 (环己烷上连 COOH 和 C_2H_5)

(2) (A) 1-氰基环戊醇 (环戊烷连 OH 和 CN) (B) 1-羧基环戊醇 (环戊烷连 OH 和 COOH) (C) 螺环二酸酐

6. 完成下列转变。

(1) 环己叉基=CH₂ ⟶ 环己基-CH₂COOH

(2) $CH_3COCH_2CH_2CBr(CH_3)_2 \longrightarrow CH_3COCH_2CH_2C(CH_3)_2COOH$

解：(1) 环己叉=CH₂ $\xrightarrow[\text{过氧化物}]{HBr}$ 环己基-CH₂Br $\xrightarrow[\text{干醚}]{Mg}$ 环己基-CH₂MgBr $\xrightarrow[\text{②}H_3O]{\text{①}CO_2/\text{干醚}}$ 环己基-CH₂COOH

或 环己叉=CH₂ $\xrightarrow[\text{过氧化物}]{HBr}$ 环己基-CH₂Br $\xrightarrow{NaCN}$ 环己基-CH₂CN $\xrightarrow[\triangle]{H_3O^+}$ 环己基-CH₂COOH

(2) $CH_3COCH_2CH_2CBr(CH_3)_2 \xrightarrow[\text{干 HCl}]{HOCH_2CH_2OH}$ (缩酮)$CH_3CCH_2CH_2CBr(CH_3)_2$ $\xrightarrow[\text{干醚}]{Mg}$ (缩酮)$CH_3CCH_2CH_2C(CH_3)_2MgBr$ $\xrightarrow[\text{②}H_3O^+]{\text{①}CO_2/\text{干醚}}$ $CH_3COCH_2CH_2C(CH_3)_2COOH$

7. 由指定原料合成下列化合物。

(1) $C_6H_5Cl \longrightarrow C_6H_5COOH$

(2) $C_6H_5CH_3 \longrightarrow$ 对-Br-C_6H_4-CH(NH₂)-COOH

解：(1) $C_6H_5Cl \xrightarrow[\text{THF}]{Mg} C_6H_5MgCl \xrightarrow[\text{②}H_3O^+]{\text{①}CO_2/\text{干醚}} C_6H_5COOH$

(2) $C_6H_5CH_3 \xrightarrow[\text{Fe}]{Br_2}$ Br-C_6H_4-CH_3 $\xrightarrow[\text{光}]{Cl_2}$ Br-C_6H_4-CH_2Cl $\xrightarrow{NaCN}$ Br-C_6H_4-CH_2CN $\xrightarrow{H_3O^+}$ Br-C_6H_4-CH_2COOH $\xrightarrow[\text{Br}_2]{P}$ Br-C_6H_4-CHBr-COOH $\xrightarrow[\text{过量}]{NH_3}$ Br-C_6H_4-CH(NH₂)-COOH

8. 为什么 CH_3COOH 的沸点比相对分子量相近的有机物沸点一般要高，但却低于醇？

解：乙酸存在分子间氢键，故沸点比相对分子质量相近的有机物要高。此外，因为羧酸能通过氢键缔合成二聚体，但是醇分子中的羟基既可以形成分子内氢键，还可以形成分子间的氢键。因为这两种氢键的存在，所以醇分子间的这种氢键比羧酸分子间的氢键更稳定，所以要破坏这种氢键比相近分子量的羧酸要难，所以相近分子量的羧酸的沸点比醇的低。

9. 写出下列化合物的构造式。
(1) 草酸；(2) 肉桂酸；(3) 硬脂酸；(4) 邻苯二甲酸

解：(1)
$$\begin{matrix} COOH \\ | \\ COOH \end{matrix}$$

(2) $C_6H_5CH=CHCOOH$

(3) $CH_3(CH_2)_{16}COOH$

(4) 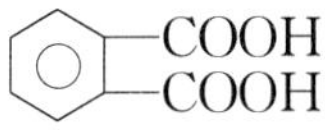 邻位苯环连两个COOH

10. 试说明取代苯甲酸的酸性应遵循哪些规律？

解：(1) 邻位取代苯甲酸的酸性均大于间位和对位异构体。
(2) 间、对位上的吸电子基使苯甲酸酸性增加，供电子基使苯甲酸酸性降低。

11. 乙酸中也含有乙酰基，但不发生碘仿反应，为什么？

解：乙酸在 NaOH 条件下，形成 CH_3COO^-，氧负离子与羰基共轭，电子离域化的结果，降低了羰基碳的正电性，因此 α-氢活泼性降低，不能发生碘仿反应。

12. 写出分子式为 $C_5H_6O_4$ 的不饱和二元羧酸的所有异构体（包括顺反异构）的结构式，并命名及指出哪些容易生成酸酐。

解：(1) 顺-2-甲基丁烯二酸（易形成酸酐）

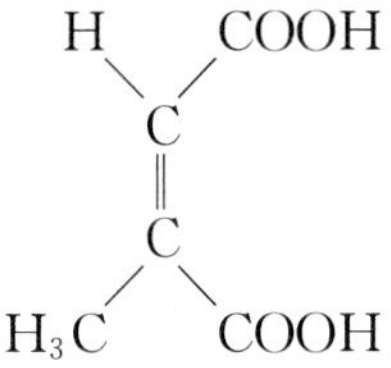

(2) 反-2-甲基丁烯二酸

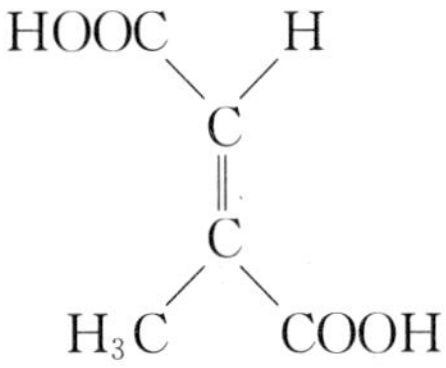

(3) 顺-2-戊烯二酸（易形成酸酐）

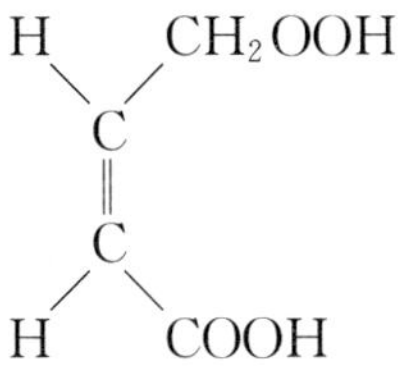

(4) 反-2-戊烯二酸

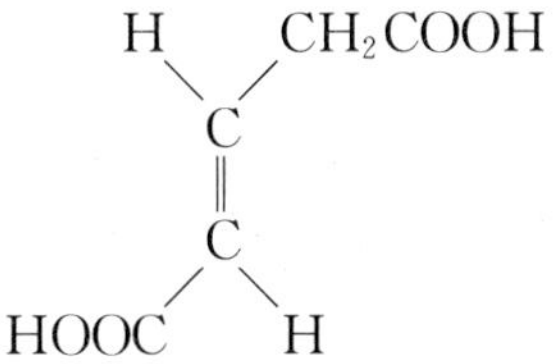

13. 写出丙酸与下列各试剂反应所生成的主要产物。

(1) Br_2, P；　　　　　　　　(2) $LiAlH_4$，然后加 H_2O；
(3) $SOCl_2$；　　　　　　　　(4) $(CH_3CO)_2O$，加热；
(5) PBr_3；　　　　　　　　　(6) C_2H_5OH，H_2SO_4

解：(1) $CH_3\underset{\underset{Br}{|}}{C}HCOOH$

(2) $CH_3CH_2CH_2OH$

(3) $CH_3CH_2\overset{O}{\overset{\|}{C}}-Cl$

(4) $CH_3CH_2\overset{O}{\overset{\|}{C}}\overset{O}{\overset{\|}{C}}CH_3$

(5) $CH_3CH_2CO_2C_2H_5$

(6) $CH_3CH_2\overset{O}{\overset{\|}{C}}NH_2$

14. 用化学方法区别下列各组化合物。

(1) 乙醇，乙醛，乙酸　　　　(2) 甲酸，乙酸，丙二酸
(3) 草酸，马来酸，丁二酸　　(4) 水杨酸，苯甲酸，苄基醇
(5) CH_3COCH_2COOH，$HOOCCH_2COOH$

解：(1) 能与 Na_2CO_3 溶液反应放出 CO_2 气体的是乙酸，能发生银镜反应的是乙醛。

(2) 能发生银镜反应的是甲酸，加热有气体放出的是丙二酸。

(3) 加入溴水，褪色的为马来酸，再加入 $KMnO_4$ 溶液，褪色的为草酸。

(4) 加入 $FeCl_3$ 溶液，呈紫色的为水杨酸，加入 Na_2CO_3 溶液，有气体放出的为苯甲酸。

(5) 能发生碘仿反应的是 CH_3COCH_2COOH。

15. 有一化合物 A 的分子式为 $C_8H_{14}O$，A 可使溴水迅速褪色，也可以与苯肼反应。A 氧化生成一分子丙酮及另一化合物 B。B 具有酸性，与次氯酸钠反应生成一分子氯仿和一分子丁二酸。试写出 A，B 可能的构造式。

解： A. $C_6H_5\overset{O}{\overset{\|}{C}}CH_2CH_3$　　　　B. $C_6H_5CH_2\overset{O}{\overset{\|}{C}}CH_3$

16. 由指定原料合成下列化合物。

(1) 异丙醇 → α-甲基丙酸
(2) 甲苯 → 苯乙酸（用两种方法合成）
(3) 丁酸 → 乙基丙二酸
(4) 乙烯 → β-羟基丙酸
(5) 对甲氧基苯甲醛 → α-羟基对甲氧基苯乙酸
(6) 乙烯 → α-甲基-β-羟基戊酸
(7) 乙醇，对甲氧基苯乙酮 → β-甲基-β-羟基对甲氧基苯丙酸乙酯
(8) 环戊酮，乙醇 → β-羟基环戊烷乙酸
(9) 丙酸 → 丁酸
(10) 丁酸 → 丙酸

(11) 丙烯 → 丁酸

解：(1) $CH_3-\underset{OH}{\underset{|}{CH}}CH_3 \xrightarrow{PBr_3} CH_3-\underset{CH_3}{\underset{|}{CH}}Br \xrightarrow[\text{(易消去)}]{NaCN \atop OH^-} CH_3-\underset{CH_3}{\underset{|}{CH}}CN \xrightarrow{H_2O \atop H^+} CH_3-\underset{CH_3}{\underset{|}{CH}}COOH$

(2) $\text{C}_6\text{H}_5\text{CH}_3 \xrightarrow{NBS} \text{C}_6\text{H}_5\text{CH}_2\text{Br} \xrightarrow[\text{乙醚}]{Mg} \text{C}_6\text{H}_5\text{CH}_2\text{MgBr} \xrightarrow[\text{(2) } H_2O]{\text{(1) } CO_2} \text{C}_6\text{H}_5\text{CH}_2\text{COOH}$

(3) $CH_3CH_2CH_2COOH \xrightarrow{P \atop Br_2} CH_3CH_2\underset{Br}{\underset{|}{CH}}COOH \xrightarrow{NaCN} CH_3CH_2\underset{CN}{\underset{|}{CH}}COOH$

$\xrightarrow{H_2O \atop H^+} CH_3CH_2\underset{COOH}{\overset{COOH}{\underset{|}{CH}}}$

(4) $CH_2=CH_2 \xrightarrow{HBrO} \underset{Br\ OH}{\underset{|\ \ |}{CH_2CH_2}} \xrightarrow{NaCN} \underset{OH}{\underset{|}{CH_2CH_2}}CN \xrightarrow{H_2O \atop H^+} \underset{OH}{\underset{|}{CH_2CH_2}}COOH$

(5) $CH_3O-C_6H_4-CHO \xrightarrow{NaCN \atop H^+} CH_3O-C_6H_4-\underset{OH}{\underset{|}{CH}}CN \xrightarrow{H_2O \atop H^+} TM$

(6) $CH_2=CH_2 \xrightarrow{HBr} CH_3CH_2Br \xrightarrow{NaCN} CH_3CH_2CN \xrightarrow{H^+ \atop H_2O} CH_3CH_2COOH$

$\xrightarrow{P \atop Br_2} CH_3\underset{Br}{\underset{|}{CH}}COOH \xrightarrow{C_2H_5OH \atop H^+} CH_3\underset{Br}{\underset{|}{CH}}COOC_2H_5 \xrightarrow{Zn} CH_3\underset{ZnBr}{\underset{|}{CH}}COOC_2H_5$

$CH_2=CH_2 + CO + H_2 \xrightarrow{催化剂} CH_3CH_2CHO$

$CH_3CH_2CHO + CH_3\underset{ZnBr}{\underset{|}{CH}}CO_2C_2H_5 \xrightarrow[\text{(2) } H_3^+O]{\text{(1) 乙醚}} CH_3CH_2-\underset{}{\overset{OH}{\underset{|}{CH}}}-\underset{CH_3}{\underset{|}{CH}}COOH$

(7) $C_2H_5OH \xrightarrow{[O]} CH_3COOH \xrightarrow{P \atop Br_2} BrCH_2COOH \xrightarrow{C_2H_5OH \atop H^+} BrZnCOOC_2H_5 \xrightarrow[\text{乙醚}]{Zn}$

$BrZnCH_2COOC_2H_5$

$CH_3O-C_6H_4-\overset{O}{\overset{\|}{C}}-CH_3 + BrZnCH_2COC_2H_5 \xrightarrow{\text{乙醚}}$

$CH_3O-C_6H_4-\underset{CH_3}{\overset{OH}{\underset{|}{\overset{|}{C}}}}-CH_2\overset{O}{\overset{\|}{C}}OC_2H_5 \xrightarrow{H^+ \atop H_2O} TM$

(8) $C_2H_5OH \xrightarrow{[O]} CH_3COOH \xrightarrow[Br_2]{P} BrCH_2COOH \xrightarrow[H^+]{C_2H_5OH} BrZnCOOC_2H_5 \xrightarrow[\text{乙醚}]{Zn}$

$BrZnCH_2COOC_2H_5$

环己酮+BrZnCH_2CO_2C_2H_5 → 1-羟基-1-(乙氧羰基甲基)环己烷 $\xrightarrow{H^+}$ TM

(9) $CH_3CH_2COOH \xrightarrow[(2)\ H_2O]{(1)\ LiAlH_4} CH_3CH_2CH_2OH \xrightarrow{PBr_3} CH_3CH_2CH_2Br \xrightarrow{NaCN}$

$CH_3CH_2CH_2CN \xrightarrow[H_2O]{H^+} TM$

或 $CH_3CH_2COOH \xrightarrow{SOCl_2} CH_3CH_2\overset{O}{C}Cl \xrightarrow{CH_2N_2} CH_3CH_2\overset{O}{C}CH=N_2 \xrightarrow[H_2O]{Ag_2O}$

$CH_3CH_2CH_2COOH$ (TM)

(10) $CH_3CH_2CH_2COOH \xrightarrow{Ag^+} CH_3CH_2CH_2CO_2Ag \xrightarrow{Br_2} CH_3CH_2CH_2Br \xrightarrow{OH^-}$

$\xrightarrow{[O]} CH_3CH_2COOH$

(11) $CH_3CH=CH_2 \xrightarrow[H_2O_2]{HBr} CH_3CH_2CH_2Br \xrightarrow[\text{乙醚}]{Mg} CH_3CH_2CH_2MgBr \xrightarrow[(2)\ H^+]{(1)\ CO_2}$

$CH_3CH_2CH_2COOH$

17. 以甲醇、乙醇为主要原料，用丙二酸酯法合成下列化合物。
(1) α-甲基丁酸　　(2) 正己酸
(3) 3-甲基己二酸　(4) 1,4-环己烷二甲酸
(5) 环丙烷甲酸

解：(1) $CH_3CH_2OH \xrightarrow{[O]} CH_3COOH \xrightarrow[Br_2]{P} BrCH_2COOH \xrightarrow{NaCN} \underset{CN}{\overset{CH_2COOH}{|}}$

$\xrightarrow{H^+} \underset{COOH}{\overset{CH_2-COOH}{|}} \xrightarrow[H^+]{C_2H_5OH} CH_2(CO_2C_2H_5)_2$

$CH_3OH \longrightarrow CH_3Br \quad\quad C_2H_5OH \longrightarrow C_2H_5Br$

$CH_2(CO_2C_2H_5)_2 \xrightarrow[(2)\ CH_3Br]{(1)\ EtONa} CH_3CH(CO_2Et)_2$

$\xrightarrow[(2)\ C_2H_5Br]{(1)\ EtONa} CH_3CH_2\underset{}{\overset{CH_3}{\underset{|}{C}}}(CO_2Et)_2 \xrightarrow[(2)\ \triangle]{(1)\ H_3O^+} CH_3CH_2\underset{CH_3}{\overset{|}{C}HCOOH}$

(2) $CH_3CH_2OH \xrightarrow[CH_2Cl_2]{PCC} CH_3CHO \xrightarrow[\text{碱},\triangle]{CH_3CHO} CH_3CH=CHCHO \xrightarrow{H_2}$

$CH_3CH_2CH_2CH_2OH \xrightarrow{HBr} CH_3CH_2CH_2CH_2Br$

$CH_2(CO_2Et)_2 \xrightarrow[(2)\ CH_3CH_2CH_2CH_2Br]{(1)\ EtONa,\ EtOH} \xrightarrow[\Delta]{H_3O^+} CH_3CH_2CH_2CH_2COOH$

(3) $CH_3CH_2OH \xrightarrow[CH_2Cl_2]{PCC} CH_3CHO$
$CH_3OH \longrightarrow CH_3Br \longrightarrow CH_3MgBr$
$\longrightarrow CH_3\underset{OH}{CH}CH_3 \longrightarrow H_2C=CHCH_3$

$\longrightarrow \underset{Br\ \ Br}{CH_2CHCH_3}$

$\underset{EtOOC}{\overset{EtOOC}{\diagdown}}CH_2 + BrCH_2-\underset{CH_3}{CHBr} + \underset{COOEt}{\overset{COOEt}{\diagdown}}CH_2 \xrightarrow{EtONa,\ EtOH\ \Delta,\ H_3O^+}$

$HOOC-CH_2-CH_2-\underset{CH_3}{CH}-CH_2-COOH$

(4) $CH_3CH_2OH \longrightarrow H_2C=CH_2 \longrightarrow CH_2BrCH_2Br$

$2\ \underset{EtOOC}{\overset{EtOOC}{\diagdown}}CH_2 + 2BrCH_2CH_2Br \xrightarrow[\Delta]{EtONa\ \ H_3O^+} HOOC-\bigcirc-COOH$

(5) $\underset{CH_2Br}{CH_2-Br} + \underset{COOEt}{\overset{COOEt}{\diagdown}}CH_2 \xrightarrow[(2)\ H_3O^+]{(1)\ EtONa} \triangleright-COOH$

18. 以甲醇、乙醇及无机试剂为原料，经乙酰乙酸乙酯合成下列化合物。

(1) α-甲基丙酸； (2) γ-戊酮酸

解：(1) $CH_3\overset{O}{\overset{\|}{C}}CH_2\overset{O}{\overset{\|}{C}}OC_2H_5 \xrightarrow[(2)\ CH_3Br]{(1)\ EtONa,\ EtOH} CH_3\overset{O}{\overset{\|}{C}}-\underset{CH_3}{\overset{CH_3}{\underset{|}{C}}}-\overset{O}{\overset{\|}{C}}OC_2H_5 \xrightarrow[\Delta]{40\%OH^-}$

$CH_3\underset{|}{\overset{CH_3}{CH}}COOH$

(2) $CH_3CH_2OH \xrightarrow{Cu} CH_3CHO \xrightarrow[(2)\ H_2O]{(1)\ CH_3MgBr/干乙醚} CH_3\underset{H}{\overset{OH}{\underset{|}{C}}}CH_3 \xrightarrow{[O]} CH_3\overset{O}{\overset{\|}{C}}CH_3 \xrightarrow[OH^-]{Br_2}$

$\overset{O}{\overset{\|}{CH_3C}}CH_2Br$

$\overset{O}{\overset{\|}{CH_3C}}CH_2Br + H_3C-\overset{O}{\overset{\|}{C}}CH_2\overset{O}{\overset{\|}{C}}OC_2H_5 \longrightarrow CH_3\overset{O}{\overset{\|}{C}}CH_2\underset{\underset{CH_3}{\overset{\|}{\underset{C=O}{|}}}}{CH}\overset{O}{\overset{\|}{C}}-OC_2H_5 \xrightarrow[酸式分解]{40\%NaOH}$

$$CH_3\overset{O}{\overset{\|}{C}}CH_2CH_2COOH$$

19. 写出下列化合物加热后生成的主要产物。
    (1) α-甲基-α-羟基丙酸   (2) β-羟基丁酸
    (3) β-甲基-γ-羟基戊酸   (4) δ-羟基戊酸

解：(1) α-甲基-α-羟基丙酸 $H_2C=\overset{CH_3}{\overset{|}{C}}-COOH$

(2) β-羟基丁酸 $CH_3CH=CHCOOH$

(3) β-甲基-γ-羟基戊酸

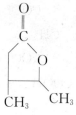

(4) δ-羟基戊酸

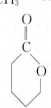

20. 比较下列各组化合物的酸性强弱。
    (1) 乙酸，丙二酸，草酸，苯酚，甲酸
    (2) 乙酸，苯酚，三氟乙酸，氯乙酸，乙醇，丙酸，乙烯，乙炔，乙烷
    (3) 对硝基苯甲酸，间硝基苯甲酸，苯甲酸，苯酚，环己醇

解：(1) 草酸＞丙二酸＞甲酸＞乙酸＞苯酚

(2) 三氟乙酸＞氯乙酸＞乙酸＞丙酸＞苯酚＞乙醇＞乙炔＞乙烷＞乙烯

(3) 对硝基苯甲酸＞间硝基苯甲酸＞苯甲酸＞苯酚＞环己醇

21. 某化合物 A 的分子式为 $C_7H_{12}O_4$，已知其为羧酸，依次与下列试剂作用。
(1) $SOCl_2$；(2) C_2H_5OH；(3) 催化加氢（高温）；(4) 与浓硫酸加热；(5) 用高锰酸钾氧化后，得到一种二元羧酸 B。将 B 单独加热，则生成丁酸。

试推测 A 的结构，并写出各步反应式。

解： A. $HOOCCH_2\overset{\displaystyle CH_2CH_3}{\overset{|}{C}H}CH_2COOH$

$$HOOCCH_2\underset{\underset{C_2H_5}{|}}{C}HCH_2COOH + SOCl_2 \longrightarrow C_2H_5\overset{\overset{O}{\|}}{\underset{\underset{CH_2\overset{\|}{C}Cl}{|}}{C}H_2\overset{\|}{C}-Cl}$$

$$Cl-\overset{O}{\overset{\|}{C}}CH_2\underset{\underset{C_2H_5}{|}}{C}HCH_2\overset{O}{\overset{\|}{C}}-Cl + C_2H_5OH \longrightarrow C_2H_5O\overset{O}{\overset{\|}{C}}CH_2\underset{\underset{C_2H_5}{|}}{C}HCH_2\overset{O}{\overset{\|}{C}}OC_2H_5$$

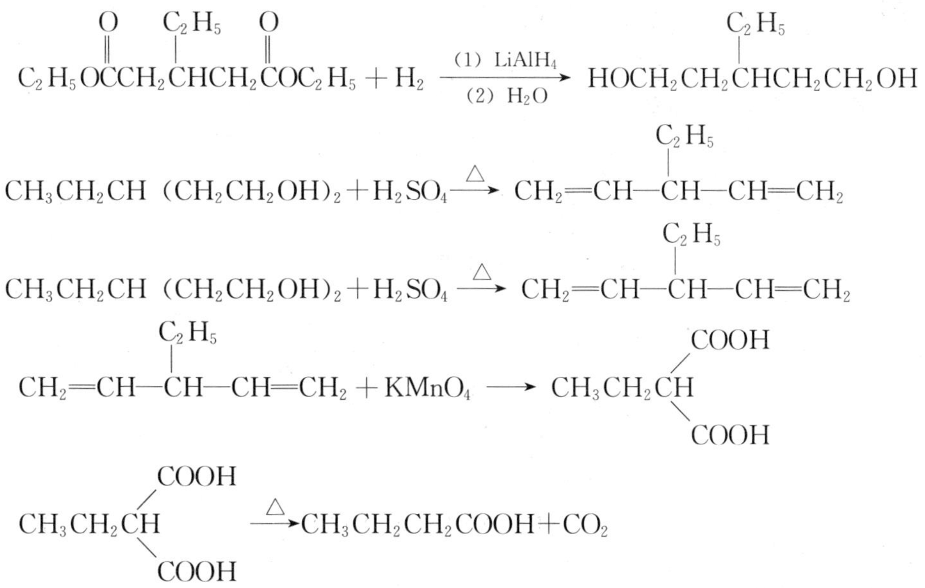

$$C_2H_5OCOCH_2CH(C_2H_5)CH_2COOC_2H_5 + H_2 \xrightarrow{(1)\ LiAlH_4}{(2)\ H_2O} HOCH_2CH_2CH(C_2H_5)CH_2CH_2OH$$

$$CH_3CH_2CH(CH_2CH_2OH)_2 + H_2SO_4 \xrightarrow{\triangle} CH_2=CH-CH(C_2H_5)-CH=CH_2$$

$$CH_3CH_2CH(CH_2CH_2OH)_2 + H_2SO_4 \xrightarrow{\triangle} CH_2=CH-CH(C_2H_5)-CH=CH_2$$

$$CH_2=CH-CH(C_2H_5)-CH=CH_2 + KMnO_4 \longrightarrow CH_3CH_2CH(COOH)_2$$

$$CH_3CH_2CH(COOH)_2 \xrightarrow{\triangle} CH_3CH_2CH_2COOH + CO_2$$

22. 某酮酸 A 经 $NaBH_4$ 还原后，依次用 HBr，Na_2CO_3 和 KCN 处理后生成腈 B。B 水解得到 α-甲基戊二酸。试推测化合物 A，B 的结构，并写出各步反应式。

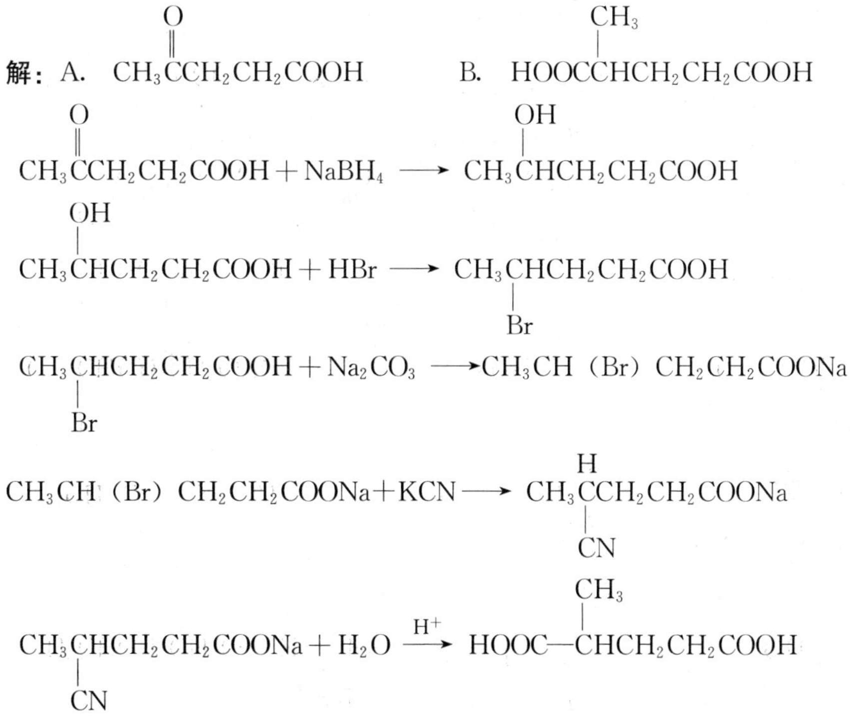

解： A. $CH_3COCH_2CH_2COOH$ B. $HOOCCH(CH_3)CH_2CH_2COOH$

$$CH_3COCH_2CH_2COOH + NaBH_4 \longrightarrow CH_3CH(OH)CH_2CH_2COOH$$

$$CH_3CH(OH)CH_2CH_2COOH + HBr \longrightarrow CH_3CH(Br)CH_2CH_2COOH$$

$$CH_3CH(Br)CH_2CH_2COOH + Na_2CO_3 \longrightarrow CH_3CH(Br)CH_2CH_2COONa$$

$$CH_3CH(Br)CH_2CH_2COONa + KCN \longrightarrow CH_3CH(CN)(H)CH_2CH_2COONa$$

$$CH_3CH(CN)CH_2CH_2COONa + H_2O \xrightarrow{H^+} HOOC-CH(CH_3)CH_2CH_2COOH$$

23. 分离下列混合物。

(1) 丁酸和丁酸丁酯
(2) 苯甲醚，苯甲酸和苯酚
(3) 丁酸，苯酚，环己酮和丁醚
(4) 苯甲醇，苯甲醛和苯甲酸
(5) 3-戊酮，戊醛，戊醇和戊酸

(6) 己醛（沸点161℃），戊醇（沸点169℃）

(7) 正溴丁烷，正丁醚，正丁醛

(8) 2-辛醇，2-辛酮，正辛酸

解：(1) 丁酸 / 丁酸丁酯 $\xrightarrow{\text{NaHCO}_3,\ \text{H}_2\text{O}}$ 水层 $\xrightarrow{\text{H}_3\text{O}^+}$ 丁酸；有机层 $\longrightarrow$ 丁酸丁酯

(2) 苯甲醚 / 苯甲酸 / 苯酚 $\xrightarrow{\text{NaHCO}_3,\ \text{H}_2\text{O}}$ 水层 $\xrightarrow{\text{H}_3\text{O}^+}$ 苯甲酸；有机层 [苯甲醚 / 苯酚] $\xrightarrow{\text{NaOH}\ \text{H}_2\text{O}}$ 水层 $\xrightarrow{\text{H}_3\text{O}^+}$ 苯酚；有机层 $\xrightarrow{\text{干燥 蒸馏}}$ 苯甲醚

(3) 丁酸 / 苯酚 / 环己酮 / 丁醚 $\xrightarrow{\text{NaHCO}_3\ \text{H}_2\text{O}}$ 水层 $\xrightarrow{\text{H}_3\text{O}^+}$ 丁酸；有机层 [苯酚 / 环己酮 / 丁醚] $\xrightarrow{\text{NaOH}\ \text{H}_2\text{O}}$ 水层 $\xrightarrow{\text{H}_3\text{O}^+}$ 苯酚；有机层 [环己酮 / 丁醚] $\xrightarrow{\text{NaHSO}_3\ \text{H}_2\text{O}}$ 有机层 $\xrightarrow{\text{干燥、蒸馏}}$ 丁醚；沉淀 $\xrightarrow{\text{H}_3\text{O}^+}$ 环己酮

(4) 苯甲醇 / 苯甲醛 / 苯甲酸 $\xrightarrow{\text{NaHCO}_3\ \text{H}_2\text{O}}$ 水层 $\xrightarrow{\text{H}_3\text{O}^+}$ 苯甲酸；有机层 [苯甲醛 / 苯甲醇] $\xrightarrow{\text{NaHSO}_3\ \text{H}_2\text{O}}$ 沉淀 $\xrightarrow{\text{H}_3\text{O}^+}$ 苯甲醛；有机层 $\longrightarrow$ 苯甲醇

(5) 3-戊酮 / 戊醛 / 戊醇 / 戊酸 $\xrightarrow{\text{NaHCO}_3\ \text{H}_2\text{O}}$ 水层 $\xrightarrow{\text{H}_3\text{O}^+}$ 戊酸；有机层 [3-戊酮 / 戊醛 / 戊醇] $\xrightarrow{\text{NaHSO}_3}$ 沉淀 $\xrightarrow{\text{N}_3\text{O}^+}$ 戊醛；有机层 [3-戊酮 / 戊醇] $\xrightarrow{\text{H}_2\text{NOH}}$ 沉淀 $\xrightarrow{\text{HCl}\ \triangle}$ 3-戊酮；有机层 $\longrightarrow$ 戊醇

(6) 己醛 / 戊醇 $\xrightarrow{\text{NaHSO}_3\ \text{H}_2\text{O}}$ 有机层 $\xrightarrow{\text{干燥 蒸馏}}$ 戊醇；沉淀 $\xrightarrow{\text{H}_3\text{O}^+}$ 己醛

(7) 正溴丁烷 / 正丁醚 / 正丁醛 $\xrightarrow{\text{NaHSO}_3}$ 沉淀 $\xrightarrow{\text{H}_3\text{O}^+}$ 正丁醛；有机层 [正溴丁烷 / 正丁醚] $\xrightarrow{\text{HBr}\ \text{H}_2\text{SO}_4}$ 有机层 $\longrightarrow$ 正溴丁烷；酸层 $\xrightarrow{\text{OH}^-\ \text{H}_2\text{O}}$ 正丁醚

(8) 2-辛醇 / 2-辛酮 / 正辛酸 $\xrightarrow{\text{NaOH}}$ 水层 $\xrightarrow{\text{H}_3\text{O}^+}$ 正辛酸；有机层 [2-辛醇 / 2-辛酮] $\xrightarrow{\text{NaHSO}_3}$ 沉淀 $\xrightarrow{\text{H}_3\text{O}^+}$ 2-辛酮；有机层 $\longrightarrow$ 2-辛醇

24. 命名或写出构造式。

(1)
$$CH_3-C\underset{\underset{C-C}{\parallel}}{\overset{O}{\underset{\parallel}{C}}}\overset{O}{\underset{O}{\bigg\rangle}}O$$
 ; (2)
$$\underset{O_2N}{\overset{O_2N}{\diagdown}}\hspace{-2pt}\text{—}\hspace{-2pt}COCl$$
 ; (3) 邻苯二甲酰亚胺结构

(4) 邻苯二甲酸酐；(5) α-甲基丙烯酸甲酯；(6) ε-己内酰胺

解：(1) 甲基顺丁烯二酸酐；(2) 3,5-二硝基苯甲酰氯；(3) 邻苯二甲酰亚胺

(4) 邻苯二甲酸酐结构； (5) $CH_2=\underset{\underset{CH_3}{|}}{C}-COOCH_3$ ；(6) $\underset{CH_2}{\overset{CH_2CH_2-C=O}{\diagup}}\underset{CH_2CH_2-NH}{\diagdown}$

25. 写出下列化合物加热后生成的主要产物。

(1) 环戊酮-2-甲酸结构（COOH 在环上α位，环上含 C=O）

(2) $O=\underset{\underset{CH_2CH_2CH_2COOH}{|}}{C}-CH_2COOH$

解：(1) 环戊酮-2-甲酸 $\xrightarrow{\triangle}$ 环戊酮 ；

(2) $O=\underset{\underset{CH_2CH_2CH_2COOH}{|}}{C}-CH_2COOH \xrightarrow{\triangle} CH_3-\overset{O}{\overset{\parallel}{C}}-CH_2CH_2CH_2COOH$

26. 写出下列缩合反应的产物。

(1) $CH_3CH_2COOC_2H_5 + \bigcirc\hspace{-2pt}-COOC_2H_5 \xrightarrow[\text{②}H^+]{\text{①}NaOC_2H_5}$? (A) + ? (B)

(2) $CH_3CH_2COOC_2H_5 + \underset{COOC_2H_5}{\overset{COOC_2H_5}{|}} \xrightarrow[\text{②}H^+]{\text{①}NaOC_2H_5}$? (A) + ? (B)

(3) $CH_2\underset{\diagdown CH_2CH_2COOC_2H_5}{\diagup CH_2CH_2COOC_2H_5} \xrightarrow[\text{②}H^+]{\text{①}NaOC_2H_5}$? (A) + ? (B)

(4) 环己酮 $+ H-\overset{O}{\overset{\parallel}{C}}-OC_2H_5 \xrightarrow[\text{②}H^+]{\text{①}NaOC_2H_5}$? (A) + ? (B)

解：(1)(A) 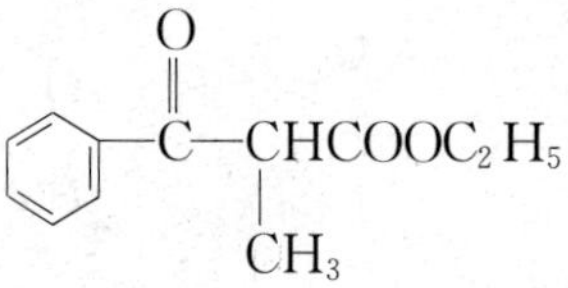 (B) C_2H_5OH

(2)(A) $O=C(COOC_2H_5)-CH(CH_3)COOC_2H_5$ (B) C_2H_5OH

(3)(A) 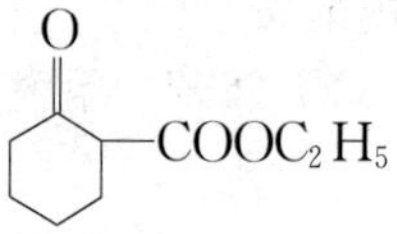 (B) C_2H_5OH

(4)(A) 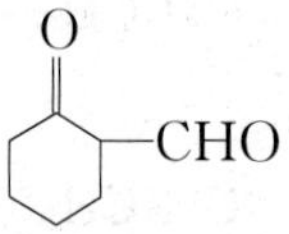 (B) C_2H_5OH

27. 以甲醇、乙醇为原料经丙二酸二乙酯法合成3-甲基己二酸二乙酯。

解：$CH_3CH_2OH \xrightarrow{KMnO_4} CH_3COOH \xrightarrow[P]{Cl_2} ClCH_2COOH \xrightarrow{Na_2CO_3} ClCH_2COONa \xrightarrow{NaCN}$

$NCCH_2COONa \xrightarrow[H_2SO_4]{C_2H_5OH} CH_2(COOC_2H_5)_2$

$2CH_2(COOC_2H_5)_2 \xrightarrow{2C_2H_5ONa} 2\,^{-}CH(COOC_2H_5)_2 \xrightarrow{CH_3CH(Br)-CH_2Br}$

$CH_3-CH(CH_2-CH(COOC_2H_5)_2)-CH(COOC_2H_5)_2 \xrightarrow[②H^+]{①OH^-/H_2O} CH_3-CH(CH_2-CH(COOH)_2)-CH(COOH)_2 \xrightarrow{\triangle}$

$HOOCCH_2CH(CH_3)CH_2CH_2COOH \xrightarrow[H^+]{2C_2H_5OH} H_5C_2OOCCH_2CH(CH_3)CH_2CH_2COOC_2H_5$

28. 完成下列反应。

(1) 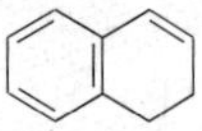 $\xrightarrow[②Zn,\ H^+]{①O_3}$?(A) $\xrightarrow[\triangle]{稀\ OH^-}$?(B)

(2) 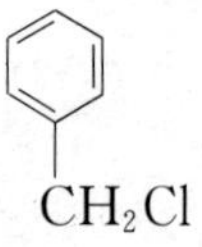 $\xrightarrow{?(A)}$  $\xrightarrow[KOC(CH_3)_3]{CH_2=CH-C(=O)-CH_3}$?(B)

$\xrightarrow[②H^+,\ \triangle]{①NaOH,\ H_2O}$?(C) $\xrightarrow{NaBH_4}$?(D) $\xrightarrow[\triangle]{H^+}$?(E)

解：(1)(A) 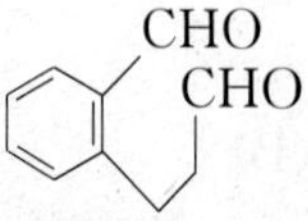 (B) 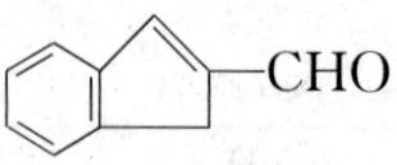

(2) (A) $^-$CH(COOC$_2$H$_5$)$_2$

(B) 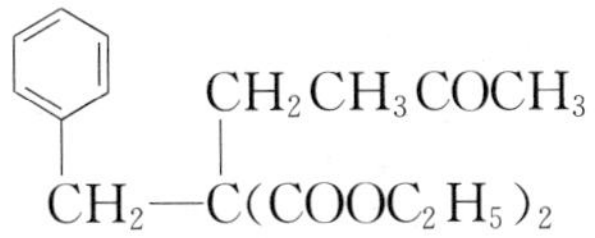 PhCH$_2$—C(COOC$_2$H$_5$)$_2$CH$_2$CH$_3$COCH$_3$

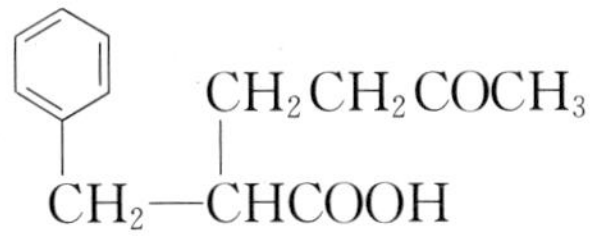

(C) PhCH$_2$—CH(CH$_2$CH$_2$COCH$_3$)COOH

(D) PhCH$_2$CH(COOH)CH$_2$CH$_2$CH(OH)CH$_3$

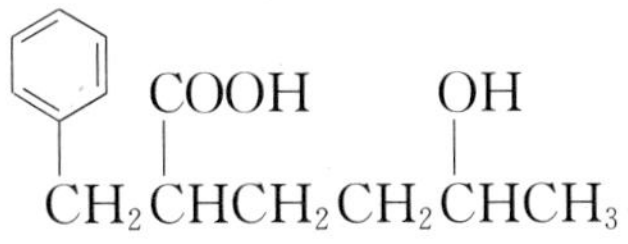

(E) 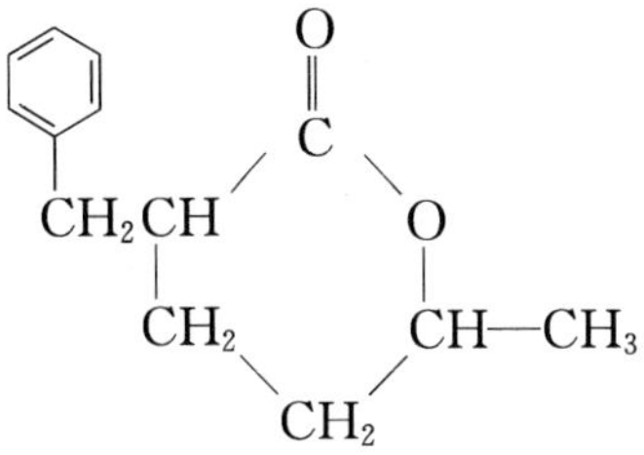
$$\text{PhCH}_2\text{CH}(\text{CH}_2\text{CH}_2)\text{—CH(CH}_3)\text{—O—CO—}$$ (内酯环)

29. 以甲醇、乙醇及适当无机试剂为原料经乙酰乙酸乙酯合成 3-乙基-2-戊醇。

解： $CH_3CH_2OH \xrightarrow[H^+]{KMnO_4} CH_3COOH \xrightarrow[H^+]{C_2H_5OH} CH_3COOC_2H_5 \xrightarrow[②H^+]{①C_2H_5ONa}$

$CH_3COCH_2COOC_2H_5 \xrightarrow{C_2H_5ONa} CH_3CO\bar{C}HCOOC_2H_5 \xrightarrow{C_2H_5Br}$

$CH_3COCH(C_2H_5)COOC_2H_5 \xrightarrow{C_2H_5ONa} CH_3CO\bar{C}(C_2H_5)COOC_2H_5 \xrightarrow{C_2H_5Br} CH_3COC(C_2H_5)_2COOC_2H_5$

$\xrightarrow[②H^+]{①稀 OH^-} CH_3COC(C_2H_5)_2COOH \xrightarrow[\triangle]{-CO_2} CH_3-CO-CH(C_2H_5)-CH_2CH_3 \xrightarrow{NaBH_4}$

$CH_3-CH(OH)-CH(C_2H_5)-CH_2CH_3$

30. 完成下列反应。

(1)  呋喃-CHO + CH$_3$CH$_2$CHO $\xrightarrow{稀 NaOH}$?

(2) 呋喃-CHO $\xrightarrow{浓 NaOH}$?(A) + ?(B)

(3) 呋喃-CHO + (CH$_3$CH$_2$CO)$_2$O $\xrightarrow{CH_3CH_2COONa}$?

(4) 吡咯(NH) + CH$_3$COONO$_2$ $\xrightarrow[-10℃]{(CH_3CO)_2O}$?

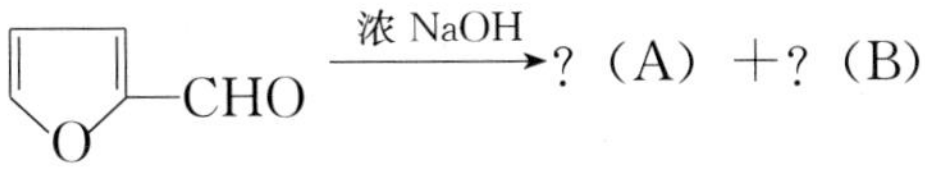

(5) 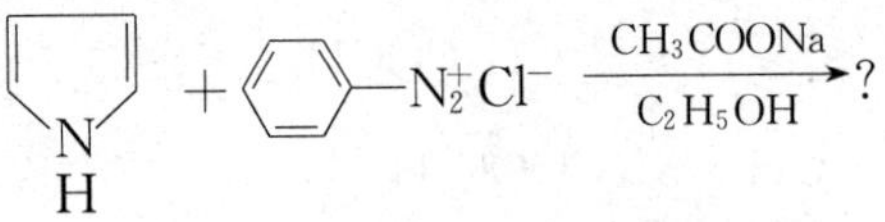 [pyrrole-NH] + [C₆H₅-N₂⁺Cl⁻] $\xrightarrow[C_2H_5OH]{CH_3COONa}$?

解：

(1) 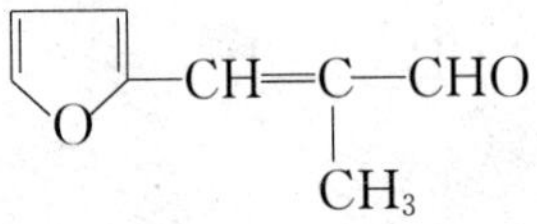 [furan]—CH=C(CH₃)—CHO

(2) (A) 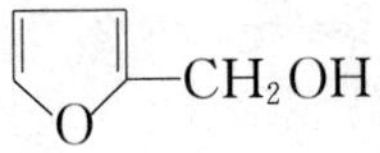 [furan]—CH₂OH   (B) 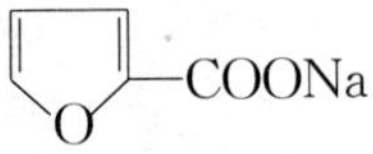 [furan]—COONa

(3) 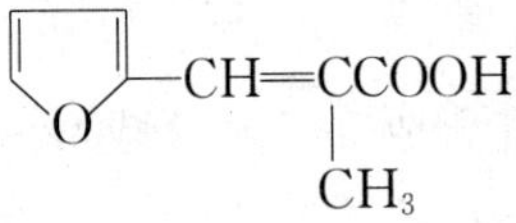 [furan]—CH=C(CH₃)—COOH

(4) 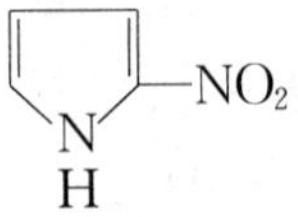 [pyrrole-NH]—NO₂

(5) 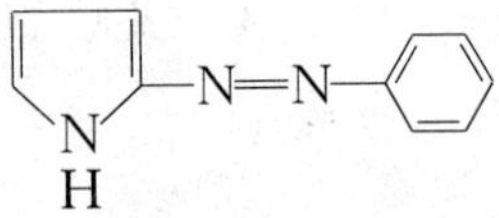 [pyrrole-NH]—N=N—[phenyl]

31. 完成下列各反应式。

(1) 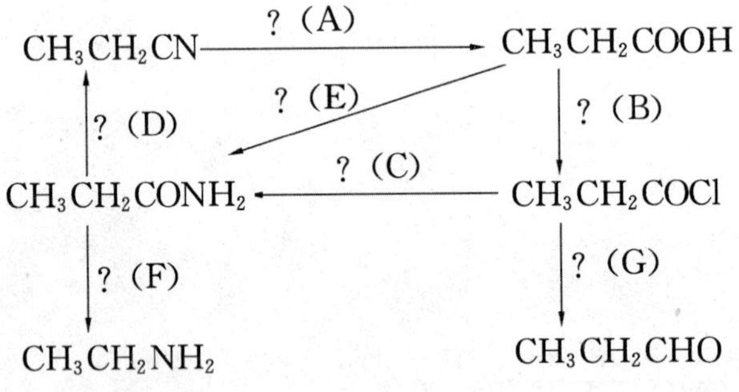
$$CH_3CH_2CN \xrightarrow{?(A)} CH_3CH_2COOH$$
with ?(D), ?(E), ?(B), ?(C) connecting to $CH_3CH_2CONH_2$, CH_3CH_2COCl, and ?(F) → $CH_3CH_2NH_2$, ?(G) → CH_3CH_2CHO

(2) $CH_3CH_2COONa +$ [C₆H₅-COCl] $\longrightarrow$?

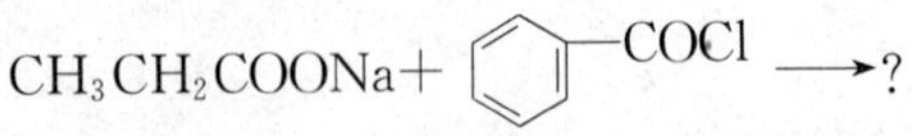

(3) 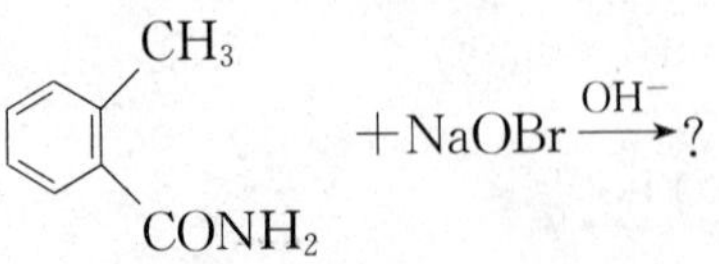 [2-methylbenzamide: o-CH₃-C₆H₄-CONH₂] $+ NaOBr \xrightarrow{OH^-}$?

解：(1) (A) H_2O/H^+ (B) PCl_5 (C) NH_3 (D) $P_2O_5/\triangle$
(E) $NH_3/\triangle$ (F) $NaOBr/OH^-, \triangle$ (G) $H_2/Pd\text{-}BaSO_4\text{-}$喹啉-S

(2) 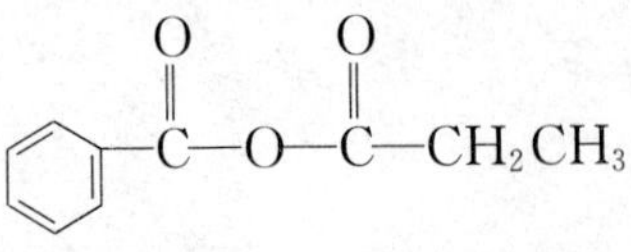 [C₆H₅-C(=O)-O-C(=O)-CH₂CH₃]

(3) 邻甲基苯胺结构:
$$\text{o-CH}_3\text{-C}_6\text{H}_4\text{-NH}_2$$

32. 预测下列反应产物，说明理由。

(1) $H_2N-\overset{O}{\underset{\|}{C}}-Cl + CH_3O^- \longrightarrow ?$

(2) $CH_3O-\overset{O}{\underset{\|}{C}}-Cl + H_2N^- \longrightarrow ?$

解： (1) $H_2N-\overset{O}{\underset{\|}{C}}-Cl + CH_3O^- \longrightarrow H_2N-\overset{O}{\underset{\|}{C}}-OCH_3 + Cl^-$

在甲氧基加成后，中间体是 $H_2N-\overset{O^-}{\underset{\underset{OCH_3}{|}}{\overset{|}{C}}}-Cl$，三个离去基团 CH_3O^-、NH_2^-、Cl^- 中，氯离子是最好的离去基团。

(2) $CH_3O-\overset{O}{\underset{\|}{C}}-Cl + H_2N^- \longrightarrow CH_3O-\overset{O}{\underset{\|}{C}}-NH_2 + Cl^-$

理由同上。

33. 预测下列化合物在碱性条件下水解反应的速率次序。
(A) $CH_3CO_2CH_3$ (B) $CH_3CO_2C_2H_5$ (C) $CH_3CO_2CH(CH_3)_2$
(D) $CH_3CO_2C(CH_3)_3$ (E) $HCOOCH_3$

解： (E) > (A) > (B) > (C) > (D)

34. 下列各组物质中，何者碱性较强？试简要说明之。
(1) $CH_3CH_2O^-$，$CH_3CO_2^-$
(2) $ClCH_2CH_2CO_2^-$，$CH_3CH_2CH_2CO_2^-$
(3) $ClCH_2CH_2CO_2^-$，$CH_3CHClCO_2^-$

解： (1) $CH_3CH_2O^-$ 的碱性强，因为在 $CH_3CO_2^-$ 负离子中，负电荷平均分布在两个氧原子上，较稳定。而在 $CH_3CH_2O^-$ 中负电荷定域在一个氧原子上，较不稳定，与质子的结合能力较强，碱性较强。

(2) $CH_3CH_2CH_2CO_2^-$ 的碱性强，因为在 $ClCH_2CH_2CO_2^-$ 负离子中，由于氯原子的强吸电子诱导效应的影响，使氧原子上的负电荷减少，与质子结合能力减弱，碱性较弱。而在 $CH_3CH_2CH_2CO_2^-$ 中，却没有这种吸电子诱导效应的影响，反而由于烷基的供电子诱导效应的影响，使氧原子上的电子云密度增大，负电性增强，与质子的结合能力增强，碱性较强。

(3) $ClCH_2CH_2CO_2^-$ 的碱性强，因为在 $CH_3CHClCO_2^-$ 中，氯原子离负离子较近，对其吸电子诱导效应的影响更强，使得羧基负离子上的负电荷减少得更多，与质子结合能力更弱，碱性更弱。

35. 由指定原料合成下列化合物。

(1) 以甲苯为原料合成 3-硝基苯甲酸苄酯 (间-O₂N-C₆H₄-CO-O-CH₂-C₆H₅)

(2) 以甲苯为原料合成 O₂N-C₆H₄-CO-NH-C₆H₄-CH₃ (对位)

解：（1）合成酯类化合物可用①酯化法②酰氯醇解法，因此该目标分子的合成路线如下：

$$C_6H_5CH_3 \xrightarrow[H^+]{KMnO_4} C_6H_5COOH \xrightarrow[\text{浓}H_2SO_4]{\text{浓}HNO_3} \text{3-}O_2N\text{-}C_6H_4\text{-}COOH \xrightarrow{SOCl_2} \text{3-}O_2N\text{-}C_6H_4\text{-}COCl$$

$$C_6H_5CH_3 \xrightarrow[\text{光}]{Cl_2} C_6H_5CH_2Cl \xrightarrow{NaOH/H_2O} C_6H_5CH_2OH$$

$$\text{3-}O_2N\text{-}C_6H_4\text{-}COCl + C_6H_5CH_2OH \longrightarrow \text{3-}O_2N\text{-}C_6H_4\text{-}CO\text{-}O\text{-}CH_2\text{-}C_6H_5$$

（或：$\text{3-}O_2N\text{-}C_6H_4\text{-}COOH + C_6H_5CH_2OH \xrightarrow[\Delta]{H^+} \text{3-}O_2N\text{-}C_6H_4\text{-}CO\text{-}O\text{-}CH_2\text{-}C_6H_5$）

（2）该目标分子为取代酰胺，可由羧酸衍生物（如酰氯、酸酐）的氨解来合成。因此该目标分子的合成路线如下：

$$C_6H_5CH_3 \xrightarrow[30℃]{\text{混酸}} \text{4-}O_2N\text{-}C_6H_4\text{-}CH_3 \begin{cases} \xrightarrow{Fe+HCl} \text{4-}H_2N\text{-}C_6H_4\text{-}CH_3 \\ \xrightarrow[H^+]{KMnO_4} \text{4-}O_2N\text{-}C_6H_4\text{-}COOH \xrightarrow{SOCl_2} \text{4-}O_2N\text{-}C_6H_4\text{-}COCl \end{cases}$$

$$\text{4-}O_2N\text{-}C_6H_4\text{-}COCl \xrightarrow{H_2N\text{-}C_6H_4\text{-}CH_3} \text{4-}O_2N\text{-}C_6H_4\text{-}CO\text{-}NH\text{-}C_6H_4\text{-}CH_3$$

36. 化合物（A）的分子式为 $C_4H_6O_2$，它不溶于 NaOH 溶液，和 Na_2CO_3 没有作用，可使 Br_2 水褪色。它有类似乙酸乙酯的香味。（A）和 NaOH 溶液共热后变成 CH_3CO_2Na 和 CH_3CHO。另一化合物（B）的分子式与（A）相同。它和（A）一样，不溶于 NaOH 溶液，和 Na_2CO_3 没有作用，可使 Br_2 水褪色，香味和（A）类似。但（B）和 NaOH 水溶液共热后生成甲醇和一个羧酸钠盐，这个钠盐用 H_2SO_4 中和后蒸馏出的有机物可使 Br_2 水褪色。

问（A）和（B）各为何物？

解：(A) $CH_3COOHCH=CH_2$　　　(B) $CH_2=CHCOOCH_3$

37. 化合物（A）的分子式为 $C_5H_6O_3$。它能与乙醇作用得到两个互为异构体的化合物（B）和（C）。（B）和（C）分别与亚硫酰氯作用后再加入乙醇，则两者都生成同一化合物（D）。试推测（A）（B）（C）和（D）的结构。

解：(A) $\begin{array}{c} CH_3CH-C\diagup^O \\ \diagdown_O \\ CH_2-C\diagup \\ \diagdown_O \end{array}$

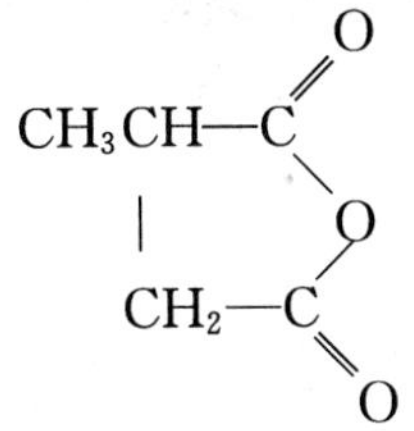

(B) $\begin{array}{c} CH_3CHCOOC_2H_5 \\ | \\ CH_2COOH \end{array}$

(C) $\begin{array}{c} CH_3CHCOOH \\ | \\ CH_2COOC_2H_5 \end{array}$

(D) $\begin{array}{c} CH_3CHCOOC_2H_5 \\ | \\ CH_2COOC_2H_5 \end{array}$

反应式：

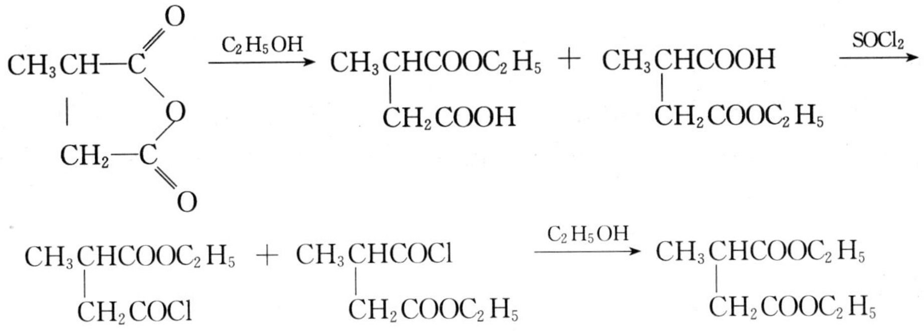

$\begin{array}{c} CH_3CH-C\diagup^O \\ |\diagdown_O \\ CH_2-C\diagup \\ \diagdown_O \end{array} \xrightarrow{C_2H_5OH} \begin{array}{c} CH_3CHCOOC_2H_5 \\ | \\ CH_2COOH \end{array} + \begin{array}{c} CH_3CHCOOH \\ | \\ CH_2COOC_2H_5 \end{array} \xrightarrow{SOCl_2}$

$\begin{array}{c} CH_3CHCOOC_2H_5 \\ | \\ CH_2COCl \end{array} + \begin{array}{c} CH_3CHCOCl \\ | \\ CH_2COOC_2H_5 \end{array} \xrightarrow{C_2H_5OH} \begin{array}{c} CH_3CHCOOC_2H_5 \\ | \\ CH_2COOC_2H_5 \end{array}$

第10章

β-二羰基化合物及有机合成

10.1 本章重点和难点

本章重点

1. β-二羰基化合物的定义、结构；
2. 酮式和烯醇式；
3. 酮-烯醇互变异构的机理；
4. 克莱森缩合（Claisen Condensation）；
5. 混合克莱森缩合（Mixed Claisen Condensation）；
6. 狄克曼成环（Dieckmann Cyclization）；
7. 酮和酯的缩合反应；
8. β-二羰基化合物在有机合成中的应用［酮的合成、乙酰乙酸乙酯的应用、丙二酸二酯的应用、迈克尔加成（Michael Additions）、浦尔金反应（Perkin Reaction）、克脑文格反应（Knoevenagel Reaction）］。

本章难点

1. 酮-烯醇互变异构的机理；
2. 克莱森缩合（Claisen Condensation）；
3. 混合克莱森缩合（Mixed Claisen Condensation）；
4. 狄克曼成环（Dieckmann Cyclization）；
5. 酮和酯的缩合反应；
6. β-二羰基化合物在有机合成中的应用等。

10.2 本章知识要点

10.2.1 β-二羰基化合物的定义

分子中含有两个羰基官能团的化合物称为二羰基化合物，其中两个羰基中间被一个亚甲基隔开的化合物称为β-二羰基化合物。

$$\underset{\beta\text{-二酮}}{R-\overset{O}{\underset{\|}{C}}-CH_2-\overset{O}{\underset{\|}{C}}-R'} \qquad \underset{\beta\text{-酮酸酯}}{R-\overset{O}{\underset{\|}{C}}-CH_2-\overset{O}{\underset{\|}{C}}-OR'} \qquad \underset{\text{丙二酸二酯}}{RO-\overset{O}{\underset{\|}{C}}-CH_2-\overset{O}{\underset{\|}{C}}-OR'}$$

10.2.2 酮式和烯醇式

$$\underset{\text{酮式}}{CH_3-\overset{O}{\underset{\|}{C}}-\underset{\underset{H}{|}}{CH}-\overset{O}{\underset{\|}{C}}-OC_2H_5} \rightleftharpoons \underset{\text{烯醇式}}{CH_3-\underset{\underset{OH}{|}}{C}=CH-\overset{O}{\underset{\|}{C}}-OC_2H_5}$$

10.2.3 酮-烯醇互变异构的机理

1. 在酸催化作用下，酮-烯醇互变异构反应机理如下：

$$RCH_2CR' + H-\overset{H}{\underset{H}{O^+}} \underset{}{\overset{\text{快}}{\rightleftharpoons}} RCH_2CR'\overset{+O-H}{} + :\overset{H}{\underset{H}{O}}:$$

$$RCH\overset{+O-H}{-}CR' + :\overset{H}{\underset{H}{O}}: \overset{\text{慢}}{\rightleftharpoons} RCH=CR'\overset{:O-H}{} + H-\overset{H}{\underset{H}{O^+}}$$

2. 在碱催化作用下，酮-烯醇互变异构反应机理如下：

$$RCH-CR'\overset{:O:}{} + :\overset{-}{O}-H \overset{\text{慢}}{\rightleftharpoons} RCH-CR'\overset{:O:^-}{} + :\overset{H}{\underset{H}{O}}:$$

$$RCH=CR'\overset{:O:^-}{} + :\overset{H}{\underset{H}{O}}: \overset{\text{快}}{\rightleftharpoons} RCH=CR'\overset{:O-H}{} + :\overset{-}{O}:$$

10.2.4 克莱森缩合 (Claisen Condensation)

$$2RCH_2\overset{O}{\underset{\|}{C}}OR' \longrightarrow RCH_2\overset{O}{\underset{\|}{C}}\underset{\underset{R}{|}}{CH}\overset{O}{\underset{\|}{C}}OR' + R'OH$$

10.2.5 混合克莱森缩合 (Mixed Claisen Condensation)

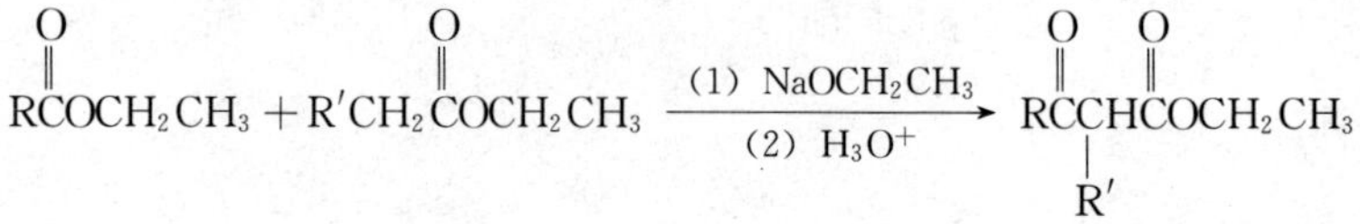

$$\text{RCOCH}_2\text{CH}_3 + \text{R}'\text{CH}_2\text{COCH}_2\text{CH}_3 \xrightarrow[\text{(2) H}_3\text{O}^+]{\text{(1) NaOCH}_2\text{CH}_3} \text{RCCHCOCH}_2\text{CH}_3$$
（产物中 R′ 在 α-碳上）

10.2.6 狄克曼成环 (Dieckmann Cyclization)

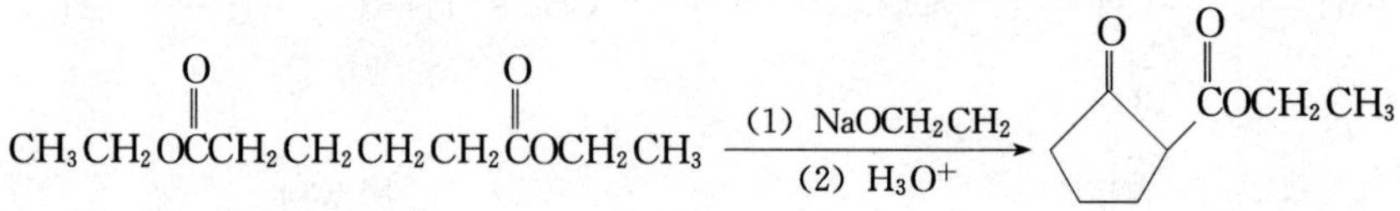

$$\text{CH}_3\text{CH}_2\text{OCCH}_2\text{CH}_2\text{CH}_2\text{CH}_2\text{COCH}_2\text{CH}_3 \xrightarrow[\text{(2) H}_3\text{O}^+]{\text{(1) NaOCH}_2\text{CH}_2} \text{环戊酮-COCH}_2\text{CH}_3$$

10.2.7 酮和酯的缩合反应

$$\text{CH}_3\text{CH}_2\text{OCOCH}_2\text{CH}_3 + \text{环己酮} \xrightarrow[\text{(2) H}_3\text{O}^+]{\text{(1) NaH}} \text{环己酮-COCH}_2\text{CH}_3$$

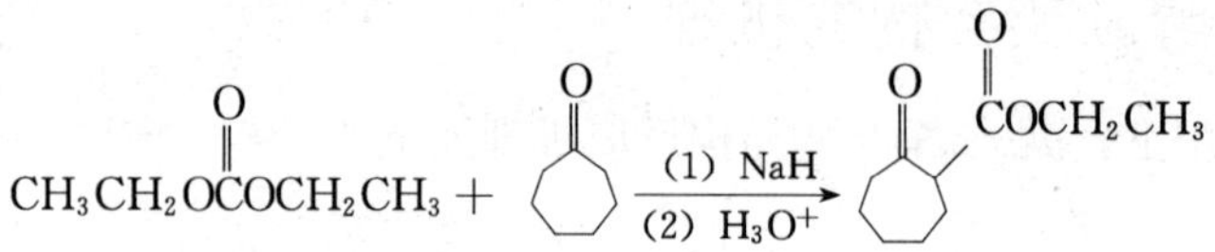

10.2.8 β-二羰基化合物在有机合成中的应用

1. 酮的合成

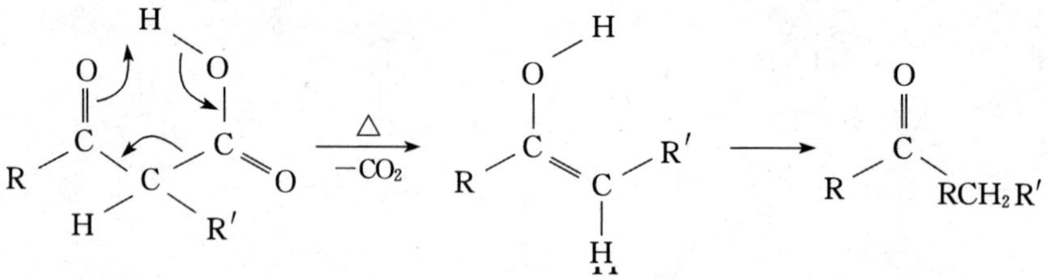

（反应机理图示：β-酮酸脱羧 $\xrightarrow[-\text{CO}_2]{\Delta}$ 烯醇式 → 酮式 R-CO-RCH$_2$R′）

2. 乙酰乙酸乙酯的应用

$$\text{H}_3\text{C-CO-CH}_2\text{-CO-OCH}_2\text{CH}_3 + \text{NaOCH}_2\text{CH}_3 \rightarrow [\text{H}_3\text{C-CO-CH=C(O}^-\text{)-OCH}_2\text{CH}_3]\text{Na}^+ + \text{CH}_3\text{CH}_2\text{OH}$$

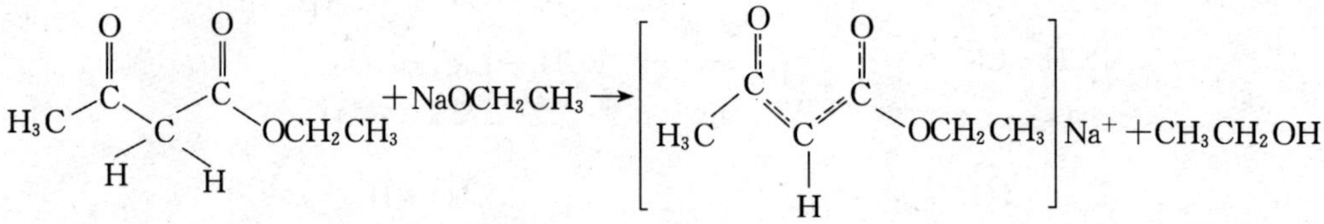

3. 丙二酸二酯的应用

$$\text{RX} + \text{CH}_2(\text{COOCH}_2\text{CH}_3)_2 \xrightarrow[\text{CH}_3\text{CH}_2\text{OH}]{\text{NaOCH}_2\text{CH}_3} \text{RCH}(\text{COOCH}_2\text{CH}_3)_2 \xrightarrow[\text{(3) }\Delta]{\substack{\text{(1) OH}^-, \text{H}_2\text{O} \\ \text{(2) H}^+}} \text{RCH}_2\text{COOH}$$

10.2.9 迈克尔加成 (Michael Additions)

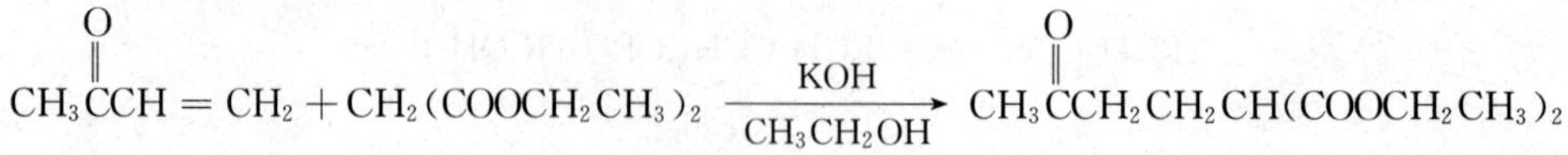

$$\text{CH}_3\text{CCH=CH}_2 + \text{CH}_2(\text{COOCH}_2\text{CH}_3)_2 \xrightarrow[\text{CH}_3\text{CH}_2\text{OH}]{\text{KOH}} \text{CH}_3\text{CCH}_2\text{CH}_2\text{CH}(\text{COOCH}_2\text{CH}_3)_2$$

10.2.10 浦尔金反应 (Perkin Reaction)

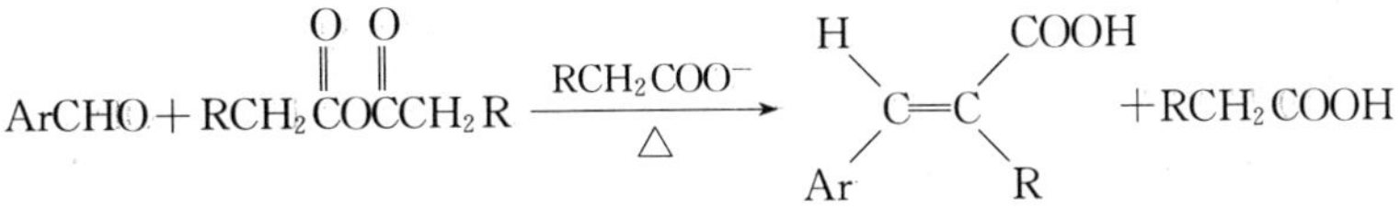

$$ArCHO + RCH_2COCCH_2R \xrightarrow[\Delta]{RCH_2COO^-} \begin{array}{c} H \\ C=C \\ Ar \end{array} \begin{array}{c} COOH \\ \\ R \end{array} + RCH_2COOH$$

10.2.11 克脑文格反应 (Knoevenagel Reaction)

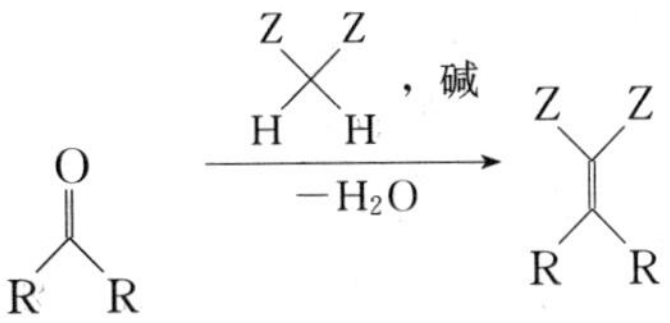

$$\underset{R}{\overset{O}{\underset{\|}{C}}}_{R} \xrightarrow[-H_2O]{\overset{Z\ Z}{\underset{H\ H}{C}},\ 碱} \underset{R}{\overset{Z\ Z}{\underset{\|}{C=C}}}_{R}$$

Z 是吸电子基团，一般为 CHO、COR、COOR、COOH、CN、NO_2 等基团。两个 Z 可以相同，也可以不同。NO_2 的吸电子能力很强，有一个就足以产生活泼氢。

10.3 典型习题讲解及参考答案

1. 命名下列化合物。

(1) HOCH$_2$CH(CH$_3$)CH$_2$COOH

(2) (CH$_3$)$_2$CHCOCH$_2$COOCH$_3$

(3) CH$_3$CH$_2$COCH$_2$CHO

(4) (CH$_3$)$_2$C=CHCH$_2$CH(OH)CH$_3$

(5) ClCOCH$_2$COOH

(6) 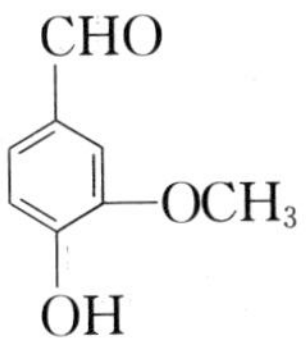 3-甲氧基-4-羟基苯甲醛 (CHO, OCH$_3$, OH 取代苯)

(7) 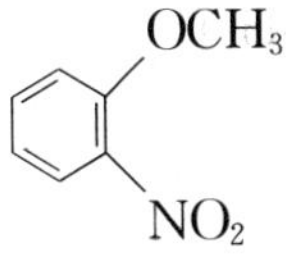 邻甲氧基硝基苯 (OCH$_3$, NO$_2$ 取代苯)

(8) 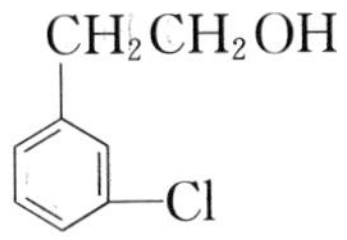 间氯苯乙醇 (CH$_2$CH$_2$OH, Cl 取代苯)

解：(1) 3-甲基-4-羟基丁酸
(2) 4-甲基-3-戊酮酸甲酯
(3) 3-氧代戊醛 or 3-戊酮醛

(4) 5-甲基-4-己烯-2-醇

(5) 丙二酸单酰氯 or 氯甲酰基乙酸

(6) 4-羟基-3-甲氧基苯甲醛

(7) 2-硝基苯甲醚

(8) 2-间氯苯乙醇 or 2-（3-氯苯基）乙醇

2. 鉴别下列化合物：$CH_3COCH(CH_3)COOC_2H_5$ 和 $CH_3CO(CH_3)(C_2H_5)COOC_2H_5$

解：用 Br/CCl_4 区别，前者能使该溶液褪色，而后者不能。

3. 鉴别下列化合物：CH_3COCH_2COOH 和 $HCOOCH_2COOH$

解：用 $I_2/NaOH$ 溶液区别，前者有碘仿反应，而后者没有。

4. 以甲醇、乙醇及无机试剂为原料，经乙酰乙酸乙酯合成下列化合物。

(1) 3-甲基-2-丁酮

(2) 2-己醇

(3) α，β-二甲基丁酸

(4) 2,5-己二酮

(5) 2,4-戊二酮

解：先合成乙酰乙酸乙酯

$$CH_3CH_2OH \xrightarrow{KMnO_4} CH_3COOH \xrightarrow[H^+]{C_2H_5OH} CH_3\overset{O}{\overset{\|}{C}}-OC_2H_5$$

$$2CH_3\overset{O}{\overset{\|}{C}}-OC_2H_5 \xrightarrow[(2)\ CH_3COOH]{(1)\ C_2H_5ONa} CH_3\overset{O}{\overset{\|}{C}}-CH_2-\overset{O}{\overset{\|}{C}}-OC_2H_5 （以下同）$$

(1) 分析：

来自三乙 ---→ [$H_3C - \overset{O}{\overset{\|}{C}} - CH$] [CH_3] ←---
                                  [CH_3] ←--- 配位两个 CH_3I

$$CH_3\overset{O}{\overset{\|}{C}}-CH_2-\overset{O}{\overset{\|}{C}}-OC_2H_5 \xrightarrow[CH_3I]{C_2H_5O^-Na^+} CH_3\overset{O}{\overset{\|}{C}}-\underset{CH_3}{\overset{}{C}H}\overset{O}{\overset{\|}{C}}-OC_2H_5 \xrightarrow[CH_3I]{C_2H_5O^-Na^+}$$

$$CH_3\overset{O}{\overset{\|}{C}}-\underset{CH_3}{\overset{CH_3}{\overset{|}{C}}}-\overset{O}{\overset{\|}{C}}-OC_2H_5 \xrightarrow[酮式分解]{(1)\ 稀\ OH^-,\ (2)\ H^+,\ (3)\ \triangle} H_3C-\overset{O}{\overset{\|}{C}}-\underset{CH_3}{\overset{}{C}H}-CH_3$$

$$CH_3OH \xrightarrow{HI} CH_3I$$

(2) 分析：

$$\underset{CH_3CHCH_2CH_2CH_2CH_3}{\overset{OH}{|}} \xleftarrow{H_2/Ni} \underbrace{CH_3\overset{O}{\overset{\|}{C}}CH_2}_{\text{来自三乙}} \underbrace{CH_2CH_2CH_3}_{\text{配位 }BrCH_2CH_2CH_3}$$

$$CH_3\overset{O}{\overset{\|}{C}}-CH_2-\overset{O}{\overset{\|}{C}}OC_2H_5 \xrightarrow{C_2H_5O^-Na^+ \quad CH_3CH_2CH_2Br} CH_3\overset{O}{\overset{\|}{C}}-\underset{CH_2CH_2CH_3}{\overset{}{C}H}COC_2H_5$$

$$\xrightarrow[\substack{(1)\,5\%NaOH \\ (2)\,H^+ \\ (3)\,\triangle,\,-CO_2}]{} CH_3\overset{O}{\overset{\|}{C}}-CH_2-CH_2-CH_2-CH_3 \xrightarrow{H_2/Ni} \underset{CH_3CHCH_2CH_2CH_2CH_3}{\overset{OH}{|}}$$

（成酮分解）

正丙基溴可由所给的甲醇和乙醇变化而得：

$$CH_3OH \xrightarrow{CrO_3/H_2SO_4} H_2C=O$$

$$CH_3CH_2OH \xrightarrow{HBr} CH_3CH_2Br \xrightarrow[\text{乙醚}]{Mg} CH_3CH_2MgBr \xrightarrow[\text{绝对乙醚}]{CH_2O} \xrightarrow{H^+} CH_3CH_2CH_2OH$$

$$\xrightarrow{HBr} CH_3CH_2CH_2Br$$

（3）分析：

$$\underbrace{CH_3\overset{CH_3}{\overset{|}{C}H}-Br}_{\text{上 }CH_3I} \cdots \rightarrow \underbrace{CH_3\overset{CH_3}{\overset{|}{C}H}}_{} + \underbrace{\overset{CH_3}{\overset{|}{C}H}-COOH}_{} \longleftarrow \underbrace{\overset{CH_3}{\overset{|}{|}}}_{\text{上 }CH_3I} \text{来自三乙成酸分解}$$

$$CH_3\overset{O}{\overset{\|}{C}}CH_2\overset{O}{\overset{\|}{C}}OC_2H_5 \xrightarrow{C_2H_5ONa} \left[CH_3\overset{O}{\overset{\|}{C}}\overset{}{C}H\overset{O}{\overset{\|}{C}}OC_2H_5 \right]^- Na^+$$

$$\xrightarrow{\underset{CH_3CHCH_3}{\overset{Br}{|}}} CH_3\overset{O}{\overset{\|}{C}}\underset{CH(CH_3)_2}{\overset{}{C}H}\overset{O}{\overset{\|}{C}}OC_2H_5 \xrightarrow{C_2H_5O^-Na^+} \left[CH_3\overset{O}{\overset{\|}{C}}\underset{CH(CH_3)_2}{\overset{}{C}}\overset{O}{\overset{\|}{C}}OC_2H_5 \right]^- Na^+$$

$$\xrightarrow{CH_3I} CH_3\overset{O}{\overset{\|}{C}}-\underset{CH_3}{\overset{CH_3}{\overset{|}{\underset{|}{C}}}}-\overset{O}{\overset{\|}{C}}OC_2H_5 \xrightarrow[\substack{(1)\,40\%NaOH \\ (2)\,H^+ \\ (3)\,\triangle,\,-CO_2 \\ \text{（成酸分解）}}]{} CH_3\overset{CH_3}{\overset{|}{C}}H-\overset{CH_3}{\overset{|}{C}}H-COOH$$

（4）分析：

$$\underbrace{\text{来自三乙}}_{} \cdots \underbrace{CH_3\overset{O}{\overset{\|}{C}}CH_2}_{} \mid \underbrace{CH_2\overset{O}{\overset{\|}{C}}CH_3}_{} \cdots \underbrace{\text{来自三乙}}_{}$$

用 I_2 偶联

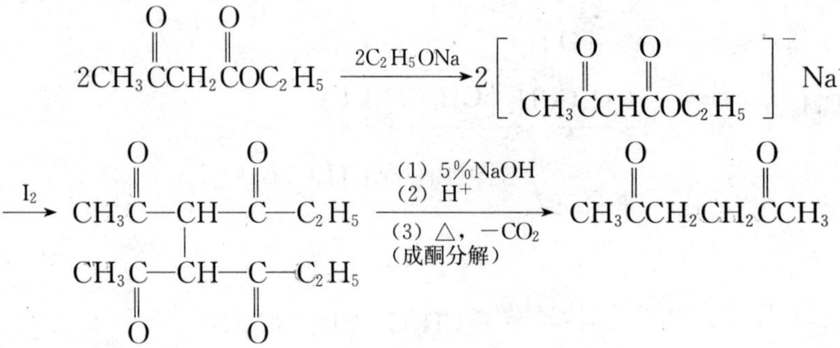

$2CH_3CCH_2COC_2H_5 \xrightarrow{2C_2H_5ONa} 2\left[CH_3CCHCOC_2H_5 \right]^- Na^+$

$\xrightarrow{I_2}$ CH$_3$C(O)—CH(C(O)CH$_3$)—C(O)C$_2$H$_5$ 结构 $\xrightarrow[(2) H^+]{(1) 5\%NaOH}$ $CH_3CCH_2CH_2CCH_3$
$\qquad\qquad\qquad\qquad\qquad\qquad$ (3) △，—CO$_2$
$\qquad\qquad\qquad\qquad\qquad\qquad$ （成酮分解）

（5）分析：

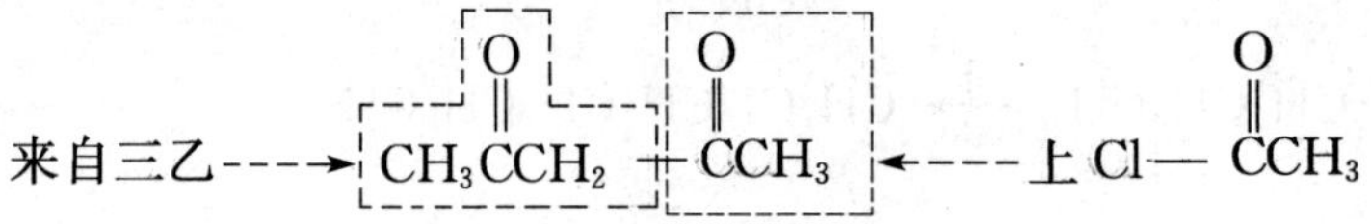

来自三乙 ---→ CH_3CCH_2 + CCH_3 ←--- 上 $Cl—CCH_3$

解：$CH_3CCH_2COC_2H_5 + NaH \longrightarrow \left[CH_3CCHCOC_2H_5 \right]^- Na^+ + H_2$

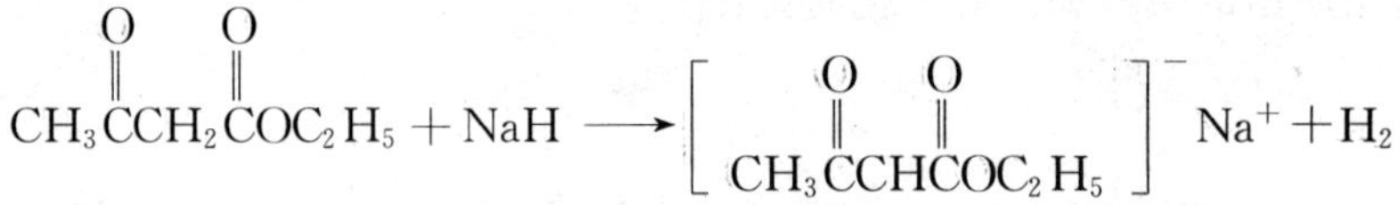

（此处用 NaH 取代醇钠，是为了避免反应中生成的醇与酰氯作用）

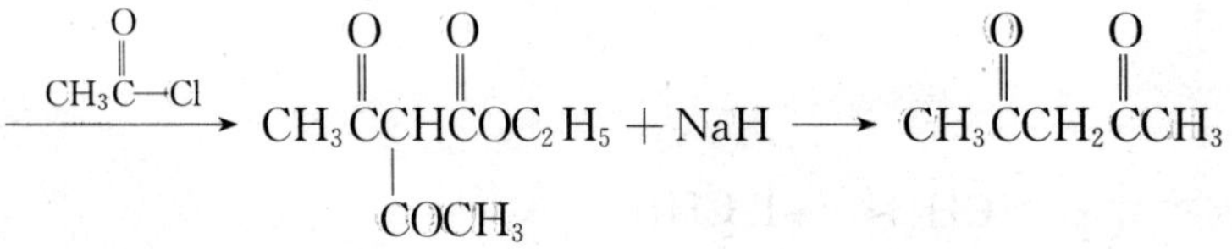

$\xrightarrow{CH_3C(O)Cl}$ $CH_3CCH(COC_2H_5)(COCH_3) + NaH \longrightarrow CH_3CCH_2CCH_3$

5. 完成下列转变。

(1) 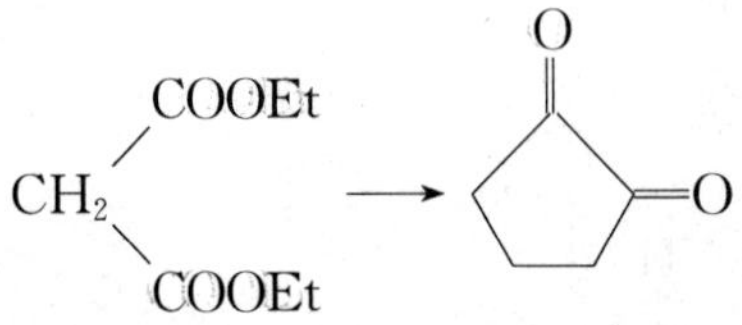 $CH_2(COOEt)_2 \longrightarrow$ 环戊烷-1,2-二酮

(2) 2-氧代环戊基-COOEt $\longrightarrow$ 2-（2-氰乙亚基）环戊酮

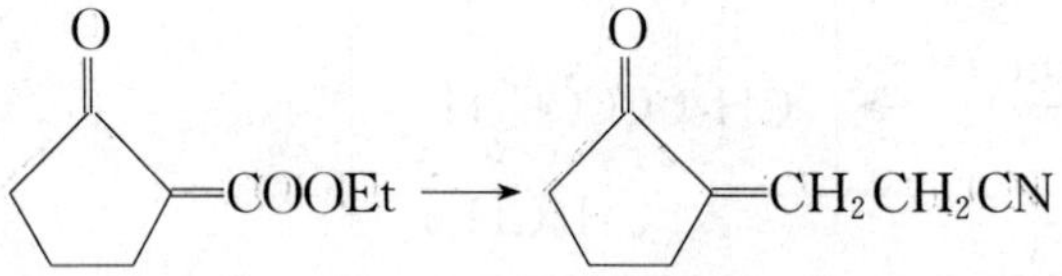

解：(1) 分析：

来自草酸二乙酯 ---→ 环戊-1,2-二酮结构 ←— $C_2H_5O^-$ $C_2H_5OOC—CH_2—CH_2—CH_2—COOC_2H_5$ + $\underset{OC_2H_5}{\overset{O}{\underset{\|}{C}}}=\underset{OC_2H_5}{\overset{O}{\underset{\|}{C}}}$

来自戊二酸二乙酯 ---→

1,5-二羰基化合物，由 Midchael 加成来

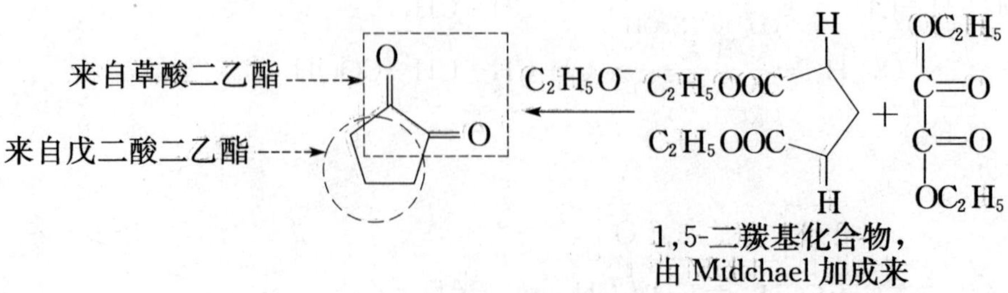

$$\underset{COOC_2H_5}{\underset{|}{CH_2}}\underset{COOC_2H_5}{\overset{COOC_2H_5}{|}} + CH_2=CHCOOC_2H_5 \xrightarrow[C_2H_5OH]{C_2H_5ONa} EtOCCH_2-CH_2-CH(COOEt)_2$$

$$\xrightarrow[(3)\,\triangle,\,-CO_2]{(1)\,5\%NaOH \atop (2)\,H^+} HOOCCH_2-CH_2-CH_2COOH \xrightarrow[H^+]{C_2H_5OH} CH_2\underset{CH_2COOC_2H_5}{\overset{CH_2COOC_2H_5}{<}}$$

$$\xrightarrow{\underset{C_2H_5O^-}{\underset{COOC_2H_5}{\underset{|}{COOC_2H_5}}}} \text{(环己二酮-二酯)} \xrightarrow[(3)\,\triangle,\,-CO_2]{(1)\,5\%NaOH \atop (2)\,H^+} \text{(环戊-1,3-二酮)}$$

(2) 分析：

1,5-二羰基化合物，由 Michael 加成来

$\overset{O}{\underset{1}{\bigcirc}}\overset{2}{-}\overset{3}{CH_2}\overset{4}{CH_2}\overset{5}{CN}$ ← $CH_2=CHCN$

环戊酮-2-COOC$_2$H$_5$ + $CH_2=CHCN$ $\xrightarrow[C_2H_5OH]{C_2H_5O^-Na^+ \atop Micheal \text{ 加成}}$ 产物（含 CH_2CH_2CN 与 $COOC_2H_5$）

$\xrightarrow[(3)\,\triangle,\,-CO_2]{(1)\,5\%NaOH \atop (2)\,H^+}$ 环戊酮-CH$_2$CH$_2$COOH $\xrightarrow{NH_3 \atop \triangle}$ $\xrightarrow{P_2O_5 \atop \triangle}$ 环戊酮=CHCH$_2$CN

6. 完成下列反应。

(1) 乙酸乙酯 + 甲酸乙酯 $\xrightarrow[(2)\,H^+]{(1)\,C_2H_5ONa}$

(2) $CH_3\overset{O}{C}(CH_2)_3\overset{O}{C}OC_2H_5 \xrightarrow[(2)\,H^+]{(1)\,C_2H_5ONa}$

(3) $CH_2\underset{CH_2CH_2COOC_2H_5}{\overset{CH_2CH_2COOC_2H_5}{<}} \xrightarrow[(2)\,H^+]{(1)\,C_2H_5ONa}$

解：(1) $HCCH_2COOC_2H_5$ ；(2) 1,3-环己二酮；(3) 2-乙氧羰基环己酮

10.4 课后习题及参考答案

1. 试写出乙酰乙酸乙酯在酸、碱催化作用下的酮-烯醇互变异构过程。

解：在酸催化作用下，酮-烯醇互变异构反应机理如下：

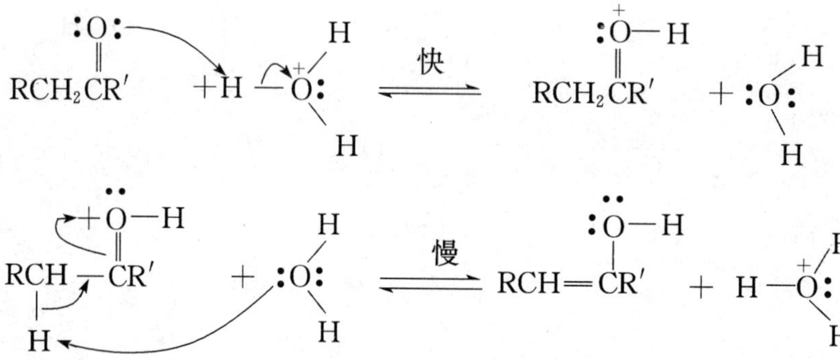

$$RCH_2CR' + H-\overset{+}{O}H_2 \underset{快}{\rightleftharpoons} RCH_2CR'(\overset{+}{O}H) + :OH_2$$

$$RCH(\overset{+}{O}H)CR' + :OH_2 \underset{慢}{\rightleftharpoons} RCH=CR'(OH) + H_3O^+$$

$R = -C(O)OC_2H_5$，$R' = CH_3-$

酸中的质子氢和羰基氧发生反应生成锌盐，质子化的羰基具有更强的吸电子效应，增强了α碳原子上氢的酸性，水分子作为 Brønsted 碱和α碳原子上的氢反应，从而形成了烯醇。

在碱催化作用下，酮-烯醇互变异构反应机理如下：

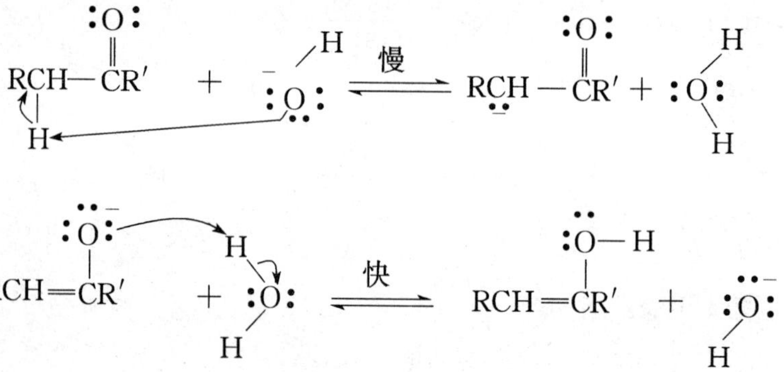

$$RCH(H)CR'(=O) + {}^-:OH \underset{慢}{\rightleftharpoons} RC\bar{H}-CR'(=O) + :OH_2$$

$$RCH=CR'(O^-) + H-OH \underset{快}{\rightleftharpoons} RCH=CR'(OH) + {}^-:OH$$

$R = -C(O)OC_2H_5$，$R' = CH_3-$

碱直接和α氢反应，生成一个碳负离子。通过电子对的转移，碳上的负电荷可以转到羰基氧上，形成烯醇负离子，水分子再向烯醇负离子转移一个质子形成烯醇。

2. 乙酸乙酯的α氢的酸性很弱，而乙醇钠的碱性也比较弱，用乙氧负离子把乙酸乙酯变为乙酸乙酯负离子是很困难的，为什么这个反应会进行得比较完全？

解：首先，乙酸乙酯分子在碱的作用下失去α氢，生成相应的烯醇负离子。

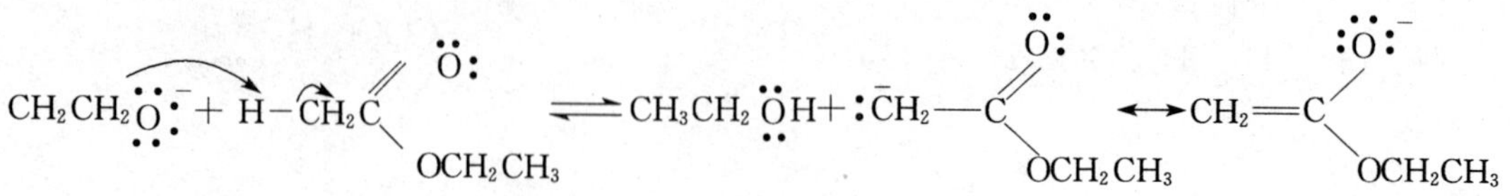

$$CH_3CH_2O^- + H-CH_2C(=O)OCH_2CH_3 \rightleftharpoons CH_3CH_2OH + {}^-:CH_2-C(=O)OCH_2CH_3 \leftrightarrow CH_2=C(O^-)OCH_2CH_3$$

然后，烯醇负离子和另一个乙酸乙酯分子发生亲核加成，生成带一个负电荷的四面体中间体，随后该中间体离解出一个乙氧负离子，生成乙酰乙酸乙酯。

$$CH_3COCH_2CH_3 + CH_2=C\overset{\overset{\ddot{O}:^-}{|}}{\underset{OCH_2CH_3}{|}} \rightleftharpoons CH_3\overset{\ddot{O}:^-}{\underset{|}{C}}CH_2COCH_2CH_3 \rightleftharpoons$$

$$\overset{\ddot{O}:\;\;\;\ddot{O}:}{CH_3\overset{||}{C}CH_2\overset{||}{C}OCH_2CH_3} + :\ddot{O}CH_2CH_3$$

其次，由于反应是在碱性环境中进行，生成的乙酰乙酸乙酯立刻发生脱质子化反应，生成相应的盐。

$$CH_3\overset{O}{\overset{||}{C}}\underset{\underset{H}{|}}{C}HCOCH_2CH_3 + :\ddot{O}CH_2CH_3 \rightleftharpoons CH_3\overset{O}{\overset{||}{C}}\overset{\;\;\;O}{\underset{|}{C}}HCOCH_2CH_3 + H\ddot{O}CH_2CH_3$$

最后，将上述盐分离后，用酸进行酸化，得到乙酰乙酸乙酯产物。

$$CH_3\overset{O}{\overset{||}{C}}\underset{\underset{\ddot{}}{|}}{C}HCOCH_2CH_3 + H-\overset{+}{\underset{H}{O}}{\underset{H}{|}}H \longrightarrow CH_3\overset{O}{\overset{||}{C}}\underset{\underset{H}{|}}{C}HCOCH_2CH_3 + :\underset{H}{\overset{H}{\ddot{O}}}:$$

3. 丙酸乙酯的克莱森缩合产物及反应路线。

解： $2CH_3CH_2\overset{O}{\overset{||}{C}}OCH_2CH_3 \xrightarrow[(2)\;H_3O^+]{(1)\;NaOCH_2CH_3} CH_3CH_2\overset{O}{\overset{||}{C}}\underset{\underset{CH_3}{|}}{C}HCOCH_2CH_3 + CH_3CH_2OH$

4. 为什么 2-甲基丙烯酸乙酯很难发生克莱森缩合反应。

解： 因为 2-甲基丙烯酸乙酯没有活泼 α 氢，无法生成相应的烯醇负离子，所以它很难进行克莱森缩合反应。

5. 为什么在进行混合克莱森缩合时，要求一种酯分子含有活泼 α 氢，另一种酯分子不含有活泼 α 氢？

解： 混合克莱森缩合是一个酯的 α-碳和另一个酯的羰基碳之间形成碳-碳键的过程。要求其中一个酯分子含有活泼 α 氢，另一个酯分子不含有活泼 α 氢。

$$R\overset{O}{\overset{||}{C}}OCH_2CH_3 + R'CH_2\overset{O}{\overset{||}{C}}OCH_2CH_3 \xrightarrow[(2)\;H_3O^+]{(1)\;NaOCH_2CH_3} R\overset{O}{\overset{||}{C}}\underset{\underset{R'}{|}}{C}HCOCH_2CH_3$$

这样可以使含有相应活泼 α 氢的酯，失去活泼 α 氢，生成相应的烯醇负离子，接着进行克莱森缩合的其他反应步骤。

6. 将下列化合物的烯醇式含量进行排序，并且说明原因。

(1) $CH_2(COOC_2H_5)_2$，$C_6H_5COCH_2COC_6H_5$，$CH_3COCH_2COCH_3$，$CH_3COCH_2COOC_2H_5$

(2) $C_6H_5COCH_2COCF_3$，$C_6H_5COCH_2COCH_3$，$CH_3COCH_2COCH_3$

解：(1) (A) $CH_2(COOC_2H_5)_2$　　　　(B) $C_6H_5COCH_2COC_6H_5$

(C) $CH_3COCH_2COCH_3$　　　　(D) $CH_3COCH_2COOC_2H_5$

【考点】β-二羰基化合物稀醇式的稳定性

【解】(B) > (C) > (D) > (A)

【思路与技巧】连在亚甲基上的两个基团的吸电子能力越强，则其烯醇式越稳定，即烯醇式含量 (C) > (D) > (A)。而 (B) 的烯醇式由于有两个苯环的共轭效应而最稳定。

(2) (A) $C_6H_5COCH_2COCF_3$　　　　(B) $C_6H_5COCH_2COCH_3$

(C) $CH_3COCH_2COCH_3$

【考点】β-二羰基化合物烯醇式的稳定性

【解】(A)

【思路与技巧】(A) 中连在亚甲基上的两个基团，一个为吸电子较强的三氟乙酰基，另一个为共轭效应较强的苯甲酰基，故其稀醇式最稳定，含量最高。

7. 将下列碳负离子的稳定性进行排序，并且说明原因。

(1)

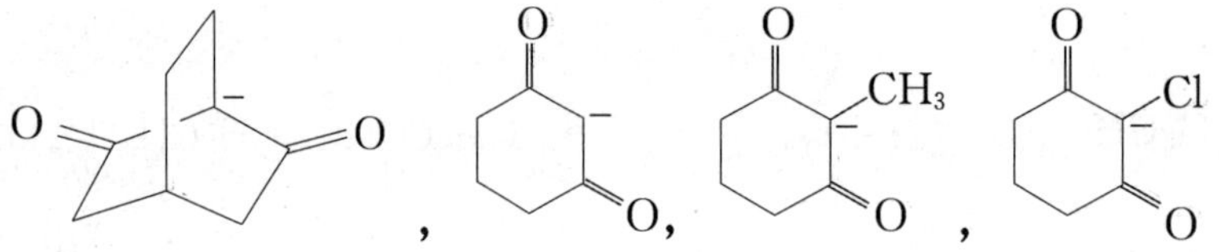

(2)

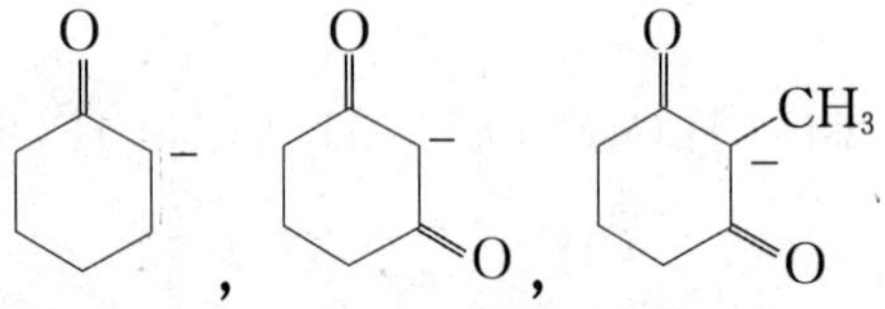

解：(1) 氯原子既有吸电子的诱导效应又有给电子的超共轭效应，总的结果是吸电子的诱导效应大于给电子的超共轭效应。甲基是给电子基团，只有超共轭效应，环烷烃环越大越不稳定。所以依次排序为：

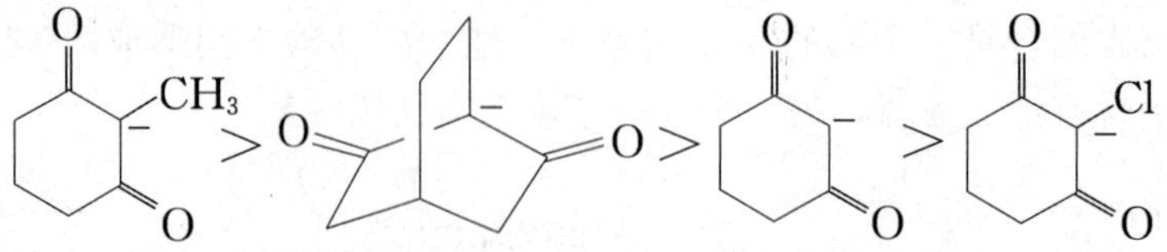

(2) 连在碳负离子上的基团的吸电子能力越强，则碳负离子越稳定；推电子能力越强，电子云密度越集中，则越不稳定。氧原子的电负性较碳原子大，是吸电子基团。所以依次排序为：

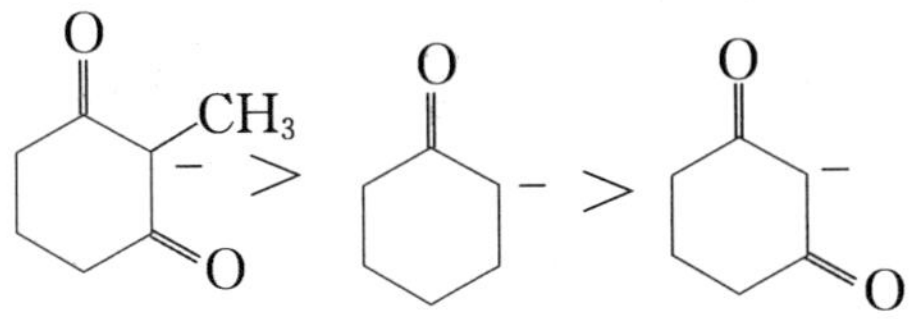

8. 完成下列反应。

(1) $EtOOCCH_2COOEt + BrCH_2CH_2CH_2CH_2Br \xrightarrow[C_2H_5OH]{NaOC_2H_5}$ (   ) $\xrightarrow[H_2O]{HCl}$ (   ) $\xrightarrow{\triangle}$ (   )

(2) $CH_3\overset{O}{C}CH_2COOC_2H_5 \xrightarrow[NH_3]{2KNH_2}$ (   ) $\xrightarrow[②NH_4Cl]{①CH_3I}$ (   )

(3) $CH_3COCH_2COOEt \xrightarrow[PbCHO]{EtONa, EtOH}$ (   )

(4) $(CH_3)_2CHCH_2CHO + CH_2(CO_2Et)_2 \xrightarrow[C_6H_6, \triangle]{\text{piperidine-NH}}$ (   )

(5) $\xrightarrow[H_3C-Br]{EtONa} \xrightarrow[\triangle]{HCl}$ (   )

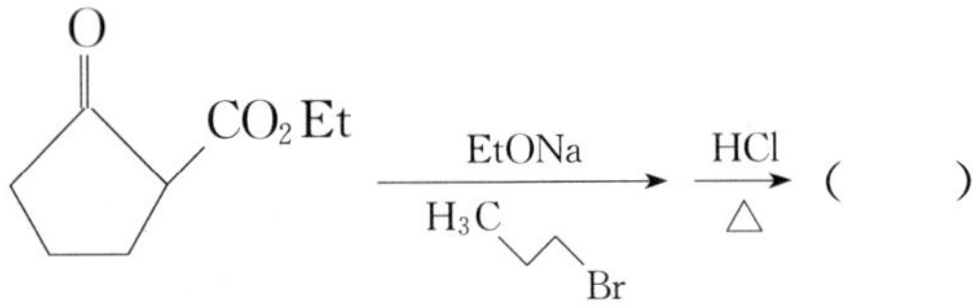

(6) $CH_3\overset{O}{C}CH_2\overset{O}{C}OC_2H_5 \xrightarrow{C_2H_5ONa} \xrightarrow{CH_3I}$ (   ) $\xrightarrow{C_2H_5ONa} \xrightarrow{C_2H_5Br}$ (   ) $\xrightarrow{\text{稀 } OH^-}$ $\xrightarrow{H^+} \xrightarrow{\triangle}$ (   )

(7) 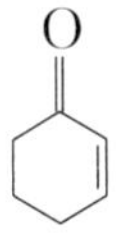 $+ CH_2(COOC_2H_5)_2 \xrightarrow{C_2H_5ONa}$ (   )

解： (1) $\underset{CH_2CH_2CH_2CH_2Br}{EtOOCCHCOOEt}$; ;

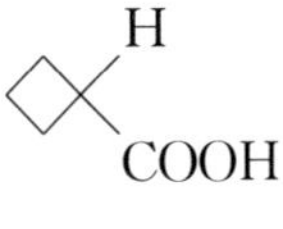

(2) $^-CH_2\overset{O}{C}CH_2-\overset{O}{C}-OEt \longleftrightarrow H_2C=\overset{O^-}{C}-OEt$, $CH_3CH_2\overset{O}{C}CH_2COOC_2H_5$

(3) 【考点】乙酰乙酸乙酯与醛的缩合反应

【解】 $PhCH=\underset{COOEt}{\overset{COCH_3}{C}}$

【思路与技巧】乙酰乙酸乙酯中的活泼亚甲基先与碱作用生成碳负离子，碳负离子再与醛发生缩合反应生成产物。

(4) 【考点】Knoevenagel 缩合反应

【解】 $(CH_3)_2CHCH_2CH{=}C(CO_2Et)_2$

【思路与技巧】 醛在弱碱催化下与丙二酸二乙酯反应，由于丙二酸二乙酯优先与弱碱反应生成碳负离子，降低了醛分子间发生羟醛缩合反应的可能性，反应的选择性相对较高。

(5)**【考点】** 活泼亚甲基的烷基化反应；脱羧反应

【解】 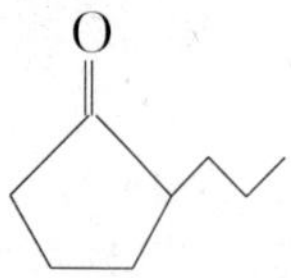

【思路与技巧】 活泼亚甲基在强碱作用下形成碳负离子，再与-溴丙烷发生烷基化反应、经水解、脱羧后生成产物。

(6)**【考点】** 乙酰乙酸乙酯亚甲基的烷基化反应；脱羧反应

【解】 $CH_3COCH(CH_3)COOC_2H_5$；$CH_3CO{-}C(CH_3)(C_2H_5){-}COOC_2H_5$；

$CH_3CO{-}CH(CH_3)(C_2H_5)$

【思路与技巧】 乙酰乙酸乙酯亚甲基可以进行两次烷基化反应，生成二烷基取代的乙酰乙酸乙酯，后者在稀碱溶溶中水解生成烷基取代的β-羰基乙酸。β-羰基乙酸不稳定，稍加热即脱羧变成酮。

(7)**【考点】** Michael 加成反应

【解】 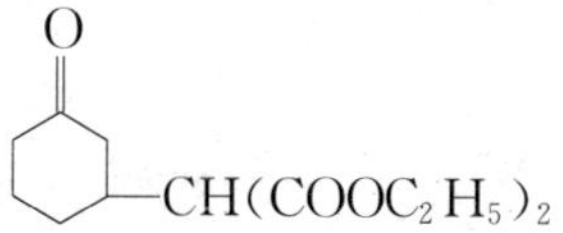

【思考与技巧】 在强碱作用下，活泼亚甲基变成碳负离子，与α，β-不饱和酮发生 1，4-加成反应。

9. 以四个碳以下的原料合成下列化合物。

(1) $CH_3{-}COCH_2CH_2CH_2CH_2CO{-}CH_3$

(2) 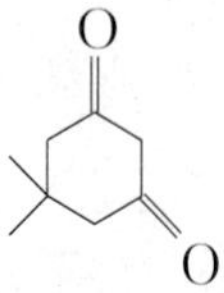

(3) $CH_3{-}CO{-}CH_2{-}CH(CH_2CH_3){-}CO{-}CH_3$

解：(1)**【考点】** 乙酰乙酸乙酯合成法

【解】$CH_3COOC_2H_5 \xrightarrow[C_2H_5OH]{C_2H_5ONa} CH_3COCH_2COOEt$

$CH_3COCH_2COOEt \xrightarrow[C_2H_5OH]{C_2H_5ONa} \xrightarrow{BrCH_2CH_2Br} \xrightarrow[②H_3^+O]{①稀\ OH^-} CH_3-\overset{O}{\overset{\|}{C}}CH_2CH_2CH_2CH_2\overset{O}{\overset{\|}{C}}-CH_3$

【思考与技巧】乙酰乙酸乙酯进行烷基化反应后，再进行酮式分解可以合成甲基酮。

(2)【考点】Michael 加成反应；羟醛缩合反应；酯缩合反应；丙二酸二乙酯的性质；酮酸酯的脱羧反应

【解】$CH_2(COOH)_2 + 2C_2H_5OH \xrightarrow{H^+} CH_2(COOC_2H_5)_2$

$2CH_3\overset{O}{\overset{\|}{C}}CH_3 \xrightarrow[\triangle]{稀\ OH^-} CH_3\overset{O}{\overset{\|}{C}}-CH=\overset{CH_3}{\underset{CH_3}{C}}$

<chemical structure> + $CH_2(COOEt)_2$ $\xrightarrow{EtONa}$ <chemical structure>

$\xrightarrow[-EtOH]{EtONa}$ <cyclic structure> $\xrightarrow{稀\ OH^-} \xrightarrow{H^+} \xrightarrow[\triangle]{-CO_2}$ <cyclic structure>

【思路与技巧】巧妙利用丙二酸二乙酯的性质、Michael 加成反应、羟醛缩合反应来合成目标产物。在合成含羰基的六元环状化合物时，Michael 加成反应显得十分重要。

(3)【考点】乙酰乙酸乙酯的合成；乙酰乙酸乙酯合成法

【解】$CH_3COOH \xrightarrow[H^+]{C_2H_5OH} CH_3COOC_2H_5 \xrightarrow{C_2H_5ONa} CH_3COCH_2COOC_2H_5 \xrightarrow{NaOC_2H_5}$

$\xrightarrow{BrCH_2CH_3} CH_3-\overset{O}{\overset{\|}{C}}-\underset{\underset{CH_2CH_3}{|}}{CH}-\overset{O}{\overset{\|}{C}}-OC_2H_5 \xrightarrow[②H_3O^+]{①OH^-}$

$\xrightarrow{SOCl_2} CH_3-\overset{O}{\overset{\|}{C}}-\underset{\underset{CH_2CH_3}{|}}{CH}-\overset{O}{\overset{\|}{C}}-Cl \xrightarrow{CH_2N_2} \xrightarrow{H_2O} CH_3-\overset{O}{\overset{\|}{C}}-\underset{\underset{CH_2CH_3}{|}}{CH}-CH_2-COOH$

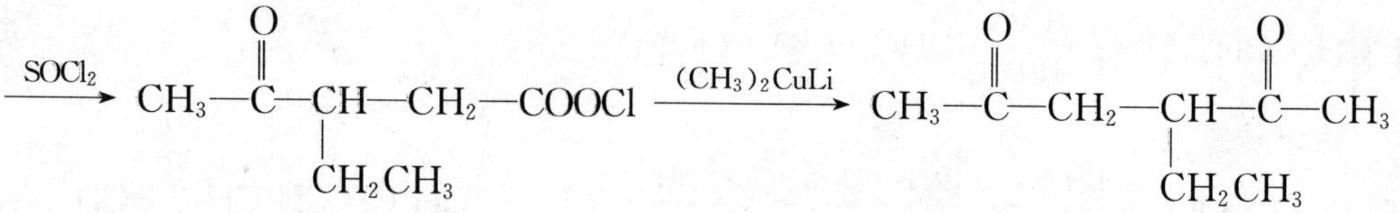

$$\xrightarrow{SOCl_2} CH_3-\overset{\overset{O}{\|}}{C}-\underset{\underset{CH_2CH_3}{|}}{CH}-CH_2-COOCl \xrightarrow{(CH_3)_2CuLi} CH_3-\overset{\overset{O}{\|}}{C}-CH_2-\underset{\underset{CH_2CH_3}{|}}{CH}-\overset{\overset{O}{\|}}{C}-CH_3$$

【思路与技巧】 乙酰乙酸乙酯与溴乙烷的烷基化反应只能合成 $CH_3-\overset{\overset{O}{\|}}{C}-\underset{\underset{CH_2CH_3}{|}}{CH}-\overset{\overset{O}{\|}}{C}-C_2H_5$ ，要合成目标产物必须在两羰基间增加一个碳原子，只有先将酯基变成酰氯，利用酰氯与重氮甲烷的反应来实现。

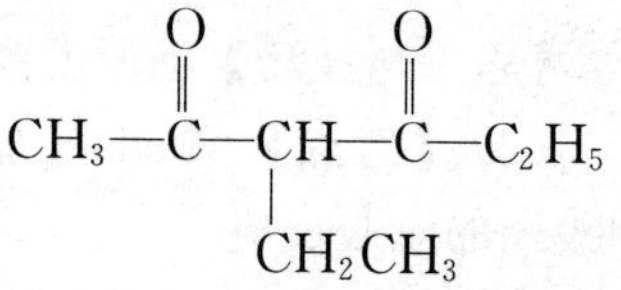

第11章

含氮、磷化合物

11.1 本章重点和难点

本章重点

1. 重要的概念

胺，脂肪胺、芳胺，伯、仲、叔胺与伯、仲、叔醇等的区别，异氰酸酯，磺酰化，还原胺化、季铵盐、季铵碱，Hofmann 消除反应，重氮化合物、偶氮化合物、重氮盐，磷叶立德的反应，威蒂格（Wittig）反应，磷叶立德的合成。

2. 结构

胺的结构及与性质之间的关系。

3. 化学性质和反应

苯环上的硝基对其邻位和对位上取代基的影响，胺的化学性质，季铵碱的消除反应以及消除取向，重氮盐的化学性质，腈的化学性质。

本章难点

Hofmann 规则的理论解释。

11.2 本章知识要点

11.2.1 胺的分类

根据氨分子中氢原子被取代的数目，可将胺分成伯胺、仲胺和叔胺。三种胺的分子结构式如图 11-1 所示。

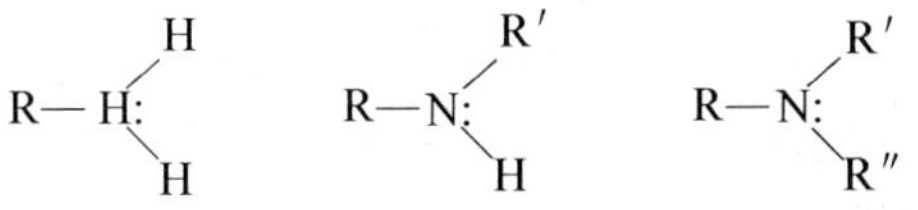

$$R-\overset{H}{\underset{H}{\overset{|}{N}:}}-H \qquad R-\overset{R'}{\underset{H}{\overset{|}{N}:}}-H \qquad R-\overset{R'}{\underset{R''}{\overset{|}{N}:}}-R''$$

　　伯胺　　　　　仲胺　　　　　叔胺

图 11-1　三种胺的分子结构式

如果铵离子中的四个氢原子都被烃基取代，生成与无机盐性质相似的化合物称为季铵盐，通式为 $R_4N^+X^-$。季铵盐的分子结构式如图 11-2 所示。其中四个烃基 R 可以相同，也可以不同，X 多是卤素离子（如 F^-、Cl^-、Br^-、I^-）和酸根离子（如 HSO_4^-、$RCOO^-$ 等）。

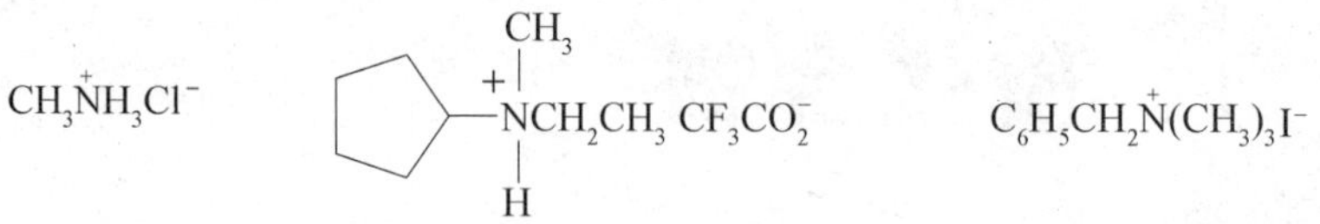

$CH_3\overset{+}{N}H_3Cl^-$ N-甲基-N-乙基环戊基三氟乙酸铵 $C_6H_5CH_2\overset{+}{N}(CH_3)_3I^-$

氯化甲铵　　N-甲基-N-乙基环戊基三氟乙酸铵　　碘化三甲基苯甲铵

图 11-2　季铵盐的分子结构式

11.2.2　胺的结构

氨分子的氮原子有五个价电子，其中三个价电子占据氮原子的 sp^3 杂化轨道与氢原子的 s 轨道重叠形成三个 σ 键，另外一对孤对电子占据第四个 sp^3 杂化轨道，所以氨分子的结构类似于碳的四面体结构，氮原子位于四面体的中心。

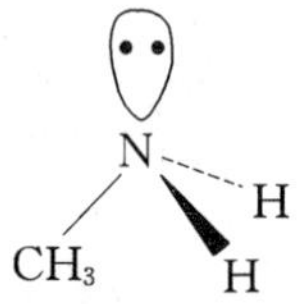

11.2.3　胺的物理性质

胺是极性化合物，可形成氢键，氮的电负性小于氧，所以氢键较弱。

易挥发的胺有无机氨的气味，高级胺有鱼腥味。

芳胺有毒，易通过皮肤渗透到体内。

季铵盐的物理性质类似于无机盐，易溶于水。

11.2.4　胺的碱性

1. 因为氨基的氮原子上有一对孤对电子，容易接受质子，所以胺具有碱性。氨分子的 $K_b=1.8\times10^{-5}$（$pK_b=4.7$），甲胺的 $K_b=4.4\times10^{-4}$（$pK_b=3.3$），因此甲胺的碱性比氨分子强。

2. 脂肪胺的碱性比氨略强。脂肪胺的碱性相差不大。芳香胺的碱性比氨和脂肪胺都弱很多。

11.2.5　季铵盐的相转移催化作用

尽管季铵盐是离子，但是很多种季铵盐却可以溶解在非极性溶剂中。例如甲基三辛基氯化铵和三乙基苄基氯化铵可以溶解在低极性溶剂如苯、正癸烷、卤代烃中。利用这个特殊的性质，可以将季铵盐作为相转移催化剂应用在相转移催化领域。

$CH_3\overset{+}{N}(CH_2CH_2CH_2CH_2CH_2CH_2CH_3)_3Cl^-$ $\bigcirc\!\!-CH_2\overset{+}{N}(CH_2CH_3)_3Cl^-$

甲基三辛基氯化铵　　　　　　三乙基苄基氯化铵

相转移催化剂是可以帮助反应物从一相转移到能够发生反应的另一相中，从而加快异相

体系反应速率的一类催化剂。相转移催化反应一般都存在水相和有机相两相，离子型反应物往往可溶于水相，不溶于有机相，而有机底物则只溶于有机相。如果没有相转移催化剂时，两相相互隔离，反应物之间仅在两相体系的界面上接触，反应速率很慢，甚至难以发生，例如：

$$CH_3CH_2CH_2CH_2Br + NaCN \longrightarrow CH_3CH_2CH_2CH_2CN + NaBr$$

11.2.6 胺的合成

1. 氨的烷基化反应

代烃和氨发生亲核取代反应，可以生成伯胺，反应按 S_N2 机理进行。

$$RX + 2NH_3 \longrightarrow RNH_2 + \overset{+}{N}H_4X^-$$

2. 盖布里埃尔（Gabriel）合成法

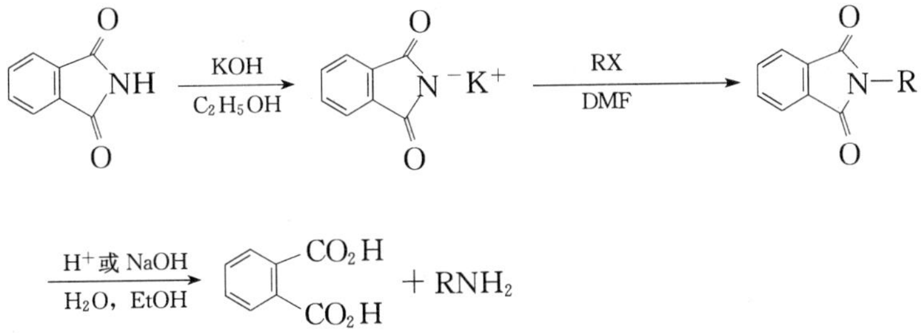

3. 含氮化合物的还原

叠氮、腈、硝基化合物、酰胺和肟等含氮化合物都可以被适当的还原剂还原成胺。

$$C_6H_5CH_2CH_2N_3 \xrightarrow[\text{(2) }H_2O]{\text{(1) }LiAlH_4, C_2H_5OC_2H_5} C_6H_5CH_2CH_2NH_2$$

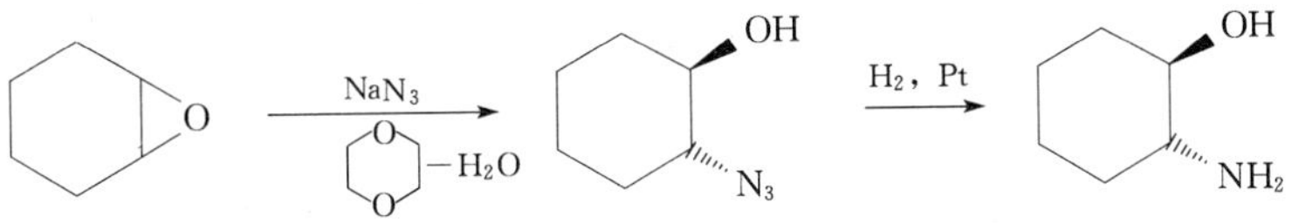

利用上述方法可以将腈还原成伯胺。

$$RX \longrightarrow RC \equiv N \longrightarrow RCH_2NH_2$$

4. 还原胺化

将醛或酮等含羰基化合物与氨或胺反应生成亚胺，然后用催化加氢或者氢化试剂将亚胺还原成胺，这个方法称为还原胺化。

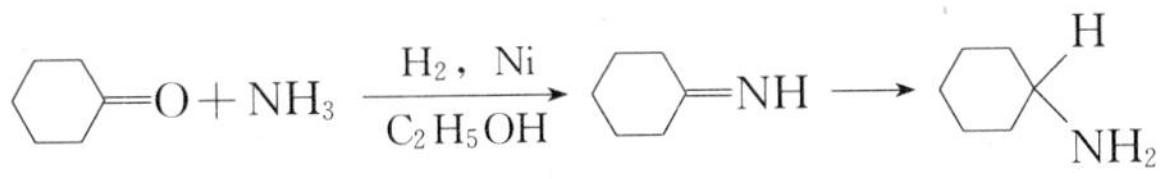

11.2.7 胺的化学性质

1. 与卤代烷的亲核取代反应

胺的氮原子有未共用电子对，可以与卤代烷发生 S_N2 亲核取代反应。例如，伯胺与一级卤代烷反应可以生成仲胺。

$$RNH_2 + R'CH_2X \longrightarrow RN\overset{H}{\underset{H}{|}}{}^{+}\!\!-\!CH_2R'X^- \longrightarrow RN\overset{H}{\underset{H}{|}}\!-\!CH_2R' + HX$$

$$C_6H_5NH_2 + C_6H_5CH_2Cl \xrightarrow[90℃]{NaHCO_3} C_6H_5NHCH_2C_6H_5$$

2. 霍夫曼（Hofmann）消除反应

季铵盐在氢氧化钠、氢氧化钾等强碱的作用下产生季铵碱。由于季铵碱的碱性与氢氧化钠、氢氧化钾相当，该反应是一个平衡反应，无法分离出纯净的季铵碱产物。为了合成季铵碱，通常用季铵盐与氧化银浆反应，因为可以生成卤化银沉淀，反应向有利于生成季铵碱的方向移动。

$$2(R_4N^+I^-) + Ag_2O + H_2O \longrightarrow 2(R_4N^+OH^-) + 2AgI$$

$$\text{C}_6\text{H}_{11}\text{-}CH_2\overset{+}{N}(CH_3)_3I^- \xrightarrow[H_2O, CH_3OH]{Ag_2O} \text{C}_6\text{H}_{11}\text{-}CH_2\overset{+}{N}(CH_3)_3HO^-$$

季铵碱在加热条件下发生 β 消除反应生成烯烃和胺，这个反应称为霍夫曼（Hofmann）消除反应。

$$\text{(环己基)}CH\text{-}CH_2\overset{+}{N}(CH_3)_3 \xrightarrow{160℃} \text{(环己基)}=CH_2 + (CH_3)_3N: + H_2O$$

3. 芳香胺的亲电取代反应

$$\text{PhNH}_2 \xrightarrow[\text{常温}]{Br_2\ 水} \text{2,4,6-三溴苯胺}$$

白色（≈100%）

4. 脂肪胺的亚硝化

有机化合物分子中的氢被亚硝基（—NO）取代的反应称为亚硝化反应。参与亚硝化反应的亚硝酸不稳定，受热或在空气中会发生分解，因此多采用亚硝酸盐（通常是亚硝酸钠）与酸（盐酸、硫酸、醋酸等）代替。

$$:\!\ddot{O}\!-\!\ddot{N}\!=\!\ddot{O}: \xrightarrow{H^+} H\!-\!\ddot{O}\!-\!\ddot{N}\!=\!\ddot{O}: \xrightarrow{H^+} H\!-\!\overset{H}{\underset{}{\ddot{O}}}\!-\!\ddot{N}\!=\!\ddot{O}: \xrightarrow{-H_2O} :\overset{+}{N}\!=\!\ddot{O}:$$

5. 芳香胺的亚硝化

烷基叔胺不能与亚硝酸发生亚硝化反应，N,N-二烷基芳胺与亚硝酸却可以发生苯环上的亲电取代反应，生成亚硝基取代芳香叔胺。

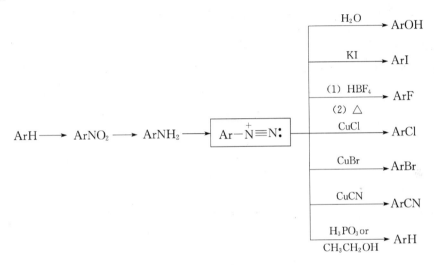

芳基重氮离子的化学活性较强，能够被多种其他基团取代生成一系列环取代芳香化合物。这些反应具有位置的特定选择性，即原子或者基团取代苯环的位置是氮分子在苯环上离去的位置。

6. 芳香重氮盐的合成转移

芳基重氮离子的一个重要的反应是水解转化为酚。

$$Ar\overset{+}{N}\equiv N: + H_2O \longrightarrow ArOH + H^+ + :N\equiv N:$$

7. 芳香重氮盐的还原

在次磷酸（H_3PO_2）或乙醇等还原剂的作用下，芳香重氮盐的重氮基能够被氢原子取代，由于重氮基来源于氨基，所以这个反应称为脱氨基还原反应。该反应是自由基反应，反应中取代重氮基的氢原子来自次磷酸、乙醇等还原剂。

$$Ar-\overset{+}{N}\equiv N: \xrightarrow[CH_3CH_2OH]{H_3PO_2 \text{ or }} ArH + :N\equiv N:$$

8. 芳香重氮盐的偶联

芳香重氮阳离子可以作为亲电试剂与酚、芳香叔胺等活泼的芳香化合物进行芳环上的亲电取代反应，反应结果是两个芳环用偶氮（—N＝N—）基团连接起来，这个反应称为偶联反应，生成的化合物称为偶氮化合物。

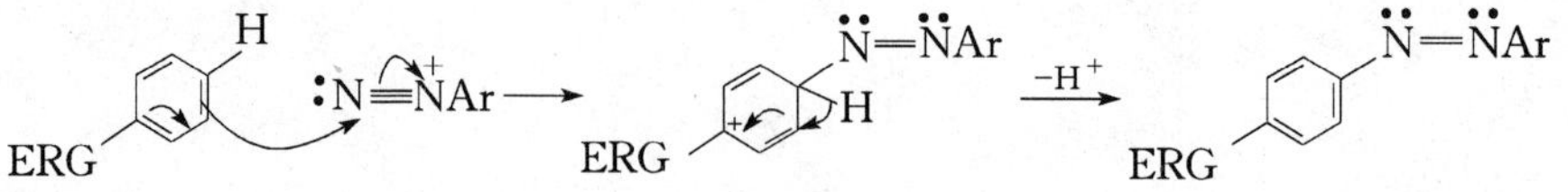

ERG 为供电子基团，例如 —OH、—NR$_2$。

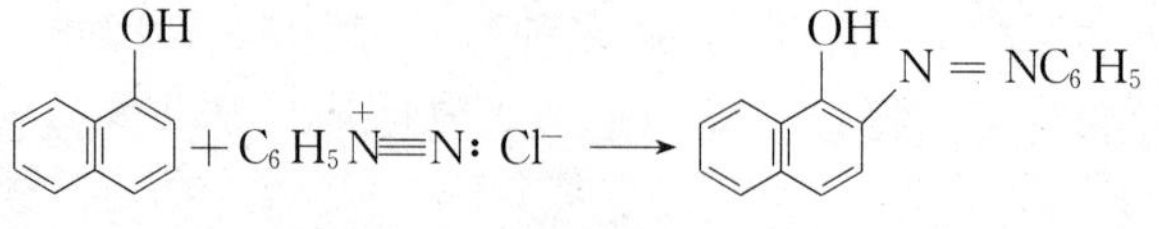

$$\text{1-萘酚} + C_6H_5\overset{+}{N}\equiv N: Cl^- \longrightarrow \text{2-(苯偶氮)-1-萘酚}(N=NC_6H_5)$$

11.2.8 芳香硝基化合物的化学性质

1. 还原反应

在还原剂或催化加氢的作用下，芳香硝基化合物的硝基可以直接还原成氨基。还原剂通常选择铁或锡与盐酸的混合体系，因此生成的产物通常是芳香胺的氯化季铵盐。

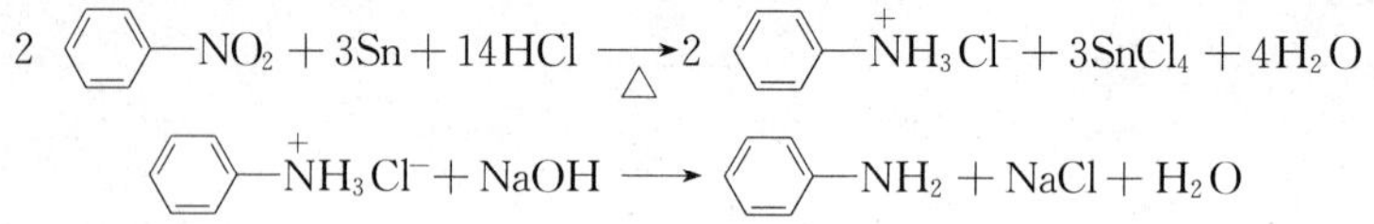

$$2\,C_6H_5-NO_2 + 3Sn + 14HCl \xrightarrow{\triangle} 2\,C_6H_5-\overset{+}{N}H_3Cl^- + 3SnCl_4 + 4H_2O$$

$$C_6H_5-\overset{+}{N}H_3Cl^- + NaOH \longrightarrow C_6H_5-NH_2 + NaCl + H_2O$$

2. 亲核取代反应

在卤代芳烃上没有吸电子基团，利用亲核试剂取代卤原子是很困难的。但芳环上连有硝基等吸电子基团，特别是当硝基位于卤原子的邻、对位时，亲核取代反应很容易发生。

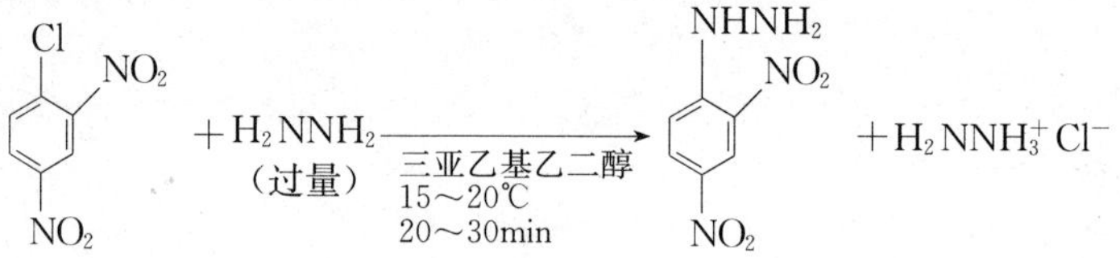

$$\text{2,4-二硝基氯苯} + H_2NNH_2\text{(过量)} \xrightarrow[15\sim20℃,\;20\sim30min]{\text{三亚乙基乙二醇}} \text{2,4-二硝基苯肼} + H_2N\overset{+}{N}H_3Cl^-$$

11.2.9 有机磷化合物的分类

含碳-磷键的化合物或含有机基团的磷酸衍生物统称为有机磷化合物。有机磷化合物的磷原子有空的 d 轨道，价态较多。按照磷原子的价态，有机磷化合物主要分为三价磷有机化合物和五价磷有机化合物。

11.2.10 有机磷化合物的合成

磷化氢通常用三氯化磷和氢化铝锂反应合成，随后与金属钠反应可以得到磷化钠。

$$PCl_3 + LiAlH_4 \xrightarrow{\text{THF}} PH_3 \xrightarrow[\text{乙醚}]{\text{Na}} H_2PNa$$

伯、仲和叔膦可以利用卤代烷与磷化钠、烷基或芳基膦以及取代磷化钠反应合成。

$$H_2PNa + RX \longrightarrow RPH_2 + NaX$$
伯膦

$$RPH_2 + Na \longrightarrow RHPNa \xrightarrow{R'X} \begin{matrix}R\\ \diagdown\\ R'\end{matrix}PH + NaX$$ 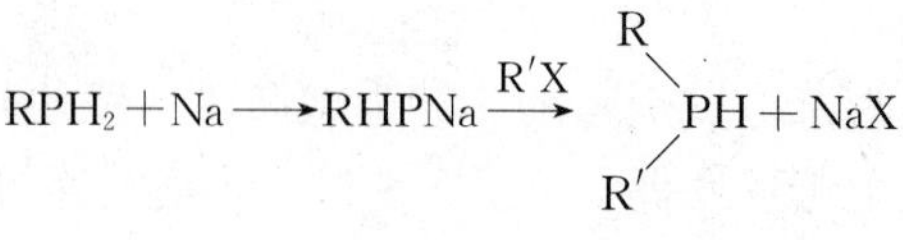
仲膦

$$RPH_2 + 2R'X \longrightarrow R'_2RP + 2HX$$
叔膦

伯膦和仲膦也可以利用碘化鏻和碘烷在氯化锌存在下加热至150℃左右合成。

$$2RI + 2PH_4I + ZnO \longrightarrow 2RPH_2 \cdot HI + ZnI_2 + H_2O$$

$$2RPH_2 \cdot HI + ZnO \longrightarrow 2RPH_2 + ZnI_2 + H_2O$$

$$RPH_2 + RI \longrightarrow R_2PH \cdot HI$$

$$2R_2PH \cdot HI + ZnO \longrightarrow 2R_2PH + ZnI_2 + H_2O$$

叔膦还可以利用格氏试剂和三氯化磷的反应合成。

$$3CH_3MgI + PCl_3 \xrightarrow{\text{乙醚}} (CH_3)_3P + 3Mg\begin{matrix}Cl\\I\end{matrix}$$
三甲膦

$$3C_6H_5MgBr + PCl_3 \xrightarrow{\text{乙醚}} (C_6H_5)_3P + 3Mg\begin{matrix}Cl\\Br\end{matrix}$$
三苯膦

11.2.11 磷叶立德的合成

磷叶立德是由带正电荷的磷原子与带负电荷的碳原子直接相连的一类结构特殊的化合物。

磷叶立德通常用磷盐法合成，即用叔膦与卤代烷反应生成季鏻盐，经强碱除去 α-C 上的 H 而得。用于合成磷叶立德的卤代烷可以是伯卤代烷，也可以是仲卤代烷，不能是叔卤代烷。用于合成磷叶立德的强碱包括氨、三乙基胺、碳酸钠、氢氧化钠、醇钠或醇钾、氨基钠、烷基锂、氢化钠等。碱的选择取决于鏻盐中 α-H 的酸性。例如，苯甲酰亚甲基三苯基膦烷和对硝基苯甲酰亚甲基三苯基膦烷可以用相应的鏻盐与碳酸钠水溶液反应合成。

$$Ph_3\overset{+}{P}-CH_2-\overset{O}{\underset{\|}{C}}-\underset{Br^-}{}\!\!\!\!\!\!\!\!\!\!\!\!\bigcirc \xrightarrow{Na_2CO_3 \text{ 水溶液}} Ph_3P=\overset{H}{\underset{}{C}}-\overset{O}{\underset{\|}{C}}-\bigcirc$$
pK_a=5.5

$$Ph_3\overset{+}{P}-H_2C-\overset{O}{\underset{\|}{C}}-\underset{Br^-}{}\!\!\!\!\!\!\!\!\!\!\!\!\bigcirc-NO_2 \xrightarrow{Na_2CO_3 \text{ 水溶液}} Ph_3P=\overset{H}{\underset{}{C}}-\overset{O}{\underset{\|}{C}}-\bigcirc-NO_2$$
pK_a=4.2

11.2.12 磷叶立德的反应

当活泼的磷叶立德与水或醇反应时，能迅速夺取一个质子生成相应的鏻氢氧化物或鏻烷氧化物，随后分解成氧化膦和碳氢化合物。

$$R_3\overset{+}{P}-\overset{-}{C}R'_2 \xrightarrow{H_2O} R_3\overset{+}{P}CHR'_2OH^- \begin{cases} \longrightarrow R_3P=O + CH_2R'_2 \\ \longrightarrow R_2P(O)CR'_2 + RH \end{cases}$$

R=烷基，芳香基；R'=H，芳香基

$$Ph_3P-CH-\bigcirc-NO_2 \xrightarrow{EtOD} Ph_3\overset{+}{P}-CHD-\bigcirc-NO_2 \, EtO^- \rightleftharpoons Ph_3\overset{+}{P}-\overset{-}{C}D-\bigcirc-NO_2$$

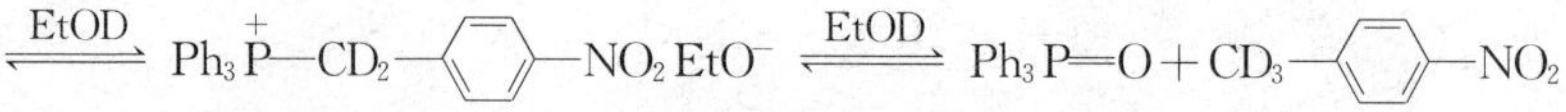

$$\xrightleftharpoons[]{EtOD} Ph_3\overset{+}{P}-CD_2-\underset{}{\underset{}{\bigcirc}}-NO_2 \xrightleftharpoons[]{EtO^-} \xrightleftharpoons[]{EtOD} Ph_3P=O + CD_2=\underset{}{\underset{}{\bigcirc}}-NO_2$$

磷叶立德能被氧化成羰基化合物，后者再与磷叶立德反应生成烯烃。

$$Ph_3P=CRR' + O_2 \longrightarrow RR'CO + Ph_3P=O$$
$$RR'CO + Ph_3P=CRR' \longrightarrow RR'C=CRR' + Ph_3P=O$$

11.2.13 威蒂格（Wittig）反应

$$Ph_3P=CH_2 + O=C\begin{matrix}C_6H_5\\C_6H_5\end{matrix} \longrightarrow Ph_3P=O + CH_2=C\begin{matrix}C_6H_5\\C_6H_5\end{matrix}$$

11.3 典型习题讲解及参考答案

1. 写出下列化合物的结构式。

(1) 三丁基胺 ；(2) N-甲基苯胺；(3) 肾上腺素；(4) 对氨基苯甲酸乙酯

解：(1) $(CH_3CH_2CH_2CH_2)_3N$

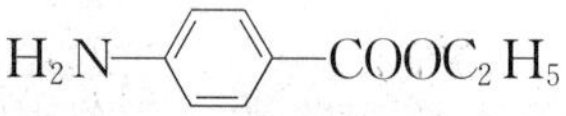

(2)  C₆H₅—NHCH₃ (苯环-NHCH₃)

(3) H₂N—C₆H₄—COOC₂H₅

(4) 3,4-(HO)₂C₆H₃—CH(OH)CH₂NHCH₃

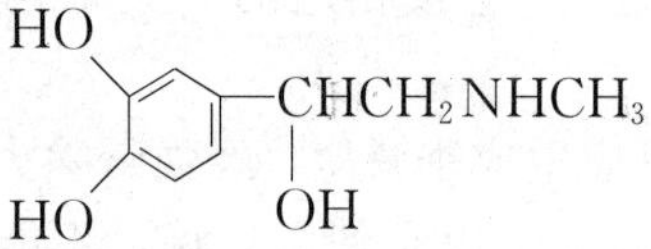

2. 命名下列化合物。

(1) $(C_6H_5O)_3P$；(2) $(C_6H_5O)_3PO$；(3) $(C_6H_5)_3P^+CH_3Br^-$；
(4) $(C_2H_5O)_2\underset{\underset{O}{\|}}{P}-C_6H_5$

解：(1) 亚磷酸三苯酯；(2) 磷酸三苯酯；(3) 溴化甲基三苯鏻；(4) O,O-二乙基苯膦酸酯

3. (1) 在化合物①氨②甲胺③苯胺④二苯胺中，碱性由弱到强排列顺序为（　　）。

A. ①<②<③<④　　　　　　B. ④<③<②<①
C. ④<③<①<②　　　　　　D. ②<①<③<④

答案：C

(2) 下列化合物中，能与亚硝酸反应生成黄色油状物的是（　　）。

A. 甲胺　　　　　　　　　B. 二甲胺
C. 三甲胺　　　　　　　　D. 苯胺

答案：B

(3) 化合物$(CH_3)_3C—NH_2$属于（　　）。

A. 伯胺　　　　　　　　　B. 仲胺
C. 叔胺　　　　　　　　　D. 季胺

答案：A

(4) 下列化合物中，碱性最强的是（　　）。
A. 苯胺　　　　　　　　　　　　　　B. 二苯胺
C. 对硝基苯胺　　　　　　　　　　　D. 对甲基苯胺
答案：D

(5) 能与苯磺酰氯反应生成沉淀，再溶于过量 NaOH 溶液的化合物是（　　）。
A. CH_3NH_2　　　　　　　　　　　B. $(CH_3)_2NH$
C. $(CH_3)_3N$　　　　　　　　　　　D. $CH_3NHC_2H_5$
答案：A

4. 下列有机物的 pK_b 为

$(CH_3)_2NH$	$(CH_3)_3N$	NH_3
$pK_b=3.27$	$pK_b=4.21$	$pK_b=4.75$
$O_2N-\mathrm{C_6H_4}-NH_2$	$\mathrm{C_6H_5}-NH_2$	$H_3C-\mathrm{C_6H_4}-NH_2$
$pK_b=13.0$	$pK_b=9.37$	$pK_b=8.70$

解释 pK_b 的差异。

解：脂肪胺甲基是供电子基，使得氮原子电子云密度增强，碱性强于氨气；三甲胺是叔胺，3 个甲基空间阻碍较大，使得氮原子与水的氢原子结合难，故其碱性反而弱于二甲胺。

芳香胺氨基氮 sp^2 杂化，与苯环产生共轭效应，氮原子上孤对电子离域到苯环上，使氨基碱性减弱，致使苯胺碱性比脂肪胺弱得多，故苯胺 pK_b 只有 9.37。

硝基上 π 键与苯环大 π 键产生共轭效应，硝基为强吸电电子基，使得苯环电子云密度下降，同时使得氨基氮电子云密度下降，碱性大大减弱，故对硝基苯胺 pK_b 达到 13.0。

甲基情况刚好相反，通过 3 个碳氢 σ 键，与苯环大 π 键产生超共轭效应，向苯环上供电子，使苯环电子云密度提高，致使氨基氮电子云密度提高，碱性增强，不过甲基供电子能力不强，故对甲基苯胺碱性增强不多，pK_b 只达到 8.70。

5. 比较下列各种化合物的碱性，按照碱性增强的次序排列。

(1) NH_3，CH_3NH_2，$\mathrm{C_6H_5}-NH_2$，$CH_3-\overset{O}{\underset{\|}{C}}-NH_2$，$(CH_3)_4N^+OH^-$

(2) $\mathrm{C_6H_5}-NH_2$ ， $O_2N-\mathrm{C_6H_4}-NH_2$ ， $CH_3-\mathrm{C_6H_4}-NH_2$

(3) $CH_3CH_2NH_2$，$CH_3CH_2-O^-$，CH_3COO^-，NH_2^-

解：(1) $CH_3CONH_2 < PhNH_2 < NH_3 < CH_3NH_2 < (CH_3)_4N^+OH^-$

(2) $O_2N-\mathrm{C_6H_4}-NH_2 < \mathrm{C_6H_5}-NH_2 < CH_3-\mathrm{C_6H_4}-NH_2$

(3) $CH_3COO^- < CH_3CH_2NH_2 < CH_3CH_2O^- < NH_2^-$

6. 如何完成如下反应。

(1) $CH_3CH_2CH_2Br \longrightarrow CH_3CH_2CH_2CH_2NH_2$

(2) $\mathrm{C_6H_5}-COOH \longrightarrow \mathrm{C_6H_5}-NH_2$

解：(1) $CH_3CH_2CH_2Br \xrightarrow{NaCN} CH_3CH_2CH_2CN \xrightarrow{H_2, N_2} CH_3(CH_2)_4NH_2$

(2) $C_6H_5-COOH \xrightarrow[\triangle]{NH_3} C_6H_5-CONH_2 \xrightarrow{Br_2-NaOH} C_6H_5-NH_2$

7. 完成下列反应式。

(1) $CH_3NO_2 + HCHO（过量）\xrightarrow{OH^-}$ (   )

(2) $BrCH_2CH_2Br \xrightarrow{KCN}$ (   ) $\xrightarrow[\text{②}H_2O]{\text{①}LiAlH_4}$ (   )

(3) $O_2N\text{-}C_6H_3(Cl)\text{-}Cl + NaOCH_3 \xrightarrow[\triangle]{CH_3OH}$ (   )

(4) $o\text{-}CH_3\text{-}C_6H_4\text{-}NO_2 + (COOEt)_2 \xrightarrow{EtONa}$ (   )

(5) $m\text{-}H_3C\text{-}C_6H_4\text{-}NHCH_3 + NaOH_2 \xrightarrow{HCl}$ (   )

(6) $C_6H_5\text{-}CH_3 \xrightarrow[h\nu]{Cl_2}$ (   ) $\xrightarrow{NaCN}$ (   ) $\xrightarrow[\text{②}H_2O/OH^-]{\text{①}CH_3MgX}$ (   )

(7) $HO_3S\text{-}C_6H_4\text{-}NH_2 \xrightarrow[0℃]{NaNO_2, H_2SO_4}$ (   ) $\xrightarrow[pH=9]{H_2N\text{-}C_6H_4\text{-}C_6H_4\text{-}OH}$ (   )

(8) 邻苯二甲酸酐 $+ 2NH_3 \cdot H_2O \longrightarrow$ (   ) $\xrightarrow[NaOH]{Br_2}$ (   ) $\xrightarrow[0℃]{NaNO_2/HCl}$ (   ) $\xrightarrow{CuCl}$ (   )

解：(1) $CH_3NO_2 + HCHO（过量）\xrightarrow{OH^-} O_2N-C(CH_2OH)_3$

(2) $BrCH_2CH_2Br \xrightarrow{KCN} NCCH_2CH_2CN \xrightarrow[\text{②}H_2O]{\text{①}LiAlH_4} NH_2CH_2CH_2CH_2CH_2NH_2$

(3) $O_2N\text{-}C_6H_3(Cl)\text{-}Cl + NaOCH_3 \xrightarrow[\triangle]{CH_3OH} O_2N\text{-}C_6H_3(Cl)\text{-}OCH_3 + NaCl$

(4) $o\text{-}CH_3\text{-}C_6H_4\text{-}NO_2 + (COOEt)_2 \xrightarrow{EtONa} o\text{-}O_2N\text{-}C_6H_4\text{-}CH_2\text{-}CO\text{-}COOC_2H_5$

(5) H₃C-C₆H₄-NHCH₃ + NaNO₂ →[HCl] H₃C-C₆H₄-N(CH₃)(NO)

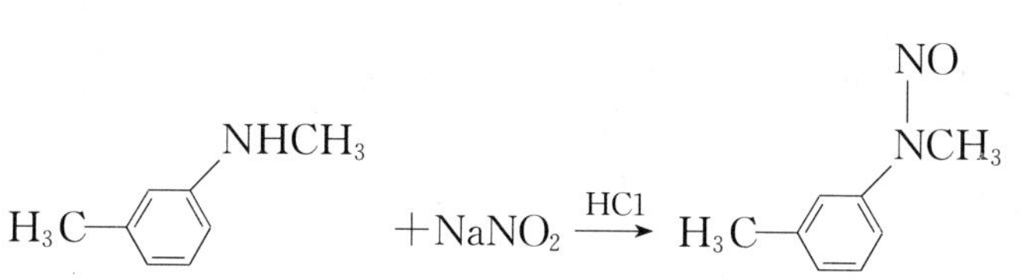

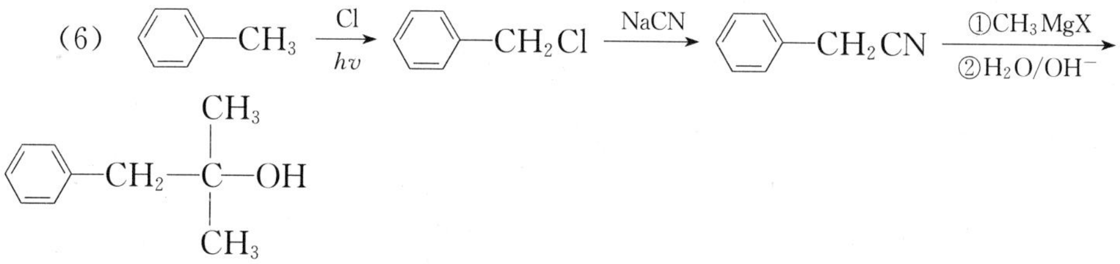

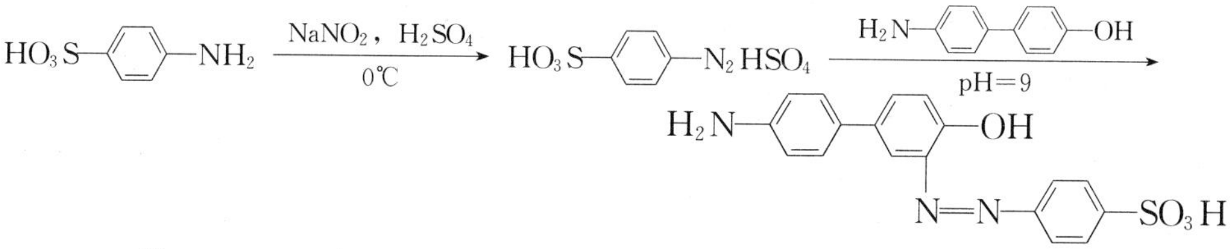

(6) C₆H₅-CH₃ →[Cl₂/hv] C₆H₅-CH₂Cl →[NaCN] C₆H₅-CH₂CN →[①CH₃MgX ②H₂O/OH⁻] C₆H₅-CH₂-C(CH₃)₂-OH

(7) HO₃S-C₆H₄-NH₂ →[NaNO₂, H₂SO₄, 0℃] HO₃S-C₆H₄-N₂·HSO₄ →[H₂N-C₆H₄-C₆H₄-OH, pH=9]

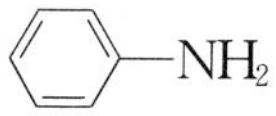

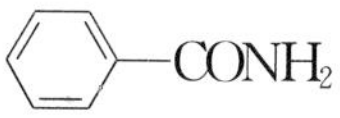

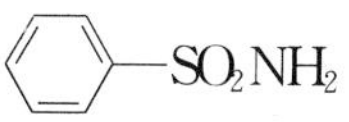

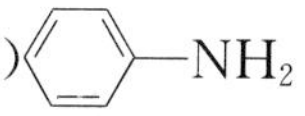

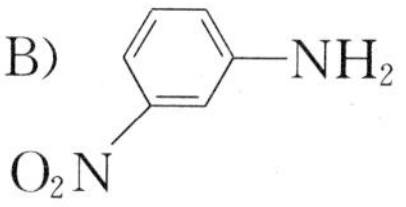

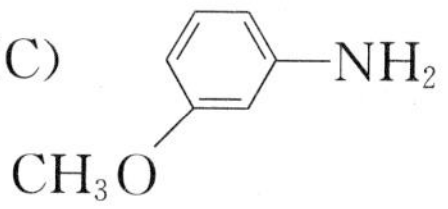

H₂N-C₆H₄-C₆H₃(OH)-N=N-C₆H₄-SO₃H

(8) 邻苯二甲酸酐 + 2NH₃·H₂O ⟶ 邻苯二甲酰亚胺 →[Br₂/NaOH] 邻氨基苯甲酸钠

→[NaNO₂, HCl, 0℃] 邻-N₂Cl-C₆H₄-COONa →[CuCl] 邻-Cl-C₆H₄-COONa

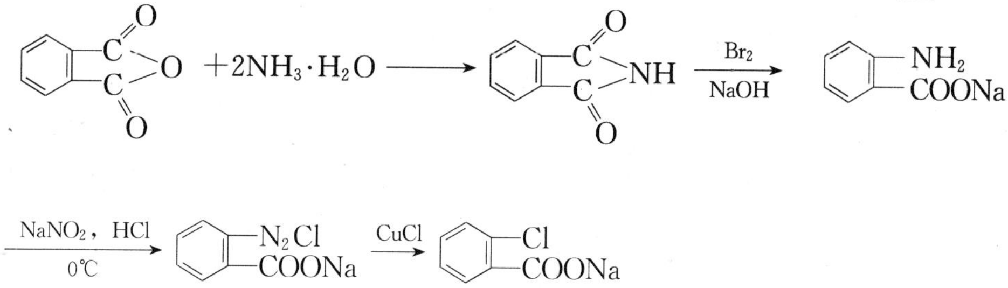

8. 将下列化合物按其在水溶液中的碱性强弱排列成序。

(1) (A) C₆H₅-CH₂NH₂ (B) C₆H₅-NH₂ (C) C₆H₅-CONH₂ (D) C₆H₅-SO₂NH₂

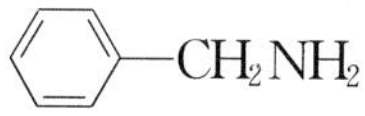

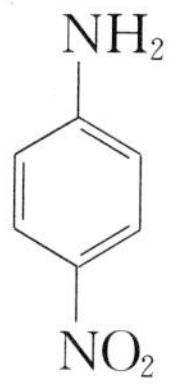

(2) (A) C₆H₄(NH₂)(O₂N-间) (B) C₆H₄(NH₂)(间-NH₂) (C) C₆H₄(NH₂)(CH₃O-间) (D) C₆H₄(NH₂)(H₃C-间)

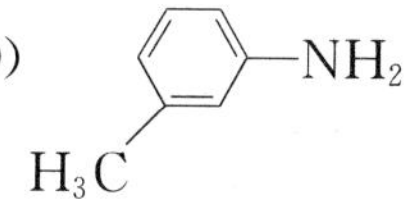

解：(1) (A) > (B) > (C) > (D)

(2) (D) > (A) > (C) > (B)

9. 下列各组化合物中，碱性最强的是（ ），最弱的是（ ）

(1) (A) NH₃ (B) 哌啶(piperidine) (C) 对硝基苯胺 (D) 苯胺 (E) CH₃NH₂

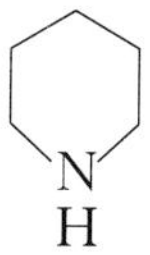

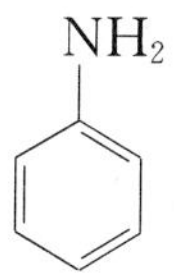

(2) (A) NH₂CH₂CH₂CN (B) CF₃CH₂NH₂ (C) BrCH₂CH₂NH₂ (D) CH₃CH₂NH₂

(3) (A) 哌啶 (B) 苯胺 (C) 二苯胺 (C₆H₅-NH-C₆H₅)

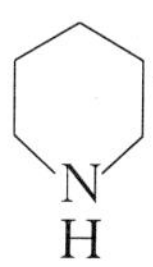

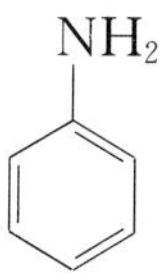

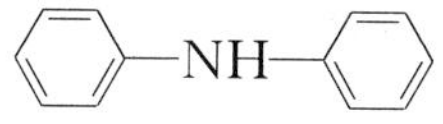

(D) 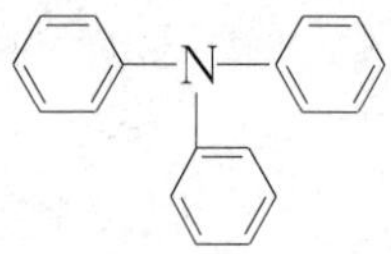 (C₆H₅)₃N   (E)  C₆H₅NHCH₃

解：(1) (B)(C)
(2) (D)(B)
(3) (A)(D)

10. 由苯胺制对氯苯胺一般都在稀酸或弱酸性介质中进行，如在强酸中进行，会得到什么产物？为什么？

解：在强酸中，由于胺基形成铵盐，邻对位定位基基本转变为间位基，所以若在强酸中进行会得到间位取代产物。

11. 以苯或甲苯及三个碳原子以下的有机化合物为原料合成下列化合物。

(1) 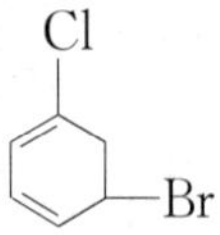 3-溴氯苯 (2) 2-氟-4-甲基苯甲酸 (3) 4-乙酰氨基-4'-硝基二苯甲酮

解：(1) 苯 $\xrightarrow{\text{浓 HNO}_3 / \text{浓 H}_2\text{SO}_4}$ 硝基苯 $\xrightarrow{\text{Br}_2 / \text{FeCl}_3}$ 间溴硝基苯 $\xrightarrow{\text{Fe, HCl}}$ 间溴苯胺 $\xrightarrow{\text{NaNO}_2, \text{HCl} \atop 0\sim5℃}$ 间溴重氮盐 $\xrightarrow{\text{CuCl} / \text{HCl}}$ 间溴氯苯

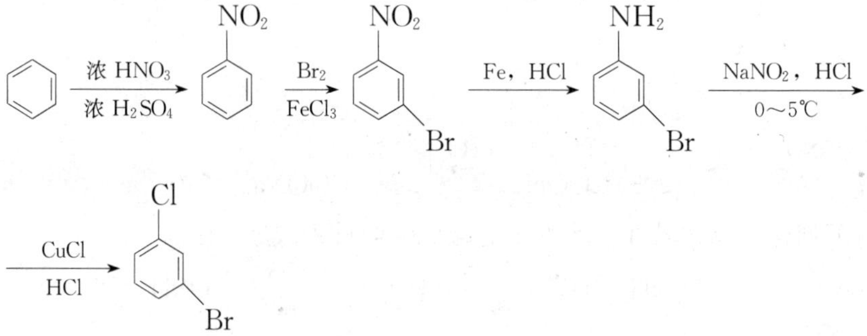

(2) **【分析】** 经两次硝化、两次重氮化分别引入所需基团。氰基和 F 原子一般不能直接引入苯环。

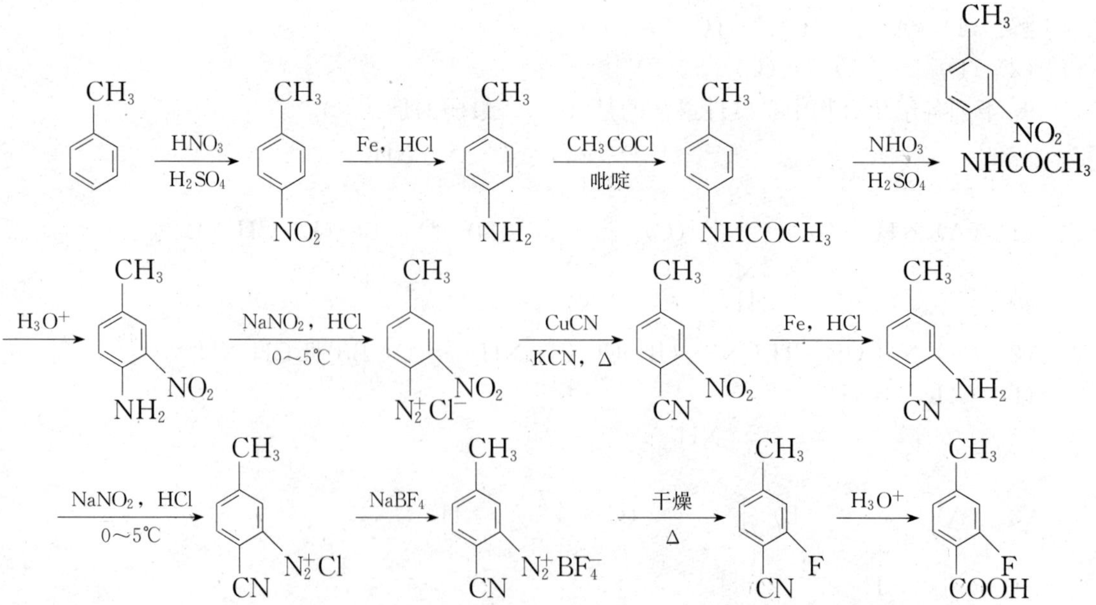

甲苯 $\xrightarrow{\text{HNO}_3 / \text{H}_2\text{SO}_4}$ 对硝基甲苯 $\xrightarrow{\text{Fe, HCl}}$ 对甲基苯胺 $\xrightarrow{\text{CH}_3\text{COCl} / \text{吡啶}}$ 乙酰化产物 $\xrightarrow{\text{HNO}_3 / \text{H}_2\text{SO}_4}$ 2-硝基-4-甲基乙酰苯胺

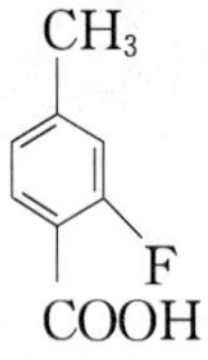

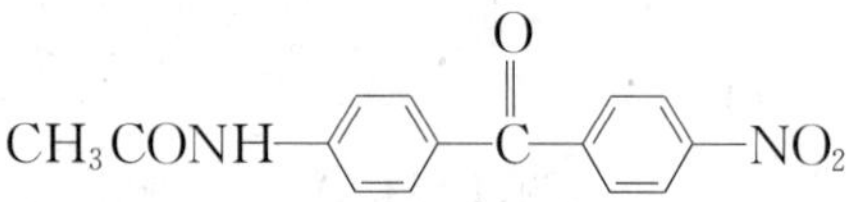

$\xrightarrow{\text{H}_3\text{O}^+}$ 2-硝基-4-甲基苯胺 $\xrightarrow{\text{NaNO}_2, \text{HCl} \atop 0\sim5℃}$ 重氮盐 $\xrightarrow{\text{CuCN} / \text{KCN}, \Delta}$ 氰基产物 $\xrightarrow{\text{Fe, HCl}}$ 氨基氰基化合物

$\xrightarrow{\text{NaNO}_2, \text{HCl} \atop 0\sim5℃}$ 重氮盐 $\xrightarrow{\text{NaBF}_4}$ 重氮氟硼酸盐 $\xrightarrow{\text{干燥} \atop \Delta}$ 氟氰化合物 $\xrightarrow{\text{H}_3\text{O}^+}$ 2-氟-4-甲基苯甲酸

（3）【分析】芳环上连有吸电子基（如—NO_2）时，不能进行酰基化反应。所以，连有—NO_2 的苯环作为酰基化试剂。

混酸
Δ
NO_2
Fe/HCl
NH_2
CH_3COCl
$NHCOCH_3$
O_2N
COCl
无水 $AlCl_3$
CH_3CONH
O
C
NO_2
CH_3
混酸
Δ
CH_3
NO_2
$KMnO_4$
H^+
COOH
NO_2
PCl_3
COCl
NO_2

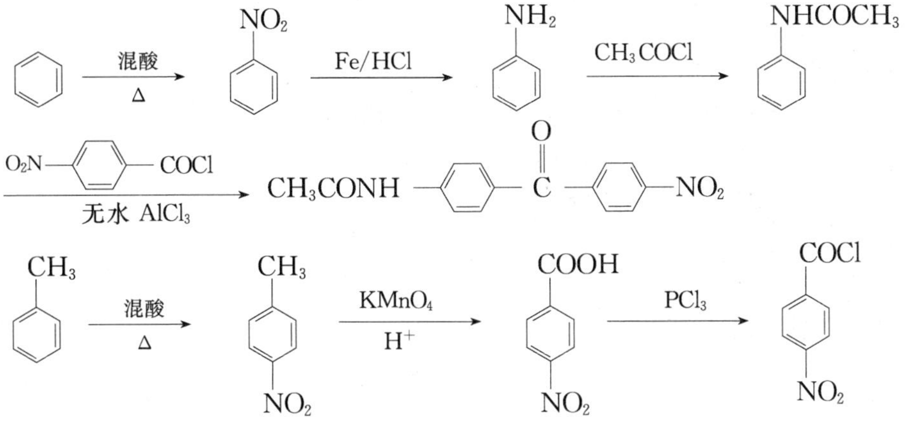

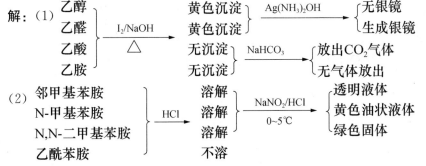

11.4　课后习题及参考答案

1. 命名下列化合物。

（1）

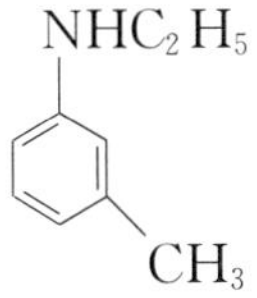

NHC_2H_5
CH_3

；（2）$(CH_3)_2CH\overset{+}{N}(CH_3)_3OH^-$；（3）

Br
$\overset{+}{N}(CH_3)_3Cl^-$

；

（4）

CH_3
N = N
OH

；（5）

CH_3
N = N
$N(CH_3)_2$

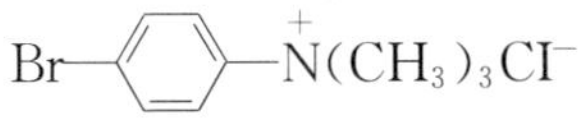

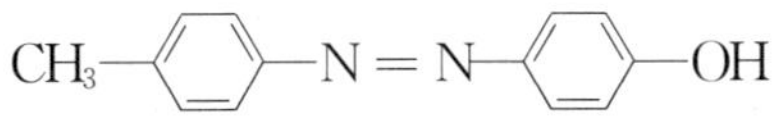

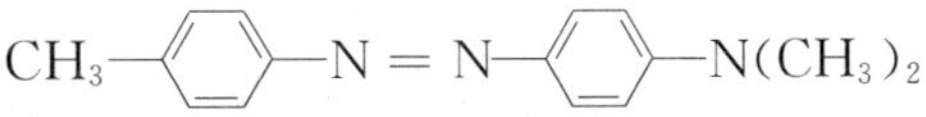

解：（1）间-甲基-N-乙基苯胺；（2）氢氧化三甲基异丙基铵；

（3）氯化三甲基对溴苯基铵；（4）4-甲基-4-羟基偶氮苯；

（5）4-甲基-4′-二甲氨基偶氮苯

2. 用化学方法鉴别下列各组化合物。

（1）乙醇、乙醛、乙酸和乙胺

（2）邻甲基苯胺、N-甲基苯胺、N，N-二甲基苯胺和乙酰苯胺

解：（1）

乙醇
乙醛
乙酸
乙胺
I_2/NaOH
△
黄色沉淀
黄色沉淀
$Ag(NH_3)_2OH$
无银镜
生成银镜
无沉淀
无沉淀
$NaHCO_3$
放出CO_2气体
无气体放出

（2）

邻甲基苯胺
N-甲基苯胺
N,N-二甲基苯胺
乙酰苯胺
HCl
溶解
溶解
溶解
不溶
$NaNO_2$/HCl
0~5℃
透明液体
黄色油状液体
绿色固体

3. 将下列各组化合物按碱性由强到弱排列顺序。

（1）CH_3CONH_2、CH_3NH_2、NH_3 和

NH_2

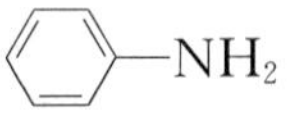

（2）对甲苯胺、苄胺、2，4-二硝基苯胺和对硝基苯

（3）苯胺、甲胺、三苯胺和 N-甲基苯胺

(4)
$\underset{\text{NH}_2}{\text{C}_6\text{H}_5}$ 、 $\underset{\text{NH}_2}{\text{C}_6\text{H}_{11}}$ 和 $\underset{\text{NHCOCH}_3}{\text{C}_6\text{H}_5}$

解：(1) $CH_3NH_2 > NH_3 > C_6H_5-NH_2 > CH_3CONH_2$

(2) 苄胺＞对甲基苯胺＞对硝基苯胺＞2，4-二硝基苯胺

(3) 甲胺＞N-甲基苯胺＞苯胺＞三苯胺

(4) 环己胺 NH_2 ＞ 苯胺 NH_2 ＞ 乙酰苯胺 NHCOCH_3

4. 完成下列各反应式。

(1) 2-甲基吡咯烷 $\xrightarrow[\text{②湿 Ag}_2\text{O}]{\text{①过量 CH}_3\text{I}}$?(A) $\xrightarrow{\Delta}$?(B) $\xrightarrow[\text{②湿 Ag}_2\text{O}]{\text{①CH}_3\text{I}}$?(C) $\xrightarrow{\Delta}$?(D)

(2) 邻苯二甲酰亚胺钾 $\xrightarrow{\text{BrCH(COOC}_2\text{H}_5)_2}$?(A) $\xrightarrow[\text{②}\ \text{C}_6\text{H}_5\text{CH}_2\text{Cl}]{\text{①C}_2\text{H}_5\text{ONa}}$?(B) $\xrightarrow[\text{②H}^+]{\text{①H}_2\text{O, OH}^-}$?(C) $\xrightarrow{\Delta}$?(D)

(3) $POCl_3 + CH_3\text{-C}_6\text{H}_4\text{-OH} \xrightarrow{\Delta}$ (　)

(4) $(n\text{-}C_4H_9O)_3P + n\text{-}C_4H_9Br \xrightarrow{\Delta}$ (　)

解：(1) (A) 1,1-二甲基-2-甲基吡咯烷鎓 OH⁻ (B) 1,1-二甲基-2-甲基吡咯啉鎓 OH⁻ (C) $[(CH_3)_3N-CH_2-C(CH_3)=CH_2]^+ OH^-$ (D) 2-甲基-1,3-丁二烯

(2) (A) 邻苯二甲酰亚胺-N-CH(COOC₂H₅)₂ (B) 邻苯二甲酰亚胺-N-C(COOC₂H₅)₂(CH₂C₆H₅)
(C) $C_6H_5CH_2C(COOH)_2(NH_3^+)$ (D) $C_6H_5CH_2CH(NH_3^+)COOH$

(3) $(CH_3\text{-C}_6H_4\text{-O})_3P=O$

(4) $(n\text{-}C_4H_9O)_2P(O)C_4H_9$

5. 完成下列转变为什么要保护氨基？如何保护？

$H_2N\text{-C}_6H_4\text{-CH}_3 \longrightarrow H_2N\text{-C}_6H_4\text{-COOH}$

解：完成该转变一般采用甲基氧化。由于氨基对苯环的强致活作用，使苯胺比甲苯更易

被氧化。因此在甲基氧化前应先将氨基保护起来。一般采用酰基化法来保护氨基。

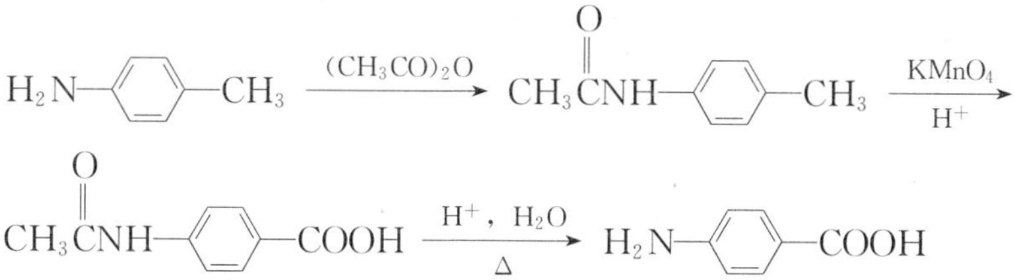

$$H_2N-C_6H_4-CH_3 \xrightarrow{(CH_3CO)_2O} CH_3CONH-C_6H_4-CH_3 \xrightarrow[H^+]{KMnO_4}$$

$$CH_3CONH-C_6H_4-COOH \xrightarrow[\Delta]{H^+,H_2O} H_2N-C_6H_4-COOH$$

6. 写出下列季铵碱受热分解时，生成的主要烯烃的结构。

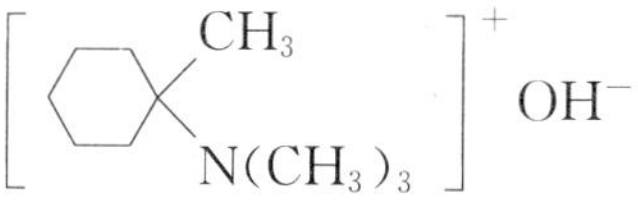

(1) 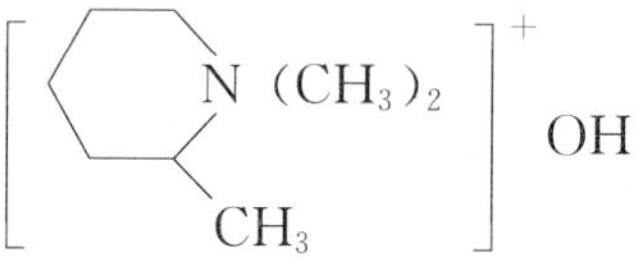 [2-甲基-1,1-二甲基哌啶鎓] OH^- ； (2) $[CH_3CH_2CHCH(CH_3)_2-N(CH_3)_3]^+ OH^-$ ；

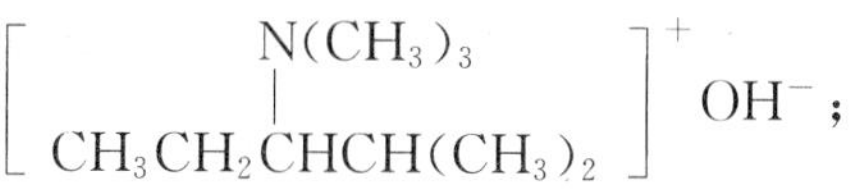

(3) [1-甲基-1-三甲铵基环己烷] OH^-

解： (1) 1-乙烯基-2-甲基哌啶的N,N-二甲基结构； (2) $CH_3CH=CHCH(CH_3)_2$； (3) 环己基=CH_2（亚甲基环己烷）

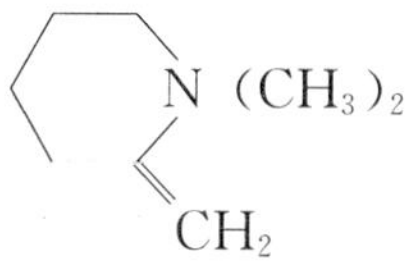

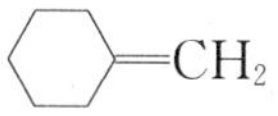

7. 试解释下面的偶合反应为什么在不同 pH 值时得到不同偶合产物？

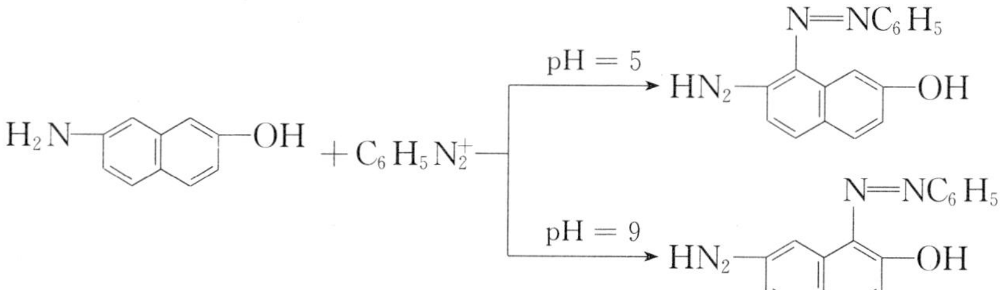

$$H_2N-C_{10}H_5-OH + C_6H_5N_2^+ \xrightarrow{pH=5} \text{（氨基邻位偶合产物，} N=NC_6H_5\text{）}$$

$$\xrightarrow{pH=9} \text{（羟基邻位偶合产物，} N=NC_6H_5\text{）}$$

解： 在弱酸性（pH=5）条件下，分子中羟基的电离受到抑制，主要以羟基的形式存在。氨基则部分转化成铵离子，但大多数仍以氨基的形式存在。而氨基是比羟基更强的供电子基团，故连氨基的苯环上的电子云密度比连羟基的苯环上的大。因此，亲电的偶合反应主要发生在氨基的邻位（α位）。

在弱碱性（pH=9）条件下，羟基部分离解成氧负离子，而氧负离子是比氨基更强的供电子基团。因此，偶合反应主要发生在羟基的邻位（α位）。

8. 指出下列偶氮染料的重氮组分和偶联组分。

(1) 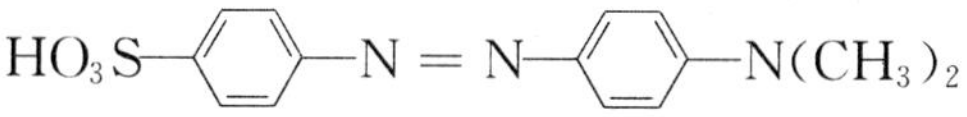 $HO_3S-C_6H_4-N=N-C_6H_4-N(CH_3)_2$

(2) $CH_3CONH-C_6H_4-N=N-C_6H_3(CH_3)(OH)$

(3) $NaO_3S-C_6H_4-N=N-C_{10}H_6(OH)$

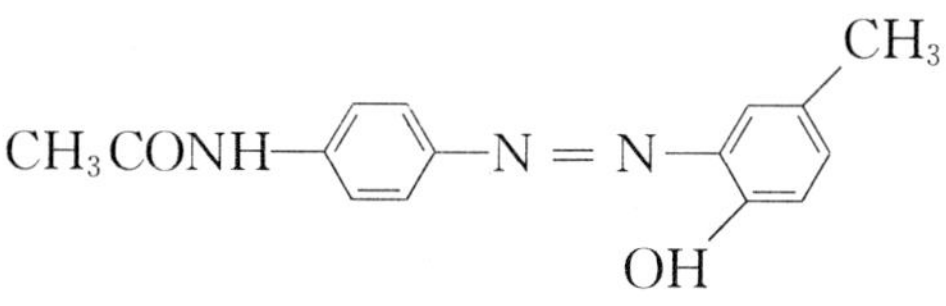

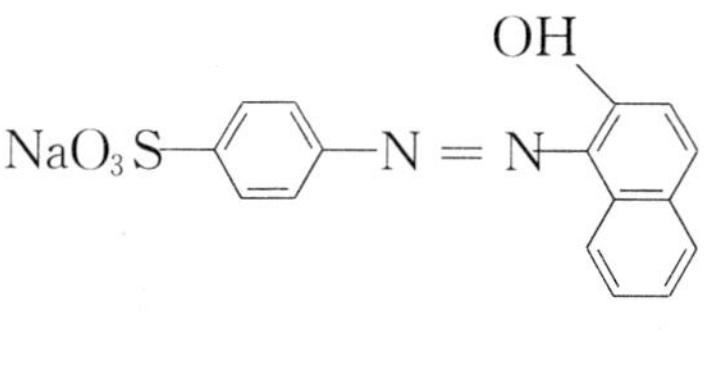

(4) 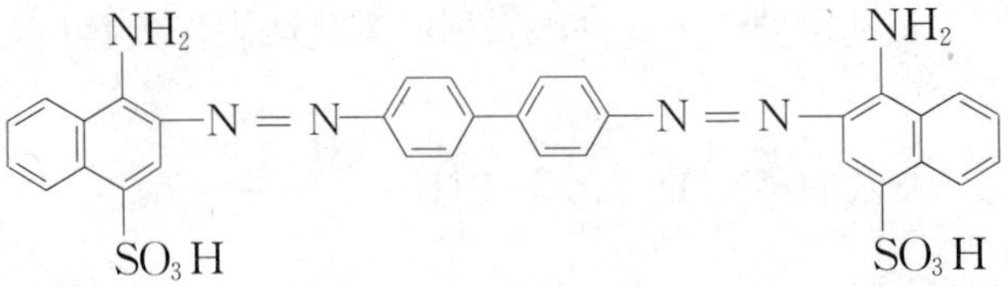 结构式：4-氨基-3-[(4'-(4-氨基-1-萘磺酸-2-偶氮基)联苯基)偶氮基]-1-萘磺酸

解：(1) 重氮组分：$HO_3S-C_6H_4-N_2^+$　偶联组分：$C_6H_5-N(CH_3)_2$

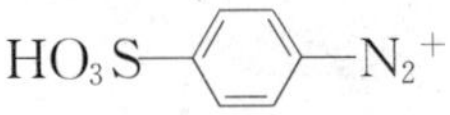

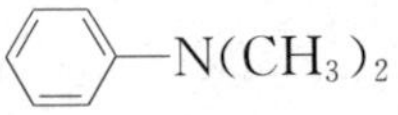

(2) 重氮组分：$CH_3CONH-C_6H_4-N_2^+$　偶联组分：$CH_3-C_6H_4-OH$

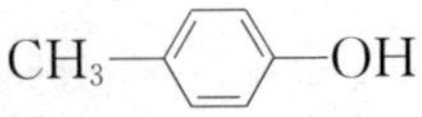

(3) 重氮组分：$NaO_3S-C_6H_4-N_2^+$　偶联组分：2-萘酚

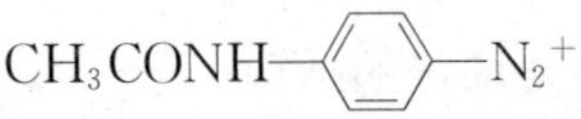

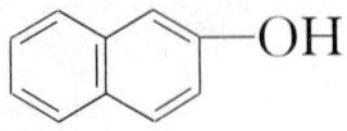

(4) 重氮组分：$^+N_2-C_6H_4-C_6H_4-N_2^+$　偶联组分：4-氨基-1-萘磺酸

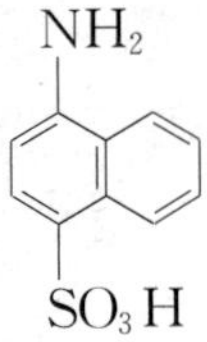

9. 完成下列转化。

(1) 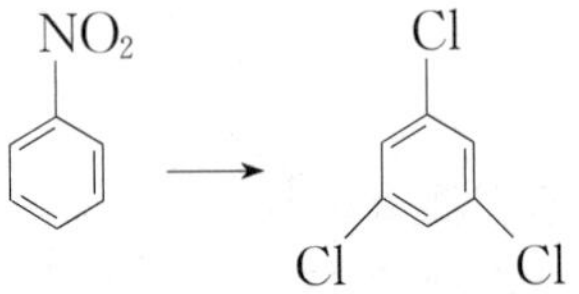 硝基苯 → 1,3,5-三氯苯；

(2) 甲苯 → 3,5-二溴甲苯；

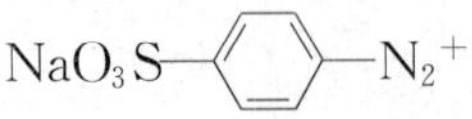

(3) 苯胺 → 3,5-二溴硝基苯；

(4) 苯胺 → 2,6-二溴苯甲酸；

(5) $H_3C-C_6H_4-NH_2$ → $HOOC-C_6H_4-COOH$；

(6) $C_6H_5-CH_2OH$ → $C_6H_5-CH=P(C_6H_5)_3$

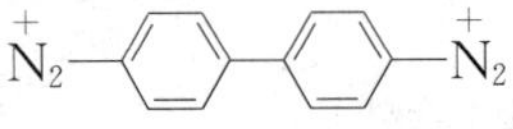

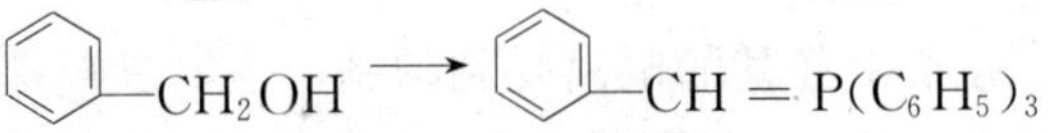

解：

(1) 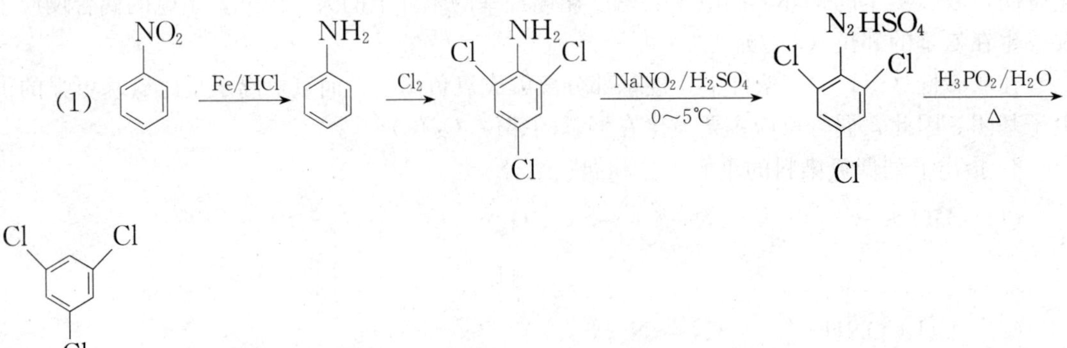 硝基苯 $\xrightarrow{Fe/HCl}$ 苯胺 $\xrightarrow{Cl_2}$ 2,4,6-三氯苯胺 $\xrightarrow[0\sim 5℃]{NaNO_2/H_2SO_4}$ 2,4,6-三氯苯重氮硫酸氢盐 $\xrightarrow[\Delta]{H_3PO_2/H_2O}$ 1,3,5-三氯苯

(2) 甲苯 $\xrightarrow[\Delta]{混酸}$ 对硝基甲苯 $\xrightarrow{H_2/Ni}$ 对甲基苯胺 $\xrightarrow{Br_2}$ 2,6-二溴-4-甲基苯胺 $\xrightarrow[0\sim 5℃]{NaNO_2/H_2SO_4}$ 2,6-二溴-4-甲基苯重氮硫酸氢盐

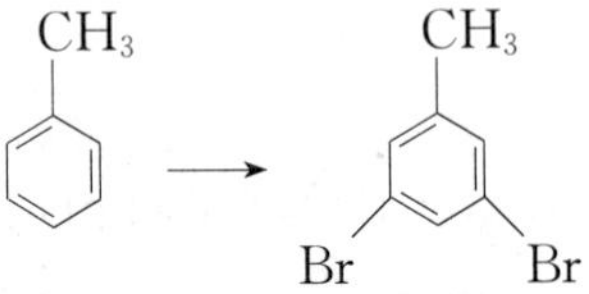

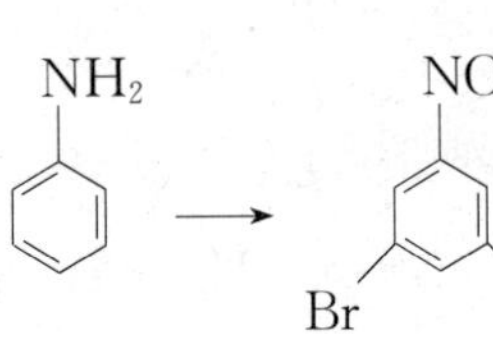

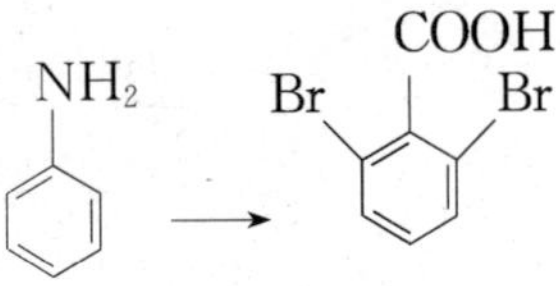

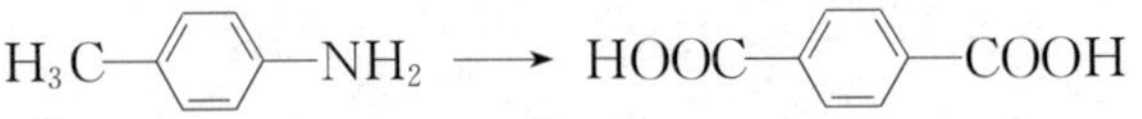

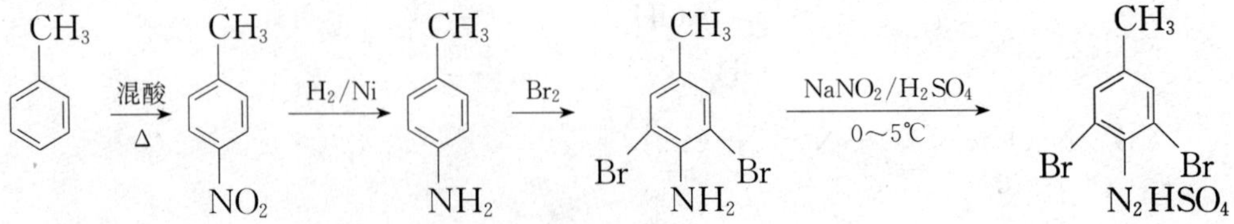

(3) 到 (6) 合成路线图（反应式略）

10. 如何把苯胺从乙醚溶剂中分离出来。

解： 先蒸馏乙醚，再继续蒸馏，收集 180～185℃ 馏分。

11. 是否能够以氯苯为原料，利用 Gabriel 合成法合成苯胺，为什么？

解： 邻苯二甲酰亚胺与氢氧化钾的乙醇溶液作用生成邻苯二甲酰亚胺盐，该盐与卤代烷反应生成 N-烷基邻苯二甲酰亚胺，然后在酸性或碱性条件下水解得到邻苯二甲酸和伯胺，这是制备纯净伯胺的一种好方法，称为盖布里埃尔（Gabriel）合成法。

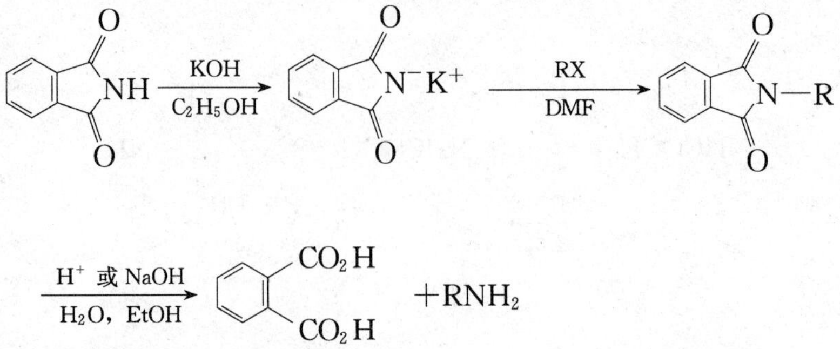

$$\text{邻苯二甲酰亚胺} \xrightarrow[\text{C}_2\text{H}_5\text{OH}]{\text{KOH}} \text{钾盐} \xrightarrow[\text{DMF}]{\text{RX}} \text{N-R衍生物}$$

$$\xrightarrow[\text{H}_2\text{O, EtOH}]{\text{H}^+ \text{ 或 NaOH}} \text{邻苯二甲酸} + \text{RNH}_2$$

氯苯很稳定，不会和邻苯二甲酰亚胺盐反应生成 N-烷基邻苯二甲酰亚胺。

12. 给出下列化合物 A、B、C 的构造式。

(1) 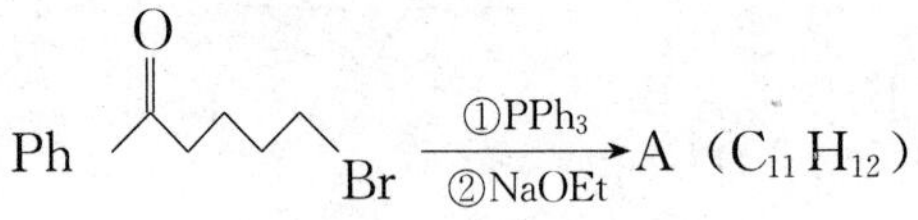 $\text{Ph-CO-(CH}_2\text{)}_3\text{-Br} \xrightarrow[\text{②NaOEt}]{\text{①PPh}_3} \text{A (C}_{11}\text{H}_{12}\text{)}$

(2) $\text{Br-(CH}_2\text{)}_3\text{-Br} \xrightarrow[\text{②BuLi}]{\text{①PPh}_3} \text{B (C}_{39}\text{H}_{34}\text{P}_2\text{)} \xrightarrow{\text{邻苯二甲醛}} \text{C (C}_{11}\text{H}_{10}\text{)}$

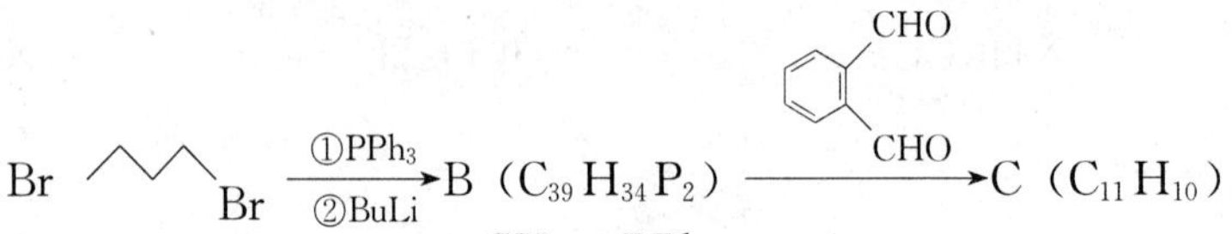

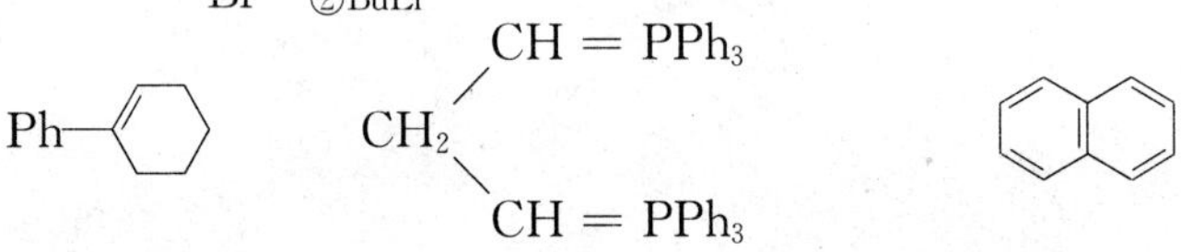

解：

A（$C_{11}H_{12}$）：Ph-环己烯

B（$C_{39}H_{34}P_2$）：$Ph_3P=CH-CH_2-CH=PPh_3$

C（$C_{11}H_{10}$）：萘

第12章

杂环化合物

12.1 本章重点和难点

本章重点

杂环化合物的分类、命名，吡咯和吡啶的酸碱性，五元杂环化合物的合成，六元杂环化合物的合成，五元杂环化合物的化学反应（吡咯的亲电取代反应，呋喃的取代反应，噻吩α位的亲电取代反应），六元杂环化合物的化学反应（吡啶环上的卤化、烃化等自由基反应，亲电取代反应等）。

本章难点

五元杂环化合物的化学反应（吡咯的亲电取代反应，呋喃的取代反应，噻吩α位的亲电取代反应），六元杂环化合物的化学反应（吡啶环上的卤化、烃化等自由基反应，亲电取代反应等）。

12.2 本章知识要点

12.2.1 杂环化合物的分类

杂环化合物分为脂肪杂环化合物（脂杂环）和芳香杂环化合物（芳杂环）。

12.2.2 吡咯和吡啶的酸碱性

1. 吡咯氮原子上的一对未共用电子参与环状芳香体系共轭，氮原子的电子密度降低，导致氮原子上的氢原子较易与强碱性试剂反应以氢离子的形式离去，生成吡咯盐。因此吡咯具有弱酸性。

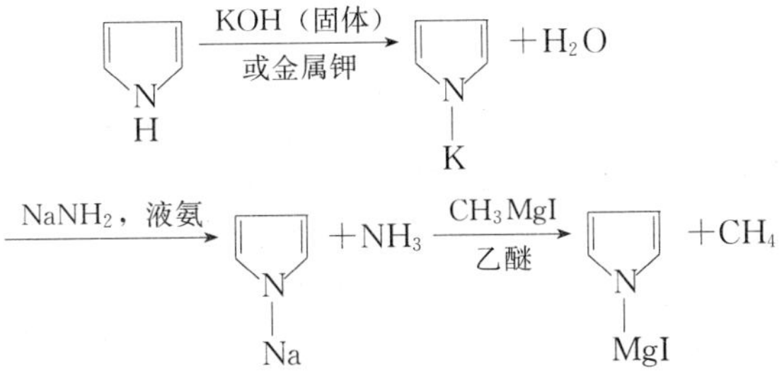

2. 吡啶氮原子 sp^2 杂化轨道上的一对未共用电子不参与环状芳香体系共轭，氮原子呈现较大的电子云密度，因此吡啶可以和质子结合而呈现弱碱性。吡啶的碱性比苯胺强，与 N,N-二甲基苯胺相仿，比氨和脂肪胺弱得多。弱碱性的吡啶在工业上主要用来吸收反应中生成的酸，常称为缚酸剂。

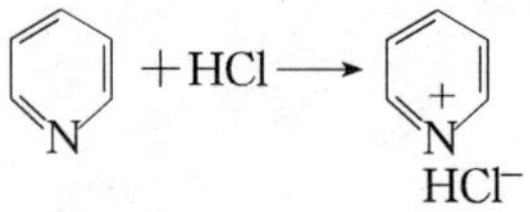

12.2.3 五元杂环化合物的合成

利用二羰基化合物和含有杂原子的亲核试剂发生成环反应是合成杂环化合物一种通用的方法。

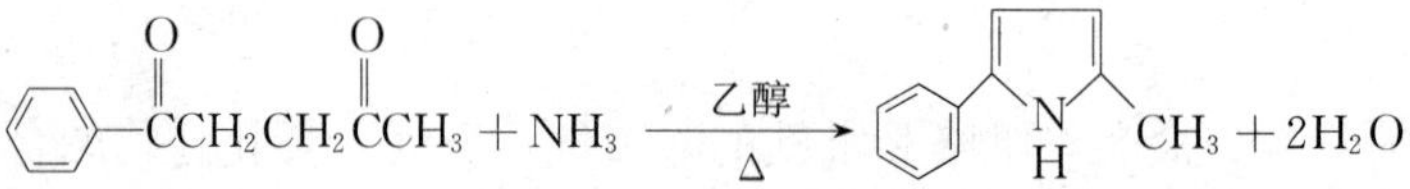

上述反应的历程为：首先亲核试剂氨攻击一个羰基，生成氨基酮中间体，然后氨基酮中间体中的氨基进攻另外一个羰基发生成环反应生成稳定的五元环，最后经过脱水消除反应生成最终产物。

12.2.4 六元杂环化合物的合成

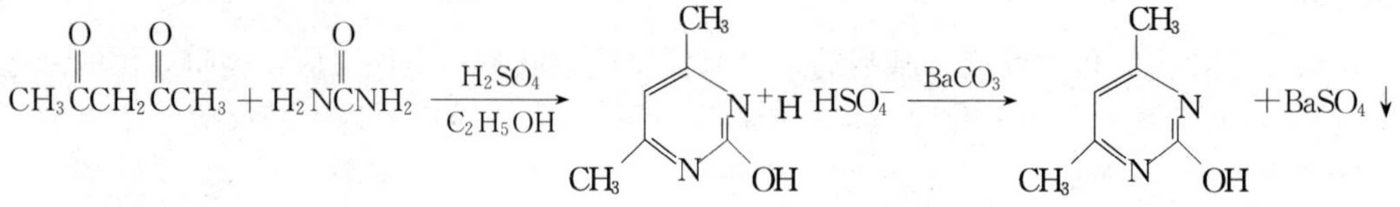

2，4-戊二酮　　　尿素　　　　　　　　　　　　　　2-羟基-4,6-二甲基嘧啶

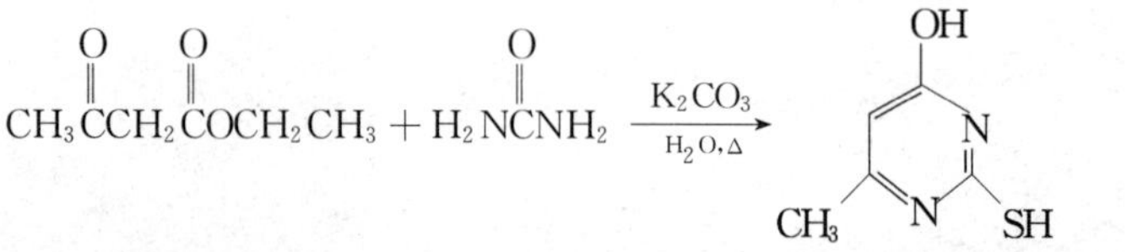

乙酰乙酸乙酯　　　硫脲　　　4-羟基-2-巯基-6-甲基嘧啶

12.2.5 五元杂环化合物的化学反应

五元杂环化合物具有芳香性，亲电取代反应活性比苯强，与苯酚相近，反应通常发生在杂环的 α 位上。

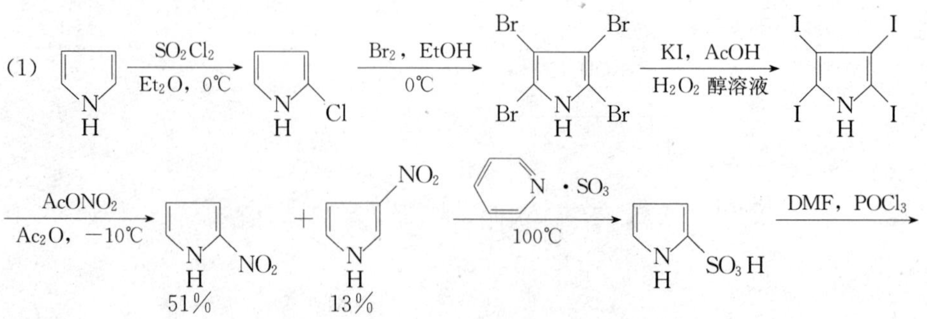

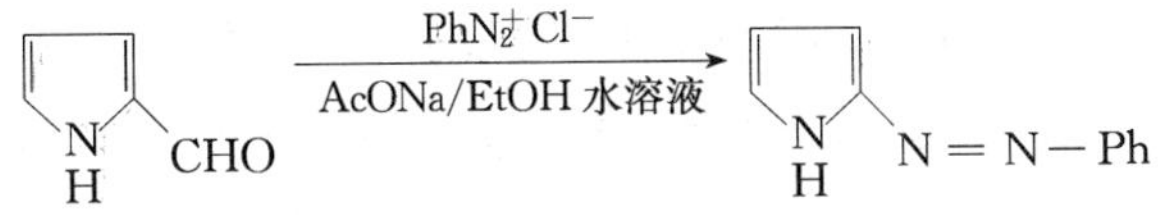

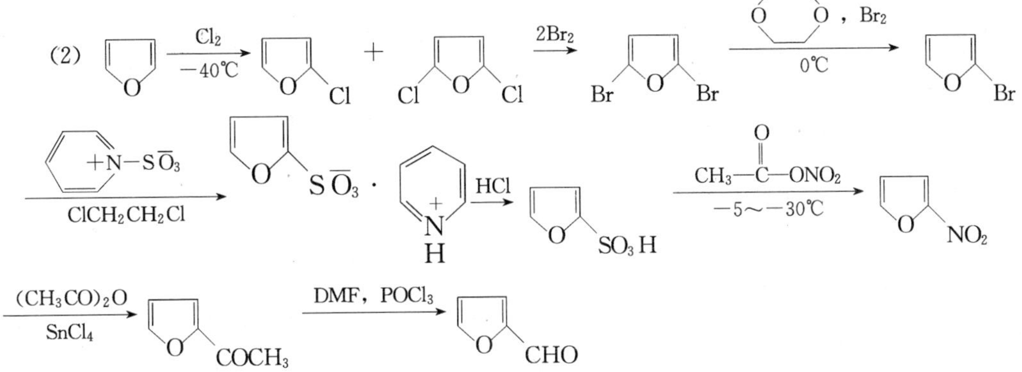

12.2.6 六元杂环化合物的化学反应

尽管六元杂环化合物的亲电取代反应活性比苯大得多,但是吡啶的反应活性比苯小。这是因为具有更强负电性的氮原子取代苯环中的一个碳原子,降低环电荷密度,同时亲电试剂更容易进攻吡啶环的氮原子形成吡啶盐,吡啶盐的电荷密度会进一步降低,使其更难被亲电试剂攻击,因此吡啶环的亲电取代反应条件更加苛刻,且产率较低,反应主要发生在吡啶环的 3 位上。

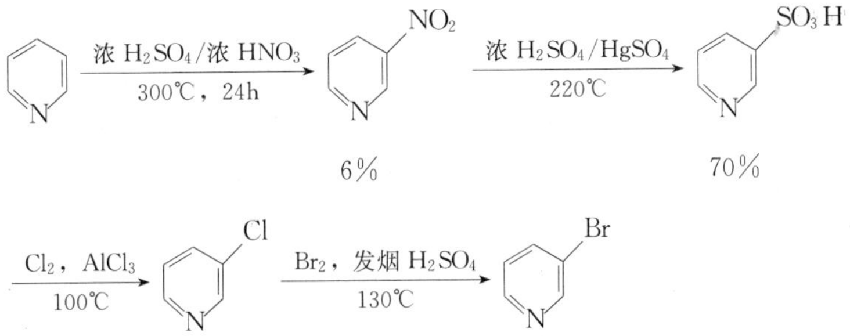

12.3 典型习题讲解及参考答案

1. 命名下列化合物。

(1) 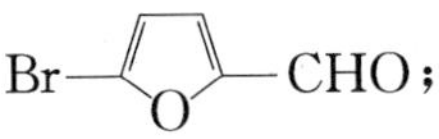 5-溴-2-呋喃甲醛结构; (2) 5-甲基噻唑; (3) 3-吡啶甲酸;

(4) 4-氨基-2-羟基嘧啶; (5) 4-氨基吡咯并嘧啶; (6) 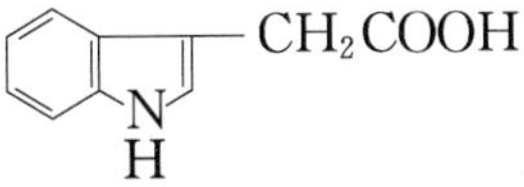 3-吲哚乙酸;

(7) 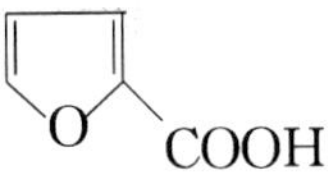 2-呋喃甲酸; (8) 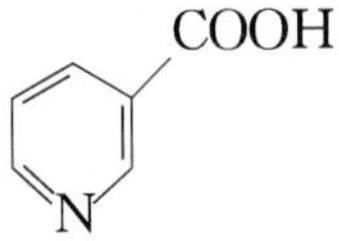 3-吡啶甲酸; (9) 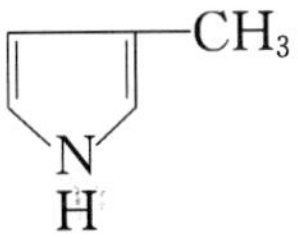 3-甲基吡咯; (10) 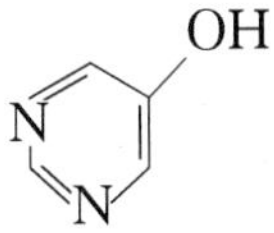 5-羟基嘧啶

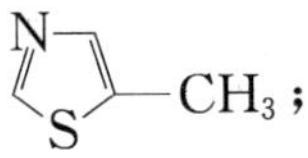

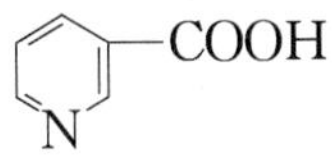

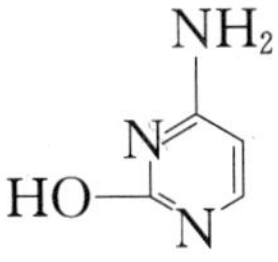

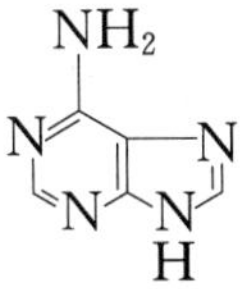

解：(1) 5-溴-2-呋喃甲醛；(2) 5-甲基噻吩；(3) β-吡啶甲酸；(4) 2-羟基-4-氨基嘧啶；(5) 6-氨基嘌呤；(6) β-吲哚乙酸；(7) 2-呋喃甲酸；(8) 3-吡啶甲酸；(9) 3-甲基吡咯；(10) 5-羟基嘧啶

2. 单选题

(1) 下列物质中碱性最强的是（　　）。

A. 苯胺　　　B. 吡咯　　　C. 吡啶　　　D. 甲胺

答案：D

(2) 呋喃与乙酰硝酸发生硝化反应的主要产物是（　　）。

A. 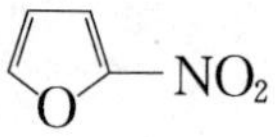 ![furan-NO2]　B. 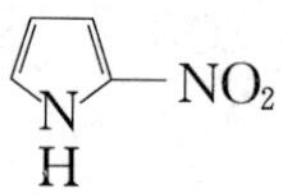 ![pyrrole-NO2]　C. 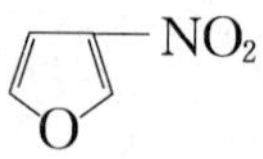 ![furan-3-NO2]　D. 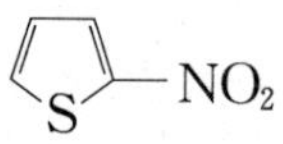 ![thiophene-NO2]

答案：A

(3) 化合物 ![imidazole-CH2CH2NH2] 中氮原子碱性最强的为（　　）。

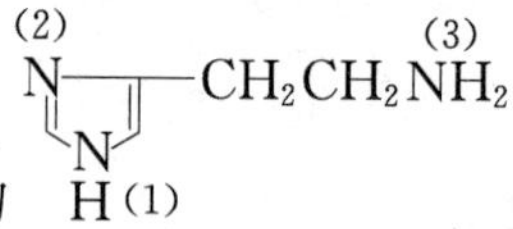

A. (1)　　　B. (2)　　　C. (3)　　　D. 无法确定

答案：C

(4) 下列化合物蒸气遇盐酸浸过的松木片显绿色的是（　　）。

A. 呋喃　　　B. 噻吩　　　C. 吡咯　　　D. 吡啶

答案：A

3. 如何鉴别呋喃、噻吩、吡咯？

解：呋喃遇到盐酸浸湿的松木片会呈现绿色；

吡咯遇到盐酸浸湿的松木片会呈现红色；

噻吩在浓硫酸存在下与靛红一同加热会显示蓝色。

4. 解释：

(1) 为什么吡啶的亲电取代反应发生在3位，而亲核取代反应发生在2和6位？

(2) 为什么咪唑的碱性和酸性均大于吡咯？

(3) 为什么呋喃、噻吩及吡咯比苯容易进行亲电取代？而吡啶却比苯难发生亲电取代？

解：(1) 吡啶环由于氮原子的电负性较大，环上的π电子云向氮原子转移，而使环上碳原子的π电子云密度降低。因此，吡啶必须在强烈的条件下才能进行亲电取代反应，而且主要发生在3位。这是由于在3位上生成的中间体正离子（Ⅰ）比在2位或4位上生成的（Ⅱ）和（Ⅲ）要更稳定些。

(Ⅰ) 较稳定　　(Ⅱ) 较不稳定　　(Ⅲ) 较不稳定

由量子力学计算表明，2位和4位的电子云密度比3位上的电子云密度减少更多。因此，吡啶环比苯易进行亲核取代，而且发生在2和6位。（如果2位和6位被基团占领，则发生在4位上）。

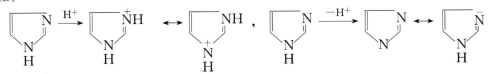

(2) 咪唑的共轭酸和共轭碱都存在两个能量相同的共振杂化体。类似的情况在吡咯中不存在。

(3) 中 X 上一对孤对电子对参加了环的共轭体系，使得环上的 π 电子云密度比苯大，所以它们比苯易进行亲电取代。而 中 N 上的孤对电子对不参加环上的共轭，又因为电负性 N＞C，使得环上碳原子的 π 电子云密度降低，而且在一般亲电取代条件下，H^+ 结合到 N 上使其带正电荷，由于诱导效应而使环上的电子云密度更低，所以吡啶比苯难发生亲电取代反应。

5. 吗啡的结构式如下，此物质微溶于水，既能溶于盐酸，又能溶于强碱。为什么？

解：吗啡总共含 17 个碳、2 个羟基、1 个烃氨基、1 个醚键，虽然羟基能与水形成氢键，烃氨基氮和醚键氧能一定程度与水形成氢键，但水溶性不足于抵消 17 个碳的脂溶性，故吗啡微溶于水；其中酚羟基有较强酸性，能与强碱反应，生成酚钠，产生氧负离子，1 个阴离子可以抵消 12 个碳的脂溶性，加上其他基团的水溶性，能抵消 17 个碳的脂溶性，故能溶于强碱；其中烃氨基氮有较强碱性，能与盐酸反应，生成盐酸盐，产生氮正离子，1 个阳离子可以抵消 12 个碳的脂溶性，加上其他基团的水溶性，能抵消 17 个碳的脂溶性，故能溶于强酸。

6. 下列化合物发生硝化反应，请用箭头表示主要产物的位置。

解：

7. 完成下列反应，写出主要产物。

(1) [thiophene] $\xrightarrow[\text{SnCl}_4]{\text{CH}_3\text{CH}_2\text{COCl}}$? $\xrightarrow[\text{AlCl}_3]{\text{CH}_3\text{CH}_2\text{Cl}}$? $\xrightarrow{\text{兰尼 Ni}}$?

(2) [3-methylthiophene] $\xrightarrow[\text{AlCl}_3]{\text{CH}_3\text{CH}_2\text{COCl}}$? $\xrightarrow{\text{兰尼 Ni}}$?

(3) [pyrrole] $+ \text{CH}_3\text{CH}_2\text{MgBr} \longrightarrow$?

(4) [furan-CH$_2$COOCH$_3$] $\xrightarrow[\text{SnCl}_4]{\text{ClC(O)(CH}_2)_5\text{COCH}_3}$? $\xrightarrow[\text{②H}^+]{\text{①乌尔夫-凯惜纳-黄鸣龙还原}}$ $\xrightarrow{\text{CH}_2\text{N}_2}$ 甲酯 $\xrightarrow[\text{CH}_3\text{OH 氨}]{\text{Br}_2}$? $\xrightarrow{\text{H}_2/\text{催化剂}}$ $\xrightarrow{\text{H}_3\text{O}^+}$ 1,4-二羰基化合物 $\xrightarrow{\text{OH}^-}$ $\xrightarrow{\text{H}^+}$ [product with COOH, (CH$_2$)$_6$COOH]

(5) [pyrrole] $+ \text{CH}_3\text{MgI} \longrightarrow$? $\xrightarrow[\text{②}\Delta]{\text{①CH}_3\text{I}}$?

(6) [pyridine] $+ \text{C}_2\text{H}_5\text{I} \longrightarrow$? $\xrightarrow{\Delta}$?

(7) [4-methylpyridine] $\xrightarrow{\text{KMnO}_4}$? $\xrightarrow[\text{②H}_2\text{NNH}_2]{\text{①SOCl}_2}$?

(8) [tetrahydrofuran] $\xrightarrow[\text{压力}]{\text{H}_2/\text{N}_2}$? $\xrightarrow[\Delta]{\text{HCl}}$? $\xrightarrow{\text{KCN}}$? $\xrightarrow{\text{H}_2/\text{N}_2}$? $\xrightarrow{\text{H}^+, \Delta}$?

解： (1) [2-propionylthiophene], [4-ethyl-2-propionylthiophene], $\text{CH}_3\text{CH}(\text{CH}_2\text{CH}_3)\text{CH}_2\text{CH}_2\text{CH}_2\text{CCH}_2\text{CH}_3$ (with O)

(2) [3-methyl-2-propionylthiophene with 3-CH$_3$], $\text{CH}_3\text{CH}_2\text{CCH}_2\text{CH}(\text{CH}_3)\text{CH}_2\text{CH}_3$

(3) [methylcyclohexanone with furylmethylene substituent], [methylcyclohexanone with =CH-CH$_2$-CH$_2$-C(=O)-COOH chain], [bicyclic product with CH$_3$, =O, CH$_2$COOH]

(4) $CH_3OC(CH_2)_5C\underset{O}{\underset{\|}{\text{—furan—}}}CH_2COOCH_3$, $CH_3OC(CH_2)_6\underset{O}{\underset{\|}{\text{—furan—}}}CH_2COOCH_3$, 甲酯

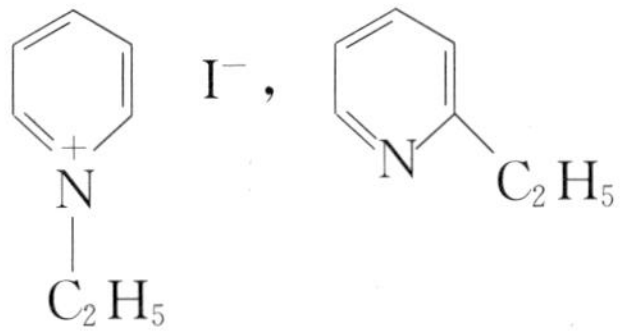

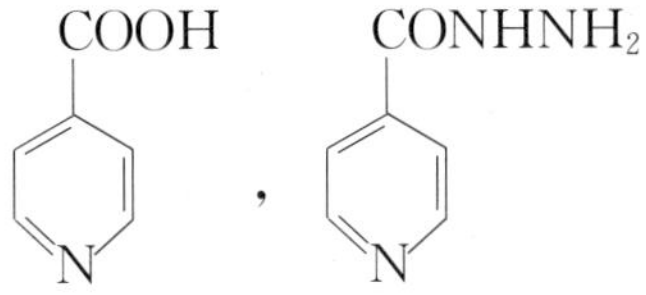

$CH_3OC(CH_2)_6\underset{H_3CO\quad OCH_3}{\text{—dihydrofuran—}}CH_2COOCH_3$, $CH_3OC(CH_2)_6C(CH_2)_2CCH_2COOCH_3$

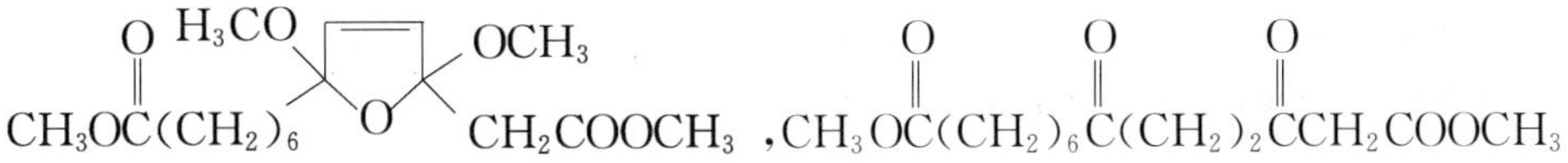

1,4-二羰基化合物

(5) 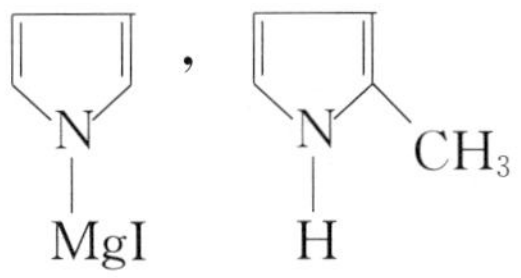 ![pyrrole-MgI], ![2-methylpyrrole]

(6) ![N-ethylpyridinium iodide], ![2-ethylpyridine]

(7) ![isonicotinic acid], ![isonicotinohydrazide]

(8) ![tetrahydrofuran], $ClCH_2CH_2CH_2CH_2Cl$, $NCCH_2CH_2CH_2CN$, $(CH_2)_6(NH_2)_2 (H_2/Ni)$, $(CH_2)_4(COOH)_2 (H^+, \triangle)$

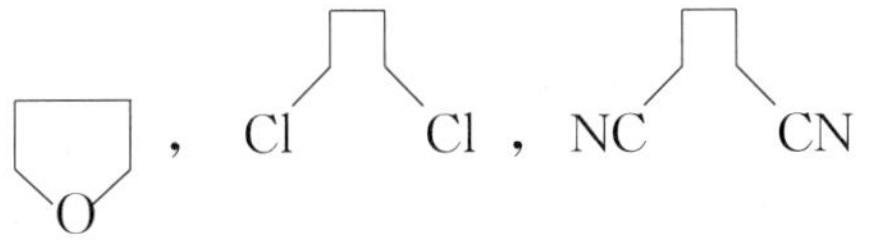

8. 下面是尼古丁（Nichtine）的全合成路线，请填写各步反应所需要的试剂。

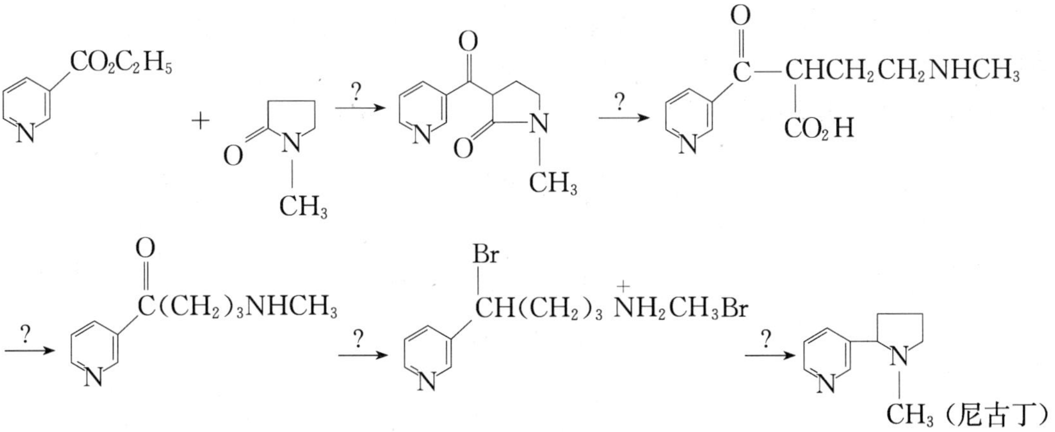

解：条件依次分别是：C_2H_6ONa（缩合）；H^+，H_2O 水解；$\triangle$；OH^-（HBr）；HBr，$\triangle$。

$$\underset{\text{N}}{\text{[吡啶]}}-\overset{\overset{\text{Br}\uparrow}{|}}{\underset{\downarrow}{\text{CH}}}(\text{CH}_2)_3\text{NHCH}_3 \longrightarrow \text{尼古丁}$$

9. 合成下列化合物。

(1) 用噻吩和四个碳以下的有机化合物制备。

$$\underset{S}{\text{[噻吩]}}-\underset{\underset{\text{CH}_3}{|}}{\overset{\overset{\text{CH}_3}{|}}{C}}-\text{OH}$$

(2) 由呋喃及必要的有机无机试剂制备。

$$\underset{O}{\text{[呋喃]}}-\underset{\text{OH}}{C}-\text{[环己烯基]}$$

解：(1) $\underset{S}{\square} + \text{Ac}_2\text{O} \xrightarrow{\text{H}_3\text{PO}_4} \underset{S}{\square}-\overset{O}{\underset{}{C}}\text{CH}_3 \xrightarrow[\text{H}_3^+\text{O}]{\text{CH}_3\text{MgI}} \underset{S}{\square}-\underset{\text{CH}_3}{\overset{\text{CH}_3}{C}}-\text{OH}$

(2) $\underset{O}{\square} + \text{Br}_2 \xrightarrow[0\,^\circ\text{C}]{\text{[二氧六环]}} \underset{O}{\square}-\text{Br} \xrightarrow{\text{Mg}} \underset{O}{\square}-\text{MgBr} \xrightarrow[\text{H}_3^+\text{O}]{\text{[环己酮]}} \underset{O}{\square}-\underset{\text{OH}}{\overset{\text{[环己基]}}{C}}$

12.4 课后习题及参考答案

1. 写出下列化合物的结构式。

(1) α-呋喃甲醇；(2) 1-甲基-2-异丙基吡咯；(3) 8-羟基喹啉；(4) 3-溴吡啶；(5) 3-甲基吲哚；(6) 2,5-二氢噻吩；(7) 5-甲基咪唑；(8) 5-甲基-2,4-二羟基嘧啶；(9) 5-甲基-4-嘧啶磺酸；(10) 5-溴-2-呋喃甲醛

解：(1) α-呋喃甲醇 HOCH₂-呋喃；(2) 1-甲基-2-异丙基吡咯；(3) 8-羟基喹啉；(4) 3-溴吡啶；(5) 3-甲基吲哚；(6) 2,5-二氢噻吩；(7) 5-甲基咪唑；(8) 5-甲基-2,4-二羟基嘧啶；(9) 5-甲基-4-嘧啶磺酸；(10) 5-溴-2-呋喃甲醛

2. 试比较下列化合物碱性的强弱，并且说明原因。

(1) 吡咯；(2) 六氢吡啶；(3) 苯胺；(4) 吡啶；(5) 对甲基苯胺

解：六氢吡啶＞对甲基苯胺＞吡啶＞苯胺＞吡咯

因为六氢吡啶为仲胺结构，氮原子为 sp^3 杂化，而吡啶中氮原子为 sp^2 杂化，故六氢吡啶中的孤对电子受氮原子核的吸引力小，也就更容易提供其孤对电子，与 H^+ 的结合能力较强，碱性也较强。苯胺中氮原子上的孤对电子因参与 p-π 共轭，故碱性比吡啶更弱。对甲基苯胺由于甲基的给电子作用，增强了苯环上电子云密度，其碱性比苯胺要强。对吡咯而言，氮孤对电子直接参与形成环上共轭体系，电子云密度平均化效应较苯胺强，从而使它与 H^+ 的结合能力低于苯胺，所以碱性比苯胺还弱，事实上吡咯显示一定的弱酸性。甲胺属于脂肪族伯胺，碱性小于脂肪族仲胺，氨的碱性在吡啶和甲胺之间。

3. 使用简单的化学方法除去下列混合物中的杂质。

(1) 甲苯中混有少量的噻吩。(2) 吡啶中混有少量的六氢吡啶。(3) 苯中混有少量的吡啶。

解：(1) 甲苯／噻吩 $\xrightarrow[\text{分层}]{\text{浓 }H_2SO_4\text{, 室温}}$ 分离 { 有机层 $\xrightarrow{Na_2CO_3}$ $\xrightarrow[\text{干燥}]{\text{洗涤}}$ $\xrightarrow{\text{蒸馏}}$ 纯净甲苯 / 酸层：含 α—噻吩磺酸

(2) 吡啶／六氢吡啶 $\xrightarrow{\text{乙酸酐, 回流}}$ 分离 { 液相 $\xrightarrow{Na_2CO_3}$ $\xrightarrow[\text{干燥}]{\text{洗涤}}$ $\xrightarrow{\text{减压蒸馏}}$ 纯净吡啶 / 固相：含 1-乙酰基六氢吡啶

(3) 苯／吡啶 $\xrightarrow{\text{稀 HCl}}$ 分离 { 有机层 $\xrightarrow{Na_2CO_3}$ $\xrightarrow[\text{干燥}]{\text{洗涤}}$ $\xrightarrow{\text{蒸馏}}$ 纯净苯 / 水层：含吡啶盐酸盐

4. 用简单的化学方法区分吡啶、4-甲基吡啶和苯胺。

解： 苯胺／吡啶／4-甲基吡啶 $\xrightarrow[H_2O]{Br_2}$ { (+)白↓ / (−) / (−) } $\xrightarrow[H^+, \triangle]{KMnO_4}$ { (−) / (+) 紫色褪去 }

5. 为什么吡啶在进行亲电溴化反应时不用 Lewis 酸，如 $FeBr_3$？

解： 吡啶与 Lewis 酸作用，生成吡啶-Lewis 酸络合物，后者对亲电试剂很不敏感。

6. 完成下列反应方程式。

(1) 呋喃-2-CHO $\xrightarrow[\triangle]{\text{浓 }OH^-}$

(2) 噻吩 $+CH_3\overset{O}{\underset{\|}{C}}NO_2 \xrightarrow{-10℃}$

(3) 吡啶 $+HBr \longrightarrow$

(4) 吡啶 $+$ 浓 $HNO_3 \xrightarrow[\triangle]{\text{浓 }H_2SO_4}$

(5) 2-甲基呋喃 $+$ 马来酸酐 $\longrightarrow$

(6) 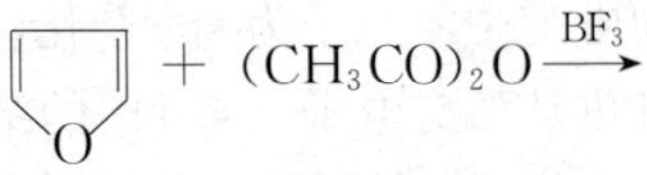 呋喃 + $(CH_3CO)_2O \xrightarrow{BF_3}$

(7) 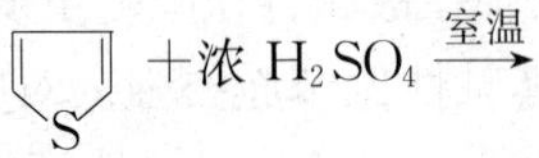 噻吩 + 浓 $H_2SO_4 \xrightarrow{室温}$

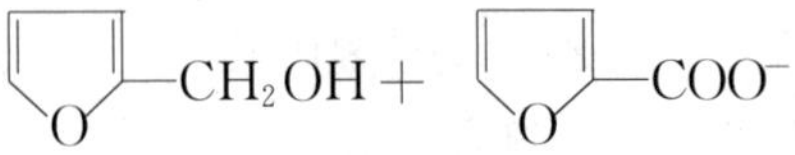

(8) 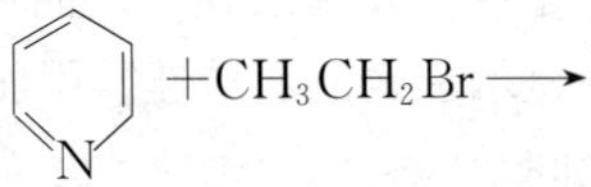 吡啶 + $CH_3CH_2Br \longrightarrow$

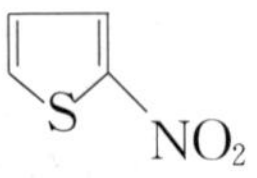

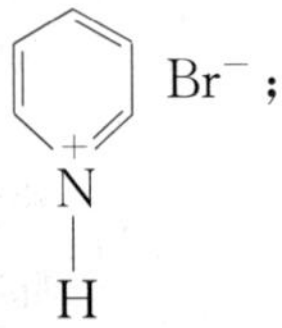

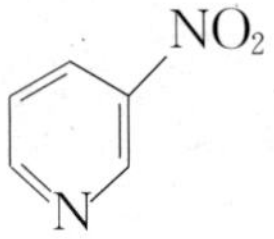

(9)  吡咯 + $KOH \longrightarrow$

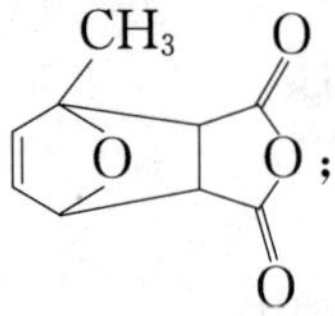

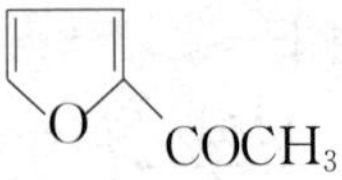

(10) 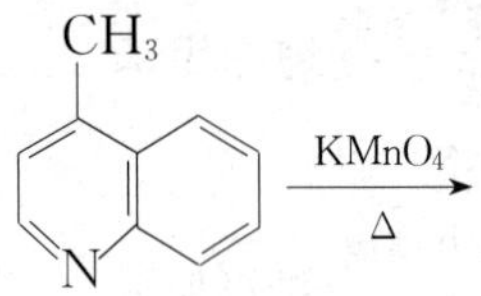 4-甲基喹啉 $\xrightarrow[\Delta]{KMnO_4}$

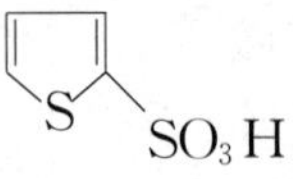

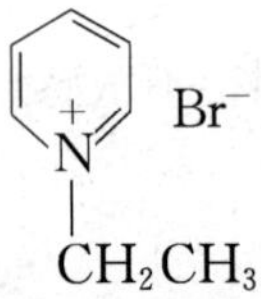

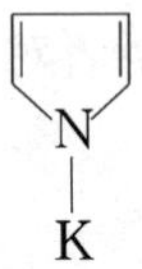

解：(1) 呋喃-CH_2OH + 呋喃-COO^-； (2) 2-硝基噻吩； (3) N-氢吡啶鎓 Br^-；

(4) 3-硝基吡啶； (5) 甲基-氧桥-双酮加成物； (6) 2-乙酰基呋喃； (7) 2-噻吩磺酸；

(8) N-乙基吡啶鎓 Br^-； (9) N-钾吡咯； (10) 吡啶-2,3,4-三羧酸

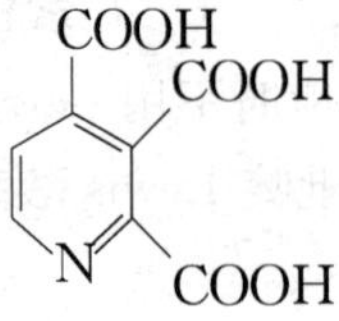

7. 合成下列化合物。

(1) 由呋喃合成己二胺；(2) 由 3-甲基吡啶合成 3-吡啶甲酸苄酯；(3) 由 4-甲基吡啶合成 4-氨基吡啶；(4) 由吡咯合成 2-乙烯基吡咯

解：(1) 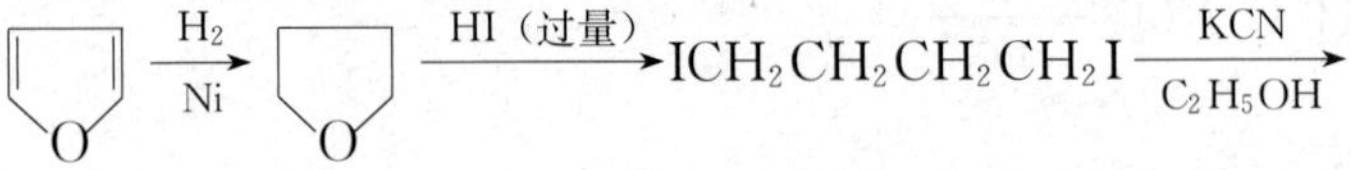 呋喃 $\xrightarrow{H_2/Ni}$ 四氢呋喃 $\xrightarrow{HI(过量)}$ $ICH_2CH_2CH_2CH_2I$ $\xrightarrow[C_2H_5OH]{KCN}$

$NCCH_2CH_2CH_2CH_2CN \xrightarrow{H_2/Ni} H_2NCH_2CH_2CH_2CH_2CH_2CH_2NH_2$

(2) 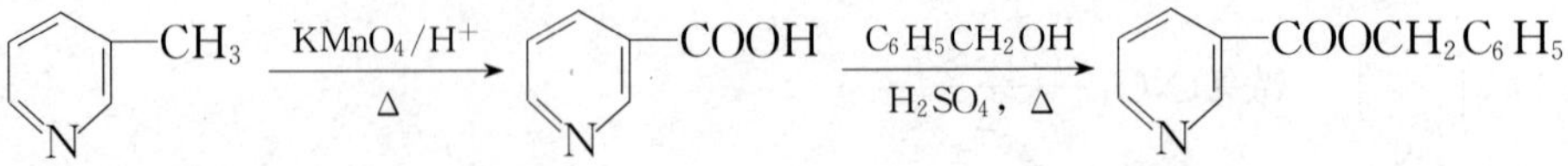 3-甲基吡啶 $\xrightarrow[\Delta]{KMnO_4/H^+}$ 3-吡啶甲酸 $\xrightarrow[H_2SO_4, \Delta]{C_6H_5CH_2OH}$ 3-吡啶甲酸苄酯 ($COOCH_2C_6H_5$)

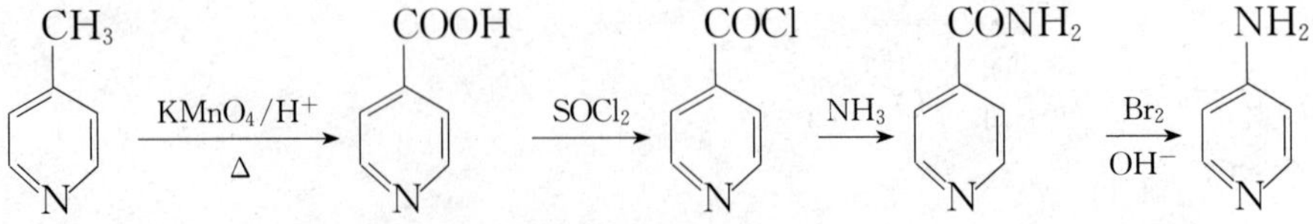

(3) 4-甲基吡啶 $\xrightarrow[\Delta]{KMnO_4/H^+}$ 4-吡啶甲酸 $\xrightarrow{SOCl_2}$ 4-吡啶甲酰氯 $\xrightarrow{NH_3}$ 4-吡啶甲酰胺 $\xrightarrow{Br_2/OH^-}$ 4-氨基吡啶

(4)

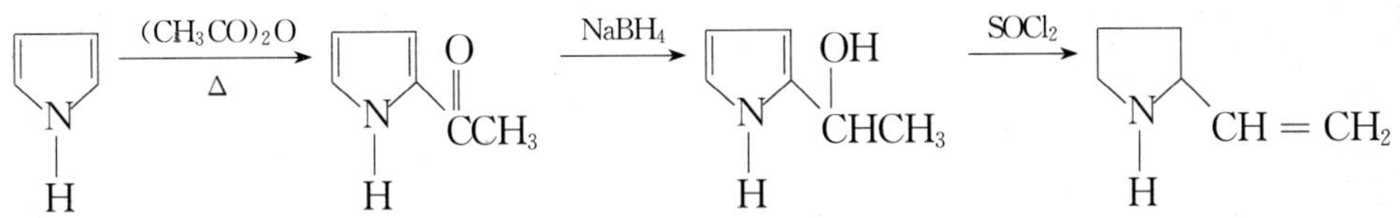

$$\underset{H}{\text{[pyrrole]}} \xrightarrow{(CH_3CO)_2O}{\Delta} \underset{H}{\text{[2-acetylpyrrole]}}\!\!\overset{O}{\underset{}{\|}}\!\!CCH_3 \xrightarrow{NaBH_4} \underset{H}{\text{[pyrrolyl]}}\!\!\overset{OH}{\underset{}{|}}\!\!CHCH_3 \xrightarrow{SOCl_2} \underset{H}{\text{[pyrrolyl]}}\!CH=CH_2$$

第13章

合成高分子聚合物

13.1 本章重点和难点

本章重点

高分子聚合物，单体，重复单元，端基，聚合度，碳链、杂链和元素有机高分子聚合物，塑料、橡胶和纤维，高分子聚合物的命名，高分子聚合物的合成（自由基聚合物，缩合聚合），高聚物的结构（线型、支化和交联聚合物），聚集态的结构，热转变温度，力学性能。

本章难点

高分子的基本概念，高分子聚合物的合成，高分子聚合物的分子量和分子量分布，高分子聚合物的结构及应用。

13.2 本章知识要点

13.2.1 基本概念

1. 高分子聚合物

高分子聚合物指由许多相同的、简单的结构单元通过共价键重复连接而成的高分子量的化合物。

2. 单体

单体是一个分子，它与具有相同或不同结构的其他分子结合，形成高分子聚合物。

3. 重复单元

重复单元是指聚合物中化学组成相同的最小单位。重复单元可以包含一个单体单元。

4. 端基

聚合物分子链端的基团称为端基。

5. 聚合度

聚合度是衡量聚合物分子大小的指标，指聚合物分子链中连续出现的重复单元的次数，通常用 n 表示。由于聚合物大多是由一些分子量不同的同系物组成，所以聚合物的聚合度指的是其平均聚合度。

13.2.2 高分子聚合物的分类

1. 碳链、杂链和元素有机高分子聚合物

按照高分子聚合物主链的元素组成，可将高分子聚合物分为碳链高分子聚合物、杂链高分子聚合物和元素有机高分子聚合物三种类型。

碳链高分子聚合物的分子主链完全由碳原子组成。

杂链高分子聚合物的分子主链中除碳原子外，还有氮、氧、硫等杂原子。

元素有机高分子聚合物的分子主链中没有碳原子，主要由硅、硼、铝和氮、氧、硫、磷等原子组成，但侧基由有机基团构成，如甲基、乙基、异丙基等。

2. 塑料、橡胶和纤维

按照高分子聚合物的性质和用途分类，可将高分子聚合物分为塑料、橡胶和纤维。

塑料是以高分子聚合物为基体，再加入塑料添加剂（如填充剂、增塑剂、润滑剂、稳定剂、着色剂和交联剂等），在一定温度和压力下加工成型的材料或制品。

橡胶是一类具有可逆形变的高弹性高分子聚合物，在室温下富有弹性，在很小的作用力下能产生很大的形变（500%~1000%），外力除去后能恢复原状。因此，橡胶属于完全无定型聚合物，玻璃化转变温度低，分子量通常大于几十万。

纤维是指长度比直径大很多倍并且有一定柔韧性的纤细物质。纤维通常是线性结晶聚合物，分子量低于塑料和橡胶。纤维具有弹性模量大、强度高、受力不易形变的特点。

13.2.3 高分子聚合物的命名

1. "聚"＋"单体名称"命名法，如聚乙烯、聚丙烯、聚异戊二烯等。

2. "单体名称"＋"共聚物"命名法，例如，乙烯和辛烯的共聚物可以命名为"乙烯-辛烯共聚物"。

3. "单体简称"＋"聚合物用途或物性类别"命名法，例如，（苯）酚＋（甲）醛→酚醛树脂三聚氰胺＋甲醛→三聚氰胺甲醛树脂丁（二烯）＋苯（乙烯）→丁苯橡胶丁（二烯）＋（丙烯）腈→丁腈橡胶聚丙烯腈纤维→腈纶（纤维）

4. 化学结构类别命名法，例如，对苯二甲酸＋乙二醇→聚对苯二甲酸乙二（醇）酯（涤纶，一种聚酯）对苯二甲酸＋对苯二胺→聚对苯二甲酰对苯二胺（芳纶，一种聚酰胺）。

5. "IUPAC"系统命名法

具体要求如下：

（1）首先确定聚合物的重复单元；

（2）然后将重复单元中的取代基按照由小到大、由简单到复杂的顺序排列；

（3）最后命名重复单元，并在前面加上"聚"字。

例如：

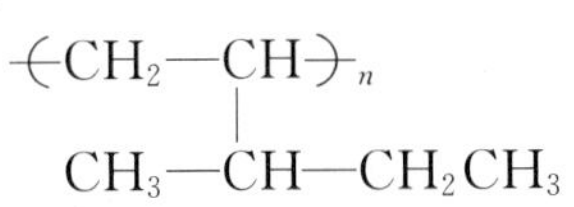

$$-\!\!\!+\!\!CH_2-\!\!CH\!\!+\!\!\!-_n$$
$$\quad\quad\quad\quad\; |$$
$$\quad\quad\quad CH_3-CH-CH_2CH_3$$

聚（3-甲基-1-戊烯）

13.2.4 高分子聚合物的分子量和分子量分布

一般情况下，高分子聚合物的分子量指的是其平均分子量。根据不同的统计方式，可以将平均分子量分为数均分子量、重均分子量和黏均分子量。数均分子量和重均分子量主要利用凝胶渗透色谱测定,黏均分子量是利用黏度法测量高分子聚合物的稀溶液获得。

高分子聚合物的分子量分布通常用分布宽度指数或者多分散系数表示。

13.2.5 高分子聚合物的合成

根据聚合机理不同,高分子聚合物的合成方法主要分为连锁聚合和逐步聚合。自由基聚合是典型的连锁聚合。绝大多数缩合聚合反应都属于逐步聚合。

1. 自由基聚合

自由基聚合反应一般由链引发、链增长和链终止等基元反应组成,此外还有可能伴有链转移反应。链引发反应是形成单体自由基活性种的反应。用引发剂引发时,引发剂在热、光和高能辐射线等作用下发生分解,形成初级自由基,初级自由基与单体加成反应,形成单体自由基。单体自由基仍然具有活性,能够继续与其他单体进行加成反应生成长链自由基,这个过程称为链增长反应。链增长反应过程几乎消耗全部的单体,并决定生成聚合物的分子结构。自由基的活性很高,有与其他自由基相互作用而失去活性的倾向,这个过程称为链终止反应。在自由基聚合过程中,一个自由基可能与单体、溶剂、引发剂等小分子或高分子作用生成产物和另一个自由基,继续新的链增长反应,使聚合反应能继续进行,这个过程称为链转移。

2. 缩合聚合

缩合聚合简称缩聚,是指大量相同的或不相同的小分子物质相互反应生成高分子聚合物的过程。缩聚反应通常会伴有小分子副产物的产生,如水、醇、氨、卤化物等。缩聚反应只能发生在具有2个或2个以上官能度的分子之间,如二元酸和二元醇、氨基酸、二元胺和酸酐等。相同分子(如氨基酸)的缩聚称为均缩聚。不相同分子(如对苯二甲酸和对苯二胺)的缩聚称为共缩聚。相同官能团的同系物如乙二醇、丁二醇与对苯二甲酸反应称为混缩聚。

13.2.6 高分子聚合物的结构

1. 线型、支化和交联聚合物(图13-1)
2. 聚集态结构

高分子聚合物的聚集态结构是指高分子链之间的排列和堆砌结构,它直接影响高分子聚合物的性能。目前已知的聚合物中包含完全无定型聚合物、低结晶度聚合物和高结晶度聚合物,但是还没有发现完全结晶聚合物。

3. 热转变温度

高分子聚合物具有两种主要类型的热转变温度,即玻璃化转变温度 T_g 和熔融温度 T_m。因为即使是结晶聚合物,结晶度也很难达到100%,因此玻璃化转变温度始终存在于非结晶聚合物和结晶聚合物中,只是当聚合物的结晶度很高时,玻璃化转变温度不明显。熔融温度是结晶聚合物的结晶区域的熔化温度,因此熔融温度只能存在于结晶聚合物中。

随着温度变化,非结晶聚合物的温度-形变曲线可以分为三个部分:玻璃态、高弹态和黏流态(图13-2)。玻

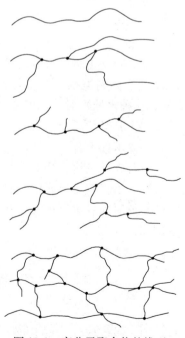

图13-1 高分子聚合物的线型、支化和交联聚合物的结构示意图

璃态和高弹态之间的转变,称为玻璃化转变,对应的温度称为玻璃化转变温度,用 T_g 表示。高弹态和黏流态之间的转变温度称为黏流温度,用 T_f 表示。

4. 力学性能

高分子聚合物的力学性能主要通过测量高分子聚合物样品在拉伸力的作用下的应力-应变曲线获得。几种典型高分子聚合物的应力-应变曲线如图 13-3 所示。

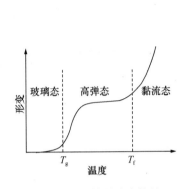

图 13-2 非结晶聚合物的
温度-形变曲线

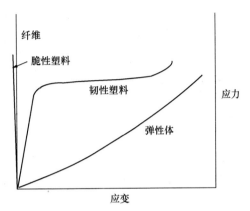

图 13-3 几种典型高分子聚合物的应力-应变曲线

从高分子聚合物的应力-应变曲线中可以得到以下四个重要的力学性能指标:

(1) 弹性模量,即高分子聚合物样品在受力状态下的应力应变之比,单位为 MPa。弹性模量表征高分子聚合物抵抗变形能力的大小,模量越大,越不容易变形,刚性越大。

(2) 拉伸强度,即高分子聚合物样品在拉伸力的作用下,直至断裂为止所受的最大拉伸应力,单位为 MPa。拉伸强度表征高分子聚合物对拉力的抵抗能力,拉伸强度越大,越不容易断裂。

(3) 断裂伸长率,即高分子聚合物样品在拉断时的位移值与原长的比值,以百分比表示(%)。断裂伸长率是表征高分子聚合物韧性的重要指标,断裂伸长率越大,表明高分子聚合物在受力时越不容易脆断。

(4) 屈服强度,即对于韧性高分子聚合物样品,当拉伸应力超过弹性极限后,除了弹性变形增加以外,塑性变形急剧增加,塑性变形急剧增加这一点对应的拉伸应力称为屈服强度,单位为 MPa。对于脆性高分子聚合物,拉伸强度是其使用时的最大许可应力。对于韧性高分子聚合物,屈服强度是其使用时的最大许可应力。

13.3 典型习题讲解及参考答案

1. 单选题

(1) 合成丁苯橡胶的主要单体是( )。
A. 丁二烯和苯乙烯 B. 异丁烯+苯乙烯 C. 苯乙烯   D. 丁二烯
答案:A

(2) 下列说法正确的是( )。
A. PP、PMMA、PVC 和 PS 都属于碳链聚合物

B. 晶态聚合物的物理力学状态只有结晶态和黏流态两个状态
C. 顺丁橡胶名称由来是因为单体是顺丁二烯
D. 工程塑料一般都是热固性聚合物，具有不熔融性

答案：A

（3）在偏光显微镜下可以观察到"黑十字"现象的晶体类型是（　　）。
　　A. 单晶　　　　　B. 伸直链晶体　　C. 球晶　　　　D. 多晶体

答案：C

（4）聚合物链段开始运动的温度对应的是该聚合物的（　　）温度。
　　A. 脆化　　　　　B. 熔融　　　　　C. 分解　　　　D. 玻璃化转变

答案：D

（5）顺丁橡胶分子链的结构单元化学组成属（　　），构型属（　　）。
　　A. 顺式　　　　　B. 反式　　　　　C. 碳链高分子　D. 丁二烯

答案：C，A

（6）一般来说，哪种材料需要较高程度的取向（　　）？
　　A. 塑料　　　　　B. 纤维　　　　　C. 橡胶　　　　D. 黏合剂

答案：B

（7）第一个工业化的高分子材料是（　　）。
　　A. 硝酸纤维素　　B. 赛璐珞　　　　C. 酚醛塑料　　D. 尼龙6

答案：C

（8）不常用作生产热塑性塑料制品的成型方法是（　　）。
　　A. 挤出成型　　　B. 吹塑成型　　　C. 模压成型　　D. 注射成型

答案：C

2. 简述聚合物的分子运动特点。

解：（1）分子运动具有多样性。
运动单元有小尺寸单元（如侧基、支链、链节、链段）和大尺寸单元（如整个分子链）。
（2）聚合物分子的运动具有明显的松弛特性。
在一定的外力和温度条件下，聚合物从一种平衡状态通过分子热运动达到新的平衡状态的过程，称为松弛过程。松弛过程是一个缓慢过程，是速度过程。
（3）分子运动与温度的关系：升高温度可以增加能量，使聚合物体积膨胀，扩大运动空间。

3. 提高橡胶的耐寒性的方法有哪些？

解：降低橡胶的玻璃化转变温度（T_g）或避免结晶，可以提高橡胶材料的耐寒性。
（1）降低T_g的途径：
降低分子链的刚性；减小链间作用力；提高分子的对称性；与T_g较低的聚合物共聚减少交联键；支化以增加链端浓度；加入溶剂和增塑剂。
（2）避免结晶的方法：
无规共聚；聚合之后无规则地引入基团；进行链支化和交联；采用不导致立构规整性的聚合方法；控制几何异构。

4. 聚合反应如何分类？如果按反应过程中是否析出低分子，分为哪两类？各自的特点是什么？

解：按聚合机理可分为：连锁聚合和逐步聚合。

按反应过程中是否析出低分子可分为：加聚反应和缩聚反应。

加聚反应的特点：(1) 无小分子产生；(2) 聚合产物与单体的组成相同；(3) 反应仅发生在增长链和单体之间。缩聚反应的特点：(1) 有小分子产生；(2) 聚合物与单体的组成不同；(3) 单体与增长链、增长链与增长链之间均可发生反应。

5. 写出聚酰胺6的俗称、英文简写和聚合反应式。

解：俗称尼龙6，英文简写PA6。

聚合反应式如下：

$$H_2N-(CH_2)_5-\overset{O}{\underset{\|}{C}}-OH \longrightarrow +N-(CH_2)_5-\overset{O}{\underset{\|}{C}}+_n$$

$$\underset{C=O}{\overset{NH}{\bigcirc}} \xrightarrow{\text{微量水做催化剂}} +\overset{H}{N}-(CH_2)_5-\overset{O}{\underset{\|}{C}}+_n$$

6. 按分子主链分类，聚合物有哪几类？并举例说明。

解：按分子主链分类，聚合物有三类：

① 碳链高分子，如聚氯乙烯、聚乙烯、聚苯乙烯。

② 杂链高分子，如聚醚、聚酯、聚酰胺。

③ 元素有机高分子，如有机硅橡胶。

7. 乙烯醇单体存在吗？聚乙烯醇是如何制备的？请写出反应方程式。

解：乙烯醇单体不存在，聚乙烯醇是通过聚醋酸乙烯酯水解制备的。

反应方程式如下：

$$+CH_2-\underset{OCOCH_3}{CH}+_n \xrightarrow[\text{NaOH}]{CH_3OH} +CH_2-\underset{OH}{CH}+_n$$

8. 构型和构象有何区别？全同立构聚丙烯能否通过化学键（C—C单键）内旋转把"全同"变为"间同"，为什么？

解：构型是指化学键所固定的原子在空间的排列，改变构型需通过化学键的断裂与重组。

构象是由于单键内旋转而引起的，改变构象通过单键的内旋转即可达到。

不能转变。因为从全同到间同的变化是构型的变化，必须通过化学键的断裂与重组才能改变构型；而单键内旋转只能改变构象，不能改变构型。

9. 试从分子运动的观点说明典型非晶聚合物的三种力学状态和两种转变。

解：三种力学状态为：

（1）玻璃态

链段运动被冻结，只有侧基、链节、链长、键角等的局部运动，分子链几乎无运动，聚合物类似玻璃，通常为脆性的。

（2）玻璃化转变区

玻璃态与高弹态之间的狭窄温度范围，链段开始解冻。该转变区对应的温度为玻璃化转变温度。整个大分子链还无法运动，但链段开始发生运动。

（3）高弹态

链段运动激化，但分子链间无滑移。受力后能产生可以回复的大形变，称之为高弹态。高弹态为聚合物特有的力学状态。

两种转变为：

（1）黏流转变区

分子链重心开始出现相对位移，聚合物既呈现橡胶弹性，又呈现流动性。

（2）黏流态

大分子链受外力作用时发生位移，且无法回复。

10. 试述聚合物的结构层次有哪些？

解： 高分子结构的内容可分为链结构与聚集态结构两个组成部分。

链结构又分为近程结构和远程结构。

近程结构包括构造与构型，构造是指链中原子的种类和排列、取代基和端基的种类、单体单元的排列顺序、支链的类型和长度等。构型是指某一原子的取代基在空间的排列。近程结构属于化学结构，又称一级结构。

远程结构包括分子的大小与形态、链的柔顺性及分子在各种环境中所采取的构象。远程结构又称二级结构。

聚集态结构是指高分子材料整体的内部结构，包括晶态结构、非晶态结构、取向态结构、液晶态结构以及织态结构。前四者是描述高分子聚集体中分子之间是如何堆砌的，又称三级结构，织态结构则属于更高级的结构。

13.4 课后习题及参考答案

1. 举例说明单体、重复单元、聚合物、聚合度的含义。

解： 单体是一个分子，它与具有相同或不同结构的其他分子结合，形成高分子聚合物。如：丙烯、氯乙烯、甲基丙烯酸甲酯。

重复单元是指聚合物中化学组成相同的最小单位。如聚氯乙烯的—CH_2CHCl—，聚丙烯的—$CH(CH_3)CH_2$—，聚己二酰己二胺的—$NH(CH_2)_5NHC(O)(CH_2)_4C(O)$—。

高分子聚合物指由许多相同的、简单的结构单元通过共价键重复连接而成的高分子量的化合物。例如，聚苯乙烯是由许多苯乙烯分子通过共价键重复连接而成。

聚合度是衡量聚合物分子大小的指标，指聚合物分子链中连续出现的重复单元的次数，通常用 n 表示。由于聚合物大多是由一些分子量不同的同系物组成，所以聚合物的聚合度指的是其平均聚合度。

2. 写出下列单体的聚合反应式及单体、聚合物的名称。

(1) $CH_2=CHF$

(2) $CH_2=C(CH_3)_2$

(3) $HO(CH_2)_5COOH$

(4) △(环氧乙烷)
(5) $NH_2(CH_2)_6NH_2 + HOOC(CH_2)_4COOH$

解：

序号	单体	聚合物
(1)	$CH_2=CHF$ 氟乙烯	$\text{-}[CH_2\text{-}CHF]_n\text{-}$ 聚氟乙烯
(2)	$CH_2=C(CH_3)_2$ 异丁烯	$\text{-}[CH_2\text{-}C(CH_3)_2]_n\text{-}$ 聚异丁烯
(3)	$HO(CH_2)_5COOH$ ω-羟基己酸	$\text{-}[O(CH_2)_5CO]_n\text{-}$ 聚己内酯
(4)	△ 环氧乙烷	$\text{-}[CH_2CH_2O]_n\text{-}$ 聚环氧乙烷
(5)	$NH_2(CH_2)_6NH_2$ 己二胺 $HOOC(CH_2)_4COOH$ 己二酸	$\text{-}[NH(CH_2)_6NHCO(CH_2)_4CO]_n\text{-}$ 聚己二酰己二胺（聚酰胺-66，尼龙66）

3. 写出聚合物名称、单体名称和聚合反应式。指明反应类型是连锁聚合还是逐步聚合。

(1) $\text{-}[CH_2\text{-}\underset{\underset{COOCH_3}{|}}{\overset{\overset{CH_3}{|}}{C}}]_n\text{-}$

(2) $\text{-}[NH(CH_2)_5CO]_n\text{-}$

(3) $\text{-}[CH_2\underset{}{\overset{\overset{CH_3}{|}}{C}}=CHCH_2]_n\text{-}$

(4) $\text{-}[OCH_2CH_2OCO\text{-}\text{C}_6\text{H}_4\text{-}CO]_n\text{-}$

解：

序号	单体	聚合物	连锁、逐步聚合
(1)	$H_2C=\underset{CH_3}{\overset{}{C}}\text{-}\underset{O}{\overset{\overset{O}{\|\|}}{C}}\text{-}OCH_3$ 甲基丙烯酸甲酯	聚甲基丙烯酸甲酯	连锁
(2)	$NH(CH_2)_5CO$ 己内酰胺	尼龙6	逐步（水或酸做催化剂）或连锁（碱做催化剂）
(3)	$CH_2=C(CH_3)\text{-}CH=CH_2$ 异戊二烯	聚异戊二烯	连锁
(4)	$NH_2(CH_2)_6NH_2$ 己二胺、$HOOC(CH_2)_4COOH$ 己二酸	聚己二酰己二胺，尼龙66	逐步

4. 写出下列聚合物的单体分子式和合成反应式。

聚丙烯腈，聚甲醛，聚氨酯，聚苯醚，聚四氟乙烯，聚偏二氟乙烯，聚丙烯，聚碳酸酯。

解：

合成反应式	单体分子式	名称
聚丙烯腈 $\pmb{\{}CH_2-CH\pmb{\}}_n$ 　　　　　　　　$\|$ 　　　　　　　　CN	$CH_2=CHCN$	丙烯腈
聚甲醛 $\pmb{\{}\overset{H}{\underset{H}{C}}-O\pmb{\}}_n$	CH_2O	甲醛
聚氨酯 $\pmb{\{}NHCOO(CH_2)_2OOCNH(CH_2)_6\pmb{\}}$	$HO(CH_2)_2OH$ $OCN(CH_2)_6NCO$	乙二醇 二异氰酸酯
聚苯醚 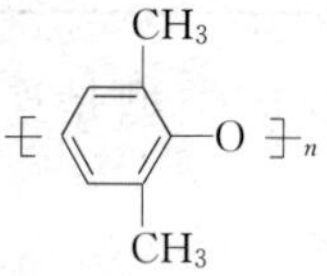 (结构式含2,6-二甲基苯环-O-)	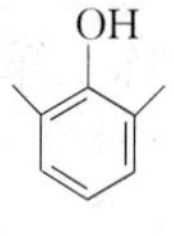 2,6-二甲基苯酚	2,6-二甲基苯酚
聚四氟乙烯 $\pmb{\{}CF_2-CF_2\pmb{\}}_n$	$CF_2=CF_2$	四氟乙烯
聚偏二氟乙烯 $\pmb{\{}CH_2-CF_2\pmb{\}}_n$	$CH_2=CF_2$	偏二氟乙烯
聚丙烯 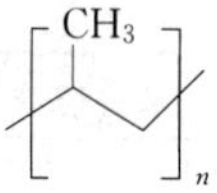 $\pmb{\{}CH(CH_3)-CH_2\pmb{\}}_n$	$CH_3CH=CH_2$	丙烯
聚碳酸酯 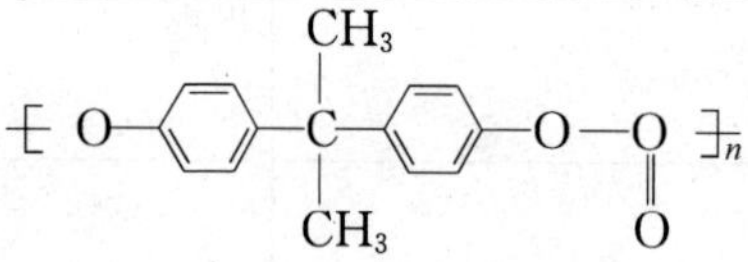 (双酚A碳酸酯结构)	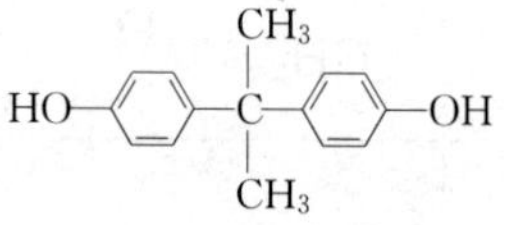 双酚A结构；$COCl_2$	双酚A 光气

5. 求下列混合物的数均分子量、重均分子量和多分散系数。

组分1：质量分数=0.5，分子量=1×10^4

组分2：质量分数=0.4，分子量=1×10^5

组分3：质量分数=0.1，分子量=1×10^6

解：

$$\overline{M}_n = \frac{\sum W_i M_i}{\sum W_i} = \frac{\sum W_i}{\sum \frac{W_i}{M_i}} = \frac{1}{\sum W_i/\sum M_i}$$

$$= \frac{1}{\frac{0.5}{10^4}+\frac{0.4}{10^5}+\frac{0.1}{10^6}} = 1.85\times10^4$$

$$\overline{M}_w = \sum W_i M_i = 0.5 \times 10^4 + 0.4 \times 10^5 + 0.1 \times 10^6 = 1.45 \times 10^5$$
$$D = \overline{M}_w / \overline{M}_n = 1.45 \times 10^5 / (1.85 \times 10^4) = 7.84$$

6. 举例说明热固性塑料和热塑性塑料以及结晶性聚合物和无定型聚合物的区别。

解：按照是否具备可重复加工的性能，塑料可以分为热塑性塑料和热固性塑料两大类。前者是指在特定的温度范围内，能反复加热软化和冷却硬化，可以再次回收利用的塑料，如聚丙烯、聚甲醛、聚碳酸酯、聚苯乙烯、聚氯乙烯、聚酰胺、聚甲基丙烯酸甲酯等。后者是指受热后成为不熔的物质，再次受热不再具有可塑性且不能再回收利用的塑料，如酚醛树脂、环氧树脂、氨基树脂、聚氨酯、发泡聚苯乙烯等。

结晶性聚合物内部大部分大分子排列很规则，如：PE、PP、POM、Nylon 等。无定型聚合物分子排列与结晶体相比不规则，分子链也随机排列，如：ABS、PS、PVC、PMMA、PC 等。

结晶性聚合物的典型特点：

① 熔融需要的热量较高，源于其结构的规则化。

② 收缩率大，因为结晶体的规则结构使其占据较少的空间，明显的体积减小表现在发生变化的开端及结晶度、数量的变化上。

③ 易发生翘曲，源于其易受模塑条件影响的特点。

④ 明显的结晶熔融点（T_m）。

⑤ 无明显的玻璃态转变点（T_g）。

⑥ 结晶体导热性几乎是非晶体的两倍，所以塑件内部热量的传导结晶性聚合物较无定型聚合物容易得多。

无定型聚合物的典型特点：

① 熔融需要的潜热较低。

② 收缩率小。

③ 发生翘曲少。

④ 无明显的结晶熔融点（T_m）。

⑤ 明显的玻璃态转变点（T_g）。

⑥ 导热率低。

7. 举例说明塑料、橡胶、纤维的结构和性能的主要差别及联系。

解：举纤维、橡胶、塑料几例及其聚合度、热转变温度、分子特性、聚集态、机械性能等主要特征列于下表。

聚合物		聚合度	T_g/℃	T_m/℃	分子特性	聚集态	机械性能
纤维	涤纶	90～120	69	258	极性	晶态	高强高模量
	尼龙-66	50～80	50	265	强极性	晶态	高强高模量
橡胶	顺丁橡胶	～5000	−108	—	非极性	高弹态	低强高弹性
	硅橡胶	5000～1万	−123	−40	非极性	高弹态	低强高弹性
塑料	聚乙烯	1500～1万	−125	130	非极性	晶态	中强低模量
	聚氯乙烯	600～1600	81	—	极性	玻璃态	中强中模量

纤维需要有较高的拉伸强度和高模量，并希望有较高的热转变温度，因此多选用带有极性基团（尤其是能够形成氢键）而结构简单的高分子，使聚集成晶态，有足够高的熔点，便

于烫熨。强极性或氢键可以造成较大的分子间力，因此，较低的聚合度或分子量就足以产生较大的强度和模量。

橡胶的性能要求是高弹性，多选用非极性高分子，分子链柔顺，呈非晶型高弹态，特征是分子量或聚合度很高，玻璃化温度很低。

塑料性能要求介于纤维和橡胶之间，种类繁多，从接近纤维的硬塑料（如聚氯乙烯，也可拉成纤维）到接近橡胶的软塑料（如聚乙烯，玻璃化温度极低，类似橡胶）都有。低密度聚乙烯结构简单，结晶度高，才有较高的熔点（130℃）；较高的聚合度或分子量才能保证聚乙烯的强度。等规聚丙烯结晶度高，熔点高（175℃），强度也高，已经进入工程塑料的范围。聚氯乙烯含有极性的氯原子，强度中等，但属于非晶型的玻璃态，玻璃化温度较低，使用范围受到限制。

参考文献

[1] 吕海霞,李宝铭,温娜. 材料有机化学[M]. 北京:化学工业出版社,2016.
[2] 天津大学有机化学教研组. 有机化学(第五版). 北京:高等教育出版社,2014.
[3] 王积涛,胡青眉,张宝申,等. 有机化学[M]. 天津:南开大学出版社,1993.
[4] Vollhardt K P C, Schore N E. Organic Chemistry:Structure and Function. 4th ed[M]. 戴立信,席振峰,王梅祥,等,译. 北京:化学工业出版社,2006.
[5] 邢其毅,裴伟伟,徐瑞秋,等. 基础有机化学(上,下册)(第三版)[M]. 北京:高等. 教育出版社,2005.
[6] 伍越寰,李伟昶,沈晓明. 有机化学[M]. 合肥:中国科学技术大学出版社,2007.
[7] 于世钧,安悦,闫杰. 有机化学[M]. 北京:化学工业出版社,2014.
[8] 刘军. 有机化学(第二版)[M]. 武汉:武汉理工大学出版社,2014.
[9] 薛思佳. 有机化学(第二版)[M]. 北京:科学教育出版社,2015.
[10] 徐寿昌. 有机化学(第二版)[M]. 北京:高等教育出版社,2014.
[11] 胡宏纹. 有机化学(第三版)[M]. 北京:高等教育出版社,2006.
[12] 吕以仙,陆阳. 有机化学(第七版)[M]. 北京:人民卫生出版社,2008.
[13] 高占先. 有机化学(第二版)[M]. 北京:高等教育出版社,2007.
[14] 张凤秀. 有机化学[M]. 北京:科学出版社,2013.
[15] 覃兆海,马永强. 有机化学[M]. 北京:化学工业出版社. 2014.
[16] 胡春. 有机化学(药学类专业通用(第二版)[M]. 北京:中国医药科技出版社,2013.
[17] 叶非,冯世德. 有机化学[M]. 北京:中国农业出版社,2013.
[18] 吉卯祉,彭松,葛正华. 有机化学[M]. 北京:科学出版社,2013.
[19] 高吉刚. 基础有机化学[M]. 北京:化学工业出版社,2013.
[20] 罗一鸣. 有机化学[M]. 北京:化学工业出版社,2013.
[21] 孙景琦. 有机化学[M]. 北京:中国农业出版社. 2013.
[22] 王兴明,康明. 基础有机化学[M]. 北京:科学出版社,2012.
[23] 李毅群,王涛,郭书好. 有机化学(第二版)[M]. 北京:清华大学出版社,2013.
[24] 高鸿宾. 有机化学(第四版)[M]. 北京:高等教育出版社,2005.
[25] 刘华,韦国锋. 有机化学[M]. 北京:清华大学出版社,2013.
[26] 华东理工大学有机化学教研组. 有机化学(第二版)[M]. 北京:高等教育出版社,2013.
[27] 杨定乔,汪朝阳,龙玉华. 高等有机化学—结构,反应与机理[M]. 北京:化学工业出版社. 2012.
[28] 魏荣宝,阮伟祥. 高等有机化学—结构和机理[M]. 北京:国防工业出版社. 2009.
[29] 魏荣宝. 高等有机化学(第二版)[M]. 北京:高等教育出版社,2011.
[30] 汪焱钢,张爱东. 高等有机化学导论[M]. 武汉:华中师范大学出版社,2009. 8.
[31] 冯骏材. 有机化学[M]. 武汉:科学出版社,2012.
[32] 魏俊杰. 有机化学[M]. 北京:高等教育出版社,2010.
[33] 吴范宏. 有机化学[M]. 北京:高等教育出版社,2014.
[34] 尹冬冬. 有机化学[M]. 北京:高等教育出版社,2010.
[35] 张文勤. 有机化学[M]. 北京:高等教育出版社,2014.
[36] 钱旭红. 有机化学[M]. 北京:化学工业出版社,2014.
[37] 赵建庄. 有机化学[M]. 北京:中国林业出版社,2014.

[38] 聂麦茜. 有机化学[M]. 北京：冶金工业出版社，2014.
[39] 陈建新. 有机化学[M]. 沈阳：辽宁大学出版社，2013.
[40] 陈琳. 有机化学[M]. 北京：人民军医出版社，2014.
[41] Seyhan Egan. Organic Chemistry(第三版)[M]. Lexington：D. C. Heath and Company，1994.
[42] Francis A. Carey, Robert M. Giuliano. 有机化学(第九版)[M]. New York：Mcgraw-Hill Education，2013.
[43] 官仕龙. 有机化学题解精粹[M]. 合肥：中国科学技术大学出版社，2005.
[44] 尹志刚. 有机磷化合物[M]. 北京：化学工业出版社，2011.
[45] 彭红，曾丽. 有机化学学习指导与习题解答[M]. 武汉：华中科技大学出版社，2011.
[46] 陈敏为，甘礼骓. 有机杂环化合物[M]. 北京：高等教育出版社，1990.
[47] 朱玮，刘汉兰，王俊儒. 有机化学学习指导[M]. 北京：高等教育出版社，2007.
[48] 官仕龙. 有机化学题解精粹[M]. 合肥：中国科学技术大学出版社，2005.
[49] 陈洪超. 有机化学学习指导[M]. 成都：四川大学出版社，2002.
[50] 李艳梅，赵圣印，王兰英，等. 有机化学[M]. 北京：科学出版社，2011.
[51] 何曼君，张红东，陈维孝，等. 高分子物理(第三版)[M]. 上海：复旦大学出版社，2008.
[52] 潘祖仁. 高分子化学(第五版)[M]. 北京：化学工业出版社，2011.
[53] 王槐三，江波，王亚宁，等. 高分子化学教程(第四版)[M]. 北京：科学出版社，2015.
[54] 黄丽. 高分子材料(第二版)[M]. 北京：化学工业出版社，2010.
[55] 赵文元，王亦军. 功能高分子材料(第二版)[M]. 北京：化学工业出版社，2013.
[56] 王国建，王德海，邱军，等. 功能高分子材料[M]. 上海：华东理工大学出版社，2006.

中国建材工业出版社
China Building Materials Press

我们提供

- 图书出版
- 广告宣传
- 企业/个人定向出版
- 图文设计
- 编辑印刷
- 创意写作
- 会议培训
- 其他文化宣传

编辑部	010-88385207	邮箱	jccbs-zbs@163.com
出版咨询	010-68343948	网址	www.jccbs.com
市场销售	010-68001605		
门市销售	010-88386906		

发展出版传媒　　**服务经济建设**

传播科技进步　　**满足社会需求**

（版权专有，盗版必究。未经出版者预先书面许可，不得以任何方式复制或抄袭本书的任何部分。举报电话：010-68343948）